I0051204

Eberhard von Zimmermann

Repositorium für die neueste Geographie, Statistik und Geschichte

Eberhard von Zimmermann

Repositorium für die neueste Geographie, Statistik und Geschichte

ISBN/EAN: 9783743437487

Hergestellt in Europa, USA, Kanada, Australien, Japan

Cover: Foto ©berggeist007 / pixelio.de

Weitere Bücher finden Sie auf **www.hansebooks.com**

Repositorium

für die neueste

Geographie, Statistik und Geschichte.

Herausgegeben

von

P. J. Bruns

Profeſſor und Bibliothekar in Helmſtädt

und

E. A. W. Zimmermann

Herzogl. Braunſchw. Hofrath, Profeſſor der Mathematik und
Naturlehre, Mitglied verſchiedener gelehrten Geſellſchaften.

Erſter Band

Mit 1 Karte und 2 Kupfern.

Tübingen, 1792
in der Johann Georg Cottaiſchen Buchhandlung.

Vorrede.

Unstreitig ist noch kein Zeitalter so aufmerksam auf die Erdkunde und die damit verwandten Wissenschaften gewesen, als das gegenwärtige. Je mehr man aber darin fortrükt, desto mehr findet man, daß es noch bey allen, hauptsächlich den aussereuropäischen Ländern an brauchbaren Materialien fehle, und daß selbst die Form des Studiums einer Verbesserung bedürfe. An leztere kann aber nicht eher Hand angelegt werden, als bis der Vorrath an Materialien mehr berichtiget, erweitert, und auf Gegenstände, worauf man

bis-

bisher noch nicht aufmerksam genug gewesen
ist, ausgedehnt worden ist. Der Zwek des
Repositoriums ist, einige der neuesten und
merkwürdigsten, von Ausländern gemachten
Bereicherungen der Erdkunde aufzubewahren.
Für die künftigen Geographen würde es sehr
nüzlich seyn, wenn sie insgesamt in ein Werk
gebracht werden könnten. Allein sowohl die
grossen Fortschritte in der Erdkunde, als auch
die vielen Sammlungen ähnlicher Art, die
in Deutschland herauskommen, machen dieses
theils unmöglich, theils unnöthig.

Die Herausgeber des Repositoriums nehmen nur interessante Schriften auf, nicht bloß
Reisebeschreibungen, sondern auch solche Bücher oder Fragmente aus Büchern, die zur

Erwei-

Erweiterung geographischer und historischer Kenntnisse, welche auf diese ein Licht werfen, abzwecken, geben mehr Auszüge als Uebersetzungen, bisweilen auch Umarbeitungen, und erläutern sie durch beigefügte Anmerkungen. Sie suchen, so viel möglich, Collision mit Sammlungen ähnlicher Art zu vermeiden, und wählen daher oft solche Bücher, die wegen der Schwierigkeit, sie zu erhalten, oder ihrer Grösse oder anderer Ursachen der Aufmerksamkeit derer, denen sie sich anreihen, leicht entgehen können. Die Herausgeber bezeichnen ein jeder seinen Antheil mit seines Namens Unterschrift, und nennen auch die, von welchen sie Beiträge angenommen haben; wozu übrigens seltene Veranlassung seyn wird.

)(3   Die

Vorrede.

Die Einleitung, die einem jeden Abschnitte vorgesezt ist, erhebet uns der Mühe, hier etwas besonderes davon anzuführen. Wir ersuchen den Leser, den Inhalt nach dem gegebenen Plane zu beurtheilen. Von seiner Ermunterung wird die Fortsetzung und die mit derselben zunehmende Vervollkommnung dieses Werkes abhängen.

Die Herausgeber.

In

Inhalt.

I. Bericht von Spanischen Expeditionen zur See und
zu Land nach dem nördlichen Theil von Californien. Mit einer Karte von Californien.   Seite 1

II. Auszüge aus P. Ruffel Abhandlung von der Pest.
Mit einem Grundriß von Aleppo.   33

III. Auszüge aus dem zweiten Theile von Joseph
Townsend Reise durch Spanien.
      Der 2te Band des Repositoriums enthält
den ersten und dritten Theil dieser Reise.   133

IV. Auszüge aus A. Dalrymple Oriental. Repertorium. Mit der Abbildung einer neuen Nerum
Gattung (Rose Bay)   271

V. Briefe eines aus Aleppo gebürtigen Juden auf
seinen Reisen durch Spanien und Italien.   358

VI. Von

Inhalt.

VI. Von den Juden zu Cochin.   Seite 383

VII. Geographische Bemerkungen über das Innere von Afrika von Hrn. de la Lande.   401

VIII. Allgemeine Bemerkungen über den Handel und die Verbindungen der Nationen in dem Innern von Afrika, sowohl unter sich selbst, als auch mit den Einwohnern der Barbarey, Egyptens und Arabiens von Hrn. de Guignes.   431

IX. Universitäten in dem Nord-Amerikanischen Frei-staate.   443

X. Bericht des engern Ausschusses des Großbritanni-schen Parlaments, der den Auftrag hatte, den ge-genwärtigen Zustand der Staatseinkünfte und Aus-gaben und die darin seit 5 Jan. 1786. vorgefallenen Veränderungen zu untersuchen, gedrukt auf Befehl des Parlaments 1791; zu London bey Debrett 1791. 8. unter dem Titel Report of the select Com-mittee u. s.   449

I. Be.

I.
Bericht
von
Spanischen Expeditionen
zur See und zu Land
nach dem
nördlichen Californien
in den
Jahren 1768. 1769. 1770.

Repositor. 1.   A

Einleitung.

Je seltener man in Europa etwas von den Unternehmungen und Entdeckungsreisen der Spanier in Amerika
erfährt, desto mehr Belehrung und Unterhaltung gewährt
die zu London mit der Jahrzahl 1790. gedrukte aber erst
1791. herausgekommene Schrift An historical Journey of
the expeditions by sea and land to the North of California in 1768, 1769, and 1770: when Spanish esta-
blishments were first made at San Diego and Monte-Rey.
From a Spanish MS translated by William Reveley, Esq.
published by A. Dalrymple. 4. 76 Seiten. Das Original ist von einem Officier, der der Expedition beigewohnt
hat, geschrieben, und durch den berühmten D. Robertson
zu Edinburgh 1783. in die Hände der Herausgeber gekommen. Er ließ es von Hr. Reveley übersetzen, und die
Uebersetzung durch einen Spanier verbessern. Den Namen
des Officiers wollte er, ohne seine Einwilligung zu haben,
nicht bekannt machen. Der Bericht erzählt, auf was für
eine Weise zwey neue Etablissements zu San Diego und
Monterrey angelegt sind; und die Keime einer jeden neuen
Colonie, wie Hr. Dalrymple in der Vorrede richtig bemerkt, sind allemal interessant. Die Bemerkungen über
die Produkte des Landes, so unbefriedigend sie für den
Naturforscher sind, vorzüglich aber die über die Indiani-

schen

schen Nationen, welche die Reisenden angetroffen haben, sind für die Geographie neu und wichtig, nicht zu gedenken, daß dieser Bericht die Lage vieler Oerter zuerst richtig bestimmt.

In der Uebersetzung habe ich das unnöthige Lob das dem Könige, den Officieren und Missionarien ertheilt ist, nebst andern Auswüchsen weggelassen oder abgekürzt. Jedoch ist so viel von dem Original stehen geblieben, daß man die Maasregeln, welche die Spanier genommen haben, den ganzen Gang, auf den dieses wichtige Geschäft eingeleitet ist, die Zeit, die man dazu gebraucht hat, und die Bemerkungen, die man auf den Reisen in Absicht des physischen Zustandes, der Produkte und der Einwohner des Landes gemacht hat, aus der Uebersetzung vollständig ersehen kann. Die von dem Ingenieur Miguel Costanso aufgenommene Karte von Californien 1770. die schon 1771. von Thomas Lopez zu Madrid gestochen ist (zum Beweise, daß, wenn gleich der Druk dieses oder ähnlicher Berichte aus politischen Ursachen in Spanien unterblieben ist, doch die richtigere geographischen Kentnisse, welche man durch diese Reisen bekommen hat, dem Publikum nicht vorenthalten sind) ist nach einem verjüngten Maaßstabe der Uebersetzung beigefügt, und an sich schon eine Bereicherung der Geographie.

P. J. B.

Als

Als der Spanische Hof benachrichtiget worden war, daß
eine fremde Nation *) auf die nördliche Küste von Californien wiederhohlte Versuche wagte, und zwar in einer
Absicht, welche der Spanischen Monarchie und ihrem Interesse gar nicht günstig zu seyn schien, so befahl der König dem Marquis de Croix, seinem Vicekönig und General
en Chef in Neu-Spanien, die kräftigsten Maßregeln zu
ergreiffen, um diesen Theil seiner Besitzungen vor Angriff
und Nachtheil zu beschützen. Der Marquis hatte die
Ideen seines Herrn bereits angenommen; er hatte, um die
Zeit der Vertreibung der Jesuiten aus Neu-Spanien, einen Statthalter über Californien ernannt, welcher diese
Provinz in Frieden und im Gehorsam gegen den König
erhalten, und jede vorfallende Begebenheit melden sollte.
Er hatte auch den Entschluß gefaßt einsichtsvolle Männer
nach dieser Halbinsel zu schicken, um dieselbe zu untersu-
chen, und Berichte zu liefern, von dem Zustande der
Missionen, von der Gesinnung, dem Charakter und der
Anzahl der Eingebohrnen, von ihrer Lebensart und ihren
Gebräuchen, von den Produkten des Landes, von der Beschaffenheit der Minen, der Art sie zu bearbeiten, und den
Personen, die den Vortheil davon genössen, wie auch von
dem dortigen Anbaue der Spanier oder anderer Völker,
und endlich von der Natur und Eigenschaft ihrer Küsten,
Häfen und Seen, damit zum Besten des Handels, der
Minen und des Anbaues dieses Landes die gehörigen Ein-
richtungen getroffen werden könnten. Es hielt aber schwer,
Leute zu finden, die mit hinlänglichen Fähigkeiten in Hinsicht auf ein solches Unternehmen begabt wären. Doch

Don

---

*) Vielleicht die Russen.

Don Joseph de Galvez, welcher die Provinzen Cinaloa und Sonora besuchen sollte, und mit dem Vicekönige gleich starken Eifer fühlte, räumte diese Schwierigkeit aus dem Wege. Er both sich an nach Californien zu gehen, jene grossen Ideen zur Ausführung zu bringen, und einige der wichtigsten Projekte zu vollziehen. Sein edelmüthiges Anerbieten ward von dem Vicekönig mit Beyfall angenommen; er erhielt die erforderliche Unterstützung, und verließ Mexico den 9ten April 1768.

Im May desselben Jahres erreichte er den Hafen von San Blas, ein auf der Küste von Neu-Galicien an der Südsee errichtetes Fort und Etablissement, wo die nach Sonora bestimmten Schiffe erbauet waren, und wo man damals andere Fahrzeuge zur Beförderung des Verkehrs mit nach Californien ausrüstete. In diesem Hafen empfieng er Briefe aus Mexico, in welche der Vicekönig einen Befehl vom Hofe eingeschlossen hatte, dessen Inhalt die Sorgfalt und Wachsamkeit über die westliche Küste Californiens betraf. Zugleich empfahl ihm der Vicekönig, daß er eine Expedition nach dem Hafen Monterrey schicken möchte, und überließ die Ausführung des königlichen Befehles seiner Klugheit.

Ehe wir aber die von Don Galvez getroffenen Anstalten erzählen, wollen wir die Küste von Californien, und den Zustand der Halbinsel zur Zeit der Ankunft des Don Galvez in San Blas beschreiben.

Unter dem Namen der äussern oder westlichen Küste von Californien verstehet man die Küste von Nord-Amerika auf dem asiatischen Oceane, oder der Südsee, zwischen dem Cabo de San Lucas im 22° 48' Norderbreite, und dem Rio de los Reyes im 43°. Dieser Fluß bezeichnet nicht die Gränze des Landes, sondern nur das Ende

der

der Spanischen Entdeckungen; denn nicht einmal alle Nationen auf der Halbinsel, deren Isthmus oder Landenge
zwischen dem Fluß Colorado und dem Hafen San Diego
um den 32° 30' N. B. zu ziehen ist, haben die Herrschaft des Königs von Spanien anerkannt. Der unter-
würfige Theil dieses Landes erstreckt sich nur von Cabo de
San Lucas bis zum $30\frac{1}{2}$° N. B., bis zu der Mission
de Santa Maria, nicht weit von der Bay San Luis
Gonzaga, welche ein sehr bequemer und sicherer Hafen in
der See Cortes oder dem californischen Meerbusen ist.
Die Bevölkerung dieser ganzen Gegend bestehet grössten-
theils in Eingebohrnen, von welchen sich eine kleine Anzahl bey den Missionen aufhält, die übrigen aber in verschiedenen beweglichen Dörfern zerstreut leben, die unter
der nächsten Mission stehen. Obgleich diese an Zahl sehr
eingeschränkten Völker die christliche Religion angenommen
haben, so haben sie doch dieselbe Art sich ihren Unterhalt
zu verschaffen, deren sie sich als Hryden bedienten, beybehalten. Sie jagen, fischen, und leben zwischen den Bergen, wo sie die Gewächse und Früchte sammeln, welche
der Boden ohne alle Cultur hervorbringt.

Die Spanier, so wohl die, welche es der Geburt nach
sind, als auch die unter diesem Namen in America be-
griffenen, welche sich in der Halbinsel niedergelassen haben,
machten keine 400 Seelen aus, mit Einbegrif der zum
Militär gehörigen Personen im Fort Loreto, und derer
die sich Bergleute nennen, und den südlichen Theil bewohnen. Diese kleine Anzahl ist nicht hinreichend die Küste zu vertheidigen, wenn eine fremde Nation eine Landung
hauptsächlich in dem nördlichen Theile versuchen sollte.

Auf der ganzen Südsee, die an die Küste von Neu-
Spanien stößt, kennet man keine andere Fahrzeuge, als

die

die neulich zu San Blas erbaueten Paketboten, nebst 2
anderen kleinen, deren sich die vertriebenen Missionarien,
um den Verkehr mit den Küsten von Sonora und Neu-
Galicien zu unterhalten, bedienten.

Don J. de Galvez ließ sich durch diese Hindernisse
nicht abschrecken. Er hielt es für nöthig, den entdekten
Theil der Halbinsel mit tüchtigen Leuten zu besetzen, die
im Stande wären das Land anzubauen, und auf den
Nothfall sich zu vertheidigen. Er fand es auch für rath-
sam, so weit gegen Norden, als nur geschehen könnte,
neue Niederlassungen anzulegen, die mit denen gegen Süden in einer Verbindung stünden, und sich einander wechselsweise beystehen könnten.

In dem J. 1602. entdekte der Befehlshaber einer
Expedition, die westliche Küste von Californien zu untersuchen, Sebastian Vizcaino, die Häfen San Diego unter
$32\frac{1}{2}°$ N. B. und Monterrey unter 36° 40' N. B.
Der König Philipp III. befahl darauf, daß in dem Hafen
Monterrey ein Etablissement errichtet werden sollte. Der
Befehl ist aber nie vollzogen, und Vizcaino gestorben, als
er sich zur Expedition anschikte. Da dieselben Ursachen,
weswegen ein Etablissement im vorigen Jahrhundert hier
für sehr nothwendig gehalten wurde, noch jezt obwalten,
so wurde von Don Joseph de Galvez in einer unter seinem Vorsiz zu San Blas am 16ten May 1768. gehalte-
nen Berathschlagung, mit Zuziehung des Commandanten
des Departements, der Officiere von der Armee, und der
gegenwärtigen Lootsen beschlossen, daß das Unternehmen
mit mehrerem Eifer iezt durchgesezt, und in den Häfen
San Diego und Monterrey eine Garnison und Mission
angelegt werden sollte. Die Fahrzeuge San Carlos und
San Antonio, die die größten und stärksten waren, wur-

den

den zur Expedition zur See bestimmt, die Officiere, Soldaten und Missionarien konnten aber nicht eher ernannt
werden, als bis Don Galvez in Californien gewesen war.
Weil die genannten Packetboote damals nicht zu St. Blas
waren, so schifte sich Don Joseph auf dem Eilande, Cinaloa, nach Californien ein am 24sten May, von wo er den
5ten Jul. in der Bay Cerralvo landete, nachdem er die
Inseln Jsabella und Marias und den Hafen Mazatlan
auf der Kuste von Cinaloa vorher besucht hatte. Hier
entschloß er sich ausser der Expedition zur See noch eine
andere zu Lande zu veranstalten, welche mit jener den
nemlichen Zwek haben, und so wohl von ihr Beistand
empfangen als ihr ihn leisten sollte. Alle Missionen auf
der Halbinsel erhielten daher Befehl, zu der Mission zu
steuern, die Verzierungen und heiligen Geräthschaften für
die neuen Missionen anzuschaffen, daneben trockene Früchten, Liqueurs, deßgleichen Pferde und Maulesel einzuschicken.
Die Bedürfnisse und Provision für die Land-Expedition
wurden in dem Fort Loreto auf 4 Böten nach der Bay
von San Luis Gonzaga gebracht, um von da nach der
am meisten nördlichen und lezten Mission Santa Maria
geschikt zu werden, die zum allgemeinen Sammelplaz bestimmt war, wo sich die Truppen, die Treiber, die Vieh-
hirten mit allerley Vieh, das als Lastvieh auf der Reise,
und den neuen Etablissements zum Vorrath dienen sollte,
einfinden sollten. Die Truppen bestanden in 40 Mann
von der Californien Compagnie, in Verbindung mit 30
Indischen Volontärs aus den Missionen, die mit Bogen
und Pfeilen bewafnet waren, insgesamt unter dem Befehl
des Gouverneurs der Halbinsel Don Gaspar de Portola.
Don Joseph fand für gut den Haufen in 2 Theile zu
theilen. Der Capitain des Forts Loreto, Don Fernando

Rivera y Moucada führte den ersten Trupp an, und hatte 25 Mann von seiner Parthey und einige von den freundschaftlich gesinnten Indianern nebst dem Hornvieh bey sich. Der Gouverneur sollte als Chef der Expedition mit der übrigen Mannschaft und den Provisionen folgen.

Die erste Parthey sollte Anfangs Decembers ihren Marsch antreten. Allein die schlechten Wege, und die Unmöglichkeit das Vieh beysammen zu halten, und es durch ein Land zu führen, wo Weide und Wasser rar waren, welches von dem nördlichen Theil des alten Californien gesagt werden kann, verzögerten den Marsch. Das Hornvieh, welches zu Anfang des März 1769. in der Mission Santa Maria ankam, konnte die Reise nicht fortsetzen, und man muste es zu Velicata lassen, um sich zu erholen, damit es zu einer andern Zeit transportirt werden könnte, welches auch nachher geschehen ist. Eine neue Mission wurde in Velicata errichtet, und San Fernando genannt, ungefähr 20 Seemeilen (leagues) von Santa Maria. Der Ort wird von den Heyden in Nordcalifornien fleißig besucht. Eine hinlängliche Besatzung wurde hier zurückgelassen, und der erste Theil der Expedition zu Lande machte sich von hier auf den Weg nach San Diego am 24sten März d. J. Der 2te Theil brach von Velicata auf am 15ten May, und hatte bey sich den Präsidenten der Missionen von Californien, den ehrwürdigen Vater Junipero Serra, in dem weder hohes Alter noch die Beschwerlichkeiten einer langen Reise, und seines in Monterrey zu führenden Apostolischen Amtes den brennenden Eifer, die göttliche Religion unter den Heyden zu lehren, dämpfen konnten.

Die Packetboote San Carlos und San Antonio sollten nach dem Befehl des Don Joseph in dem Hafen de

la

la Paz in Südcalifornien die alten Truppen und Provisionen für die neuen Etablissements an Bord nehmen. Es
dauerte aber lange ehe sie daselbst ankamen. San Carlos
kam in der Mitte des Decembers an, war aber leckig geworden, und muste kalfatert werden. Es geschah dieses
unter der persönlichen Aufsicht des Don Joseph. In weniger als 15 Tagen war die ganze Ladung am Bord, die
Truppen wurden eingeschift, nämlich 25 Mann aus den
Volontairs von Catalonien mit ihrem Lieutenant, einem
Ingenieur und Wundarzt, und Missionair, welcher lez-
terer zu San Diego bleiben sollte. Um die Zeit erhielt
man Nachricht, daß das Packetboot San Antonio durch
die stürmischen Nordwestwinde von de la Paz ab gegen
Pulmo getrieben war. Don Joseph, welcher befürchtete,
daß die Winde nicht zulassen würden, das Schiff in diesen
Hafen zu bringen, schikte dem Capitain Befehl in die Bay
von San Barnabe bey Cap San Lucas einzulaufen, wohin Don Joseph sich in dem Packetboot Conception begab.
Die Schiffe Conception und San Carlos stachen in See
am 10ten Jan. 1769, und ankerten am 14ten in der Bay
von San Barnabe. Weil aber das Packetboot San Antonio noch nicht angekommen war, so ließ Don Joseph
das Schiff San Carlos am folgenden Tage allein nach
San Diego absegeln. Gegen Ende des Januars kam das
Schiff Antonio in der Bay San Barnabe an, und nachdem auch dieses ausgebessert war, so gieng es am 15ten
Febr. unter Seegel.

Wegen der beständigen Nord- und Nordwestwinde,
die mit geringer Unterbrechung das ganze Jahr durch auf
der Küste von Californien wehen, die sich gegen Nordwest
und Südost drehet, ist die Schiffahrt hieselbst sehr beschwerlich. Die Schiffe müssen sich so weit von der äussern

fern Küste entfernen, daß sie in den Strich der veränderlichen und guten Winde kommen, um mit ihnen so weit
nordwärts, als nöthig ist, zu segeln, und alsdann nach
dem angewiesenen Hafen zu gehen.

Die Packetboote hatten den Befehl sich hiernach auf
ihrer Fahrt nach San Diego zu richten. Das Schiff
San Carlos war durch ungünstige Winde und Windstillen
genöthiget sich mehr als 200 Meilen von der Küste zu
entfernen, und nachher wegen Mangels an frischem Wasser in die Insel Cerros einzulaufen, wo es, weil wegen
schlechten Grundes kein Anker geworfen werden durfte,
mit vieler Mühe erhalten wurde. Nach eingenommenem
Wasser gieng das Schiff am 26sten März wieder unter
Segel, und landete am 29sten April in dem Hafen von
San Diego, nachdem es 110 Tage, seitdem es la Paz
verlassen, unterwegens gewesen war. Die gesamte Mannschaft am Bord war durch die lange und mühselige Fahrt
mitten im Winter, in einen elenden Zustand gerathen.
Alle ohne Unterschied hatten den Scharbock. Zwey Mann
starben gleich nach ihrer Ankunft zu San Diego, und der
größte Theil der Matrosen und die Hälfte der Soldaten
mußten das Bett hüten. Nur vier Matrosen waren zum
Dienst tauglich, und diese mit den übrigen Truppen ver-
sahen den Dienst auf dem Schiffe.

Das Schiff San Antonio hatte das Glük die Fahrt
in 59 Tagen zurük zu legen, und kam am 11ten Apr. zu
San Diego an. Aber auch am Bord dieses Schiffes war
die halbe Mannschaft mit dem Scharbock behaftet. Zwey
Mann waren schon daran gestorben. Die nächste Aufmerksamkeit der Officiere war auf die Wiederherstellung
der Kranken gerichtet. Man suchte daher zuerst einen guten Wasserplatz aus, um die Fässer mit frischem Wasser

für

für die Leute zu füllen. Am 1 May wurden 25 Mann
Soldaten und Matrosen mit 3 Officieren ans Land gesezt. Sie wandten sich gegen das westliche Ufer des Hafens und entdekten einen Trupp Indianer, die mit Bogen
und Pfeilen bewaffnet waren. Man gab ihnen ein Frie-
denszeichen mit einer weissen Flagge; aber die Indianer
liessen die ausgesezten Spanier nicht nahe kommen, sondern zogen sich furchtsam auf benachbarte Anhöhen zurük.
Bey ihrem Rükzuge stellten sie bisweilen das eine Ende
ihres Bogens auf die Erde, faßten das andere mit der
Hand, tanzten und dreheten sich mit unglaublicher Geschwindigkeit herum. So wie die Spanier anrükten, entflohen sie. Endlich ward ein einziger Soldat abgeschikt,
welcher sie dadurch zum Halt brachte, daß er seine Waffen
auf den Boden legte, sich ihnen mit freundlichen Geber-
den näherte, und ihnen einige Geschenke gab. Unterdessen
kamen die übrigen Spanier heran, theilten Bänder, Glaskorallen, und Spielwerk unter ihnen aus, und fragten sie
durch Zeichen, wo Wasser zu bekommen wäre. Die Indianer wiesen auf einen gegen Nordost gelegenen Wald,
und gaben zu erkennen, daß sie die Fremdlinge dahin führen wollten. Man nahm das Anerbieten an, und gelangte nach drei Meilen zu einem Flusse, der an zwanzig
Yards breit, und auf beyden Ufern mit Weiden und blät-
terreichen Pappeln besezt war, das Wasser floß in eine
Bucht, wohin man zur Fluthzeit ein Boot schicken konnte; man hatte hier also einen guten Wasserplaz. Unter
den Bäumen fand sich eine Verschiedenheit von Gesträuchen
und wohlriechenden Pflanzen, als Rosmarin, Salwey,
Rosen, und besonders eine grosse Menge wilder Weinstöcke,
die damals eben blüheten. Die Gegend war angenehm,
und das Land an den Ufern des Flusses schien einen vor-
treflichen

treflichen Boden zu haben. Der Fluß kam von sehr hohen
Bergen, in einem weiten Bette, welches sich nach Osten
und Nordost wandte. In der Entfernung eines Flinten-
schusses, gegen die Berge hin, sahen die Spanier eine
Stadt oder einen Wohnplaz der Indianer. Sie schien
aus Baumzweigen zu bestehen, aus Hütten in Pyramiden-
gestalt, mit Erde bedekt. Kaum sah das Volk ihre Freunde und die von ihnen mitgebrachte Gesellschaft, als Männer, Weiber und Kinder aus ihren Hütten eilten, und
ihre Gäste freundschaftlich einluden. Die Weiber waren
auf ihre Weise anständig gekleidet; sie trugen dicke doppelte
Netze, die von dem Unterleibe bis auf die Knie reichten.
In der Stadt fand man dreyßig bis vierzig Familien.
An einer Seite derselben bemerkte man eine Art von Ge-
hege oder Verhak, welches aus Baumstämmen und Zweigen bereitet war, und ihnen, wie sie zu verstehen gaben,
zur sichern Zuflucht diente, wenn sie von ihren Feinden
angegriffen würden. Eine Festung die den unter ihnen
gebräuchlichen Waffen widerstehen konnte.

Diese Eingebohrnen sind von ziemlicher Größe, gut
gebildet und thätig. Sie gehen nakt. Ihre ganze Be-
deckung ist ein Gürtel, der wie ein Netz aussiehet, und
aus einem sehr feinen Baste einer Pflanze gemacht wird,
welche die Spanier Lechuguilla nennen. Ihre Köcher bestehen aus Fellen von wilden Katzen, Wölfen, oder Rehen;
sie stecken sie hinter den Gürtel dicht an den Leib. Ihre
Bogen sind zwey Ellen lang. Außer diesen Waffen gebrauchen sie eine Art Macana von sehr hartem Holze,
deren Gestalt einem kurzen und krummen Säbel sehr ähnlich siehet. Dies werfen sie ziemlich weit von sich und
durchschneiden dabey die Luft mit vieler Heftigkeit, sie
werfen es weiter als wir einen Stein, und gehen niemals
ohne

ohne daſſelbe in das offene Feld. Begegnet ihnen eine
Schlange, oder ein anderes ſchädliches Thier, ſo werfen
ſie ihre Macana nach ihm, und ſpalten es gewöhnlich in
zwey Stücken. Sie ſind von Natur ſtolz, roh in Sitten,
geizig, zum Scherz und zur Ruhmredigkeit geneigt, obgleich nicht ſonderlich beherzt. Sie haben eine groſſe Meynung von ihrer Stärke, und halten den ſtärkſten Mann
für den brävſten. Bey aller ihrer Liebe zu Kleidungsſtük-
ken erſchienen doch ſolche den folgenden Tag wieder nakt,
welche von den Spaniern einen Anzug erhalten hatten.

In dem Lande giebt es Hirſche und wilde Schweine,
viele Haſen, Kaninchen, Eichhörner, wilde Katzen und
Mäuſe; viele Waldtauben, Lerchen, Wachteln, Staare,
Spechte, Dohlen, Krähen, Sperber, Täucher und andere
Raubvögel zur See. Es fehlt auch nicht an Enten und
Gänſen von verſchiededer Art und Gröſſe. Die Fiſche ſind
von mancherley Gattung; die beſte iſt der Flünder und die
Sohle, welche einen köſtlichen Geſchmak und faſt immer
ein Gewicht von fünfzehn bis zwanzig Pfund haben. Im
Jul. und Auguſt kann man ſo viele Bonitos fangen als
man will. Das ganze Jahr hindurch giebt es Weißlinge,
Makrelen, Lamprete, Rochen, Muſcheln und Schellfiſche
von allen Arten. Im Winter ſind die Sardellen hier ſo
häufig als an der Küſte von Galicien und Ayamonte.
Fiſche ſind die gewöhnliche Speiſe der Indianer, welche
das Ufer dieſes Hafens bewohnen. Sie eſſen viele Schellfiſche, weil ſie dieſe leicht fangen können. Sie machen ihre
Böte aus den abgeſtochenen obern Raſen, welche ſie mit
ihren zweyſchneidigen Rudern geſchikt zu regieren wiſſen.
Die Fiſche fangen ſie hauptſächlich mit langen hölzernen
Stangen, die mit einem ſcharfen Knochen am Ende verſehen ſind; dieſe werfen ſie ſo geſchikt, daß ſie ſelten ihr
Ziel verfehlen.   Nach-

Nachdem die Spanier frisches Wasser gefunden hatten, begaben sie sich wieder an Bord. Die Kapitaine der Schiffe entschlossen sich, ihre Schiffe näher an die Bucht zu bringen, worein der Fluß fällt, um das Wasserschöpfen zu erleichtern. Es konnte dieses aber nicht ohne grosse Mühe bewerkstelliget werden, weil die Kranken täglich so sehr überhand nahmen, daß die gefährlichsten davon starben, wodurch die Arbeit der wenigen gesunden vergrössert wurde.

Nahe am Gestade gegen Osten hin, wurde ein Grund abgestochen mit einer Brustwehr von Erde und Faschinen, worauf zwey Kanonen gepflanzt wurden. Von den ausgespannten Segeln wurden zwey grosse Zelte zu einem Hospital eingerichtet, wohin die Kranken von dem Schiffe gebracht wurden. Den Mangel der Arzneymittel, die so wohl als die Lebensmittel während der Reise ausgegangen waren, ersezte der Wundarzt so gut als er konnte durch gewisse Kräuter, welche er mit vieler Mühe auf den Feldern aufsuchte, und die er auch zu seiner eigenen Wiederherstellung, indem er beinahe eben so krank war, als die übrigen, bedurfte. Die Kälte des Nachts war nicht minder empfindlich, als die Hitze bey Tage. Zwey oder drey starben täglich, so daß die Anzahl der zur Expedition Beorderten, die ursprünglich über 90 Mann war, zu 8 Soldaten und eben so vielen Matrosen geschmolzen war, die noch dienstfähig waren.

Nachdem man lange nach der Ankunft der Landexpedition vergebens gewartet hatte, so benachrichtigten endlich am 14ten May die Indianer einige Soldaten, daß Leute bewafnet wie sie, und zu Pferde aus Süden im Anzuge wären. Die Nachricht wurde zur beidenseitigen Freude bald bestätiget. Die, welche zu Lande gereist waren, kamen

alle

alle glüklich an, und hatten nach einem Marsche von 2 Monaten keinen Kranken unter sich. Sie hatten aber nur noch 3 Mehlsäcke bey sich, woraus einem jeden Mann täglich zu nicht mehr als 2 Kuchen gereicht wurden. Sie wurden daher mit Lebensmitteln von ihren Cameraden versehen, ein neues Lager wurde eine Meile weiter gegen Norden an dem rechten Ufer des Flusses auf einer mittelmässigen Anhöhe errichtet, wo man sich der Kranken besser annehmen konnte, für die der Wundarzt, Don Pedro Prat, alle mögliche Sorgfalt trug. Da man aber fand, daß sie sich nicht besserten, und daß aller Wahrscheinlichkeit nach die beyden Schiffe wegen Mangels an Mannschaft nicht segeln könnten, so wurde beschlossen ein Schiff nach San Blas zu schicken, und den Vicekönig und Generalinspector von dem Zustande beyder Expeditionen zu benachrichtigen. Don Juan Perez, der Kapitain des vornehmsten Schiffes, bekam diesen Auftrag. Da das Schiff eben im Begriff war abzusegeln, kam der Gouverneur Don Gaspar de Portola am 29sten Jun. mit dem 2ten Theile der ihm unterworfenen Expedition an. Dieser wünschte nun sehr, daß der zurükgebliebene Kapitain Don Vicente Vela mit seinem Schiffe nach Monterrey gehen möchte, und er bot ihm daher 16 von seinen Leuten an. Weil aber unter ihnen kein Matrose war, und er überdem alle seine Officiere eingebüßt hatte, so konnte er dieses Anerbieten nicht annehmen. Indessen war doch der Gouverneur der Meynung, daß die Reise zu Lande nach Monterrey nicht aufgeschoben werden müßte, da alle seine Soldaten und übrigen Leute gesund waren, er auch 163 Maulthiere mit Lebensmitteln beladen bey sich führte, und überdem auf die Zufuhr rechnen konnte, welche am Bord des Packetboots San Joseph war, welches nach denen vom Don Joseyn erhaltenen Nachrichten auf der Fahrt nach demselben Orte seyn mußte. Er machte daher sogleich die erforderlichen Anstalten zum Marsche, obgleich der Hafen sehr entlegen war, aus Furcht der Weg über die Berge möchte wegen gefallenen Schnees nicht zu passiren seyn; denn sie wußten aus eigener Erfahrung in diesem Jahre, daß viel Schnee zu San Diego gefallen war, dazu hatten die zur See angekommenen im April viel Schnee auf den Bergen gesehen. Die beyden Officiere Don Pedro Fages und Don Miguel Costanso wurden ersucht, mit den Soldaten, die marschiren konnten, deren damals nur sechs waren, ihn zu begleiten, welches Anerbieten sie annahmen. Von den getroffenen Maasregeln wurde ein Bericht an den Vicekönig und Generalinspector aufgesezt; dieser mit den übrigen Depeschen wurde an Bord des Schiffes San Antonio abgegeben, das mit einer nicht mehr als 8 Mann starken Mannschaft am 9ten Jun. absegelte. Zu San Diego wurde eine Wache gelassen, zur Beschützung der Mission und der Kranken, nebst dem Wundarzte, auch eine Anzahl Pferde und Maulthiere zum Behuf des Ganzen, deßgleichen zur Errichtung einer neuen Mission 3 Mönche, wovon indessen einer der vorhin erwähnte Serra auf Schiffsgelegenheit wartete, um sich an seinen Bestimmungsort Monterrey zu begeben, zwey andere traten ihren Weg dahin in der Folge an.

Das Corps brach von San Diego auf am 14ten Jun. 1769. Die beyden Divisionen marschirten zusammen, wegen der vielen Pferde und Lastthiere, denn 100 derselben waren mit denen zur Unterhaltung der Leute auf 6 Monate erforderlichen Nothwendigkeiten und Lebensmitteln beladen, damit man von der Verzögerung der Packetboote nichts zu befürchten habe, obgleich es höchst wahrscheinlich war,

war, daß wenigstens eines von ihnen binnen der bestimmten Zeit zu Monterrey ankommen würde.

Der Marsch war folgender. An der Spitze war der
Commandant mit den Officieren, denen 6 Volontairs von
Catalonien, die man zu San Diego erhalten hatte, nebst
einigen freundschaftlichen Indianern, mit Schaufeln, Spa-
den, eisernen Riegeln, Aexten, und andern Werkzeugen,
deren sich die Pioniers bedienen, um Bäume auszuroden,
und sich wo nöthig einen Weg zu öfnen. Darauf folgte
die Heerde Vieh, in 4 Divisionen mit ihren Treibern,
und einer Escorte Soldaten für jede Division. Im Hin-
tertrab marschirte der Kapitain Don Fernando Rivera mit
den übrigen Truppen, und den Indianischen Freunden,
mit der Convoy der Pferde und Maulthiere.

Die Soldaten von der Californien Garnison überstanden unendlich viele Mühseligkeiten auf dieser Tour. Sie
bedienen sich der Defensiv und Offensiv Waffen. Die ersten
bestehen in einem Rock aus 6 oder 7 zusammen gedrükten
Rehhäuten, der von den Pfeilen der Indianer, wenn sie
nicht von einer kleinen Entfernung abgeschossen werden,
nicht durchbohrt werden kann, und in einem Schilde, der
an beyden Seiten mit einer rohen Ochsenhaut bezogen ist,
am rechten Arm getragen wird, und durch den Keule und
Pfeile abgehalten werden. Ausser diesen hat der Caval-
rist, der sich und sein Pferd zu vertheidigen weiß, eine
Art von Schürze von Rindsleder, die an dem Sattelknopf
befestigt ist, mit einem Fell an jeder Seite, wodurch die
Lenden und Füsse gegen Verletzung bey dem Passiren durch
die Hölzungen geschützt werden. Ihre offensive Waffen
sind die Lanze, die sie vortreflich zu Pferde zu schwingen
wissen, ein Pallasch, und ein kurzes Feuerrohr, das sie
gemeiniglich in einem Futteral bey sich führen. Sie be-

B 2   sitzen

ſigen viele Stärke, können groſſe Beſchwerlichkeiten ertragen, ſind gehorſam, entſchloſſen, behende, und ohne Zweifel die beſten Reuter in der Welt.

Die Tagesreiſen dieſes Corps konnten nicht lang ſeyn.
Der Weg gieng durch unbekannte Gegenden, wo keine
Heerſtraſſen waren, anderer Urſachen zu geſchweigen. So
muſte z. E. das Land vorher unterſucht, die Stationen
nach den Waſſerpläzen abgemeſſen, der Marſch des Nachmittags angetreten werden, wenn die Thiere um die Zeit
getränkt waren, und Nachricht eingegangen war, daß auf
dem nächſten Marſche kein oder wenig Waſſer, und wenig
Weide angetroffen werden würde. Raſttage wurden jeden
vierten Tag, manchmal mehr auch weniger gehalten, je
nachdem die Wege rauher, die Pioniers mehr angeſtrengt,
die Thiere mehr verlaufen, (welches ſich doch ſelten mit
den Pferden zutrug,) und auf ihren Fußſtapfen nachzuſu-
chen waren, oder ſich das Gegentheil von allem dieſen
zugetragen hatte. Bisweilen verurſachten auch die Kranken einen Aufenthalt, die wegen der groſſen Strapazen
und entſezlichen Hize und Kälte, die ſie auszuſtehen hatten, ſich, ſo wie wir fortrükten, vermehrten. Die größte
Gefahr und der ſchlimſte Feind iſt in den Thieren ſelbſt
zu ſuchen. Sie werden zur Nachtzeit in einem fremden
Lande leicht in Furcht geſezt. Wenn ſie z. E. einen Fuchs,
einen vorbey fliegenden Vogel, oder den durch den Wind
erregten Sand ſehen, ſo erſchrecken ſie, laufen viele Meilen, ſtürzen ſich in Abgründe oder Felſen hinunter, ohne
daß man ſie zurükhalten kann. Sie können nicht ohne
groſſe Mühe, und bisweilen gar nicht, wieder zuſammen
gebracht werden, und welche nicht umkommen werden oft
gelähmt, daß ſie auf lange Zeit unbrauchbar ſind. Durch
die groſſe Vorſicht, die angewandt wurde, erlitt die Expedition

tion aus diesen Ursachen keinen beträchtlichen Aufschub.
Je mehr man gegen Norden rükte, desto angenehmer wurde das Land. Die Spanier, welche auf die beschriebene
Weise grosse Länder durchreisten, stiessen auf viele Indianer, die ihnen entgegen kamen, um sie zu empfangen, und
sie bisweilen von einem Orte zum andern begleiteten. Sie
waren freundlich und ruhig; vornemlich von San Diego
weiter nach Norden.

Die lebhaftesten und fleißigsten Indianer sind diejenigen, welche die Inseln und die Küste des Kanals Santa
Barbara bewohnen. Sie leben in Städten, oder vielmehr Dörfern. Ihre Häuser haben eine sphärische Gestalt, beynahe wie eine halbe Orange, sind mit Rasen ge-
dekt, und viele von zwanzig Ellen im Durchmesser. Jedes
Haus enthält 3 oder 4 Familien. Die Feuerstätte ist in
der Mitte des Hauses, und oben befindet sich ein Luftloch
oder Schornstein, wodurch der Rauch weggeführt wird.
Diese Leute bezeugten sich gegen uns eben so freundschaftlich und leutselig, als in vorigen Zeiten gegen die Begleiter des Sebastian Vizcaino. Männer und Weiber sind von
guter Gestalt, bemahlen sich gern das Gesicht und den
Körper, und tragen grosse Federbüsche und kleine Bänder
in den Haaren, mit verschiedenen Zierrathen, als Pater-
noster-Knöpfchen und Glaskorallen von mancherley Farben.
Die Männer gehen ganz nakt, ausser in kaltem Winter;
wo sie lange Pelze umhängen, die entweder aus gegerb-
ten Otterfellen gemacht werden, oder aus langen rauhen
Streifen solcher Felle bestehen, die so geflochten werden,
daß das Rauhe auswärts gekehrt wird, und die alsdann
in ein Gewebe gewebt werden, worin gleichfals das Rauhe
auswärts stehet. Die Weiber äußern mehr Schamhaftig-
keit; sie tragen einen Gürtel von Rehfell um den Leib,

welcher

welcher sie vornen und hinten bis unter die Kniee bedeckt.
Sie gebrauchen noch ausserdem eine Bekleidung von Otterfellen, in Form eines losen Rockes. Eben diese Weiber
weben verschiedene Körbe und Geschirre von Rohr in
manchen schönen Gestalten, und zwar nach dem bestimmten Gebrauche, entweder davon zu essen, oder daraus zu
trinken, oder Kornfrüchte darin aufzubewahren, oder zu
andern Endzwecken; denn Thonarbeiten, welche die Indianer zu San Diego verfertigen, sind ihnen unbekannt. Die
Männer machen Körbe von Holz, stark mit Corallen oder
Knochen ausgelegt, und grosse Vasen mit enger Mündung,
die aussehen als wären sie von einem geschikten Drechsler
verfertiget, und von einem Meister polieret. Sie machen
auch grosse Wasserkrüge von Rasen, die stark, inwendig
verpicht, und unsern irdenen Krügen nicht unähnlich sind.

Um die gesammelten Körner zu essen, welche sie anstatt Brod gebrauchen, dörren sie dieselben zuerst in grossen
Trögen, und werfen einige glühend heisse Kiesel- oder
Feuersteine hinein; alsdann erhalten sie die Tröge in beständiger Bewegung, damit die Körner nicht verbrennen,
und, nach hinlänglichem Rösten, zermalmen sie solche in
steinernen Mörsern, wovon einige sehr gross und so vortreflich gearbeitet sind, als wären die besten eisernen Werkzeuge dazu gebraucht worden. Ihre Geduld, Beharrlich-
keit und Mühe, die sie auf diese Werke verwenden, verdient
in der That alle Bewunderung. Dergleichen Werke werden unter ihnen so hoch geschäzt, daß man, wenn die
Verfertiger sterben, sie zum Andenken an die Geschiklichkeit
und den Fleiß der Verstorbenen über ihre Gräber aufhängt.
Sie begraben ihre Todten in den Städten. Die Leichenbegängnisse ihrer Anführer geschehen mit vielem Pomp;
sie stellen bey der Grabstätte sehr hohe Stangen auf, an
welche

welche sie verschiedene Geräthschaften und Mobilien hän‐
gen, die dem Verstorbenen zugehörten. Auch richten sie
breite tannene Bretter auf, mit Gemählden und Figuren
versehen, durch welche sie ohne Zweifel die vornehmsten
Thaten des Todten schildern wollen.

Vielweiberey ist bey ihnen nicht erlaubt; nur die An‐
führer haben das Recht zwey Frauen zu nehmen. In
allen Städten sah man eine besondere Classe von Män‐
nern, welche nach Art der Weiber leben, mit ihnen Ge‐
sellschaft halten, sich nach ihrer Weise kleiden, sich mit
Glasperlen, Ohrringen, Halsgeschmeiden und andern Zier‐
rathen ausschmücken, und in grossem Ansehen stehen. Da
es den Spaniern an einem Dolmetscher fehlte, so konnten
sie nicht bestimmen, was für eine Männerclasse diese ge‐
schmükten Herren ausmachen, oder zu welchem Dienste sie
bestimmt sind, obgleich jeder einen Fehl in Ansehung des
Geschlechts, oder irgend einen geheimnißvollen Mißbrauch
muthmaßte. Die verheuratheten Personen haben ihre ab‐
gesonderte Betten, die über dem Boden erhaben stehen.
Ihre Matratzen und Kissen sind Binsenmatten, doch liegen
leztere am Haupte des Bettes aufgerollt. Alle Betten sind
mit Matten umgeben, sowohl des Wohlstandes wegen, als
auch um die Kälte abzuhalten.

Diese Indianer verfertigen sehr künstliche Böte von
tannenen Planken, welche, den hervorragenden Theil mit
eingeschlossen, acht bis zehn Ellen lang, und in der Mitte
anderthalb Ellen breit sind. Zu diesem Baue brauchen
sie kein Eisen, denn dieses Metall kennen sie wenig; son‐
dern sie bohren mit einem Bohrer ungefähr ein Zoll vom
Ende in die obern und untern Bretter auf einander pas‐
sende Löcher, binden sie vermittelst Riemen von Hirschfel‐
len zusammen, verpichen und verstopfen die Oefnungen,

und

und vermahlen das Ganze mit bunten Farben. Sie wissen sie mit grosser Geschiklichkeit zu regieren, und wagen
sich damit in die See auf den Fischfang. Ein solches
Boot hat gemeiniglich 3 oder 4 Mann, kann aber 8 bis
10 Personen tragen, die Ruder sind lang und zweyschnei-
dig. Diese Leute verstehen sich sehr gut auf den Fischfang.

Sie haben Umgang und Handelsverkehr mit den Völkern auf den Inseln. Von da her bekommen sie ihre Corallen, die in allen diesen Ländern statt Geld curſiren, ob
es gleich schien, daß sie die Glasknöpfe, welche ihnen die
Spanier gaben, weit höher achteten, indem sie dafür ihre
ganze Habseligkeit zum Tausch anboten, nemlich ihre
Mulden, Otterfelle, hölzerne Becher und Teller. Ueber
alles schäzen sie aber Rasiermesser, Beile und andere schnei-
dende Instrumente. Sie sahen vergnügt und erstaunt zu,
als die Spanier vermittelst derselben mit so leichter Mühe
starke Bäume zu Brennholz niederfällten.

Auch sind sie geschikte Jäger. Um einen Hirsch, oder
ein wildes Schwein zu tödten, ziehen sie ein trockenes Fell
von einem solchen Thiere mit allem Zubehör an, kriechen
auf den Beinen und der linken Hand so nahe als möglich,
tragen in der Rechten den Bogen und vier Pfeile, bewegen den Kopf nach Art des Wildes, und treffen dann
glüklich. — Man entdekte unter ihnen einige Ueberbleibsel
von breiten Degenklingen, Eisen, und Bruchstücke von
verarbeitetem Silber. Als die Spanier sie fragten, woher
sie das empfangen hätten, gaben sie durch Zeichen zu verstehen, daß es zu ihnen aus dem östlich gelegenen Lande
gekommen wäre; und obgleich Neu-Mexico sehr weit entfernt liegt, so ist es doch möglich, daß von dorther solche
Dinge aus Hand in Hand bis zu ihnen gelangt seyn mögen.

Ihre

Ihre Sprache ist tönend und leicht auszusprechen. Einige Spanier glaubten darin eine gewisse Aehnlichkeit mit der mexicanischen zu finden, weil der Buchstabe l und ſ häufig vorkam. Wer mit der mexicanischen Sprache bekannt ist, der urtheile über die Aehnlichkeit oder Unähnlichkeit nach folgenden Wörtern.

Nucchù	Kopf	Zahlwörter	
Kejuhè	Brust	Pacà	eins
Huachajà	Hand	Excò	zwey
Chipucù	Elbogen	Maſeja	drey
Focholò	Armgrube	Scumu	vier
Fononomò	Lende	Ytipaca	fünf
Piſtocù	Knie	Ytixco	ſechs
Kippejuè	Bein	Ytimaſge	ſieben
Acteme	Fuß	Malahua	acht
Tomol	Kahn oder Canoe	Upax	neun
Apa	Dorf oder Stadt	Kerxco	zehn.
Femi	Anführer		
Amo	Nein.		

Von dem Canale Santa Barbara weiter hinauf iſt das Land nicht ſo bevölkert, auch das Volk nicht ſo arbeitſam, obgleich eben ſo harmlos und freundſchaftlich.

Die Spanier paſſirten den Berg Santa Lucia mit vieler Mühe. An dem Abhang dieſes Berges gegen Norden iſt zufolge den alten Nachrichten zwiſchen den Spitzen de Pinos und de Anno Nuevo der Hafen Monterrey. Die Spanier erblikten dieſe Spitzen am 1 Okt. 1769. Der

B 5   Com.

Commandant ließ die Stelle untersuchen, und fand den
Hafen im 36° 40' N. B. Weil aber die Beschreibung
und Lage dieses Hafens nicht mit den Nachrichten des
Cabrero Bueno *), denen wir allein trauen konnten und
nach welchen der Hafen Monterrey im 37° N. B. seyn
muß, übereinstimmte, so glaubten die auf die Untersuchung
Ausgeschikten, daß der Hafen noch weiter gegen Norden
liegen müsse, und brachten die Nachricht ins Lager, daß
er nicht da zu finden sey, wo man es erwartet hatte. Es
waren damals 17 Mann am Scharbok krank, und die
Arbeit das Vieh zu füttern und zu hüten, vornemlich
aber das Land zu recognosciren, erforderte mehr Mann,
schaft als man mustern konnte. Der Commandant be,
rathschlagte daher mit den Officieren, was zu thun sey.
Sie waren mit ihm gleicher Meynung, daß man noch
weiter marschiren müsse, weil sie weder die mit den Schif,
fen erwartete Zufuhr erhalten noch das Etablissement er,
richten könnten, wenn sie nicht den Hafen erreicht hätten,
der aller Wahrscheinlichkeit nach nicht weit entfernt seyn
könnte. Sie giengen also weiter. Die Kranken litten viel
auf diesem Marsche, und ihrentwegen war nach jedem
Tagesmarsche ein Rasttag. Mit dem Regen, der gegen
Ende

---

*) Admiral D. Joseph Gonzalez Cabrera Bueno ist der Ver,
faster von Navegacion especulativa y practica, Manila 1734,
fol. Der englischen Schrift ist ein Auszug daraus, worin die
Lage und Wendungen der Küste von Cap Mendocino bis an
den Hafen von Acapulco beschrieben werden, angehängt.
S. 47—64. Weil aber dieser bloß für Seefahrer von Nutzen
seyn kann, so haben wir ihn weggelassen. Aus eben dem
Grunde übergehen wir auch den zweyten Zusatz aus einem
französischen MS. in der Samlung des H. Dalrymple.

A. d. Z.

Ende des Octobers fiel, stellte sich eine epidemische Diarrhoe ein, die einen ieden ohne Unterschied sehr abmattete. Wider alles Vermuthen genasen von der Zeit an die am Scharbok Kranken, ohne Medicin. Am lezten Oktob. gelangte das Corps an die Spitze los Reyes und die Farallones vom Hafen San Francisco, die man in der Beschreibung des Cabrero Bueno mit Gewißheit wieder erkannte. Sie waren nun überzeugt, einige wenige ausgenommen, daß sie den Hafen Monterrey, welchen sie suchten, im Rücken hatten. Es wurde also beschlossen nach der Spitze Pinos zurük zu kehren, in Hofnung den Hafen Monterrey und eins von den Packetbooten daselbst anzutreffen. Von den aus San Diego mitgenommenen Lebensmitteln waren nur noch wenige Mehlsäcke übrig, woraus einem ieden alle Tage abgekürzte Portionen zugemessen wurden. Dem Mangel konnte man durch das Wildpret, die wilden Enten und Gänse, woran das Land im Winter einen Ueberfluß hat, und die man mit dem Schießgewehr erlegte, einigermassen ersezen. Am 11ten November traten die Spanier ihren Rükzug an, und am 18ten November waren sie zu Punta de Pinos und in dem Hafen Monterrey. Sie verblieben hieselbst bis an den 10ten Dec, und weil sie in der ganzen Zeit kein Schiff gesehen hatten, Lebensmittel sehr bedürftig waren, und der Berg Santa Lucia mit Schnee bedekt war, so war der Commandant Don Gaspar de Portola genöthiget, seinen Rükzug nach San Diego anzutreten, und die Vollendung der Unternehmung auf eine günstigere Gelegenheit aufzuschieben. Auf dem Rükmarsche geriethen die Spanier durch die gänzliche Aufzehrung aller Lebensmittel in Noth. Sie durften auch durch Jagen ihren Marsch nicht verlängern. Das Wild war auch nicht allenthalben gleich überflüssig. Sie wurden daher

daher gezwungen, 12 Maulthiere zum Unterhalt ihrer Leute zu tödten. Endlich kamen sie gesund und wohl behalten zu San Diego an den 24sten Jan. 1770.

Sie fanden ihre kleine Gebäude in einem guten Zustande durch eine Pallisade von Baumstämmen befestiget. Verschiedene Soldaten und Matrosen fanden sie wiederhergestellet. Die meisten aber von denen, die auf der Seereise den Scharbock bekommen hatten, waren gestorben. Die Missionarii, der Wundarzt, und der Schiffscapitain waren in der Besserung. Keiner war dieser Krankheit ganz entronnen.

Es war zwar zu San Diego ein für die Leute hinlänglicher Vorrath an Indianischem Korn, Mehl und Sämereyen auf einige Monate. Allein die Ankunft von 60 neuen Gästen ließ befürchten, daß, wenn die Schiffe nicht ankämen, der Hunger sie zwingen würde das ganze Unternehmen aufzugeben. Der Commandant befahl dem Capitain des Forts von Californien mit 40 Mann nach der Halbinsel aufzubrechen, die Provisionen, die in den Missionen zu bekommen waren, zu sammeln, und das zu Velicata gelassene Vieh nach San Diego zu bringen. Das Detaschement brach auf am 10ten Febr. 1770. und ihm wurden auch Berichte von dem bisherigen Erfolge der ganzen Expedition zur Bestellung an den Vicekönig und Generalinspector mitgegeben.

Am 23sten März gieng das Packetboot San Antonio vor Anker im Hafen zu San Diego. Sein Capitain Don Juan Perez segelte von San Blas am 20sten Dec. 1769. und war durch widrige Winde 400 Meilen von der Küste vertrieben. Nachdem er aus Mangel an Wasser wieder Land hatte suchen müssen, so hatte er es im 35° angetroffen und einen Ankerplatz im 34$\frac{1}{2}$° bey Point Conception

an

an dem westlichen Theil des Canals Santa Barbara gefunden, wo er sich mit Wasser bey einer Indianischen
Stadt versah. Die Indianer erzählten ihm durch Zeichen,
die nicht misverstanden werden konnten, daß Fremde nach
Norden vorbey gegangen, und wegen Mangels an Lebensmitteln nach Süden zurükgekehrt wären; und zwar Reuter, welches sie durch besteigen der von den Matrosen ans
Land gebrachten Fässer und Nachahmen der Handlungen
eines Reuters zu erkennen gaben. Sie sprachen auch die
Namen einiger Soldaten aus, die den Seefahrern bekannt
waren. Perez überzeugte sich durch diese Nachrichten, daß
das Corps zurükgegangen sey, und da ihm dieses auch aus
andern Ursachen sehr wahrscheinlich war, so entschloß er
sich nach San Diego zu segeln, damit die Zufuhr das
Corps in Stand setzen möchte, zum zweytenmal nach Monterrey zu marschiren. Dazu entschloß sich auch der Commandant Don Gaspar de Portola, der wenigen Mannschaft ungeachtet, mit welcher er zum zweytenmal sich auf
den Marsch machte: Denn die friedfertigen Gesinnungen
der Eingebohrnen, welche er auf dem ersten Marsch er-
probt hatte, benahmen ihm in dieser Hinsicht alle Furcht.
Der Marsch wurde am 17ten Apr. 1770. angetreten von
20 Mann, Soldaten aus der Garnison, und Volontairs
von Catalonien, unter Commando des Don Pedro Fages.
Der Ingenieur Don Miguel Costanso und der vornehmste
Missionar Junipero Serra schifften sich ein am Bord des
Schiffes San Antonio und giengen unter Segel am 16ten
April. Sie kamen alle glüklich zu Monterrey an, die zu
Lande am 23sten May und die zur See am 31sten, und
giengen vor Anker in demselben Hafen, wo 168 Jahre
vorher das Geschwader des Generals Vizcaino, unter der
Regierung Philipp des Dritten, vor Anker gelegen hatte.

Dieser

Dieser Hafen befindet sich in 36° 40' N. B. am nördlichen Abhange des Berges Santa Lucia. Sein vorzüglichster Schuz ist la Punta de Pinos, welche sich nordwestlich und südöstlich erstreckt. La Punta de Pinos, der den Ankerplaz von Nordwesten schüzet, ist von Felsen umgeben, jenseit welcher ein schönes Ufer ist gegen Osten, das sich gleich darauf gegen Nordost und Norden drehet, nach einer grossen Bay zu, die verschiedene Zungen hat, die von dem Ufer über 3 Meilen entfernt sind. Die Küste wendet sich darauf gegen Nordwest und Westen, wo der Boden reich ist, mit Holz besezt, steil an einigen Stellen, bis an die Spize Anno Nuevo die in die See geht im 37° 3' N. B. Von der See gewähret das Land, das an diese grosse Bucht stoßt, eine sehr angenehme Aussicht; denn südwärts erblikt man den Berg Santa Lucia, der oben viele Spizen hat, die allmählig kleiner werden, so wie man sich dem Ufer nähert. Ihre Gipfel, mit Fichten gekrönet und mit Viehweiden bedekt, stellen ein prächtiges Amphitheater vor, welches noch durch verschiedene Rohrpflanzungen verschönert wird. Der Hafen hat keinen Fluß der sich in ihn ergießt. Es ist aber Wasser genug an der Südostseite des Landungsplazes, wo eine Bay ist die nur zur Fluthzeit Wasser hat, und wo man ohne tiefes Nachgraben gutes Wasser bekommen kann. Gegen Nordost und Osten verbreitet sich das Land in anmuthige Ebenen, die sich bis an die Berge ausdehnen, und viele kleine Seen enthalten. Der Boden ist im Ganzen sandig; doch trifft man viele niedrige und fruchtbare Gegenden an. Gegen Süden des Hafens ist eine grosse Pflanzung von Rohr, durch welche der Fluß Carmelo gehet. Das Gras wächst so hoch, daß es Pferd und Reuter bedekt. Hier sind Wallnuß- Lambertsnuß- und Kirschbäume, Heidelbeeren, Rosenstauden und

krause

kaufe Münze (yerva buena). An den Bergen stehen
Eichen und Steineichen von gewaltiger Größe, auch Fichten, Cypressen und anderes Bauholz.

Die Eingebohrnen von Monterrey leben zwischen den
Bergen, wovon die nächsten 1½ Spanische Meile vom
Ufer sind. Bisweilen kommen sie herunter und gehen auf
den Fischfang aus in Böten aus Rasen verfertiget; zwar
sind Fische nicht ihre vornehmste Nahrung, sondern sie
nehmen nur dann Zuflucht zu ihnen, wenn das Wild in
den Gebirgen rar ist, die damit, vorzüglich mit wilden
Schweinen und Rehen angefüllt sind. Von diesen Berg-
bewohnern giebt es eine starke Anzahl; sie sind sehr um-
gänglich und freundschaftlich. Niemals besuchten sie die
Spanier, ohne ein beträchtliches Geschenk mitzubringen,
entweder einen Hirsch, oder ein wildes Schwein, welche sie
anboten, ohne ein Gegengeschenk zu verlangen oder zu erwarten. Die Missionarien schmeicheln sich daher, daß sie
diese Menschen leicht zum Christenthum werden bekehren
können. Fische sind an dieser Küste in so grosser Menge
als in dem Kanal Santa Barbara und in dem Hafen
San Diego. Kleine Wallfische (Ballenatos) und Robben
sind unzählich.

An diesem Orte wurde ein Fort und eine Mission,
die den Namen San Carlos erhielt, errichtet. Soldaten
und Matrosen, nebst ihren Officieren, arbeiteten mit gleichem Eifer an diesem Werke. Den Missionarien und der
Garnison wurden ihre Wohnungen angewiesen, und die
noch zu errichtenden Gebäude abgesteckt. In dem Packetboot schiffte sich ein Don Gaspar de Portola, und Don Ma-
nuel Costanso. Das Commando des neuen Etablissements
wurde dem Lieutenant von der Infanterie Don Pedro
Fages übertragen, und den Soldaten in Monterrey noch
neun

neun Matrosen zur Beyhülfe zugegeben. Das Schiff San
Antonio verließ den Hafen am 9ten Jul. 1770. und kam
glücklich zu San Blas an, am 1sten Aug., und da auch
das zweyte Packetboot San Carlos in eben diesem Hafen
von seiner Fahrt nach San Diego angelandet war, so
schickten sich beyde im Monat Novemb. zu einer zweyten
Fahrt an, um auf dem innern Golf von California und
auf der Südsee 30 Missionarien nebst einem reichen Vorrath an Lebensmitteln, Kleidungen, und andern Bedürfnissen, nicht blos für die neuen Missionen zu San Diego
und Monterrey, sondern auch für die, welche noch zwischen Velicata und dem Hafen San Francisco im 37°
45' N. B. angelegt werden können, zu transportiren.

Mexico, den 24sten Octob. 1770.

II. Aus-

orté
Sta
ilena
p^{to} de Cortés
p^{to} de la Paz
p^{ta} de Arenas
Ensenada de Muertos
Sta Ana

I. del
P^{ta}.

II.

Auszüge

aus

Patrick Russel

Abhandlung

von

der Pest

London 1791. 4.

E

Vorbericht.

Aus Patrick Russel Treatise of the plague habe ich nur folgende Excerpte gemacht: 1. Historische Nachricht von der Pest zu Aleppo 1760. 1761. 1762. aber abgekürzt. Der Verfasser, ein Bruder des durch die natürliche Geschichte von Aleppo berühmten Alexander Russel, ist 18 Jahre praktischer Arzt zu Aleppo gewesen, binnen welcher Zeit er als Augenzeuge und am Krankenbette die Pest hat kennen gelernt, und lebt seit 1772. wieder zu London. In der gedachten Nachricht ist der Gang, welchen die Pest genommen, die Anzahl von Todten, welche sie weggerafft hat, die Handlungs Weise der Einwohner bey solchen Unglüksfällen, die verborgenen Nuancen ihres Charakters, manche Merkwürdigkeit in Absicht ihres häuslichen Lebens, ihrer Wohnungen, Beschäftigungen und Meynungen sehr genau beschrieben, wie man dieses von einem aufmerksamen und gelehrten Beobachter, der unter ihnen lebte, und an ihren Schiksalen Antheil nahm, erwarten konnte. Den Menschenkenner wird daher dies Stük weit mehr interessiren, als der Aufsaz eines flüchtigen Reisenden.

2. Ueber Quarantainen und die in England getroffenen Anstalten zur Verhütung der Pest. Diese sind von der Art, daß man vermuthen möchte, es würde sich die Legislatur der Sache noch einmal wieder annehmen.

3. Ueber

3. Ueber das Project, ein Lazareth in England zu errichten. Die Geschichte der dahin abzweckenden Vorschläge im Brittischen Parlament ist sehr umständlich und auf eine unterrichtende Art erzählt.

4. Allgemeine Beschreibung der Jahrszeiten zu Aleppo. Keine Widerholung dessen, was andere über diesen Gegenstand gesagt haben, sondern eine wahrhafte und auf vieljährige Erfahrung, dergleichen kein andrer Schriftsteller über diese Materie vor Patrik Russel gehabt hat, gegründete Beschreibung der Witterung zu Aleppo das ganze Jahr hindurch. Die angehängten Tabellen, worin der Stand des Barometers und Thermometers, der Wind, Regen, Erdbeben u. s. f. auf 5 Jahre bemerkt ist, habe ich weggelassen, weil das daraus gezogene Resultat oder die allgemeine Beschreibung zur Kentniß des physischen Zustandes von Aleppo hinlänglich zu seyn schien.

P. J. B.

Zusaz

Zusaz zur Vorrede zu den Auszügen aus Russels
Treatise of the plague.

Da der Verfasser in der Geschichte der Pest sehr oft der
Strassen und Vorstädte in Aleppo erwähnt, so glaubte
ich, daß ein Grundriß dieser Stadt der Erzählung viele
Deutlichkeit verschaffen würde. Ich ersuchte den Herrn
Justizrath Niebuhr, dessen Bemerkungen zu Halep im
deutschen Museum März 1787. S. 209. mich vermuthen
liessen, daß dieser aufmerksame, unermüdete und gelehrte
Reisende auch einen Grundriß dieser Stadt entworfen hätte, ihn mir für diesen Auszug mitzutheilen. Er hat dieses mit einer Bereitwilligkeit gethan, die ich öffentlich rüh-
men und mit Dank erkennen muß, und die dem Leser
desto angenehmer seyn wird, weil man, wenn gleich Pro-
specte, doch so viel ich weiß, keinen Grundriß von dieser
Stadt in Reisebeschreibungen findet. Der Erklärung des
Kupfers von H. Niebuhr habe ich ein paar Anmerkungen
in Klammern eingeschlossen untergesezt, die sich auf Rus-
sels Buch beziehen.

Erklärung des Grundrisses von Halep. (Aleppo.)

Die Stadt Halep ist ganz mit einer Mauer von gehauenen Steinen umgeben, die aber sehr verfallen ist. An
einigen Stellen sieht man auch noch Ueberreste von einem
Stadtgraben.

Die

Die Stadt hat 9 Thore, nemlich:

1. Bâb Farradſch.

2. Bâb Naſſer, bey den morgenländiſchen Chriſten
Et. Georgii Thor.

3. Bâb hadîd.

4. Bâb achmer.

5. Bâb Nerâb. *)

6. Bâb Schâm oder Damaskus Thor; auch Makâm.

7. Bâb Kinisrîn; auch das Gefängniß Thor.

8. Bâb Antâki oder Antiochien Thor.

9. Bâb eldſjenein oder das Garten Thor.

Die zwey gröſten Quartiere in der Vorſtadt von Halep
heiſſen Dſjüdeida **) und Schech elarrab, und davon wird
erſteres gröſtentheils von morgenländiſchen Chriſten bewohnt.
Man findet daſelbſt:

10. Bâb Dſjüdeida.

11. Bâb Sûk arbaein.

12. Bâb elkurred.

13. Die Straſſe Adſjoul.

14. Hadedîn.

15. Mankura. ***)

16. Bâb

*) [Neben dieſem Thore erwähnet Ruſſel noch eines ſchwarzen
Thores.]

**) [Ruſſel ſchreibt Judeda, Schulz Giudaida, oder Giudecca.]

***) [Dies iſt vielleicht Bankuſa bey Ruſſel, welches keinem der
arabiſchen Sprache kundigen unwahrſcheinlich ſeyn wird.
Denn B und M werden oft verwechſelt und die Buchſtaben
R und S ſehen ſich im Arabiſchen ſehr ähnlich.]

16. Bâb Oharlay.

17. Hamza Beyk.

Bedeutung der Buchstaben.

A. Lage des Castells auf einem, mit einem tiefen (aus dem Felsen gehauenen) Graben umgebenen Hügel, der ganz mit gehauenen Steinen bekleidet ist.

B. Die Wohnung des Pascha.

C. Die Gegend der Stadt, wo die europäischen Consuln wohnen. Daselbst liegt auch das Haus des holländischen Consuls, Herrn van Masseyk, woselbst ich die Polhöhe von Halep beobachtet, und 36° 11′ 33″ gefunden habe.

D. Der Marktplaz von Dsjudeida.

E. Das Quartier Schech el arrab.

F. Schech Abubekr, ausserhalb der Vorstadt. Es ist ein grosses Kloster, das von mohammedanischen Mönchen (ich meyne von dem Orden Mevlavie) bewohnt wird.

G. Wasserleitung, wodurch die Stadt mit Wasser von der Quelle Heilani versorgt wird.

H. Todten=Aecker.

I. Grosse, im Kalkfelsen ausgehauene Grotten, (Megâra) woher man wahrscheinlich die Steine zum Bauen der Häuser in der Stadt genommen hat. So gar einige Strassen sind mit diesem Steine gepflastert. In den Grotten findet man Handwerker, die sich aber wahrscheinlich hier nur des Tages aufhalten, weil sie zu ihrer Arbeit in den Grotten mehr Plaz finden, als in ihren Häusern. Die bey

C 4   K. lie=

K. liegende Häuſer nennt man Faradûs. In dieſer Gegend war ehmals ein Stadtthor Bâb Faradûs, das aber, ſo wie Bâb eſſade, in der Nähe von Bâb Antâki, zugemauert iſt.

L. Die hier an der Weſtſeite des Fluſſes liegende Häuſer werden in Alxander Ruſſels Natural hiſtory of Aleppo p. 6. Meſcherka genannt.

An dem kleinen Fluſſe Koik liegen verſchiedene Luſt-gärten der Einwohner von Halep, und ſüdlich von der Stadt ſind viele Piſtacien-Gärten.

Nota. Ein Reiſender würde gar zu viel wagen, wenn er in den morgenländiſchen Städten alle Straſſen meſſen wollte; ich wagte dies nur, im Anfange meiner Reiſe, zu Kahira, und es fehlte wenig, daß ich nicht der Obrigkeit in die Hände fiel, welche dann wahrſcheinlich mit der Execution angefangen haben würde. Ein Reiſender wird ſich auch ſelten ſo lange in einer Stadt aufhalten können, daß er alle Straſſen meſſen kan. Ich bemerke daher noch, daß ich von Halep nur den Umfang, und die Länge eini-ger Hauptſtraſſen würklich gemeſſen habe. Die übrigen Straſſen auf dem Grundriſſe ſind nur da, um den ledigen Plaz auszufüllen, und anzuzeigen, daß die Stadt ſehr be-völkert iſt.

Niebuhr.

Nach-

Nachricht
von der Pest zu Aleppo 1760. 1761. 1762.

I. Von der Pest in Egypten.

Ehe die Pest nach Aleppo kam, hatte sie schon in verschiedenen andern Städten graßirt. Zu Anfang des Jahrs
1759. war sie in Constantinopel, auf verschiedenen Inseln
des Archipelagus, und in einigen Städten an der Küste
von Kleinasien. Im Monat Januar d. J. kam ein
Kauffardeyschiff von Constantinopel zu Alexandria an, das
auf seiner Reise verschiedene Personen an der Pest verloren
hatte, und einige mit derselben Krankheit Behaftete in
dem Hafen landete. Die Pest verbreitete sich von hier
bald nach Rosetta und Damiata, und einigen Dörfern
auf dem Wege nach Kahira, welche Stadt im Februar darüber beunruhiget wurde. Die Europäer schlossen sich hieselbst ein am 28 und 29sten März, und wagten sich nicht
aus ihren Häusern bis in die Mitte des Julius, welches
eine ungewöhnlich lange Zeit ist. Die Pest brach aufs
neue zu Kahira aus im J. 1760. im Febr. und verbreitete
sich so geschwind, daß sich die Europäer am 9ten März
einschlossen. Die Eingebohrnen christlichen Kaufleute giengen frey herum bis zu Ende des Monats. Die Sperre
dauerte diesesmal bis an den 24sten Junius. Weil aber die
Europäer in der ganzen Levante sich nicht gleich nach Erscheinung der Pest einschliessen, und auch nicht eingeschlossen bleiben, bis die Pest völlig vorüber ist, so kann man
nach der Zeit, da sie eingeschlossen waren, die Dauer der
Pest nicht bestimmen. Die Mortalität war in beyden
Jahren sehr groß, obgleich die Nachricht, die sie in dem

E 5 ersten

42

erſten Jahre zu 300000 in dem zweyten zu 150000 angab, übertrieben war *).

II. Von der Peſt in Cypern.

Die Peſt kam nach Cypern im April 1759. Ein tür-
kiſches Schiff, das zu Alexandria eine Ladung nach Conſtantinopel eingenommen hatte, ſcheiterte nicht weit von
Cap Baffo, an der weſtlichen Seite der Inſel, 16 Seemeilen (leagues) von Limſol (Limaſſol, nach Büſching).
Von der Mannſchaft, die gerettet wurde, war der gröſte
Theil mit der Peſt behaftet, die ſich erſt in einigen Dörfern auf dem Wege nach Limſol, und nachher in der
Stadt ſelbſt zeigte. Einige von dem Schiffsvolk ſtarben
in den Dörfern. Die übrigen nach einem kurzen Aufenthalt zu Limſol giengen nach Larnica, und von da zu
Schiffe nach Syrien. Keiner von ihnen ſtarb zu Larnica,
ob es gleich bekannt war, daß verſchiedene davon die Peſt
hatten. Die Krankheit wütete ſo ſehr zu Limſol, daß man
im Junius mehr als 400 Perſonen rechnete, die daran
ge-

---

*) Zahlen dieſer Art ſind in den Ländern, wovon hier die Rede
iſt, ſehr unzuverläßig. Die Anzahl der Einwohner zu Kahira wird auch gemeiniglich weit gröſſer angegeben, als ſie
würklich iſt. Ich habe übrigens mich nach den Nachrichten
meiner Correſpondenten in Egypten gerichtet. Im J. 1736.
wütete eine noch fürchterlichere Peſt in Kahira, welche täglich 10000 Menſchen weggerafft haben ſoll. Daß die Sterblichkeit ſehr groß geweſen war, wenn gleich 10000 zu viel iſt,
erhellet auch daraus, weil die Europäer ſich vom 9ten Febr.
bis an den 24ſten Jun. einſchloſſen. Von dieſer einzigen Peſt
in dieſem Jahrhundert behaupteten die Einwohner zu Kahira,
daß ſie aus Oberegypten gekommen ſey. Die andere ſchrieben
ſie Conſtantinopel oder Candien zu, keine davon Syrien oder
der Barbarey.

geſtorben waren. Viele Einwohner flohen in die benachbarte Dörfer, und in die Gebirge, und nahmen die Krankheit mit ſich, dem ungeachtet zeigte ſie ſich nur um Baffo
und in der Nähe von Limſol auf eine beträchtliche Art.
Larnica hatte zwar verſchiedene Inſicirte aus Limſol bekommen, und mit den angeſtekten Theilen der Inſel einen
beſtändigen Verkehr unterhalten. Bauern und Mauleſel-
treiber waren von allen Seiten mit Peſtbeulen an ihren
Leibern täglich in den Straſſen und auf den Märkten.
Aus Damiata hatten 2 Schiffe Kranke gelandet, die in
den Häuſern zu Larnica geſtorben waren. Dennoch blieben
die Einwohner dieſer Stadt von der Peſt verſchont. Die
Europäer, denen viele der angeführten Umſtände zu der
Zeit verborgen geblieben waren, machten keine Vorkehrungen für ihre Geſundheit, und die Eingebohrnen tröſteten
ſich mit der Tradition, daß die Peſt, die nicht im December anfängt, nicht zu fürchten ſey. In den heiſſen
Monaten, Julius, Auguſt und September, hatte man
nicht viel von der Peſt gehört, und man hielt ſie für erlo-
ſchen. Sie hatte aber doch nicht ganz aufgehört, und
war zu Zeiten in Baffo, Piſcopi, und andern Dörfern
auf der Weſt= und Südſeite der Inſel ausgebrochen. Im
October nahm die Peſt an den Oertern zu, wo ſie ſich im
Frühling gezeigt hatte. Sie brach zu Nicoſia aus, wohin
auf den Jahrmarkt des heil. Demetrio eine Menge Volks
von allen Theilen der Inſel gekommen war. Im Anfang
ſuchte der Magiſtrat die Krankheit unter dem Namen eines bösartigen Fiebers zu verbergen, und im December,
wenn 8 bis 10 Perſonen täglich ſtarben, wurden die Leichen des Nachts heimlich begraben, damit die Einwohner
durch die häufigen Beerdigungen nicht beunruhiget würden. Gegen Ende des Jahrs konnte die Sache nicht län-

ger

ger verheimlichet werden. Die Seuche hatte sich mit solcher Heftigkeit unter den Griechen und Armenern einge-
stellt, daß wohl 15 Christen, deren gegen die Mohammedaner gerechnet nur wenige sind, in einem Tage starben.
Die Europäer zu Larnica, die durch falsche Nachrichten
von Nicosia hintergangen waren, fuhren fort, ohne Furcht
herum zu gehen, und als sie von dem Convent Terra
Santa aus benachrichtiget waren, daß die Pest in der
Hauptstadt zwischen 40 und 50 Personen täglich aufriebe,
so waren sie doch noch abgeneigt, diesen Nachrichten zu
trauen, und nährten ungegründete Hofnung, mit Hintan-
setzung derer Vorkehrungen, die, so heilsam sie auch sind,
den Kaufmannsgeschäften Einhalt thun. Gegen Ende des
Januar 1760. nahm die Pest zu Nicosia so sehr überhand,
daß die Mohammedaner öffentliche Processionen und Gebete verordneten, welche Maasregel nur dazu diente, daß
die Seuche unter der zu dem Endzwek versammleten Menge sich desto geschwinder ausbreitete. Die Flüchtlinge aus
Nicosia vergrösserten das Unglük, wohin sie kamen, in
ihren Erzählungen, und erfüllten Larnica, und die dasigen
Europäer mit Schrecken. Zu Anfang des Febr. zeigte sich
die Pest unter den Türken von der Marine, und bald darauf zu Larnica. Die Europäer schlossen sich ein. Die
täglichen Leichen vermehrten sich bis zu 8 oder 10, und
stiegen im Febr. nicht über 20. Im März schien die
Krankheit bösartiger geworden zu seyn. Wenige der Inficirten genasen. Die täglichen Beerdigungen stiegen bis 25
und 30, und viele Einwohner entflohen in die Gebirge.
Die Seuche wütete noch zu Larnica während des Aprils,
verbreitete sich über die ganze Insel, und drang sogar in
die Provinz Carpaß, nicht weit von dem Vorgebirge desselben Namens in der engen östlichen Spitze der Insel; ein

Um-

Umstand, der sich nie vorher zugetragen haben soll. In diesem Monat starben verschiedene Europäer zu Larnica, als in dem Hause des Neapolitanischen Consuls, der Consul selbst, obgleich die, welche ihm in seiner Krankheit pflegten, davon kamen; Herr Lesebure, ein französischer Chirurgus, der sich viele Jahre in Cypern aufgehalten hatte, der von einem Kranken, den er besucht hatte, angesteckt war, und sich nicht überführen konnte, daß er die Pest hatte, bis sich die Beulen zeigten. Diese Exempel beweisen den Ungrund einer oft gesagten Behauptung, daß die Europäer in der Türkey nicht die Pest bekommen. Im Monat May starb der Schwiegersohn des Neapolitanischen Consuls, nebst einigen andern Europäern, und unter denen der Superior des Klosters Terra Santa. Die übrigen Mitglieder entgiengen der Ansteckung. Als Larnica und Famagusta von dieser Landplage litten, verminderte sie sich zu Nicosia. Man rechnete, daß in dieser Stadt 20000 Türken, und 4 bis 5000 Griechen und Armener gestorben waren, eine grosse Mortalität im Verhältniß zu ihrer Volksmenge. Gegen Ende des May nahm die Pest ab, zu Larnica und in den meisten Oertern auf der Insel. Sie hatte beynahe aufgehört zu Famagusta, nachdem sie gewissermassen die Stadt entvölkert hatte. In der benachbarten Gegend waren kaum Hände genug übrig gelassen, die Erndte einzusammlen. Pestkrankheiten ereigneten sich bisweilen im Junius zu Larnica. Im Ganzen aber wurden die Kranken wiederhergestellet. Die Sommerhitze hatte nun beträchtlich zugenommen, wenn gleich bisweilen durch kalte regnigte Tage unterbrochen, da dann die Pestpatienten sehr zu leiden pflegten. Die Franzosen sangen das Te Deum am 3ten Jul. Während dieses Monats kamen alle Europäer aus ihrer Sperre, und die Insel wurde endlich von

der

der Pest befreyet, die, wenn die allgemein für wahr ange-
nommene Rechnung nicht trügt, 70000 Einwohner aufge-
rieben hatte.

III. Fortgang der Pest in verschiedenen Oertern Syriens, ehe sie nach Aleppo kam.

Der Winter im J. 1756. war ungemein hart gewesen, nicht bloß in Syrien, sondern auch in Mesopotamien
und Kleinasien. Zu Aleppo war die Kälte stärker, als
man sie je verspürt hatte. Das Quecksilber in Fahrenheits
Thermometer im Zimmer fiel auf 14. Im freyen hatte
man es des Morgens mehr als einmal während einer oder
2 Stunden bis auf 2 oder 1 unter 0 gesunken gesehen.
Viele Oliven- und Cypressenbäume waren erfroren. Während des Sommers 1757. waren die Getreidearten insgesamt sehr hoch im Preise, und wurden bey Annäherung des
Winters seltener und theurer, so, daß vom December d. J.
bis an den Junius des folgenden der größte Theil von Syrien und Mesopotamien einer fürchterlichen Hungersnoth
ausgesezt war. Im Februar 1758. zeigte sich ein schlimmes
Fleckfieber zu Aleppo, und als es in dem Frühling zugenommen, so wüthete es während des Sommers und zum
Theil noch im Herbste. Dieses Fieber und der Hunger
verursachte allenthalben eine solche Sterblichkeit, die der
von der wirklichen Pest nicht viel nachgab. Kaum hatte
sich Syrien hievon erholt, als es durch wiederholte Erd-
erschütterungen und durch die Nachricht, daß die Pest von
Egypten eingebracht war, in Schrecken gesezt wurde. Am
30sten Okt. 1759. stürzte ein Theil der Stadt Damask
durch ein Erdbeben ein *), das auch in benachbarten Dörfern

---

*) Dieses Erdbebens gedenkt Büsching in s. Erdbeschr. A. d. Z.

fern und in den Seehäfen Acre und Sidon vielen Schaden that. Man verspürte es auch zu Tripoli, Antiochien
und Aleppo, doch litten diese Städte noch mehr von einem
zweyten Stoß am 25ßen Nov., von welcher Zeit an bis
zu Ende des Jahrs gelindere Erdstöße über ganz Syrien
verspüret wurden. Insbesondere hatte das Dorf Saffat *)
von dem Erdbeben im Oktober gelitten. Ein grosser Theil
der Häuser war eingestürzt, und verschiedene Einwohner
unter den Ruinen begraben. Mit Anfang des Nov. hörte
man zu Tripoli, daß die Pest daselbst ausgebrochen war,
und als eine Folge des vorhergegangenen Erdbebens angesehen wurde. Nachher fand man, daß die Pest zu Saffat
sich schon vor dem Oktober gezeigt hatte, und von einigen
angestekten Juden, die aus Alexandria gekommen waren,
dahin gebracht war. Den Einwohnern zu Tripoli gereich-
te dies zum Troste, weil bey ihnen durch Tradition die
Meynung galt, daß die Pest auf die Weise aus Egypten
gebracht, weniger zu fürchten ist, als die aus Norden über
Aleppo angekommene. Bald darauf kamen Briefe aus
Sidon, mit der Nachricht, daß daselbst und zu Acre sich
die Pest gezeigt hätte, in welchen beyden Städten sie in
den folgenden Monaten sehr zunahm. Unmittelbar nach
dem Erdbeben im November hatte die französische Factorey zu
Tripoli die Stadt verlassen, und campirte in der Nachbarschaft. Man erzählte dem Consul, daß am 10ten Dec.
zwey Personen an einer Krankheit, die sehr verdächtige
Sympto-

---

*) Richtiger geschrieben Saphat, der Hauptort in dem ehema-
  ligen Galiläa. Russel nennt es ein Dorf, obgleich es auf
  den Namen einer Stadt Anspruch macht. Es wohnen hier
  viele Juden, die auch nachher erwähnt werden.
  A. d. Z.

Symptomata zeigte, in einem Hause, das an das Capu-
cinerkloster in der Stadt stieß, gestorben wären. Wenige
Tage nachher versicherte ein Jesuit, der die Arzeneykunst
zu Tripoli ausübte, daß er einen Mann gesehen, der
wirklich die Pest hätte. Der Consul schikte den französischen Wundarzt in die Stadt, den Kranken zu visitiren.
Er hielt die Krankheit aber nicht für die Pest, und man
glaubte, daß sich der Jesuit geirrt hätte. Am 10ten Januar
kam ein Bote von Sidon mit Briefen für die französische
Factorey zu Tripoli an. Der Mann war gefährlich krank,
als er landete. Der französische Wundarzt der ihn besuchte, entdekte eine Beule in der Armhöle, und er starb
binnen 40 Tagen, nachdem er ans Ufer gekommen war.
Die Briefe untergiengen die gewöhnliche Reinigung. Während des Rests des Januars und des größern Theils des
Februars hörte man so selten von Pestkranken, daß man die
Hofnung hegte, die Seuche mache keine grosse Fortschritte.
Um das Ende des Februars kam der Pascha von Sidon nach
Tripoli, wo er einige Tage blieb. Man verspürte die Pest
unter den Leuten von seinem Gefolge in dem Pallast, und
da dieses auch in andern Theilen der Stadt geschah, so
fiengen die Europäer an sich zur Einschliessung vorzubereiten; sie hielten aber damit noch an bis gegen Ende des
März. Die Pest verbreitete sich sehr geschwind im April;
sie dauerte eine ziemliche Zeit im May und Junius. Sie
nahm ab im Julius und verschwand gegen Ende des nächsten Monats. Die Europäer wagten es bisweilen auszugehen vom 10ten August an, öfneten aber ihre Häuser erst
12 Tage später. Beynahe die Hälfte der Kranken soll
wieder geheilt worden seyn, und die Todten wurden gegen
5000 angegeben. Allein diese Zahl kann mit Recht für
übertrieben angesehen werden.

Im

Im J. 1761. war Tripoli wegen der Pest in gar
keinem Verdacht, aber bald nach Anfang des folgenden Jahres
wurde die Nachricht gebracht, daß sie in verschiedenen
nahe gelegenen Dörfern und insbesondere zu Tortosa ausgebrochen sey. Es scheint, daß alle diese Dörfer 1760.
verschont blieben, und dies wurde als eine Ursache angegeben, warum Tripoli, das schon vorher gelitten hatte,
befreyet seyn würde. Die Unruhe dauerte indessen einige
Zeit, und wurde durch die Ankunft der flüchtigen Familien von Aleppo vergrössert, die nach der Gewohnheit im
Morgenlande ihre Betten mitgebracht hatten. Obgleich in
diesen Familien einige Pestkranke waren, so hatte man
doch kein Beyspiel, daß die Seuche den Einwohnern zu
Tripoli mitgetheilt war. Zu Anfang des April hörte der
französische Proconsul von dem Jesuiten, daß er ein mit
der Pest behaftetes Frauenzimmer in der Cur hätte. Bald
nachher bekam ein junges Mädchen unweit dem Convent
der Carmeliten heftige Kopfschmerzen und Erbrechen; eine
kleine Beule zeigte sich in der Armhöle. Der französische
Wundarzt war auch diesesmal anderer Meynung als der
Jesuit, und hielt die Krankheit nicht für die Pest. Das
Mädchen wurde in wenigen Tagen wiederhergestellt, und
man hörte von keinen ähnlichen Beyspielen in der Stadt.
Allein unter den Seesoldaten wurden 30 bis 40 Kinder derselben auf dieselbe Art krank, von denen 4 oder 5 starben. Die
Eingebohrnen waren mit dem Jesuiten derselben Meynung,
daß die Krankheit die Pest sey. Der französische Wundarzt war aber beständig der gegenseitigen Meynung. Die
traurigen Nachrichten von Aleppo mochten wohl nicht wenig dazu beytragen, daß die Europäer zu Aleppo dem Jesuiten Recht gaben. Die meisten von ihnen schlossen sich
ein zu Anfang des Mays und blieben in diesem Zustande

Repositor. 1.   D   bis

bis an den ersten Junius. Von dieser Zeit an war in Tripoli kein Gerücht von den Spuren der Pest.

Die Pest zeigte sich zu Latakea zu Anfang des März 1760. Zwey Kinder in demselben Hause starben binnen 2 Tagen, und man glaubte, daß sie von einem Boten aus Acre angesteckt wären. Diese Zufälle wurden erst einige Tage nachher bekannt. Denn der Vater, der als Scheh oder Vorsteher der Boten oft die Häuser der Europäer besuchen muste, und die Folgen der Entdeckung voraussah, hatte sein Möglichstes gethan um diese Zufälle zu verbergen. Die Europäer hörten auch bald nachher, daß ein Griechisches Waschweib, das in Diensten der Matrosen auf den Cyprischen Böten gestanden hatte, auch an der Pest gestorben war. Die Krankheit hatte so sehr in der Stadt überhand genommen, daß der Englische Consul am 10ten April seinen Bedienten verbot aus dem Hause zu gehen, und auch in seinem Umgang mit den Eingebohrnen vorsichtig war. Die täglichen Leichen waren 6 oder 7. Die Franzosen schlossen sich ein, welchem Exempel auch die übrigen Europäer am 17ten folgten. Die Pest nahm zu allmählig vom 17ten April bis an 13ten May. Von dieser Zeit bis an den 5ten Junius wütete sie mit grosser Heftigkeit. Sie verringerte sich sichtlich aber nicht regelmäßig bis an den 17ten. Von dem Tage an war die Abnahme der Sterblichkeit plözlich. Die Leichen kamen von 20 bis auf 9 herunter, und obgleich am 4 und 5ten Jul. die Leichen wieder über 20 stiegen, so fielen sie doch gleich nachher unter 6. Die Europäer wagten in den lezten 14 Tagen des Jul. auszugehen, gebrauchten aber doch bis an 1sten Aug. einige Vorsicht. Die Leichen um diese Zeit waren bis eine auf jeden Tag reducirt. Nach dem 5ten wuste man von keiner Pest mehr in der Stadt, jedoch

hatte

hatte fie in den Dörfern auf den benachbarten Gebirgen nicht aufgehört. Es waren wenige Familien in der Stadt von der Krankheit frey geblieben. Im Ganzen waren bey, nahe so viele geheilet als gestorben. Die Mortalität belief sich auf ungefähr 4000 mit Einschluß von 500 Christen und 50 Juden. Die Eingebohrnen zählten zwischen 5 und 6000 die gestorben waren. Die erste Zahl kam vermuth, lich der Wahrheit am nächsten; denn der Ort war kurz vorher durch Auswanderungen, welche die Tyranney eines überaus räuberischen Statthalters veranlaßt hatte, sehr entvölkert.

Jerusalem wurde angesteckt im Januar oder Februar, und zu Anfang des März erreichte die Seuche Damask. An beyden Oertern und in den kleinern Städten und Dörfern von Palästina richtete sie eine fürchterliche Verwüstung während den folgenden Monaten an. Der Gang der Krankheit war fast der nämliche wie zu Tripoli und Latakea. Ich kann mich aber nicht auf ein besonderes Detail einlassen. Die Nachrichten, die ich von diesen Gegenden habe, kommen von Eingebohrnen her, und sind daher, wenn sie gleich vielleicht im allgemeinen zuverläßig sind, doch nicht genau genug. Das gemeine Gerücht vergrösserte unstreitig die Sterblichkeit, sie war aber doch in den meisten Oertern beträchtlich, vornämlich zu Damask. Gegen Ende des Mays waren 19 Mönche aus den Klöstern in Terra Santa (Palästina) gestorben, von 21 die zu Jerusalem, Damask, und andern Oertern in dieser Nachbarschaft angesteckt waren.

IV. Von der Pest zu Aleppo 1760.

Da die Pest über Damask, und die Seestädte in Palästina und Syrien Schrecken und Verwüstung verbreitet

D 2   hatte,

hatte, so konnte sich Aleppo nicht schmeicheln, daß sie dem
allgemeinen Elende entgehen würde. Diese Stadt, von
der man glauben könnte, daß sie periodischen Besuchen von
der Pest unterworfen sey *), hatte eine ungewöhnlich lange
Ruhe genossen. Die Jahrzeiten hatten kürzlich nicht ihre
gewöhnliche Regelmäßigkeit beobachtet, und ein ausgebrei-
teter Handel mit den angesteckten Oertern, und eine gänzliche Vernachläßigung der Mittel, wodurch dem Uebel vor-
gebeugt werden kann, hatten viele Canäle geöfnet, wodurch
das Uebel hereingelassen werden konnte. Vor dieser Periode war eine Hungersnoth, ungewöhnliche Krankheiten,
Erdbeben, ein Komet im Frühling des J. 1759., eine
Sonnenfinsterniß in diesem J. 1760. vorhergegangen, lauter Begebenheiten, welche beständig im Morgenlande als
Vorboten der Pest angesehen sind. Nachdenken und Aber-
glauben waren aber doch nicht so wirksam, als erwartet
werden könnte. Die Einwohner zu Aleppo waren weder
unruhig noch erschrocken. Die Gescheutere hatten gar keine Lust über den Gegenstand nachzudenken, und der Pöbel
bemerkte, daß noch andere Prognostica fehlten, woraus
man auf die Herannäherung der Pest zu schliessen pflegt.
Die Vögel waren nicht weggezogen, die Frösche waren
nicht weniger schreyend, und die Insektenschwärme nicht
grösser als sonst. Von den pestilentialischen Ereignissen zu
Saffat im Oktober, und bald nachher zu Sidon und
Acre, hatte man zu Aleppo erst im Februar Nachricht,
und auch zu der Zeit waren die Nachrichten so unbestimmt
und widersprechend, daß man ihnen bis an den April keinen Glauben beymaß. Denn um die Zeit erfuhr man,
daß die Franzosen sich zu Tripoli eingeschlossen hatten,
und

*) s. Natural history of Aleppo.

und die Pest nach Damask gekommen war. Zu Anfang des May kamen nach Aleppo Karwanen von Jerusalem, Damask und Latakea. Da sie von Städten kamen, wo die Pest graſſirte, und da es hieß, daß verſchiedene Reiſende darunter wirklich angeſtekt wären, ſo wurde das Publicum etwas beunruhiget. Drey türkiſche Kaufleute, die in der Karwane von Damask angekommen waren, logirten in einem öffentlichen Khan, nahe bey dem brittiſchen Conſulathauſe, und verlieſſen Aleppo nach einem Aufenthalt von einigen Tagen am 16ten May. Den Tag darauf wurden der Pförtner des Khans, ein Armener und ſein Sohn plözlich krank. Der Sohn ſtarb am 19ten. Der Bruder des Pförtners wurde auf dieſelbe Art befallen. Dieſe Leute hatten den türkiſchen Fremden aufgewartet, und ihnen bey dem Transportiren und Packen ihrer Bagage geholfen. Keiner aber von den Fremden war dem Anſehen nach krank. Von dieſen Zufällen wurde nichts ruchtbar, als bis der Sohn geſtorben war. Am 21ſten entſchloß ich mich die Kranken zu beſuchen. Ich fand die beyden Kranken in Einem Zimmer. Ihr Anſehen ließ wenigen Raum übrig, an der Art ihrer Krankheit zu zweifeln. Der Bediente verſicherte indeſſen, daß, als er ſie viſitirt, er kein Geſchwulſt von irgend einer Gattung bemerkt hätte. Da dieſer Umſtand von Wichtigkeit war, ſo ſchien es mir der Mühe werth zu ſeyn, daß ich etwas wagte, um wegen der Eruptionen gewiß zu ſeyn. Der Bediente muſte den Pförtner noch einmal unterſuchen, und ich that ein gleiches bey dem Bruder. Nach einiger vergeblicher Mühe entdekte ich ein kleines hartes Geſchwür unter der linken Armhöle. Der Verdacht, den die übrigen Symptomen erregt hatten, wurde dadurch ſehr beſtätiget. In Hinſicht auf die Folgen, welche eine öffentliche Be-

D 3   kannt-

kanntmachung dieser Krankheit nach sich ziehen würde, und
weil ich nie ein Beyspiel von der Pest gesehen hatte, so
wollte ich meine Meynung erst den folgenden Tag eröf-
nen, indem eine Veränderung in dem Geschwür wahrscheinlich allen Zweifel hinwegnehmen würde. Dies geschah auch den Tag darauf Abends, als ich die Beule
beträchtlich vergrössert fand, obgleich die Bedienten mich
überreden wollten, sie sey ganz verschwunden. Der Pförtner starb in der Nacht auf den 22sten, und sein Bruder
die folgende Nacht. Von 4 Armenern, die den Kranken
aufgewartet hatten, wurde nicht ein einziger angesteckt.
Da der Khan fast mitten unter den Häusern der Europäer lag, so konnte, was sich daselbst zugetragen, nicht
verborgen bleiben. Man gab zu, daß die Fälle ganz auf-
serordentlich waren, man wollte sie aber doch nicht für die
Pest halten, weil die Aufwärter der Kranken frey geblieben waren, und man von Spuren der Pest in andern
Theilen der Stadt erst einige Tage nachher etwas hörte.
Mitlerweile hatte ich den Verdruß, dem Tadel ausgesezt
zu seyn, daß ich zu voreilig über die Natur der Krankheit
abgesprochen hätte. Ich unterwarf mich aber in Geduld
dem Schiksale derer, die bey ähnlichen Fällen die öffentliche Ruhe gestört haben, indem ich nach der mir oblie-
genden Pflicht den Europäern Nachricht gegeben hatte,
und bey mir kein Zweifel in Ansehung der Krankheit selbst
Statt fand.

Gegen Ende des May kamen verschiedene Karwanen
von Jerusalem und Damask an, in denen angestekte Personen waren. Die Karwanen bestanden aus Christen und
türkischen Pilgrims, die auf ihrer Rükreise gegen Norden
begriffen waren, und da sie unter allerhand Vorwand nicht
in die Stadt gelassen wurden, so campirten sie ausserhalb

den

den Mauern, und begruben verschiedene Todte während
ihres Aufenthalts. Allein einige von ihnen logirten sich in
Privathäuser in der Stadt, und andere aus Aleppo gebürtig, die mit dieser Karwane angekommen waren, kehrten zu ihren Häusern zurük mit offenen Beulen. Dessen ungeachtet hörte ich doch nur von 6 Pestkranken vom
23sten May bis zu Ende des Monats innerhalb der Stadt.
Aber mehrere fanden sich in den Vorstädten, und sie
vermehrten sich allenthalben im Junius. Zu Anfang dieses Monats kamen angesteckte Personen in einer Karwane
von Tripoli, und am 8 und 9ten noch mehrere von verschiedenen Gegenden. Allein da dieses nicht allgemein bekannt wurde, so wurde das Publicum durch die Versicherung getäuscht, daß die Gestorbenen Fremde wären, die
die Krankheit mitgebracht hätten, daß die Aleppiner nichts
zu befürchten hätten, weil die Luft rein sey, und ihre
Körper zur Ansteckung nicht disponirt wären; welche Meynung man auch dadurch zu bestätigen suchte, daß die Juden, die der Gefahr angestellt zu werden, besonders ausgesezt sind, bisher verschont wären. Das Factum, die
Juden betreffend, war wahr, die darauf gegründete Hofnung aber von keiner langen Dauer. Ein jüdischer Wechs-
ler wurde in seinem Laden plözlich krank am 14ten, und
starb den dritten Tag. Keine von den Aufwärterinnen,
die beständig um ihn gewesen waren, wurde angesteckt,
aber einer von den Todtengräbern, der bey der Beerdigung geholfen hatte, wurde gleich krank auf seinem Wege
nach Hause, und starb den dritten Tag. Die Krankheit
verbreitete sich in dieser Familie auf 5 oder 6 Personen,
von denen nur zwey wieder genasen. Mein Verzeichniß
von den Angesteckten belief sich am 16ten Junii auf 70,
mit Einschluß der Convalescenten, die von andern Oertern

ge-

gekommen waren. Da aber nun einmal die Pest unter den Juden ausgebrochen war, so habe ich mehr auf die Verbreitung unter ihnen und andern Einwohnern in der Stadt, als auf die Importation derselben von auswärts mein Augenmerk gerichtet.

Vor der Mitte des Junius war selten mehr als eine Person in der Familie krank, selbst in den Häusern der Geringeren; und die Aufwärter der Kranken blieben so oft unangesteckt, daß man noch immer geneigt war, die Krankheit nicht für die Pest zu halten. Allein in den lezten 14 Tagen des Junius, da eine grössere Anzahl der Kranken wieder besser wurde, grif die Seuche mehr um sich. Die Pest hatte sich von Zeit zu Zeit in einigen Khanen und Strassen des innern Theils der Stadt gezeiget. Vornämlich schien sie in Masbirka *), und in dem Theil der in der Stadt nahe an der Stadtmauer zwischen dem schwarzen und Nerebthor ist, und die West-und Südwest-spitze der Stadt begreift, zu hausen. Um die Mitte des Junius erreichte sie die ausgedehnte Vorstadt Bankusa, erstrekte sich allmählig nordwärts nach Judeda, und berührte auf ihrem Wege die dazwischen liegenden Vorstädte, welche, wie Judeda, viele christliche Einwohner enthält. In allen diesen Theilen war ihr Fortgang sehr langsam, so wie in dem Jüdischen District und in dem innern Theile der Stadt. Denn obgleich die Seuche von ihrem ersten Ausbruche an sehr bösartig war, so daß kaum einer aus 8 angesteckten mit dem Leben davon kam, so waren doch die täglichen Leichen vor dem 21sten Junius selten mehr

als

---

*) Oder wie der Bruder des Verf. in Natural Hist. of Aleppo p. 6. schreibt: Mestherta, ein Theil der Vorstädte an der entgegen gesezten Seite des Flusses gegen Westen. A. d. Z.

als 6, und stiegen während des Rests des Monats selten
über 8. Nach der Mitte des Junius wurden mehr geheilt als vorher. Nach der Sterblichkeit berechnet, sollte
die Seuche abgenommen, nach der Unruhe aber, die der
gemeine Haufe fühlte, zugenommen haben. Denn wenn
die Pest erst unter die Juden und Christen kömmt,
so wird sie nicht allein den Europäern, sondern auch
der Stadt überhaupt bekannter, als wenn sie in entfernten Districten der Stadt grassirt, die mit dem com-
mercirenden Theil nicht viel zu thun haben. Zudem macht
der Tod von einem oder ein paar Personen von Ansehen
mehr Eindruk auf die Menge, als wenn 20 unbekannte
Leute an derselben umkommen. Am 27sten Junius wurde
eine christliche Frau mit der Pest befallen. Der Sohn eines Effendi von hohem Range starb in der Stadt, und
der Bruder nebst einer Verwandtin des vorher gemeldeten
Juden starb um die nemliche Zeit. Jetzt hatten die drey
Classen der Einwohner einen lokalen Beweis von der Existenz der Pest, und da die Sache ruchtbar wurde, so war
die Bestürzung und Leichtglaubigkeit, womit alte und neue
Nachrichten, die Pest angehend, aufgenommen wurden,
allgemein. Die Pest hatte zwar in der Jahrszeit, da sie
sich am schnellsten ausbreiten soll, nicht sehr zugenommen.
Sie hatte indessen doch gegen Ende des Junius gewissermaßen die Stadt umzingelt und war in verschiedenen Strassen, die mehr im Centro der Stadt liegen. Fast in einem
jeden District waren Angestekte. Es war also die Schuldigkeit der Europäer, auf ihre eigene Erhaltung bedacht zu
seyn. Ihr Quartier war bisher zwar noch frey geblieben,
allein es war unmöglich, vorherzusehen, wie lange dieses
dauern würde. Es konnte auch ein gefährlicher Verkehr
mit den Eingebohrnen nicht verhütet werden, so lange die

D 5   Thore

Thore geöfnet waren, und die Hausbedienten ausgehen
durften. Die Erfahrung von vorigen Zeiten berechtigte
nicht die Hofnung, daß die Pest vor Ende des August
aufhören würde. Die Herren der Britischen Factorey entschlossen sich daher, nachdem sie schon seit einiger Zeit sich
dazu vorbereitet hatten, am 30sten Junius ihr Haus zu-
zuschliessen. Die übrigen Europäer thaten es auch um
dieselbe Zeit.

Ich hatte schon, seitdem ich Verpestete besucht hatte,
mich dem Umgange mit Europäern entzogen, und ich muste
nun entweder die Krankenbesuche fortsetzen, oder mich zu
Hause halten. Die Begierde, meine Kenntnisse zu erweitern, bewog mich, die betretene Bahn noch nicht zu verlassen, und wenigstens noch eine Jahrszeit den Kranken
beyzustehen. Als die Europäer sich einschlossen, hatte die
Pest beynahe ihre Höhe erreicht. Die täglichen Leichen,
die damals 9 oder 10 waren, stiegen selten nachher über
16 oder 18; und dies blos während der ersten Woche im
Julius. Weil aber mehrere genasen als im Junius, so
kann man behaupten, daß die Pest bis an den 10ten Julius im Zunehmen war. Nach der Mitte dieses Monats
nahm sie merklich ab, vornemlich in den Vorstädten gegen
Süden, wo sie bisher am meisten gewütet hatte. Gegen
Ende Julius hatte sie sich sehr verringert. Die Europäischen Consuls, nebst den meisten französischen Kaufleuten,
hielten sich zu Hause bis Ausgang Julius. Die meisten
Engländer wagten sich ungefähr 10 Tage früher heraus.
In der ersten Woche des August nahmen die Leichen zu,
theils wegen der Pest, aber hauptsächlich wegen der gewöhnlichen Herbstkrankheiten, und insbesondere wegen eines
abwechselnden Fiebers, das um diese Zeit reif wurde.
Diesem Fieber schreibt man die Mortalität zu. Aber die
Nach-

Nachrichten von der nicht ganz erloschenen Pest waren zu gewiß, als daß man sie läugnen konnte, wenn gleich die von den Europäern Abhängigen behaupteten, daß das epidemische Fieber die einzige in der Stadt graffirende Krankheit wäre. Endlich machte ein Fall Aufsehen. Ein jüdischer Rabbi und Schulmeister wurde krank. Ich fand ihn umgeben von einem Dutzend seiner Schüler, ausser verschiedenen Weibern und Kindern der Familie, von welchen allen keiner angestekt wurde, sein Weib ausgenommen, die wiederhergestellt wurde. Der Mann starb am 6ten August. Nach dem 10ten August zeigten sich sehr wenige Spuren der Ansteckung. Die lezte kranke Person, die ich in diesem Jahre zu sehen Gelegenheit hatte, war eine türkische Frau, die am 18ten auf ihrer Rükkehr vom Bade mich in meinem Hause besuchte. Sie war 2 Tage vorher krank geworden, und zeigte mir eine kleine Beule in der Armhöhle. Ich hörte von keiner Ansteckung nach dem 17ten, und von keinem Todesfall nach dem 20sten August. Die Zahl der Gestorbenen war nach meiner Berechnung nicht mehr als 500; eine unbeträchtliche Sterblichkeit, wenn man bedenkt, daß die Pest nicht auf einen District eingeschränkt, sondern über viele Theile der Stadt verbreitet war.

V. Von der Pest zu Aleppo im J. 1761.

Ob man sich gleich Hofnung machte, daß am 20sten August 1760. die Pest gänzlich verschwunden sey, so machte es doch der bisherige Fortgang der Krankheit, verglichen mit älteren Erfahrungen, wahrscheinlich, daß sie in den Frühlingsmonaten wieder ausbrechen würde. Die Dörfer, die in der Ebene um Aleppo liegen, und die, so wie die

Stadt

Stadt von der Pest gelinde heimgesucht waren, blieben
während des Winters frey von aller Ansteckung. Aber die
Dörfer auf der Gebirgkette, zwischen Antiochia und Latakea, zu denen die Seuche spät im Herbste gekommen war,
behielten sie den ganzen Winter. In einigen machte sie
beträchtliche Fortschritte, obgleich ein ziemlich starker Frost
im Januar eintrat. Im December begaben sich einige
Personen von dem Gebirge Shogre nach Edlib, weil die
Pest auf den Dörfern heftig war. Nicht lange nachher
kam eine angesteckte Familie aus einem dieser Dörfer gleichfalls nach Edlib, wo einige von ihnen starben. Man
wird sich über Vorfälle dieser Art nicht wundern, wenn
man bedenkt, daß zwischen den Dörfern auf den Bergen,
und den Städten Antioch, Shogre und Edlib ein beständiger Verkehr ist. Es ist auch gar nicht unwahrscheinlich,
daß sich ein Aehnliches in Aleppo zugetragen hat, wenn es
gleich den Europäern nicht bekannt geworden ist. Indessen
wurde durch die Ankunft der Inficirten von den Gebirgen
in den drey angeführten Städten die Pest nicht fortgepflanzt, gerade als wenn sie in der Ebene die ansteckende
Kraft verlohren hätte, die sie in den Bergen ohne Verminderung zu besitzen schien.

Es ist mir nicht möglich gewesen, von der Pest unter
den Arabern in der Wüste, oder in den zahlreichen Dörfern süd- oder ostwärts von Aleppo Nachricht einzuziehen.
Die Städte und Dörfer gegen Norden waren bisher unberührt geblieben. Wahrscheinlich sind die Araber, von
Damask aus im Sommer angesteckt, und den ganzen Winter hindurch in ihren Zelten von der Pest geplagt worden.
Sie hatte zu Anfang des Frühlings 1761. eine ziemliche
Höhe unter ihnen erreicht, und war zu Anfang März in
das

das Dorf Spheery *) ungefähr 3 Stunden von Aleppo, an der Gränze der Wüste, gekommen. Man muß sich wundern, daß die Pest so lange in keiner grossen Entfernung sich aufhalten, und doch die Europäer in Aleppo nichts davon wissen, oder daß sie durch die Nachrichten, die ihnen zu Ohren gekommen seyn mögen, nicht mehr beunruhiget werden sollten. Aber noch sonderbarer ist es, daß in Aleppo selbst 60 bis 70 Personen durch die Pest umkamen, ehe die Europäer etwas davon erfuhren, und daß man sich daselbst durch falsche Nachrichten hintergehen ließ. Bald nach der Mitte des März kam die Pest in ein arabisches Zelt nahe beym Nereb Thor, und in eine Kaserne **), innerhalb der Stadt nahe bey dem Schlosse. An beyden Oertern starben über 60 bis 70 Menschen, ehe die Europäer etwas davon hörten. Ich erhielt die erste Nachricht am 29sten März, und da das Factum durch

einen

---

*) Vielleicht dasselbe Dorf das auf der Pocockischen Karte Sephory genannt wird. Der Juden Missionar Schulze schreibt es Sephiri, ein schlechtes Dorf, wo vieles wüste liegt. s. Nachricht von der zum Heil der Juden errichteten Anstalt. IV. 2. A. d. Z.

**) Im Original 2 Keisaria. D'Arvieur in merkwürdigen Nachrichten, deutsch. Kopenh. und Leipzig 1756. Th. 6. S. 374. unterscheidet die Gebäude in Aleppo in Moscheen, Serails oder Palläste, Khans, wo die ältesten Fremden wohnen, Kasernen, welches andre Wohnungen für die Fremden sind, für die Araber oder Beduinen, die sich in der Stadt aufhalten u. s. f. Nachher gedenket Russel der Keisarias für geringe Leute und Araber. Sollte das Wort auch von dem arabischen Nazr, palatium, abzuleiten seyn, so kann es doch nicht Palläste übersetzt werden. Der Kasernen zählt d'Arvieur in allem 187. A. d. Z.

einen Besuch, den ich in dem Pallast ablegte, bestätiget
wurde, so konnte der Consul keine Gesundheitspässe ertheilen. Ein Schiff zu Scanderona segelte ohne einmal Briefe
von Aleppo mitzunehmen, und die ganze für dasselbe bestimmte Ladung, die auf dem Wege nach der Seeküste
war, blieb zurük, und konnte nicht vor dem Ende des folgenden Jahres nach England abgeschikt werden. Die Pest
war in dem arabischen Lager und in dem Pallast fast zur
nämlichen Zeit ausgebrochen, und war für das rue sehr
nachtheilig gewesen. Von 68 angestekten Personen waren
nur drey geheilt. Die Pest wurde bald nach ihrer Erscheinung so fürchterlich, daß viele Araber ihre Zelte verliessen, einige zu den Dörfern, andere zu ihren Freunden
innerhalb Nereb Thor, oder in den Vorstädten zwischen
diesem Thor und Bankusa, ihre Zuflucht nahmen. Hiedurch wurde die Pest diesen Gegenden mitgetheilt. Denn
ich hörte nachher von einem der Todtenwäscher, daß er
im März nicht bloß unter den Arabern, sondern auch unter den eingebohrnen Türken dieser Bezirke angestekte Leich-
name angetroffen hätte.

Dem arabischen Zelt gegen über, in einer Entfernung
von weniger als 100 Schritten, hatte sich ein Stamm
von Chinganas *) gelagert, die, als sie bemerkten, daß
die

---

*) In Natural Hist. of Al. p. 104. werden sie so beschrieben:
   Die Chinganas werden mit unsern Zigeunern für dieselben
   gehalten. Sie kommen mit den Arabern sehr überein, und
   leben, wie sie, unter Zelten; sie werden aber nicht von
   ihnen anerkannt oder für orthodoxe Moslemen gehalten. Sie
   sind ausserordentlich arm. Einige wenige von ihnen leben
   das ganze Jahr durch in Zelten um die Stadt, und vermie-
   then sich als Taglöhner. Die meisten kommen aber im Frühling von allen Gegenden hieher, um in der Kornerndte Bey-
   stand zu leisten. A. d. Z.

die Seuche so geschwind unter den Arabern überhand nahm, die Klugheit hatten, ihre Zelte nach einem Dorfe in einer kleinen Entfernung von der Stadt zu verlegen, so daß Anfangs May nur 5 oder 6 Zelte bey Nereb Thor übrig waren. Obgleich beyde Lager sich einander so nahe waren, und die Chinganas ihre Zelte erst um die Mitte des Aprils abschlugen, so wurden doch nur zwey von ihnen angesteckt, oder wenigstens, wie ich versichert bin, nur zwey starben. Als es in der Stadt öffentlich bekannt wurde, daß der Consul einen Gesundheitspaß abgeschlagen hatte, verwunderte man sich, daß die Englische Karwane, die frühe des Morgens die Stadt verlassen hatte, die Erlaubniß dazu bekommen hätte, und wuste nicht, woher der Consul so unerwartete Nachricht erhalten hatte. Denn diesen lezten Umstand hatten blos die Mitglieder der Factorey erfahren. Einige von denen, die von den Europäern abhängen, erklärten laut, daß nicht der geringste Grund zum Verdacht vorhanden wäre. Andere sagten, sie hätten unbestimmte Gerüchte gehört, die nach angestellter Untersuchung für falsch befunden wären. Zur selben Zeit kamen einige Franzosen und andere Europäer darin überein, daß der Englische Consul zu frühe unruhig geworden sey, denn es schien gar nicht wahrscheinlich, daß die Pest wirklich in der Stadt sey, und doch die Eingebohrnen nichts davon wissen sollten. Diese Vermuthung hatte einigen Schein für sich, wenn man unter den Eingebohrnen die Maroniten, die Juden oder andere, die mit den Europäischen Waarenlagern etwas zu schaffen haben, verstehet. Denn die Pest kann ohne Zweifel eine Zeit lang in gewissen Theilen der Stadt existiren, ohne daß sie etwas davon wissen, woferne sie sich nicht einige Mühe geben, und aus dem ordentlichen Gange der Geschäfte hinausgehen, die

Sache

Sache zu untersuchen. Auch möchte man wünschen, daß,
wenn sie von der Pest auf eine oder andere Art Nachricht
haben, sie sich überführen könnten, das Interesse der Handlung mache die Verbergung der Pest weniger nothwendig.
Nach der ersten Woche im April hatte man gegen die Gerüchte, daß die Pest sich eingestellet habe, in den meisten
Theilen der Stadt nicht viel einzuwenden, ausgenommen
in den Quartieren der Europäer und in Jubeda, wo man
ihnen vor der Mitte des Monats nicht vielen Glauben beymaß. Die Seuche verbreitete sich langsam, und gröstentheils in dem Bezirke der Stadt, oder den entlegenen
Vorstädten. Man achtete aber nicht auf ihren Fortgang,
weil sich kein Unfall in den öffentlichen Khanen zugetragen
hatte, und kein Türke von Bedeutung oder Range in der
Stadt gestorben war. Um die Mitte des Monats verspürte man sie in den Quartieren der Juden und in Judeda. Es war nun der Monat Ramadan May) eine
Zeit, da die öffentlichen Bazars und Caffehäuser des Nachts
ungewöhnlich volkreich waren, und die Türken sowohl als
die Christen von verschiedenen und entlegenen Quartieren
der Stadt sich mehr miteinander vermischen, als zu irgend
einer andern Zeit des Jahres. Da die Seuche wider die
Erwartung sich nicht schnell ausbreitete, so behaupteten
einige, sie habe gänzlich aufgehört; und es würde dies,
ob es gleich unwahrscheinlich war, von den meisten für
wahr gehalten seyn, wenn nicht bisweilen, trotz der Mühe
die man anwendete, sie vor dem Publicum zu verbergen,
Exempel der Pestseuche bekannt geworden wären. Das
Beyramfest der Türken, und Ostern der Griechen fielen in
diesem Jahre in dieselbe Zeit. Diese Feste dauern 3 Tage,
und ausser den Ceremonienvisiten in Privathäusern pflegen
sich viele Menschen in den öffentlichen Erholungsörtern zu

ver-

verſammlen. Wenige oder keine um dieſe Zeit zweifelten, daß die Peſt in der Stadt ſey. Unter den gemeinen Leuten ſprach man davon ohne Zurükhaltung. Aber in den vornehmen Geſellſchaften, wo es unhöflich geweſen ſeyn würde, die Zeit mit unangenehmen Nachrichten zu trüben, ſchien die Wahrheit durch gemeinſchaftliche Verabredung verbannt zu ſeyn. Man gratulirte ſich einander zu der Befreyung von der Peſt. Die Glükwünſche wurden mit der gröſten Feyerlichkeit, und von Perſonen, die bey andern Gelegenheiten ſehr gewiſſenhaft rechtſchaffen waren, ausgeſprochen. Als ich dem Mufti an dem erſten Tage des Beyram eine Viſite machte, declamirte ein Mann, der wegen ſeiner Gelehrſamkeit geſchäzt wurde, in einer groſſen Geſellſchaft über die Unwahrſcheinlichkeit, daß die Peſt in dieſem Jahre die Stadt erreichen würde, und brachte unter andern Gründen auch einige von der aſtrologiſchen Art hervor, die bey den Zuhörern groſſes Gewicht hatten. Er verſicherte auch nach ſeiner eigenen Erfahrung, daß kein Zufall, woraus man die Peſt folgern konnte, ſeit einigen Tagen ſich ereignet habe. Drey Stunden nachher begegnete ich dieſem Philoſophen in der Straſſe, der mich erſuchte, mit ihm nach ſeinem Hauſe zu gehen, wo ſein Sohn ſeit einigen Tagen krank geweſen. Als ich an der Thüre des Harem ſtand, um den Weibern Zeit zu laſſen, ſich zu verſchleyern, hörte ich den Knaben mehrmalen ſchreyen, als wenn er Schmerzen hätte, und hörte die Weiber bey meinem Eintritt ihn drinn bitten, nichts von ſeinem Arm zu ſagen. Dieſer Umſtand, verbunden mit des Knaben verwirrtem Geſichte, würde Verdacht erregt haben, wenn ich die Wahrhaftigkeit des Vaters hätte bezweifeln können. Da ich ihn bey der linken Hand faßte, ſeinen Puls zu unterſuchen, zog ich den Arm etwas nach

läßig zu mir hin, worauf der Knabe über Schmerzen in
der Armhöhle bitterlich klagte. Der Vater sowohl als die
Weiber versicherten mich, daß nichts daselbst zu sehen wäre.
Ich verlangte aber, daß der Theil aufgedekt würde, und
fand alsdann eine grosse Beule, von welcher sie sagten,
daß sie sich gestern gezeigt habe. Der Knabe starb in der
Nacht. Aus diesem Exempel sieht man, wie weit die
Verstellung getrieben wurde. Unter den Juden waren Anfangs May allerhand Unfälle gewesen, aber gegen die
Mitte des Monats wurde es erst bekannt, daß sich die Pest
in das Quartier eingeschlichen habe. Von dieser Periode
an war keine Streitigkeit weiter. Diejenigen, welche gegen
die Existenz der Pest sich auf die Juden berufen hatten,
waren genöthiget, diesen Grund fahren zu lassen, und sich
für überzeugt zu erklären *). Die ganze Zeit über litten
die Araber und Beduinen sehr empfindlich. Die Seuche
nahm

*) Man glaubt zu Aleppo, daß die Pest nicht lange in der
Stadt seyn könne, ohne die Juden anzustecken. Viele Juden
werden als Mäkler und herumlaufende Krämer in dem grösten Theil der Stadt gebraucht; und eine Menge, die mit
alten Kleidern handeln, gehen täglich durch die Strassen,
um ihre Waare von allen Volksklassen zu kaufen. Auf die
Weise meynet man, wird die Seuche in das jüdische Quartier von den entferntesten Quartieren gebracht, wenn auch
die dazwischen liegende Theile der Stadt unberührt bleiben.
Die Muthmassung ist keines Weges unwahrscheinlich. Wenn
man aber bedenkt, daß die Araber und andere, welche in
diesem Jahre die ersten Opfer der Seuche wurden, wenig
zum Verkauf anbieten konnten, wovon selbst die Juden hätten Vortheil ziehen können, so wird man den Grund einsehen, warum die Pest nicht die Juden nach dem gewöhnlichen Gange zeitig angrif.

nahm in den nördlichen Vorstädten, und hin und wieder
in der Stadt überhand. Aber die Entdeckung unter den
Juden verursachte die gröste Unruhe, und da sich Spuren
in der Nachbarschaft der Europäischen Häuser zeigten, und
der Sohn des französischen Uhrmachers angesteckt wurde,
so schlossen sich der Consul und die meisten Franzosen am
16ten May ein. Obgleich die Leichen zahlreicher waren
in der ersten Woche des May als in der zweyten, so war
doch weniger Grund, sich über die Eilfertigkeit, womit die
Franzosen sich einschlossen, zu verwundern, als über die
Nachläßigkeit, die bisher die Europäer gezeigt hatten, wenn
man die Zunahme der Leichen seit der ersten Woche des
April erwäget. In der That liessen sich viele von den
Eingebohrnen hintergehen, und wähnten, daß, weil alles
so ruhig in ihrem eigenen District bisher geblieben war,
die Nachricht von dem Wachsthum der Pest irrig seyn
müßte. Sie bedachten aber nicht, daß man von den entfernten Gegenden der Stadt, wo der Sage nach die Pest
damals am meisten grassiren sollte, nicht mehr Leichen in
dem Europäischen Quartier erwarten konnte, als wenn die
Verstorbenen in Kahira umgekommen wären. Die Krankheit nahm überhand in den lezten Tagen des May. Weil
aber verschiedene Unfälle verheelet wurden, so schlossen die
Engländer sich nicht eher ein, als bis einer ihrer Köche
nach seiner Zuhausekunft vom Markte in seines Herrn
Hause plözlich krank wurde. Hierauf sperreten der Consul
und einige andere von der Factorey, die schon lange vorher hiezu Anstalten gemacht, und seit einiger Zeit gewisse
Vorsicht beobachtet hatten, ihre Häuser am 28sten. Andere, die mehr sorgenlos gewesen waren, dachten, es sey
nun Zeit, für ihre eigene Erhaltung zu sorgen, beschleu-
nigten die nöthigen Vorbereitungen und begunnen die

Sperre

Sperre zwey Tage später. Die wöchentliche Mortalitäts-
liste vom 5ten April bis an den 1sten Junius war folgende:

Montag, April 6.	1ste Woche	58	
	2te —	88	
	3te —	125	
	4te —	113	384 April.
Montag, May 4.	1ste —	171	
	2te —	139	
	3te —	177	
	4te —	290	777 May.

In einem Lande, wo keine Listen gehalten werden,
und wo weder die Polizey, noch die Neugierde des Publikums einige Aufmerksamkeit auf solche Sachen richtet, findet man viele Schwierigkeiten eine erträgliche Liste der
Leichen zu bekommen. Die Treue derjenigen, welche man
dazu gebraucht, solche Register zu sammlen, ist oft verdächtig, und das Unternehmen ist, wenn es getreulich ausgeführt wird, mit Gefahr verbunden. Ich gebe daher diese
Listen nicht für völlig genau aus, ob sie gleich viele Zeit
und Kosten erfordert haben, sondern schmeichle mir, daß
die Irrthümer nicht von grosser Bedeutung sind *). Da
ich nicht gesonnen war, mich in diesem Jahr der Gefahr
so sehr auszusetzen, als in dem vorigen, so hatte ich in
dem Monat April mir einen Zufluchtsort in dem Hause
eines Kaufmanns von der Factorey ausgesucht, und ich
schloß mich daher Anfangs Junius ein. Am 6ten Junius
starb

---

*) Ich ließ mir täglich von 4 bis 5 Personen, denen ich ver-
schiedene Stationen angewiesen hatte, die Register von den
türkischen Leichen, und von einer die von den christlichen
bringen.

starb ein Mönch in dem Kloster Terra santa *). Er war 2 oder 3 Tage vorher auf der Terrasse spazieren gegangen, und weil die Nachricht, die man von seinem Tode gab, so beschaffen war, daß Verdacht entstehen mußte, er sey an der Pest gestorben, so wurden die Europäer dadurch bewogen, sich noch mehr vom Publikum abzusondern. Nach dem Anfang des Junius verbreitete sich die Pest sehr schnelle. Die Leichen stiegen in der ersten Woche bis zu 670. Vor der Mitte des Junius wurden einige wenige Kranke wieder hergestellt. Von der Zeit an aber wurde die Seuche, ob sie gleich ansteckend blieb, weniger gefährlich, und man kann daher annehmen, daß obgleich die wöchentliche Mortalität während des Rests des Monats sich verminderte, doch die Pest bis zu Anfang des Julius zunahm, um welche Zeit sie ihre größte Höhe erreichte. Im Julius war die Anzahl der Convalescenten noch grösser. In der zweyten Woche nahm die Seuche sowohl als die Mortalität merklich ab, und beyde verringerten sich sehr geschwinde nach der Mitte des Monats. Die wöchentlichen Mortalitätslisten vom 1sten Junius bis an den 27sten Julius,

	1ste Woche	2te W.	3te W.	4te W.	1ste W.	2te W.	3te W.	4te W.
Türkische Leichen	629	502	444	553	601	410	443	204
Christliche —	31	33	46	47	88	59	44	28
Jüdische —	10	8	15	12	19	14	9	4
	670	543	505	612	708	483	496	236

Die

*) d. i. Franciscanerkloster. (s. Niebuhr im deutsch. Museum März 1787.) Die Franciscaner führen aber wohl den Namen patres de terra sancta, weil ein Mönch aus ihrem Orden Gardian des h. Grabes ist. A. d. H.

E 3

Die Pest kam spät unter die Juden und Christen, und verbreitete sich nicht viel vor der Mitte des Junius, wann die Seuche wenigere Menschen aufrieb, als vorher. Die Mortalität war daher verhältnißmäßig grösser unter den Türken. Noch muß angemerkt werden, daß sie unter den Juden und Christen langsamer abnahm.

Seitdem die Europäer sich eingeschlossen hatten, bekam die Stadt ein sehr trauriges Ansehen. Die öffentlichen Khane wurden von den türkischen Kaufleuten wenig besucht, und waren von den Christen ganz verlassen. In den Straßen und Bazard waren wenige Menschen. Der größte Theil der Laden, solche ausgenommen, worin Lebensnothwendigkeiten feil waren, war selten geöfnet, und wenige oder gar keine Karwanen langten von auswärts an. Ueberhaupt waren die Türken mehr auf ihre Erhaltung bedacht, als sie sonst zu thun gewohnt waren. Viele vom hohen Range hielten sich in ihren Häusern auf, und verstatteten ihren Weibern nicht, auszugehen, welches sonst die Gewohnheit ist, noch im Harem Visiten von Personen ohne Unterschied anzunehmen. Mehr Christen sperrten sich auch diesesmal ein, als in vorigen Pestzeiten geschehen war, und die Furcht vor der Seuche war auch unter der niedrigen Volksclasse so allgemein, daß es schwer hielt, Aufwärter für die Kranken zu finden. In dem innern Harem, wie mir nachher die Weiber gestanden, war bisweilen die Frau oder Tochter der Familie in ihrer Krankheit gewissermaßen verlassen, indem die Sklavinnen sich der Dienstleistung entzogen. Man behauptete, daß diese grosse Furcht vor Ansteckung unter den Türken in Aleppo unerhört sey; und dieser Vorsichtigkeit, die man diesesmal beobachtete, wurde es von vielen zugeschrieben, daß die Pest nicht weiter um sich grif.

Die

Die Lage der Europäer während der Sperre war
weniger fürchterlich, als man sich einbilden möchte. Die
Leichen, die man in ihren Quartieren bemerkte, waren selten über 4 oder 5 täglich, und von dem Stande
der Rechtsgelehrten sind nicht über 10 oder 12, die einen
gewissen Rang hatten, gestorben, so daß weder das Klage-
geschrey der Weiber, die die Leiche zum Grabe begleiteten,
noch der Trauergesang von den Minarets des Tages viele
Unruhe verursachte. Die Stille der Nacht wurde bisweilen durch das Zettergeschrey, das die Weiber in dem
Augenblicke, da eine Person im Hause gestorben war, erhoben, und welches mehr als irgend ein anderer Lärm
sich sympathesiren und Furcht erregen kann, unterbrochen;
allein dieses ereignete sich selten. Die Europäer, obgleich
mitten in einer angesteckten Stadt, fühlten wenig von dem
öffentlichen Unglük, und waren nur zum Theil Zuschauer
der Schrecken der Pest. Die Aufmerksamkeit der Polizey
auf die frühe Beerdigung der Todten sicherte sie gegen den
Anblik, der bey den Europäischen Pesten der fürchterlichste
ist. Die genaue Befolgung der bey der Sperre festgesezten
Regeln verwahrte sie vor der Gefahr, welche sie umgab,
und sie wurden sehr ordentlich mit frischem Wasser, Lebensmitteln aller Art, und zeitigen Früchten versehen. Das
gröste Uebel war die Sperre selbst, wozu man sich übrigens bald gewöhnte, und die nur denen beschwerlich war,
die sich nicht zu beschäftigen wusten, oder nicht Geschiklichkeit genug besaßen, sich für die Erholungsstunden ein Vergnügen auszusinnen. Die Pest hatte in der 2ten Woche
des Julius angefangen, abzunehmen. Gegen Ende des
Monats war sie allenthalben sehr vermindert, obgleich nicht
so sehr, wie man es den Europäern gesagt hatte. Die
gewöhnliche Zeit ihres Verschwindens war nun gekommen,

E 4   Die

Die Krankheit war unter den Maronken sehr selten geworden, und man schloß daher zu voreilig, daß die übrigen Theile der Stadt, wie die Judeda, von der Pest befreyet seyen. Ich verließ die Sperre am 29sten Julius,
und fand nach meiner Erwartung, daß die Pest noch gar
nicht aufgehört hatte. Der größte Theil der Christen von
Bedeutung in der Judeda blieben in ihren Häusern, und
verliessen sie erst 10 oder 12 Tage nachher. Einige Engländer machten einen Spazierritt am 1sten August. Keiner
aber von ihnen, wie ich glaube, machte sich vor dem
10ten August ganz von der Einkerkerung loß. Während den
ersten 14 Tagen im August ereigneten sich Pestkrankheiten
in der Stadt, waren aber doch in den Vorstädten häufiger. Am 7ten wurde der einzige Sohn eines angesehenen
Effendi *) angesteckt, daher man auch ähnlichen Nachrichten desto eher traute. Der französische Consul und die zu
der Nation gehörigen Kaußeute hoben ihre Sperre auf am
17ten. Der englische Consul und 2 oder 3 Herren von
der Factorey fanden für gut sie noch zu beobachten, und
der Erfolg zeigte, daß sie Recht gehabt hatten. Am 20sten
August wurde man durch den Tod verschiedener, die die
Woche vorher angesteckt waren, und das Gerücht von neuer
Mittheilung der Krankheit, das den Europäern zu Ohren
ge-

*) Chilleby Effendi der damals das Amt eines Nakib oder Ober-
sten der Scherifs oder Grünturbans bekleidete. [Scherifs sind
die Descendenten Mohammeds von Seiten Ali seines Schwiegersohns und der Fathima seiner Tochter. Ihr Name bedeutet edel, und sie unterscheiden sich durch grüne Turbans
von allen übrigen Mohammedanern, die weisse tragen. Der
Oberste der Scherifs wird auch von d'Arvieux in Nachrichten
u. s. f. Kopenh. 1756. VI Th. 371 S. unter den vornehmsten in Aleppo residirenden Personen angeführt. A. d. H.]

gekommen war, beunruhiget. Nunmehr warden keine Verfuch-, die Peſt zu verbergen, gemacht, und Nachrich-ten von den Angeſteften konnten leichter eingezogen werden. Was aber die Chriſten in die gröſte Beſtürzung ſezte, war die Entdeckung am 21ſten, daß der Superior des Je-ſuitenkloſters, der einige Tage krank geweſen war, gewiß mit der Peſt behaftet wäre. Der Franzöſiſche und Vene-tianiſche Conſul ſperrte ſich gleich wieder ein, und verſchie-dene Kaufleute verſchiedener Nationen folgten dem Exempel. Sie hielten darin aus bis an den zoſten, wo die offen-bahre Verminderung der Krankheit in allen Theilen der Stadt ihnen Muth gab, auszugehen. Der Engliſche Con-ful nebſt andern Engländern, die beſtändig eingeſchloſſen geweſen waren, öfneten ihre Thüren am z1ſten Auguſt. Die wöchentlichen Mortalitätsliſten vom 27ſten Julius bis an z1ſten Auguſt ſind folgende:

	1ſte Woche	2te W.	3te W.	4te W.	5te W.
Türkiſche Leichen	70	88	78	84	52
Chriſtliche —	29	20	10	16	10
Jüdiſche —	3	2	2	8	4
	102	110	90	108	66

Die täglichen Mortalitätsliſten vom 27ſten Julius bis auf den z1ſten Auguſt in Abſicht der türkiſchen und chriſt-lichen Leichen:

Jul.	T.	C.	Aug.	T.	C.	Aug.	T.	C.	Aug.	T.	C.	Aug.	T.	C.
27,	13	4	3,	8	2	10,	8	2	17,	12	1	24,	8	2
28,	13	5	4,	14	2	11,	8	0	18,	10	2	25,	11	3
29,	11	5	5,	19	6	12,	7	0	19,	14	2	26,	11	0
30,	8	3	6,	7	3	13,	17	2	20,	12	2	27,	9	1
31,	7	2	7,	10	2	14,	12	4	21,	15	3	28,	3	4
Aug.														
1,	12	4	8,	14	2	15,	14	1	22,	13	4	29,	6	2
2,	9	3	9,	16	3	16,	12	1	23,	8	2	30,	4	1
	73	26		88	20		78	10		84	16		52	10

Aus

Aus den Mortalitätstabellen im Julius ergiebt es sich, daß die türkischen Leichen nach dem 12ten sehr abnahmen. In der lezten Woche, zwischen dem 27sten Julius und 2ten August, fielen die Leichen von 204 der Zahl der türkischen in der lezten Liste zu 73 herunter, von welcher Zeit an bis zur lezten Woche im August die Zahl sich ziemlich gleich blieb. Wollte man nach den wöchentlichen Mortalitätslisten die Berechnung machen, so würde man finden, daß die Pest beynahe in demselben Zustande geblieben ist, vom 27sten Julius bis an 24sten August. Der wirkliche Zustand der Seuche kann aber nicht auf die Weise geschäzt werden. Denn von den Angestekten wurden viele besser um diese Zeit. Es trug sich auch bisweilen zu, daß die Pest an den Tagen, in welchen wenige Beerdigungen gewesen waren, wütend um sich grif. Daher getrauten sich auch einige auszugehen, und versicherten, daß die Pest aufgehört habe, wann sie vielleicht mehr wie gewöhnlich wirksam war. Exempel von frischer Ansteckung wurden dem Publikum nicht unmittelbar bekannt, einige verschiedene Tage nachher, andere erst nach dem Tode. Von denen, die wiederhergestellt wurden, hörte man nichts. Ich bin selbst mehrmalen auf diese Art getäuscht worden, bis die Erfahrung mich Behutsamkeit gelehrt hat. Das Schwankende in der Zahl der Leichen erhellet aus den täglichen Mortalitätslisten, und zeiget den unregelmäßigen Gang, den die Pest genommen hat. Diese Anmerkung ist auch auf andere Perioden der Pest, nicht bloß auf die Zeit ihrer Abnahme anwendbar. Da die Leichen an gewissen Tagen zunahmen, so müssen auch Tage gewesen seyn, da die Pest sich vorzüglich ausbreitete, und wäre es thunlich gewesen, in einer so grossen Stadt ziemlich genaue Listen von mehreren Angestekten zu bekommen, so möchten diese nebst dem

meteo-

meteorologischen Register entdekt haben, in wie weit das Wetter auf die Ausbreitung der Giftmaterie und die Endigung der Krankheit einen Einfluß habe.

Die Erscheinung des Consuls in den öffentlichen Straßen im September bestätigte die Meynung, daß die Pest aufgehört habe, und beruhigte in gewisser Maasse die Gemüther der Einwohner. Die Meynung aber war ungegründet. Exempel von Ansteckung und auch von Leichen waren in der ersten Woche Septembers häufiger; und da diese nicht unterdrükt werden konnten, so verursachten sie Unruhe. In der zweyten Woche des Septembers hatten die Europäischen Consuls öffentliche Audienz bey dem neuen Pascha, ein Umstand, der mehr Muth eingeflößt haben würde, wenn nicht verschiedene neue Zufälle Besorgniß erregt hätten, von welchen einige sehr wohlbekannte Personen unter den Maroniten betrafen. Die unerwartete Fortdauer der Pest wurde auf das kalte Wetter geschoben, welches auf den ausserordentlichen Regen, der zu Anfang des Monats gefallen war, folgte. Die Jahrzeit war aber nun schon zu weit fortgerükt, als daß man vielen Einfluß von dem heissen Wetter erwarten konnte, das nach der Sage in vorigen Jahren die Pest erstikt hatte. Man fieng schon an in Gesellschaften davon zu reden, daß sie bis in den Winter dauern würde, und einige der am meisten erfahrenen Einwohnern gaben ihre Furcht zu erkennen, daß das künftige Jahr schlimmer seyn möchte, als das gegenwärtige. Die Leichen vermehrten sich in der zweyten Woche des Septembers, woran zum Theil die Tertianfieber Schuld waren, die um diese Zeit fürchterlicher wurden. Es ist daher auch ein grosser Theil der Sterblichkeit in den folgenden Monaten solchen Krankheiten, die von der Pest verschieden sind, zuzuschreiben. In der dritten Woche ver-

änderte

änderte sich die Krankheit wenig, sondern schien in der vierten Woche abzunehmen; die Kranken wenigstens verringerten sich. Die Leichen nahmen zu, vorzüglich unter den Christen, wie aus dem Septemberregister zu ersehen ist.

	1ste Woche	2te W.	3te W.	4te W.
Türkische Leichen	66	80	55	64
Christliche —	7	14	8	14
Jüdische —	3	4	3	•
	76	98	66	78

Die Pest blieb unverändert von der lezten Woche im September bis an den 12ten Oktober, von welcher Zeit an sie beträchtlich geringer wurde. Um den 19ten verstärkte sie sich wieder, und dauerte fort mit weniger Veränderung bis an den Anfang des folgenden Monats. Anfangs Oktobers starb ein Italiänischer Comtoirbedienter in dem Hause eines Englischen Kaufmannes. Am 25sten wurde die Familie des Französischen Consuls nebst vielen, die das Haus neulich besucht hatten, nicht wenig bestürzt, als sie vernahmen, daß der Französische Chaur, der in dem Hause des Consuls wohnte, die Pest hätte. Die Hofnung, welche die Europäer hegten, daß die Pest bald aufhören würde, wurde hiedurch sehr geschwächt. Denn wenn man gleich nicht der Meynung war, daß die Pest nicht mehr existirte, so hatte man doch nicht viel von den neulich Befallenen gehört, und die Stille, die in Judeba, und dem Jüdischen Quartier bemerkt war, führte nun, wie es zu Anfang geschehen war, zu sehr irrigen Begriffen von dem Zustande der Pest. Hiezu kam, daß die Furcht vor Ansteckung durch die Zeit vermindert war, und wenn sie nicht durch die damit verbundene Gegenstände erregt wurde, die Geschäfte und Vergnügungen wenig aufgehalten hatte, so

daß

daß die Europäer und die Eingebohrnen ohne Zurükhaltung allenthalben herumgiengen. Die Listen der Verstorbenen waren vom 28sten September bis an 2ten November:

	1ste Woche	2te W.	3te W.	4te W.	5te W.
Türkische Leichen	71	87	53	94	130
Christliche —	14	16	11	13	24
Jüdische —	0	3	2	3	2
	85	106	66	110	156

Der Zuwachs der Leichen in den ersten 14 Tagen des Oktobers kam ohnstreitig gewissermaßen von den Herbstkrankheiten her, insbesondere von den bösartigen unregelmäßigen Tertianfiebern, welche um diese Zeit herrschten, und in ihrem Anfang der Pest sehr ähnlich waren. Aber in der lezten Woche war er zu beträchtlich, als daß er dieser Ursache zugeschrieben werden konnte. Man konnte ihn auch nicht wohl von dem Ueberhandnehmen der Seuche herleiten, wenn man voraussezte, daß so viele Angestekte wieder hergestellt waren, als in den vorigen Monaten. Die Pest hatte sich um diese Zeit sehr geändert. Seit Anfang Oktobers waren mehr gestorben als zu irgend einer Zeit seit dem Monat Junius, und nach der Mitte des Oktobers wurde kaum $\frac{1}{3}$ der Kranken geheilt. Die Seuche fieng an die schlimmste Gestalt zu gewinnen, und war oft mit dem Tode in weniger als 40 Stunden begleitet. In diesem bösartigen Zustande dauerte die Pest die beyden folgenden Monate. Um die Mitte des Novembers glaubte ich, daß sie abnähme; aber sie wurde gewiß heftiger von dem Anfang der vierten Woche bis an den 20sten Dezember, vornehmlich unter den Christen. Die Krankheit unter den Türken grassirte in den ersten 14 Tagen des Dezembers hauptsächlich in den Vorstädten. Nach der
Mitte

Mitte des Monats war das Wetter einige Tage hindurch heiter und kalt, welcher Unterschied in der Witterung keine Veränderung in der Pest hervorbrachte. Wenige Tage vor Weynachten schien die Krankheit so sehr nachgelassen zu haben, daß ich wieder mit Europäern umgieng, von denen ich mich, seitdem ich aus der Sperre herausgekommen war, entfernt hatte. Dieser Zwischenraum war aber von kurzer Dauer. Die Pest erhielt neues Leben gegen Ende des Monats, und die christlichen Neujahrsferien wurden durch frische Sorgen beunruhiget.

Die wöchentlichen Mortalitätslisten vom 2ten November bis an den 4ten Januar.

	Nov. 1ste Woche	2te W.	3te W.	4te W.
Türkische Leichen	120	90	108	149
Christliche —	14	21	12	16
Jüdische —	3	5	4	2
	137	116	124	167

	Dec. 1ste Woche	2te W.	3te W.	4te W.	5te W.
Türkische Leichen	134	132	146	87	84
Christliche —	29	21	18	15	13
Jüdische —	3	3	2	3	2
	166	156	166	105	99

Zu den schon bemerkten Tertianfiebern, welche im Winter die Sterblichkeit beträchtlich vergrösserten, kamen im November die Pocken, woran viele Kinder starben. Die Leichen verminderten sich in den beyden lezten Wochen des Decembers zum Theil daher, weil diese Krankheiten eine günstige Wendung genommen hatten; die Pest muß aber auch sehr nachgelassen haben, weil ihrer Natur nach sie um diese Zeit gefährlicher ist, als im Herbst. Wenige wurden

den geheilt, und einige sollen innerhalb 24 Stunden, ja weniger, von der Zeit an, da sie sich übel befanden, gestorben seyn. Ich habe es nicht gewagt, in den Listen die an der Pest Gestorbenen zu unterscheiden. Meine Nachrichten von den Angestellten waren auch nicht hinreichend, um den Grad, womit die Pest seit Anfang des Winters grassirt hatte, zu bestimmen. Nach meinen eigenen Bemerkungen und zuverläßigen Nachrichten war sie gewiß heftiger, als man glaubte. Die Eingebohrnen selbst gaben zu, daß die Pest nie im Winter so fürchterlich zu Aleppo gewesen sey. Ja einige wollten so gar behaupten, daß sie nie vorher um diese Jahrszeit sich habe spüren lassen. Man kann aber leider sich auf solche Aussagen nicht verlassen. Was sich im J. 1742. zugetragen hatte, war ganz vergessen. Wenige Jahre werden vielleicht die traurige Erfahrung, die man jezt hatte, verwischen, und die Aleppiner werden der Tradition getreu bleiben, daß ihre Stadt von einer Pest im Winter nichts zu befürchten habe.

VI. Geschichte der Pest zu Aleppo im J. 1762.

Die unerwartete Dauer der Pest im Herbst und Winter, der verschiedenen Witterung ungeachtet, ließ nur wenige Hofnung übrig, daß sie sich bald endigen würde, und machte daher die Aussicht auf das neue Jahr sehr trübe. Die Furcht vor der Ansteckung machte wenigen Eindruk, weil man die Gefahr noch als entfernt ansah, aber die Hemmung des Handels hatte schlimme Folgen, und die industriösen Leute von der niedern Classe waren in grosser Verlegenheit. Um diese Zeit veranlaßte die Geburt eines Prinzen und Kronerben ein Fest von sieben Tagen *),

während

*) Björnstahl hat eine solche Feyerlichkeit in Constantinopel angesehen und beschrieben. s. Briefe VI. 43. A. d. H.

während deſſen man die melancholiſchen Gedanken an die
Seite legte. Das Feſt wird Ziny genannt, von den Verzierungen und Illuminationen, die alsdann angeſtellt werden, und zeigte die Mohammedaner von einer ganz andern
Seite, als man ſie ſonſt zu erblicken pflegt. Perſonen vom
Stande legen ihr feyerliches Weſen ab, und die von der
untern Claſſe, ermuntert durch die Herablaſſung, an die
ſie nicht gewohnt ſind, äuſſern nicht das ſklaviſche Betragen, das ihre Abhänglichkeit beweiſet.

Die Menge der Menſchen in den Straſſen bey Tage
und bey Nacht iſt viel gröſſer als an andern Feſttagen
oder in dem Ramadan. Die Weiber laufen allenthalben
herum von Morgen bis an Sonnenuntergang, und Perſonen beyderley Geſchlechts, aus Neugierde herbeygelockt,
kommen in Menge zur Stadt von den Dörfern. Leute
von allen Ständen, in Beziehung auf den kayſerlichen Befehl ſich zu erfreuen, geben den Freudenbezeugungen und
Vergnügungen Raum, und wetteifern miteinander das Schau-
ſpiel durch den trefflichen Schein der Lampen, und durch
Verzierungen der Boutiquen und Khanen glänzend zu
machen. Ein Zuſammenfluß dieſer Umſtände, die für die
Ausbreitung der Anſteckung ſo günſtig war, ſchickte ſich
nicht zu der Zeit. Aber während der Luſtbarkeit des Ziny
wurde die Verwüſtung, die der Stadt bevorſtand, vergeſ-
ſen. Wenig dachte das Volk daran, wie bald auf dieſe
Scenen von Vergnügen und Luſt, die Klagegeſänge der
Witwen und Waiſen folgen würden. Während der erſten
14 Tagen im Januar blieb die Peſt in demſelben Zuſtande, wie ſie im December geweſen war. Am 7 und 8ten
fiel ziemlich vieler Schnee, worauf ein Froſt folgte, der
bis an den 19ten dauerte. Man glaubte allgemein, daß
dieſe Veränderung in der Witterung ſehr dazu beytragen
würde,

würde, die überbliebenen Spuren der Seuche zu erſticken. Obgleich man während der Zeit des Zinn wenig von der Peſt horte, ſo vergieng doch kein Tag, daß nicht Leute von der Krankheit befallen wurden. In der dritten Woche des Januar hatte ſie gewiß 'nachgelaſſen, und die Leichen hatten merklich abgenommen. In der letzten Woche ſchien ſie in den entlegenen Vorſtädten wieder um ſich zu greifen, und verſchiedene in dem Innern der Stadt wurden angeſteckt. Ueberdem waren Anfangs des Jahres Krankheiten, die von der Peſt verſchieden waren, ſelten geworden.

Wöchentliche Mortalitätsliſten vom 1ſten Januar bis 1ſten Februar.

	1ſte Woche	2te W.	3te W.	4te W.
Türkiſche Leichen	126	80	42	49
Chriſtliche —	20	17	5	13
Jüdiſche —	3	3	3	4
	149	100	50	66

Sollte die Veränderung in der Witterung die Verminderung der Seuche, welche man nach der Mitte des Januars bemerkte, nach ſich gezogen haben, ſo ſchien ſie doch wenigen Einfluß unter den Arabern in der Nähe von Aleppo zu äuſſern. An der Weſtſeite der Stadt, auſſerhalb dem Gefängnißthor, ſind unter einigen alten Steinbrüchen groſſe Grotten oder Höhlen, wohin im Winter die Beduinen ihre Zuflucht nehmen, die zur andern Zeit unter der Stadtmauer ihr Lager aufſchlagen. Die Peſt brach unter dieſen Beduinen aus um die Mitte des Januars, und tödtete täglich 3 bis 4 Menſchen. Noch früher, das iſt, um das Ende des Decembers, war ſie zu einigen andern Höhlen, in einer gröſſern Entfernung von der Stadt, jenſeit der Fiſchquelle gedrungen, wo faſt 100 arabiſche

Familien ihre Wohnung für den Winter genommen hatten. Hier wütete sie mit Heftigkeit den ganzen Januar.
An diesen Oertern schien das kalte Wetter keinen günsti-
gern Einfluß auf die Seuche zu haben, als in den benachbarten Dörfern, die um dieselbe Zeit ihre Heftigkeit
empfanden.

Die Seuche nahm veränderlich zu und ab im Februar.
Im März verspürte man ihre Fortschritte mehr als im
Februar, vornämlich gegen Ende des Monats, obgleich sie
nicht geschwind waren. Ein Armenischer Priester, der die
Angesteckten von dieser Nation in den beyden vorigen Jah-
ren bedient hatte, starb um diese Zeit.

Sterblichkeitslisten für den Februar:

	1ste Woche	2te W.	3te W.	4te W.
Türkische Leichen	29	50	71	89
Christliche —	13	13	11	19
Jüdische —	3	1	0	0
	45	64	82	108

Sterblichkeitslisten vom 1sten März bis an den 5ten
April: -

	1ste Woche	2te W.	3te W.	4te W.	5te W.
Türkische Leichen	90	98	82	128	133
Christliche —	13	14	19	35	38
Jüdische —	1	0	3	1	2
	104	112	104	164	173

Anfangs April starb ein junges Frauenzimmer von
französischer Herkunft, und andere Vorfälle der Art ereigneten sich in einigen Khanen. Zwey oder drey Juden wurden um dieselbe Zeit angesteckt, aber es wurde nicht öffentlich bekannt. In den Vorstädten verblieb die Seuche beynahe

nahe in dem nämlichen Zustande bis zur zweyten Woche, da sie in der Judeda abnahm. Die Maroniten *), die durch diese Veränderung in ihrem Quartiere aufgemuntert wurden, fiengen am 11ten April ihr Osterfest mit Freudigkeit an. Sie vergassen, wie oft sie durch Pausen dieser Art hintergangen waren, und sie konnten sich nicht dazu entschliessen, die gewöhnlichen Ceremonienvisiten einzustellen. Man behauptete, daß die Pest im Begrif wäre ganz aufzuhören, daß sie zum wenigsten ihre Kraft verloren hätte, und keinen grossen Fortgang haben würde, weil sie dem Anschein nach nicht die gewöhnliche ansteckende Eigenschaft hätte. Man berief sich zu dem Ende auf den ungewöhnlich grossen Zulauf aller Volksklassen während der neulichen Zinn, der von keinen schlimmen Folgen gewesen wäre. Die Seuche hatte auch in dem Monat Ramadan, obgleich das Wetter wärmer geworden war, sich nicht auf die Art ausgebreitet, als man es erwarten konnte.

Die Erfahrung der beyden vorigen Jahre war diesem, obgleich scheinbaren, Raisonnement entgegen. Aber die Zuversicht, womit die Maroniten über den Gegenstand sprachen, und die Nachricht, die sie von der Judeda gaben, machte die Europäer, die sich auf sie verliessen, weniger geneigt, bey Zeiten sich zur Sperre vorzubereiten. Um die Mitte des Monats entdeckte man, daß viele Christen während

---

*) In der Judeda, und um sie herum, wohnen viele Griechen, Armener, Syrer und Maroniten, die auch daselbst ihre eigene Kirchen haben. Natural Hist. of Aleppo p. 78. In der Forsterschen Uebers. von Sauveboeuf (Magaz. von Reisen IV. 508.) wird dieses Quartier Dschedeide geschrieben. Es herrscht hier viel Kunstfleiß, und es werden hier Goldstoffe gemacht. A. d. H.

rend der Festtage angestekt seyen, und was noch mehr Unruhe verursachte, daß viele wegen des Festes in den Häusern der Angestekten Besuche abgelegt, und mit den Kranken Umgang gepflogen hätten. Man kann sich leicht die
dadurch verursachte Unruhe vorstellen. Es stehet aber doch
dahin, ob die Erfahrung die Christen gescheuter machen
wird. Die Seuche hatte nicht allein in Judeda, sondern
auch in der Stadt selbst zugenommen; und Beyspiele davon hatten sich in der Nähe des Europäischen Quartiers
gezeigt. Sie war jeden Tag gefährlicher geworden, und
verschiedene Kranke starben plözlicher, als es in dem Frühling bemerkt war. Der Consul und die Factorey hatte
hievon Nachricht bekommen am 18ten, und ich hatte schon
erklärt, daß alles in Bereitschaft gehalten werden müßte,
um auf kurze Warnung die Sperre anzufangen.

Gegen Ende des Aprils schien die Seuche unter den
Türken und Juden nachzulassen, nahm aber in Judeda
überhand. Dieser lezte sehr wohl bekannte Umstand sollte
die Europäer zur Sperre bewogen haben, in Erwägung
des beständigen Verkehrs, den sie vermittelst ihrer Bedienten mit dieser Vorstadt hatten, indem sie dadurch wirklich
in noch grösserer Gefahr waren, als wenn die Krankheit
innerhalb der Stadt in Districten, die mit den Europäern
wenige Communication unterhielten, und deren Einwohner
keine Geschäfte in den Häusern der Europäer haben, herrschte.

Wöchentliche Sterblichkeitsliste vom 3ten bis an 31sten
May.

	1ste Woche	2te W.	3te W.	4te W.
Türkische Leichen	255	194	233	502
Christliche —	45	54	'55	61
Jüdische —	3	6	8	16
	303	254	296	579

Ich

Ich besuchte die Kranken bis auf den 8ten May, und
begab mich darauf nach meinem Hause, um Quarantaine
zu halten, weil ich zu vielen Umgang mit den Angesteckten
gehabt hatte, um unmittelbar zu dem Freunde zu gehen,
mit welchem ich mich einsperren wollte. Nach Verlauf
von 14 Tagen verließ ich mein Haus in der Nacht, und
kam an den zur Sperre bestimmten Plaz, welcher keine
100 Schritte entfernt war, an der entgegen gesezten Seite
der Straffe. Da die Vorbereitung schon lange geschehen
war, so war es unnöthig, ein jedes Ding mit mir zu
nehmen, und bey meinem ersten Eintritt, ehe ich die Treppe
hinauf gieng, ließ ich mich mit Schwefel durchräuchern.

Die Europäer, deren Häuser durch Terraffen miteinander verbunden sind, besuchen sich bisweilen einander
während der Sperre, und auf die Weise hatten verschiedene Franzosen, zu Anfang der gegenwärtigen Jahrszeit,
täglich in dem Hause ihres Consuls Visiten abgelegt. Solch
ein Umgang kann alsdann nur gebilliget werden, wenn
alle gleich strenge in der Beobachtung der Sperre sind,
und wenn man keine Gefahr läuft, auf dem Wege Personen anzutreffen, die es nicht sind. Ein Vorfall um die
Mitte des Monats sezte diesem Umgange Grenzen, und
zeigte den Europäern die Unzuläßigkeit desselben. Wenn
man zu dem Hause des Consuls gehen wollte, so mußte
man über die Terraffe eines Jüdischen Kaufmannes aus
Venedig gehen, der sich noch ins Freye wagte, als andere
Europäer schon eingeschlossen waren, und endlich sich in
seinem Hause in dem grossen Khan einsperrte, mit einer
Familie von 30 bis 40 Personen. Mit diesem Kaufmann,
der alle Abende auf seiner Terraffe war, unterhielten sich
die Französischen Kaufleute, nicht bloß, nachdem er seine
Hausthüren verschlossen, sondern sogar noch ehe die Familie

F 3   ihre

ihre gewöhnliche Wohnung in dem Jüdischen Quartier verlaſſen, und zur Sperre ſich eingefunden hatte. Die Familie hatte ſich ungefähr acht Tage eingeſchloſſen, als ein Türkiſcher Barbier einer von den Damen im Hauſe, die krank geworden war, zur Ader zu laſſen herein gerufen war, und noch denſelben Abend nach der Entdeckung, daß ſie die Peſt hatte, alle in groſſer Eile und Verwirrung das Haus verlieſſen, den Gemahl und 2 oder 3 Bediente ausgenommen. Die Dame ward wieder beſſer, und war vermuthlich angeſteckt, ehe die Sperre angegangen war *).

In der erſten Woche des Junius giengen verſchiedene Karwanen ab, und gaben den Fremden, die gewöhnlich in den öffentlichen Khanen logiren, eine Gelegenheit von der Stadt zu fliehen. Allein von dieſen Flüchtlingen waren ſchon einige angeſteckt. Um dieſelbe Zeit kriegten viele armeniſche Becker die Peſt. Sie wohnten zerſtreut in der Stadt, und während der folgenden 14 Tage befragten mich 30 bis 40 um Rath **).

In

---

*) Die Juden ſcheinen unter allen Morgenländern die Peſt am meiſten zu fürchten. Man ſagt, daß ihre Religion ſie zur Verbergung der Seuche verpflichtet, und nach der Entdeckung ſie zur Flucht als dem Rettungsmittel antreibt.

**) Während der Sperre gab ich den Angeſteckten alle erforderliche Hülfe, und ich hatte mich vorher dazu eingerichtet. Mein Haus lag an der groſſen Weſtſeite des Khans, wornach die Fenſter giengen, 15 Fuß hoch von dem Pflaſter. Kranke, die gehen konnten, kamen ſelbſt nach dem Khan. Andere ließen mich durch ihre Freunde von dem Zuſtande ihrer Krankheit benachrichtigen. Ich ſprach mit ihnen aus einem Fenſter, und die Medicin wurde in einem kupfernen Waſſereymer an einer eiſernen Kette, deſſen man ſich zu den Lebensmitteln bediente, heruntergelaſſen.

Eine

In der zweyten Woche des Junius verringerten sich die
christlichen Leichen, die Seuche verbreitete sich aber doch unter
den Christen seit dem 10ten, wodurch die Zahl der Leichen
sehr bald in der folgenden Woche vergrössert wurde. Sie
nahm auch unter den Türken und Juden mehr überhand.
In der dritten Woche vergrösserte sie sich allgemein. Die
höheren Quartiere von Gilloom und Akaby *), und die
an die Europäischen Khane gränzenden Theile der Stadt,
die bisher sehr frey geblieben waren, hatten gleichfals an
dem gemeinen Unglücke Antheil. Leichen des Tages wurden häufiger, und in der Nacht liessen sich die durchdrin-
genden Stimmen der Weiber, die ihre abgestorbene Freunde beklagten, von allen Seiten hören. Die Klaggesänge
von den Minarets ertönten auch öfter als in dem vorigen
Jahre, und die Strassen und Bazars wurden von Tage
zu Tage öder. Unfälle ereigneten sich in verschiedenen Jüdischen Familien, die sich die vorige Woche eingesperrt
hatten. In einigen Häusern mochten sie wohl ihren Grund
in dem Mangel der nöthigen Vorsicht haben. In andern
war die Ansteckung vor der Sperre geschehen. Doch waren solche Exempel aus der mittlern Classe der Juden, die
noch bis an den 15ten dieses Monats ausgegangen waren.

Die

Eine Treppe, die nach dem Karmeliterkloster führte, stieß
nahe an eines von unsern Fenstern, wodurch ich im Stande
war, die Kranken, deren Beulen ich untersuchen wollte, mir
auf 4 oder 5 Fuß zu nähern.

*) Sie sind 2. 3. 4. in den von d'Arvieux Nachr. VI. 374.
nahmhaft angeführten 22 Viertheilen der Stadt. A. d. Ü.

Die Pest nahm zu in der vierten Woche des Junius. Man erzählte mir von 10 oder 12 Kranken, daß sie 10 Stunden nachdem sie befallen worden, gestorben waren. Im Ganzen beobachtete die Krankheit den gewöhnlichen Zeitraum. Viele Angesteckte wurden indessen, wie vorher, besser. In der lezten Woche, die sich mit dem 4ten Julius endigte, wuchs die Krankheit in dem Centrum der Stadt, und in den gegen Westen und Norden liegenden Districten. In den Strassen nahe bey dem Thor von Damask und in dem südlichen Theil schien sie nach den täglichen Sterbe- registern nachgelassen zu haben. Man kann aber doch sagen, daß in dieser Woche die Pest im Allgemeinen ihren höch- sten Gipfel erreichte. Denn obgleich die Türkischen Lei- chen erst seit dem 7ten Julius merklich abnahmen, so muß man doch annehmen, daß die, welche starben, einige Tage vorher krank geworden sind, und sie gehören also in Ab- sicht der Zeit der Ansteckung in der lezten Woche des Ju- nius. Drey Armenische Priester wurden in dieser Woche krank. Merkwürdiger aber war, daß ein Layenbruder in dem Kloster der Jesuiten, welches seit Anfang des May geschlossen war, befallen wurde. Er mußte die Lebensmit- tel in Empfang nehmen, und er soll von einem Manne an- gesteckt worden seyn, von dem er Fische kaufte. Aller Wahr- scheinlichkeit nach hat er sich einer Nachläßigkeit schuldig gemacht, da keiner der Bedienten in den andern Europäi- schen Häusern, die dieselben Dienste verrichteten, angesteckt wurde. Gegen Ende des Junius wütete die Pest in den Häusern vieler vornehmen Türken, in den Harems des Cadi, des Chilliby Effendi, Omar Effendi, Seyd Hassan Hamuey u. s. f. Man erzählte viele Exempel, daß Per- sonen in weniger als 24 Stunden gestorben wären.

Die wöchentlichen Sterberegister vom 31sten May bis an 5ten Julius:

	1ste Woche	2te W.	3te W.	4te W.	5te W.
Türkische Leichen	696	774	1029	1067	1249
Christliche —	92	75	141	156	175
Jüdische —	22	25	38	50	48
	710	874	1208	1273	1472

Die gemeinen Gerüchte, die Türkischen Leichen angehend, waren überhaupt sehr übertrieben, indem sie für
gewisse Tage auf 5, 6 ja 800 angegeben wurden. Die
Christlichen Leichen in dem Europäischen Quartier wurden
auch oft noch doppelt so hoch ausgegeben, als sie wirklich
waren. Ich habe schon erinnert, daß ich meine Register
nicht für völlig genau halte. Es scheint aber sehr wahrscheinlich, daß die Sterblichkeit voriger Pesten, wie in diesem Jahre, über die Wahrheit vergrössert ist. In den
damaligen Zeiten wird man nicht genauer gewesen seyn als
jetzt. Verschiedene Einwohner zu Aleppo haben mich versichert, daß im J. 1743. die Christlichen Leichen an einigen Tagen 80 bis 100 gewesen sind, eine Behauptung,
die nach guten Gründen irrig zu seyn scheinet.

Wir kommen nun zu der Periode, da die Seuche allgemein nachzulassen anfieng. Um die Art ihrer Abnahme
desto genauer zu zeigen, will ich einen Auszug aus den
täglichen Sterberegistern geben.

F 5 　　　　Tägliche

Tägliche Sterberegister vom 5ten Julius bis an 2ten August:

Jul.	Türken	Christen	Juden	Jul.	Türken	Christen	Juden
5,	203	19	3	19,	64	12	2
6,	154	25	3	20,	44	9	2
7,	113	24	5	21,	45	10	1
8,	96	25	5	22,	44	9	2
9,	89	16	2	23,	33	7	2
10,	109	15	0	24,	37	11	0
11,	69-833	14-138	9-27	25,	33-300	9-67	3-12
12,	97	13	1	26,	32	5	1
13,	75	10	0	27,	32	10	3
14,	77	14	0	28,	26	8	3
15,	49	6	3	29,	28	3	1
16,	46	7	2	30,	20	3	1
17,	35	6	0	31,	21	4	0
				Aug.			
18,	51-430	11-67	3-9	1,	24-183	7-40	0-9

In der ersten Woche des Julius, die mit dem 5ten anfieng, fielen die Türkischen Leichen um ein Drittel oder von 1249 zu 833. In der zweyten Woche nahm die Pest noch geschwinder ab, weil die Leichen auf 430 fielen. Gegen das Ende der dritten Woche im Julius hatte die Krankheit so sehr abgenommen, daß einige behaupteten, sie habe gänzlich aufgehört. Man wollte dadurch die Europäer aus ihrer Sperre herauslocken. Die Absicht aber wurde nicht erreicht. Zwey oder drey Europäer machten einen Spazierritt diese Woche. Die übrigen aber, nebst den vornehmeren Christen in Judeda, blieben zu Hause. Mittlerweile begannen die Einwohner wieder Muth zu fassen, und die Straßen und Bazars wieder besucht zu werden. In der vorigen Woche hatten einige geringere

Ju,

Juden, die sich eingeschlossen hatten, sich heraus gewagt, und in dieser verliessen viele Christen die Sperre. In der vierten Woche starb der Franciscaner Padre Carlo. Er hatte sich freywillig dem Dienst der Angesteckten seit dem Frühling 1760. gewidmet, und mit vieler Entschlossenheit sich dabey grossen Gefahren ausgesetzt. In meinen Kran-kenbesuchen habe ich ihn oft angetroffen, und bisweilen ge-sehen, daß, wenn der Kranke sich aufrichtete Arzeney ein-zunehmen, er ihn in seinen Armen hielt.

Die Abnahme der Seuche in den letzten 14 Tagen des Julius war verhältnißmäßig beträchtlicher unter den Tür-ken als Christen oder Juden. Der Unterschied mag zum Theil von dem unvorsichtigen Betragen der Eingesperrten herkommen, die in Hinsicht auf die Nachricht, daß die Pest verschwunden sey, sich allenthalben hinwagten. Eini-ge giengen sogar in die Bäder, ob es ihnen gleich nicht unbekannt war, daß man die Convalescenten dahin zu brin-gen pflegte.

Nach der Mitte des Julius starb, nach dem was ich hörte, kein Kranker in weniger als 3 Tagen. Man be-merkte aber doch nicht, daß um diese Zeit Mehrere geheilt wurden, als in den ersten 14 Tagen.

Wöchentliche Sterberegister vom 5ten Julius bis an den 2ten August.

	1ste Woche	2te W.	3te W.	4te W.
Türkische Leichen	833	430	300	183
Christliche —	138	67	67	40
Jüdische —	27	9	12	9
	998	506	379	232

Als die Consuls der Europäer im Maymonat sich ein-sperrten, betrug das wöchentliche Sterberegister 257 wo-

von 40 Chriſtliche Leichen waren. In der nächſten Woche, als alle Europäer für gut fanden ſich einzuſchlieſſen,
waren die Leichen auf 307 angewachſen. Daraus könnte
man ſchlieſſen, daß die Peſt gegen Ende des Julius niedriger war als einige Zeit vorher, da ſich die Franken einſchloſſen, und daß, wenn man nichts anders zu erwägen
hätte, dem Anſchein nach ſo viele Urſache zum Ausgehen
jezt vorhanden war, als angegeben wurde, um nicht eher
im Frühling ſich einzuſchlieſſen.

Vorausgeſezt, daß die Peſt im Frühjahr und Herbſt
gleich anſteckend iſt, ſo kann man doch Gründe angeben,
warum die Gefahr angeſteckt zu werden in der lezten Jahrszeit gröſſer iſt als in der erſten, und warum die Gefahr,
die mit dem Ausgehen verbunden iſt, mit der verminderten Zahl der Leichen nicht abnimmt. Die Europäer, die
noch geſperrt blieben, ſcheinen hiezu groſſen Theils durch
die Begebenheiten im vorigen Jahr bewogen zu ſeyn. Sie
wollten lieber noch einige Tage länger Geduld haben, als
Gefahr laufen, zu einer zweyten Sperre gezwungen zu
werden.

Tertianfieber wurden im Julius ſehr gewöhnlich, nebſt
einem andern Fieber, das mir als ſehr bösartig, aber von
der Peſt verſchieden, beſchrieben wurde, und das ich bey
meinen Krankenbeſuchen nach aufgehobener Sperre für eine
unregelmäßige Art von Tertianfiebern hielt.

Die Peſt ſelbſt hatte ſehr abgenommen. Einige Vorfälle wurden in der erſten Woche des Auguſts bekannt,
die ſich in der vorigen zugetragen hatten. Indeſſen hörte
man nicht von neuen Exempeln, und die meiſten Chriſten
in der Judeda verlieſſen die Sperre. In der zweyten
Woche war die Seuche ſo ſehr geſunken, daß man nach
dem Styl in der Levante ſagen konnte, ſie ſey geendiget.

Dem

Dem ungeachtet wurden Vorfälle bekannt, welche bewiesen, daß sie noch nicht gänzlich aufgehört habe. Die Engländer, einen oder zwey ausgenommen, öfneten ihre Häuser in dieser Woche. Der Consul that es auch einige Tage
nachher. Allein der Fr njösische Consul, nebst den meisten
seiner Landsleute, blieb eingesperrt bis an den 20sten.
Während der lezten 14 Tage im August nahm die Pest
mit jedem Tage ab. Die Leichen wurden zufolge den
Sterberegistern weniger, als sie seit der Mitte des Februars
gewesen waren, und gegen Ende des Monats wurden neue
Beyspiele von Ansteckung sehr selten.

Wöchentliche Sterberegister vom 2ten bis auf den 30sten
August:

	1ste Woche	2te W.	3te W.	4te W.
Türkische Leichen	107	89	60	58
Christliche —	26	17	10	10
Jüdische —	3	6	1	0
	136	112	71	68

Es wurde in dem Europäischen Quartier Anfangs
Septembers erzählt, daß man von keiner Pestkrankheit seit
vielen Tagen etwas gehört habe. In andern Theilen sprachen die Türken nicht so zuversichtlich über diese Materie,
und waren der Wahrheit näher, wenn sie behaupteten,
daß, obgleich die Pest nicht gänzlich aufgehört habe, sie
doch selten anzutreffen sey. Das obgemeldete Fieber hatte
sich nicht allein verbreitet, sondern war auch gefährlicher
geworden. Da es mit Erbrechen und andern fürchterlichen
Zufällen begleitet war, so wurde es bisweilen für die Pest
gehalten. Die Entdeckung von Irthümern dieser Art gab
einen scheinbaren Grund gegen andere Gerüchte, die in
der ersten Woche des Septembers wirklich wahr befunden
wur-

wurden. Die Türkischen Todtenwäscher versicherten mich, daß sie in den meisten Tagen angesteckte Leichen anträfen; und dieses zu glauben, machte mich meine eigene Erfahrung geneigt. Vor der Mitte des August wurden nur sehr wenige Angesteckte geheilt. Dieser Umstand, verglichen mit dem Leichenregister, bewies die Abnahme der Pest, da ein Theil der Sterblichkeit in dieser Periode den Herbstkrankheiten zuzuschreiben war.

In den lezten 14 Tagen des Septembers, die sich mit dem 26sten endigten, habe ich nur 2 Pestkranke angetroffen, wovon der eine ein Türke war, befallen am 5ten, die andere eine Frau, befallen am 16ten. Man sprach noch von verschiedenen andern, aber von keinem nach dem 20sten September konnte es meinen Gründen nach mit Wahrheit gesagt werden.

Wöchentliche Sterbelisten vom 30sten August bis an 27sten September.

	1ste Woche	2te W.	3te W.	4te W.
Türkische Leichen	56	35	36	39
Christliche —	9	7	10	29
Jüdische —	1	0	2	0
	——	——	——	——
	66	42	48	68

Der Anwachs der Christlichen Leichen in der lezten Woche des Septembers mochte zum Theil von der Pest herrühren, ob ich gleich keine Angesteckte selbst gesehen habe. In der folgenden Woche wurden die Leichen wieder 9 oder 10, in welchem Zustande sie bis in den November verblieben. Die wöchentlichen Türkischen Leichen waren wie in der 4ten Woche des Septembers. Nach dem 10ten November nahmen mit den Herbstkrankheiten die Leichen allgemein ab.

Dies

Dieß war das Ende der Pest zu Aleppo. Sie begann nachzulassen Anfangs Julius, nahm schnell ab nach
der Mitte dieses Monats, und war gegen die Mitte des
Augusts so sehr vermindert, daß man sie für geendiget
hielt. Sie dauerte indessen, wie ich gezeigt habe, bis in
die dritte Woche des Septembers, und bey allmähliger
Abnahme verschwand sie gänzlich gegen Ende des Monats.
Ich sezte das Ende der Pest in den Ausgang des Septembers, weil ich bey einer ausgebreiteten Praxis unter den
Eingebohrnen von allen Ständen keine Spuren von der
Pest in den 3 folgenden Monaten wahrgenommen habe.
Es fehlte übrigens nicht an Nachrichten von Personen, die
an der Pest starben, und einige davon wurden mit vieler
Zuversicht verbreitet. Bey genauer Untersuchung der angeführten Fälle fand ich, daß man sich in der Natur der
Krankheit geirrt habe. Andere Gerüchte können wohl denselben Ursachen zugeschrieben werden, weil die Todtengräber mich versicherten, daß sie keine Körper, welche Spuren
der Ansteckung an sich getragen, gefunden hätten. Es ge-
hörte aber Zeit dazu, die Einwohner zu Aleppo von ihrer
Furcht zu befreyen. Während des ganzen Winters wurden plözliche Todesfälle bisweilen als verdächtig angesehen,
und bey den meisten hizigen Krankheiten erregten anoma-
lische Symptome Besorgung. Furcht von dieser Art verblieb gewissermassen bis in den März des nächsten Jahres,
da vollkommene Ruhe in der Stadt wieder hergestellet
wurde.

Aus dieser Erzählung erhellet, daß der Fortgang der
Pest zu Anfang in der Levante so beschaffen ist, wie in
Europa, d. i. sie schreitet langsam und schwankend fort,
vielleicht 2 oder 3 Wochen lang. Sie ist, ob sie gleich im
Ganzen gefährlich ist, sehr oft nicht mit den charakteristi-
schen

schen Beulen begleitet, und die Aufwärter der Kranken
blieben oft unangesteckt. Diese beyden letzten Umstände er-
zeugen schlimme Folgen. Die Natur der Krankheit wird
bezweifelt und bestritten, und die Mittel zur Selbsterhaltung werden in Erwartung der Entscheidung zu lange aufgeschoben. Wenn die Handelsstädte in Europa von der
Pest heimgesucht sind, so hat man nur zu oft die Krankheit unter andern Namen so lange, als es möglich war,
verborgen. In der Levante geschiehet dieses allgemein, und
es sind daselbst nicht so viele Gründe eine frühzeitige Entdeckung zu machen. Der Volkshaufen, den Religionsvor-
urtheile verhindern, von der Europäischen Methode der
Selbsterhaltung Gebrauch zu machen, kann von dieser
Entdeckung keine Vortheile ziehen; und es erfordert das
Interesse der Eingebohrnen, alles den Europäern zu verheimlichen, wodurch diese die Sperre entweder frühe anzufangen oder spät zu endigen sich entschliessen möchten. Der
Fortgang der Pest ist von der Zeit, da sie offenbar zunimmt,
in den verschiedenen Oertern der Levante sich ziemlich ähnlich, obgleich um die Zeit, da sie sich endiget, nicht allein
an verschiedenen Oertern, sondern auch an demselben Orte
in verschiedenen Jahren eine beträchtliche Abweichung bemerkt wird. Ueberhaupt ist der Zuwachs und die Abnahme der Krankheit allemal sehr schnell, und sie endiget sich
im Ganzen früher zu Kahira als auf der Syrischen Küste
oder zu Aleppo. In Syrien oder Cypern pflegt sie gegen
Ausgang des Herbstes, im Winter, und Anfangs des
Frühlings, wenn sie in den Städten ganz oder gröstentheils
aufgehört hat, bisweilen noch in den Dörfern der benachbarten Ebene, und auf den Gebirgen während des harten
Frostes zu wüten. Die Dörfer schienen vorzüglich zu leiden, woran vielleicht die Bauart der Hütten, und Bauern-

häuser

häuser Schuld seyn mag, welche enge sind, mit wenigen oder keinen Fenstern, und dicht an einander gebaut. Hierin sind sie den Kasernen in der Stadt ähnlich, die von den geringen Volksklassen bewohnt werden, und worin sich die Seuche mit vieler Wuth verbreitete. Die Einwohner von derselben Classe, die aber in Districten wohnen, wo die Häuser weniger verbunden sind, litten mehr als die von der mittlern Classe, die in dem Besiz freyer Wohnungen war, aber weniger als die Keisarias. Die Standesperso, nen oder vornehmen Beamten, der vielen Menschen unge, achtet, die in ihre Häuser kamen, litten am wenigsten. Weder der Gouverneur der Stadt, noch der Cadi, noch der Nakib, und wenige von den Agas von hohem Range waren selbst angestekt, obgleich die Pest in die meisten Ha, rems eingedrungen war, und viele Pagen und Bediente außer dem Hause daran starben. In diesen grossen Ha, rems grif die Pest selten weit um sich. Von vielleicht mehr als 40 Weibspersonen wurden nicht mehr als 4 oder 5 angestekt. In Erwägung gewisser Umstände wird das bisher Erzählte weniger wunderbar scheinen.

Die Seraglios oder Palläste vornehmer Männer sind grosse geräumige Gebäude, die im allgemeinen nach einem dem Klima angemessenen Plane erbaut sind. Der Harem oder das Quartier, das den Weibern bestimmt ist *), um, faßt fast einen Hofplaz, der theils mit Marmor gepflastert, theils mit Buschwerk, Blumenbeeten und Springbrunnen geziert ist. Den Hofplaz umgeben die Zimmer der Damen, die größtentheils hoch sind, sehr reinlich gehalten werden, und

---

*) Man vergleiche die Beschreibung und 14te Kupferplatte in Nat. Hist. of Al. A. d. Z.

und vermittelſt groſſer Thüren und Fenſter gegen den Hofplaz, und der Ventilators oben kühl und luftig ſind. Gegen Süden des Hofplaßes iſt ein offener Abort oder Alkove,
beſtehend in einem Bogen, tief, breit, überaus luftig und
durch eine Decke oben vor der Sonne geſchüzt. Waſſer-
tropfen, die von dem Centrum der Alkove oder von dem
Brunnen gegenüber entſpringen, machen dieſen Ort zu einem angenehmen Aufenthalt für die Damen in den ſchwü-
len Sommertagen, oder für den Herrn oder die Frau
vom Hauſe, wenn ſie krank oder unpaß ſind. Die Viſitenzimmer ſind geräumiger als die im Harem, und da ſie
über die Wirthſchaftszimmer erbaut ſind, beträchtlich hoch
von der Erde. Man nähert ſich auf einer breiten und
offenen Treppe einer weiten Colonnade, die gemeiniglich
gegen Norden oder Weſten angelegt iſt, und gegen die
Sonne von einer Decke, die vom Dache herabhängt, und
gelegentlich von Vorhängen, die zwiſchen den Säulen der
Colonnade angebracht ſind, beſchüzt wird. Hiedurch, und
durch die Fenſter an allen Seiten der Zimmer und Kioſks,
wird das Ganze gelüftet.

In einem der gröſten Zimmer ſizen die vornehmen
Beamten verſchiedene Stunden des Tages, um Geſchäfte
zu beſorgen, und Viſiten anzunehmen. Der Herr des
Hauſes hat ſeinen Plaz an dem obern Ende des Divans *),
und überläßt ihn nur an einen Mann von höherm Range.
Der von gleichem Range mit dem Herrn des Hauſes nimmt
ſeinen Plaz an dem entgegengeſezten Ende, und die übrigen

*) Divan iſt der über den Boden erhöhete Plaz des Zimmers,
welcher im Winter mit einer Fußdecke, im Sommer mit feinen Matten bedekt iſt, und worauf man zu ſizen pflegt. ſ.
Nat. Hiſt. of Al. p. 4 u. a. A. d. H.

gen Anwesenden setzen sich an dem untern Theil des Divan
in einer ehrerbietigen Entfernung von beyden. Die unte-
ren Officiere und die aufwartenden Pagen stellen sich dem
Divan gegen über, und nähern sich nur wenn ihre Dienste
erfordert werden, worauf sie sogleich an ihren Plaz zurük-
gehen. Die Anzahl der Menschen, die sich zu gewissen
Tagen in der Woche in den Seraglios versammlen, ist
beträchtlich. Sie warten aber in der Gallerie oder in den
äussern Zimmern, bis die Reihe vorgelassen zu werden
an sie kömmt, und so bald als ihre Geschäfte beendiget
sind, machen sie den folgenden Plaz. Das Audienzzimmer
ist daher selten oder gar nicht angefüllt.

In den Harems richtete, ausser der vortheilhaften
Vertheilung der Zimmer, die Vorsicht der Damen vieles
aus, die sie von den Christen nachgeahmt haben, deren
Furchtsamkeit sie vorher zu verlachen pflegten. Sie giengen nicht in die Stuben der Angestellten, und überliessen
die Pflege der Kranken den Sklavinnen, oder arabischen
Weibern, die sie gemiethet hatten.

Es ist schon gesagt, daß sich die Juden vor der Pest
am meisten zu fürchten scheinen, ein Umstand der in gewisser Rüksicht günstig ist, weil kein Plaz ihrer Fortpflanzung günstiger ist, als die Wohnungen der geringern Juden. Die Häuser sind enge, oder, wenn sie geräumig,
sind die Zimmer mit verschiedenen Familien angefüllt.
Viele Häuser sind ein Geschoß niedriger als die Strasse,
sehr verfallen, äusserst schmutzig, feucht, und ohne Zug-
luft, welches auch nach ihrer Lage nicht anders seyn kann.
Die armseligen Einwohner sind in Lumpen gekleidet. Wenn
einer von ihnen krank wird, und man weiß, daß er die
Pest hat, so wird er sogleich der Fürsorge eines Bedienten
anvertraut, und die übrigen von der Familie, suchen ihre

G 2

Ret-

632345 A

Rettung in einiger Entfernung. Die Familien, die die
andere Zimmer bewohnen, weil sie nicht alle im Stande
sind zu entfliehen, sind gezwungen zurükzubleiben, nehmen
sich aber in Acht, daß sie sich nicht dem Krankenzimmer
nähern, und halten ihre Kinder zurük, daß sie nicht in
den Hofraum kommen. Auf die Weise zusammengepreßt
empfinden sie alle Unbequemlichkeiten der heissen Jahrszeit,
unter beständiger Furcht, bis sie endlich, welches sich oft
zuträgt, von der Seuche angestekt sind. Nicht ohne Schre-
ken bin ich in diese elende Wohnungen hinuntergestiegen.
Die Kranken fanden zwar gemeiniglich unter ihren Verwandten einen, der sie wartete, ein Vorzug, den sie bisweilen vor den reichern Türken und Christen hatten, aber
die faulenden Wände und die schmutzige Matratze zeigte
Mangel und Elend an, indem die übrigen Zimmer, einige
Schritte davon mit Personen angefüllt waren, in deren
Gesichtern, an den Thüren und Fenstern, wo ich vorbey
kam, Schrecken und Verzweifelung abgemahlt waren. Den
lezten Umstand bemerkte ich nicht in den Kasernen der Araber, wo, es komme nun dieses von Religionsgrundsätzen
her oder andern Begriffen der Gefahr, welcher sie ausgesezt waren, das Volk in ähnlicher Lage eine stille Uner-
schrockenheit beobachtete, die denjenigen Muth hätte ein-
fliessen können, welche, als besser unterrichtete Philosophen,
im Stande waren, über die Unwissenheit des Volkes Mitleiden und Entsetzen zu haben.

Ich habe verschiedene Exempel von angestekten Personen in gesperrten Häusern angeführt. Wenn sich dieses zu
Anfang der Sperre zutrug, so war diese zu lange aufgeschoben, und die Ansteckung hatte schon vor der Sperre
Statt gefunden. Ereignete es sich etwas später hin, so
fand man über kurz oder lang, daß Unregelmäßigkeiten
vor-

vorgefallen waren, die sich mit der Sperre nicht vertragen. Unter den Europäern (den einen in dem Kloster der Jesuiten ausgenommen) und in den Häusern der eingebohrnen Christen von Stande hatte sich kein Vorfall der Art zugetragen.

Die Folgen, der zu lange verzögerten und zu geschwinde aufgehobenen Sperre, sind in der vorigen Geschichtserzählung angezeigt, und dienen denen, welchen daran gelegen ist, zur Warnung, wie unvernünftig Verzögerung und Kühnheit bey solchen Gelegenheiten ist, wobey die Gesundheit aufs Spiel gesezt wird, und der unerschrockenste Muth uns nicht vertheidigen kann. Die Priester der verschiedenen Nationen, welche die Kranken besuchen mußten, vermieden die Ansteckung in dem ersten und zweyten Jahre; die meisten von ihnen aber starben in dem dritten. In demselben Jahre sind auch einige Todtengräber und Todtenwäscher, die zu Anfang der Pestzeit befreyet waren, umgekommen. Verschiedene von diesen Vorfällen, welches merkwürdig ist, ereigneten sich gegen Ausgang der Pest. Die Europäer, vornämlich im Jahr 1762., beobachteten die Sperre nach den dabey hergebrachten Regeln. Ich hatte mich selbst aus bewegenden Ursachen nicht so genau an die Vorsicht gebunden, welche ich andern oft in den stärksten Ausdrücken empfohlen hatte.

Der Khan, wo das Zollhaus ist, ist einer von den grösten in der Stadt, und so, wie die übrigen, welche von Europäern bewohnt sind, umgeben von Gebäuden, die in einem Erdgeschoß und einem Stokwerk, mit flachen Terrassen-Dächern bestehen. Das unterste Stokwerk ist für Magazine, und Zimmer den eingebohrnen Kaufleuten gehörig, deren Wohnhäuser in verschiedenen Quartieren der Stadt sind. Die zahlreichen Zimmer oben sind in

G 2   grosse

grosse Häuser zur Bequemlichkeit der Europäer abgetheilt.
Der Freund mit dem ich mich einschloß, besaß eins von
diesen Häu ern an der Westseite des Vierecks. Viele hat,
ten sich täglich bey mir Raths erholt während der Qua,
rantaine in meinem Hause. Nachdem ich mich in den
Khan begeben hatte, so nahm die Zahl so sehr überhand,
daß 4 oder 5 Stunden des Vormittags, und von 4 Uhr
Nachmittags bis zu Sonnenuntergang, wenn das Thor
geschlossen wurde, sich beständig einige unter meinen Fen,
stern einfanden. Nach der Mitte des Junius, wenn meh,
rere Kranke geheilt wurden, als vorher, war der Haufe
der mich Befragenden durch die Genesenden sehr ange,
wachsen, die fast nichts anders als äusserliche Mittel ge,
brauchten, und da ich diese unter denen, welche darum
nachsuchten, unentgeldlich vertheilte, so wurden viele da,
durch aufgemuntert, von den entlegenen Vorstädten, ja
sogar von den Dörfern zu kommen. Daher geschah es,
daß von 3 oder 400, die des Nachmittags kamen, mehr
als die Hälfte in dem Khan zusammenblieben *), indem
es unmöglich war sie so geschwinde, als sie wünschten, zu
expediren **). Diese Versammlung war eine interessante
Scene

---

*) Ein Carmeliter Mönch, von dem Fenster eines angränzenden
Convents, vertrieb sich oft die Zeit damit, daß er sie zählte.

**) Die, welche äussere Mittel verlangten, wurden dadurch auf,
gehalten, daß ich mich genau nach dem Fortgang der Beu,
len erkundigte, und ob der Patient auch schon vorher ange,
steckt gewesen war. Das Aufzeichnen dieser Umstände und des
Geschlechts, Alters u. s. f. imgleichen die Fragen, die ich
den Kranken, oder ihren Abgeschikten vorlegte, nahmen Zeit
weg. Die Zahl der von mir aufgezeichneten Kranken 1762,
von dem Anfange der Sperre an bis Anfang Augusts, belief
sich auf beinahe 3000.

Scene für einen Zuschauer, der seine Lage ausser aller
Gefahr zu seyn glaubte. Einige, bey denen die Krankheit
noch nicht ausgebrochen war, hatten nur geringe Symptomen, wurden aber durch Zweifel und Furcht geängstiget.
Andere waren so krank, daß sie, ohne unterstüzt zu werden, nicht gehen konnten. Andere, welche die gefährliche
Periode der Krankheit überstanden hatten, obgleich zu schwach
um herum zu gehen, waren genöthiget, weil es ihnen an
Gehülfen mangelte, die Medicin entweder für sich selbst
oder für jemand aus ihrer Familie zu holen. Dies Schau-
spiel, das neue und mancherley Gestalten des menschlichen
Elendes zeigte, erregte Mitleiden und Sympathie auf eine
unwiederstehliche Art. Nichts rührte mehr als eine Mutter, in blühender Gesundheit mit Thränen und Blicken
voll Bangigkeit, um Arzeney für das Kind, das sie in
ihren Armen trug, bitten sehen. Unbesorgt für ihr eigenes Leben, sog sie von den Lippen des Kindes, das sie an
ihren Busen drükte, und zärtlich küßte, den Gift an sich.
Einige in dieser Versammlung, die nur Medicin für andere holten, unterhielten die Umstehenden mit lustigen Ge-
schichten, oder den Neuigkeiten des Quartiers, woher sie
kamen. Einige Genesende, die nur wenig von den Pest-
beulen litten, suchten den Verzweifelnden Muth einzuflös-
sen. Da mein Fenster nicht über 15 Fuß von dem Pfla-
ster erhöhet war, so war es wohl möglich, daß es gegen
die angestekte Atmosphäre, welche die vielen Pestkranken
aushauchten, nicht völlig gesichert war. Ich sprach mit
den Besitzern des Hauses darüber. Sie hatten aber so viel
Zutrauen in die anderweitigen von ihnen zur Vorsicht getroffenen Maasregeln gesezt, daß sie nicht die wenige Hülfe, die wir den Kranken geben konnten, ihnen entziehen
wollten. Menschlichkeit hatte an diesem Entschluß, der

G 4   auch

auch von keinen übeln Folgen war, den meisten Antheil.
Es ist aber doch eine Frage, ob er bloß in Rücsicht auf
Klugheit zu billigen war.

VII. Fortgang der Pest in dem Gouvernement von Aleppo, und zu Urfa und Maraash, gegen Norden.

Die Pest wütete 1762. in mehreren Städten ausser
Aleppo. Weil ich aber daher keine umständliche Nachrichten erhalten habe, so werde ich mich in kein Detail, ihren
Fortgang betreffend, einlassen. Die Dörfer und Städte
gegen Norden von Aleppo waren im Frühling 1761. noch
verschont geblieben, und wurden erst eine geraume Zeit
nachher angesteckt. Die Pest grassirte zu Antiochien 1761.
Sie brach aus zu Boland *) gegen Ende des Herbsts,
und zeigte sich zu Scanderone im Oktober, wo sie bis zu
Anfang des Junius im folgenden Jahre dauerte. Im
J. 1762. wütete sie sehr heftig zu Urfa. Der Pascha dieser Stadt, nebst vielen seiner Pagen und Bedienten starb
im Julius. Die Dörfer in der Nachbarschaft von Urfa
wurden dadurch gewissermassen entvölkert. Im Julius
hatte, meinen Nachrichten zufolge, die Pest in Bnaß **)
und Arana noch nicht aufgehört. An dem letzten Ort und
angränzenden Dörfern soll die Sterblichkeit sich auf 59000
belaufen haben. Die Zahl ist aber übertrieben. Folgende
Nach-

*) Wird gewöhnlich Bailan geschrieben, gegen Norden von
Aleppo s. Büsching. Volney, voyage en Syrie & en Egypte
T. II. p. 137. gedenket der mit Schnee bedekten Gebirge von
Bailan. Man sehe auch seine Landkarte. Gegen Volney macht
einige Erinnerungen in Ansehung dieses Orts Sauveboeuf im
Forsterschen Magazin der Reisen S. 505.

**) Nach Büsching Baias. A. d. Z.

Nachrichten von der Peſt 1761. in einer nördlich gelegenen
Stadt ſind mir lange nachher zu Ohren gekommen, und
verdienen angeführt zu werden. Maraſcha iſt ein Handels-
ort von einiger Bedeutung ungefähr 2 oder 3 Tagereiſen
gegen Norden von Aleppo, wohin, von daher, auſſer andern Artikeln, eine anſehnliche Quantität von Scammo-
nium, das man von den benachbarten Bergen ſammlet,
gebracht wird. (Medical Obſervat. & Enquir. V. I. p. 17.)
Die Peſt äuſſerte ſich an dieſem Orte zuerſt im Frühling
1761., verbreitete ſich aber nicht viel, und hörte im Herb-
ſte auf. Sie erſchien aufs neue bey Zeiten das nächſte
Jahr im Sommer, breitete ſich noch mehr aus, und hielt
bis in den Winter an. Im Jahr 1763. nahm ſie im
Sommer zu, obgleich nicht ſo ſehr, wie das Jahr vorher.
Im Jahr 1764. verringerte ſie ſich noch mehr, in demſelben Verhältniß d. i. im Winter hörte man wenig oder gar
nichts mehr davon. Im Jahr 1765. wütete die Peſt zu
Maraſcha mit gröſſerer Heftigkeit als vorher, und richtete
auch in den angränzenden Dörfern eine fürchterliche Niederlage an. Merkwürdig iſt es, daß die Peſt länger zu
Maraſcha als in irgend einer andern Stadt in Syrien
dauerte, und daß man ſo wenig in Aleppo, dem beſtändigen Verkehr zwiſchen beyden Städten ungeachtet, davon
wußte, denn die obigen Nachrichten hat mir ein chriſtlicher
Kaufmann, der wegen der Peſt 1765. von Maraſcha nach
Aleppo flüchtete, erzählt. Man hörte wohl bisweilen das
Gerücht, daß die Peſt in den Bergen gegen Norden noch
anhalte, allein es fand wenigen Glauben, und wurde bald
unterdrükt. Endlich brachten einige Kaufleute von Aleppo,
die ſich in Maraſcha niedergelaſſen hatten, und aus Furcht
vor der Peſt nach Aleppo im Sommer 1765. zurükkehrten,
die Nachricht mit nach Aleppo.

G 5   Ueber

Ueber Quarantainen und die in England getroffenen Anstalten zur Verhütung der Pest.

Aus Ruſſel Treatiſe of the plague B. IV. C. III. p. 333.

Da Herr James Porter verſchiedenes gegen die Nothwendigkeit der Quarantaine eingewandt hat, ſo verlohnt es ſich der Mühe, ſeine Einwürfe genauer zu prüfen. Er glaubt, daß nur folgende Waaren, Seide, Baumwolle, Kameelhärenes Garn, und Ziegenwolle die Giftmaterie einſchlucken, und daß ſie in Kiſten, Holz, Früchten und Apotheckerwaaren nicht ſtecke. (Obſervat. on the Turks p. 446.) Man ſchreibt den 4 leztern wenigere Empfänglichkeit zu; daß ſie aber gar nicht angeſtekt werden können, läßt ſich noch ſehr bezweifeln; und wenn ſie auch die Eigenſchaft hätten, ſo kann doch durch die Leinwand, Matten, oder was ſonſt zum Einpacken gebraucht wird, das Gift mitgetheilt werden.

„Die Seidenwürmzieher haben zu ihrem Geſchäft beſondere Zimmer. Sie ſchlafen nicht in den Zimmern, wo die Seidenwürmer ſpinnen, oder die Seide zubereitet und eingepakt wird. (daſ.)„ Wahr, daß die Leute auf den Gärten und in den Dörfern gewöhnlich nicht in den Zimmern ſchlafen, wo die Seidenwürmer genährt werden und ſpinnen. Sie ſehen es auch nicht gerne, aus abergläubiſcher Furcht vor dem Einfluß böſer Augen, daß ſich Fremde in dieſelben begeben. Nachher aber, wenn die Seide von den Coccons abgewickelt wird u. ſ. f. ſo iſſet und ſchläft man, wo gearbeitet wird. Wann die Seide nach Aleppo gebracht iſt, ſo wird ſie in den Waarenlagern der Kaufleute gereiniget, ſortirt, und wieder eingepacket. Das Reinigen der Seide iſt keine ſchwere Arbeit; und ein groſ-

ſer

fer Theil davon, so wie das Abhaspeln und Aufwickeln in
Gebinde, kann nicht bloß von Convalescenten, sondern
auch von etwas Angesteckten verrichtet werden. Ich habe
auch wirklich gefunden, daß die Stracciadores, (denn so
werden die, welche die Seide reinigen, genannt) ihren Zustand verbergen, um nicht ihre Handthierung zu verlieren.
Aus derselben Ursache verheimlichen sie es auch, wenn die
Pest in ihren Familien ist. Dies geschieht zu Anfang, ehe
die Pest Aufsehen macht, oder gegen Ende, wann, nach
der Sprache der Levante, sie aufgehört hat. Denn in der
Zwischenzeit pflegen die Europäer zu Aleppo die Arbeit in
dem Waarenlager zu unterbrechen. Ziegenwolle und Apo-
thekerwaaren werden auch in den Häusern der Kaufleute
gereiniget. Da hiezu Personen gebraucht werden, die von
noch geringerer Extraction sind, als die Stracciadores, so
werden sie in verdächtigen Zeiten für noch gefährlicher angesehen. Sie werden daher auf das erste Gerücht von der
Pest abgeschaft, und nach Ende derselben mit grösserer
Vorsicht wieder in Dienst genommen. Diese Leute haben
nicht vielen Verkehr mit den Bedienten des Waarenmaga-
zins. Es werden ihnen einige abgesonderte und entlegene
Zimmer für ihre Arbeit angewiesen, da hingegen die Seide in dem grossen und offenen Magazin gereiniget wird.
Aber die schlechten Wohnungen derer, welche die Ziegenwolle reinigen, sind der Ansteckung sehr ausgesezt, und die
Leute werden so lange als noch Hofnung da ist, die Krankheit geheim zu halten, sie nicht offenbaren. Die Juden,
die die Specereyen reinigen, haben es nicht so sehr in ihrer
Gewalt, die Krankheit zu verbergen; da es bald in ihrem
Quartier bekannt wird, wenn ein Haus angesteckt ist.

Wenn Herr Porter behauptet, S. 447. „daß in den
Gegenden, wo Seidenbau ist, nämlich in und um Antiochien,

chien, Tripoli und Latakea, die Leute, sobald ein Gerücht
von der Pest entsteht, ihre Wohnungen verlassen, und sich
nicht denen nähern, von welchen zu besorgen ist, daß sie
die Pest haben, „ so ist er ganz gewiß übel berichtet. Sind
die, welche sich mit Producirung der Seide abgeben, Türken, so entfernen sie sich so wenig von ihren Wohnungen,
daß sie sie nicht eher verlassen, als bis sie vom Tode abgerufen werden. Sind es Christen, so werden doch immer
einige, wenn auch ein Theil der Familie flüchtig werden
sollte, zurükbleiben, um für das Eigenthum zu sorgen, es
sey dann, daß sie es ganz mit sich nehmen können. Niemand aber, von welcher Nation er auch seyn möge, ver-
läßt die Würmer bey ihrer Arbeit, und giebt die Coccons
der Zerstörung Preis; sie haben zu viel einzubüssen. Dies
gilt auch von den Unterhändlern, die aufs Land geschikt
werden, wozu man Türken, Christen und Juden nimmt.
So sehr die beyden letztere sich vor der Pest fürchten mögen, so denken sie doch selten an die Flucht, bis sie ihr
Geschäft geendiget haben. Nach ihrer Zurükkunft werden
sie auf Befragen, in was für einem Gesundheitszustande
sie das Land angetroffen haben, günstige Antworten ertheilen, um dem Handel keinen Einbruch zu thun.

Herr Porter p. 447. behauptet sogar, „ daß die Pest
in und um den angeführten Städten, Antiochien, Tripoli,
Latakea, wo man sich sehr auf den Seidenbau legt, fast
gar nicht grassire, ausgenommen alle 15 oder 20 Jahre,
wann ein Vorfall der Art sich ereignen möge. „ Er hat
aber hierin offenbar Unrecht. Es ist eine Thatsache, daß
zu Aleppo binnen 40 Jahren von 1718. bis 1763. die Pest
fünfmal, nämlich in den Jahren 1719. 1729. 1733. 1742.
1743. 1744. 1760. 1761. 1762. gewütet habe, daß Antiochien und die andern angeführten Städte allemal über
kurz

kurz oder lang an dem gemeinschaftlichen Elende Theil
nehmen, und zwar die Dörfer noch mehr als die Städte,
und daß die Seide von Antiochien, und zum Theil auch
von den andern Oertern, zu Aleppo gereiniget wird, von
welchem Orte sie über Antiochien nach Scanderona geschikt
wird. Da Herr Porter Aleppo gänzlich ausläſſet, ſo
könnte man ſich vorſtellen, welches aber doch gar nicht der
Wahrheit gemäß iſt, daß Antiochien, Latakea und Tripoli, nebſt den angränzenden Diſtricten, ein ausſchlieſſendes
Privilegium genöſſen, oder zur Peſtzeit wenig von der
Nähe einer Stadt litten, mit welcher ſie in beſtändiger
Verbindung ſind.

Herr Porter glaubt, „daß auch um deswillen nichts
von der Anſteckung zu beſorgen ſey, weil die Waaren durch
die Hände der Engliſchen Kaufleute, in Aleppo, Smyrna und
den Seeſtädten, aus welchen ſie verſchifft werden, giengen, die
aus Liebe zu ſich ſelbſt und ihrer eigenen Erhaltung ſich
vor angeſtekten Waaren in Acht nehmen würden.„ Allein
Leute aus allen Nationen und in einem jeden Klima ſetzen
ihr Leben und ihre Geſundheit auf mancherley Art und
aus verſchiedenen Gründen in Gefahr. Wenn ſich jemand
zur Peſtzeit einer Gefahr ausſezt, ſo folgt daraus nicht,
daß es gewiß ſey, er laufe keine Gefahr, ſondern nur
dieſes: die Gründe, die ihn zur Uebernehmung der Gefahr
beſtimmen, ſind befriedigend für ihn. Zu Anfang der Peſt,
wird ein Kaufmann, der kein Schiff zu befrachten oder
keine Geſchäfte hat, die ihm das Ausgehen nothwendig
machen, ſich den zur Selbſterhaltung erforderlichen Ein-
ſchränkungen weit eher unterziehen, als ein anderer, dem
die Hemmung des Commerzes Verluſt und Unannehmlich-
keiten verurſachet. Der erſte hat nicht ſo viele Gründe
zu zweifeln, glaubt Wahrſcheinlichkeit ſchon hinreichend,

auf

auf seine persönliche Sicherheit bedacht zu seyn, und hält
es für Verwegenheit sich der Gefahr Preis zu geben. Der
andere ist mehr geneigt die Wahrheit der ihm hinterbrach-
ten Gerüchte zu bezweifeln, und sich auf die Seite zu len-
ken, die seinen Wünschen am meisten angemessen ist.

Der Handel nach der Levante wurde bis auf das J.
1754. auf Schiffen geführt, welche alle Jahre dahin segelten mit Ausschliessung aller übrigen. In diesem Jahre
wurde der Handel allen Schiffen frey gegeben, damit aber
doch die Ansteckung vermieden würde, so wurde in der
Acte vom 26ten Regierungsjahre Georg II. verordnet,
daß keine Güter oder Waaren, die von der Pest angesteckt
seyn können, ohne einen reinen Gesundheitspaß *) mitgebracht zu haben, in Großbritannien gelandet werden können, wenn es nicht bewiesen werden kann, daß diese Güter oder Kaufmannswaaren in einem von den Lazarethen
zu Malta, Ancona, Venedig, Messina Livorno, Genua
und Marseille geöfnet und ausgelüftet sind. Man wollte
damals ein Lazareth in England erbauen, und die angeführten Lazarethe sollten nur dienen bis jenes errichtet seyn
würde. Es ist dieses aber nicht zu Stande gekommen, obgleich die Errichtung desselben von dem Parlament mehr
als einmal ist bewilliget und angerathen, auch die Nothwendigkeit von Schriftstellern empfohlen worden. Die nach
der Levante handelnde Compagnie hat auch nach und nach
zur Verhütung der Gefahr folgende Verfügungen getroffen:

1) Kein

*) Darunter verstehet man eine von dem Consul unter öffent-
lichem Siegel ausgestellte Erklärung, daß der Ort seines
Aufenthalts jetzt von der Pest und allem Verdacht der Pest
befreyet sey, oder so und so viele Zeit, wenigstens 40 Tage
vor dem Datum des Passes frey gewesen sey.

III

1) Kein Schiff soll von irgend einem Hafen in der Türkey oder Egypten absegeln, ohne einen Gesundheitspaß, der von dem Ambassadeur, Consul, Viceconsul oder Factor an dem Orte, wovon das Schiff ausläuft, unterzeichnet ist, und worin der Gesundheitszustand des Ortes nach den besten Erkundigungen, die man hat einziehen können, be- schrieben wird.

2) Alle Güter, die von Constantinopel nach Smyrna gebracht werden, um nach Großbritanien verschifft zu wer- den, müssen, wenn eine ansteckende Krankheit zu Constan- tinopel seyn sollte, in Smyrna gelandet, in einem beson- dern Lager aufbewahrt, und erst nach Verlauf von 21 Tagen wieder eingeschifft werden. Der Factor, der die Ladung besorgt, soll sie mit einem Certificat von dem Con- sul begleiten, daß sie gelandet, und die anberaumte Zeit daselbst verblieben sind. Dies gilt nicht blos von Gütern, die aus Constantinopel, sondern auch aus andern Oertern nach Smyrna gebracht werden.

3) Kein nach Großbritannien bestimmtes Schiff soll in Alexandria Güter einnehmen, die zur Pestzeit von Ka- hira dahin gebracht sind, auch wenn Alexandria von der Pest frey seyn sollte. Es soll mit ihnen so gehalten wer- den, wie mit denen unter Nro. 2. erwähnten.

4) Kein reiner Gesundheitspaß soll für irgend ein nach Großbritannien bestimmtes Schiff in irgend einem Hafen der Türkey oder Egyptens ausgefertiget werden, wenn pe- stilentialische Vorfälle oder nur ein einziger sich ereignet haben sollten, bis 40 Tage verstrichen sind.

5) Doch mögen Schiffe mit solchen Gütern absegeln, die sie vor Ausbruch der Pest an Bord genommen haben, wenn sie mit den gehörigen Certificaten, ihren Fall und Verfahren angehend, versehen sind.

6) Sollte

6) Sollte die Pest am Bord eines Schiffes ausgebrochen seyn, so darf es nicht nach Großbritannien absegeln,
bis die Güter wieder ans Land gebracht, und gelüstet
sind, wenigstens 40 Tage lang, und der Schiffer einen
reinen Gesundheitspaß erhalten kann. Ueber die geschehene
Auslüftung muß der Schiffer eine Bescheinigung mitbringen.

Diese Verfügungen sind noch nicht hinreichend, alle
Gefahr vor Ansteckung zu heben. Der Termin von 21
Tagen (2. 3.) ist zu kurz. Die Art, wie die Auslüftung
geschehen soll, wird auch nicht vorgeschrieben. Die ganze
Sache scheint dem Factor überlassen zu werden. Ein besonderes Waarenmagazin ist keine hinlängliche Sicherheit,
wenn die dabey gebrauchten Leute die Erlaubniß behalten,
wie gewöhnlich geschieht, auch bey Gütern, die von andern Schiffen gebracht werden, zu arbeiten. Wenn die
Ballen nicht geöfnet, und der freyen Luft ausgesezt werden, so könnten sie eben so gut im Schiffsraum bleiben;
und wenn die Operation nicht unter den Augen eines
Mannes vorgenommen wird, der bey dem Absegeln des
Schiffes kein Interesse hat, und von dem Consul angesezt
wird, so wird die Auslüftung sehr nachläßig geschehen,
und das Certificat des Consuls eine bloße Form seyn.
Die Verfügung bey Nro. 4. ist zu strenge, als daß nicht
Versuche geschehen sollten, einen solchen Vorfall zu verbergen. In Ansehung Nro. 5. sollte auch die Communication des Schiffsvolks mit denen am Lande eingeschränkt
seyn, nicht bloß Ballen, sondern auch Packete nicht mehr
an Bord genommen, keine Briefe an Bord gebracht werden, ohne vorgängige Reinigung u. s. f. Die 6te Verfügung ist in Absicht auf den angestekten Menschen, wie derselbe zu behandeln, wie die Ausbreitung auf dem Schiffe zu
verhindern sey u. s. f. und auch auf die Waaren selbst mangelhaft.   Ueber

Ueber das Project, ein Lazareth in England zu errichten.

Nach der Meynung des Herrn D. Ruſſel ſind Lazarethe und Quarantainen, regelmäßig eingerichtet, die einzigen Mittel, die Anſteckung der Peſt aus fremden Ländern zu verhüten. Um deſto mehr iſt es zu verwundern, daß jene gar nicht in England erbaut ſind, und dieſe ſehr unvoll. kommen beobachtet werden. Zwar hat man in England mehrmalen den Vorſchlag gethan, Lazarethe zu errichten; allein bisher iſt er mehr durch die Schuld der executiven als legislatoriſchen Gewalt unausgeführt geblieben. Hier iſt eine kurze Erzählung der Verhandlungen die in Bezie. hung darauf im Parlamente vorgefallen ſind. Als im J. 1743. die Peſt zu Meſſina wütete, überreichten die Aufſe. ſeher des Zollhauſes der Schatzcommiſſion am 27ſten Sept. ein Memorial, worin Vorſchläge wegen Errichtung der Lazarethe, und wegen der Auslüftung der Güter, die da. mals in Standgate Creek Quarantaine hielten, geſchahen. Im Jahr 1752. wurde das Project, den Handel nach der Levante frey zu geben, über welches im Unterhaus 1743. ein Vorſchlag genehmiget war, wieder erneuert, und da wegen der in der Octroy der Compagnie vorzunehmenden Veränderung die Lazarethe wieder im Parlamente in An. rege kamen, ſo wurde auf den 13ten Februar ein Tag angeſetzt, an welchem in einer Committe des ganzen Hau. ſes die ſchitlichſten und wirkſamſten Mittel, Quarantaine zu halten, erwogen werden ſollten. Verſchiedene Perſonen wurden vorgeladen, um befragt zu werden, und eine Ko. pey des Memorials der Aufſeher des Zollhauſes, und ein Bericht von einigen Bedienten in den Schiffswerften zu

Deptford und Chatham, datirt den 11ten Januar 1752. betreffend einen schiklichen Plaz für ein Lazareth am Fluß Medway, wurde der Committe überliefert. Am 5ten März wurden folgende Propositionen vorgelegt: 1) daß die gegenwärtige Manier, die Quarantaine zu halten, indem die Güter an Bord der Fahrzeuge und Schiffe gelüftet werden, nicht hinlänglich eingerichtet ist, die Ansteckung zu verhindern, und für die Kaufleute unbequem und kostspielig ist, 2) daß zur bessern und wirksamern Beobachtung der Quarantaine ein Lazareth erbaut werden müßte, 3) daß Chedney Hügel, nahe bey dem obern Theile von Standgate Bucht, am Fluß Medway, ein schiklicher Plaz für ein Lazareth ist. Die beyden ersten Propositionen wurden von dem Hause einhellig angenommen, und auch die dritte, nach vorgängiger Umfrage, genehmiget. Der König wurde darauf in einer Addresse gebeten, zu befehlen, daß Plane eines Lazareths, mit dem Ueberschlage der Kosten zum Bau und Unterhalt desselben, dem Unterhause in der nächsten Session vorgelegt werden möchten. Hierauf wurde eine günstige Antwort ertheilt. Nichts scheint in dieser Angelegenheit vorgenommen zu seyn, bis zum J. 1764. als sie in dem Unterhause am 20sten März durch eine Motion, die Beschlüsse vom 5ten März 1752. vorzulesen, erneuert wurde. Eine Addresse des Inhalts, wie die vorige, nebst Bitten um Plane und Anschläge, wurde auf einhellige Bewilligung dem Könige überreicht. Am 9ten April wurde ein Plan mit Anschlägen dem Hause durch Lord Carl Spencer eingehändigt. Am 13ten überlieferte Lord Howe den Bericht der Navy Board an die Admiralität, betreffend die Kosten eines schwimmenden Lazareths, das in Standgate Bucht vor Anker lag. Der König wurde den 17ten Januar 1765. ersucht, dem Hause die Pläne und Anschläge eines

eines Lazareths, das man gewilliget hat auf Chebney Hill zu errichten, vorlegen zu laffen. Am 11ten März wurden verfchiedene Plane von dem zu errichtenben Lazareth, und verfchiedene dahin gehörige Papiere dem Ausfchuß für die Staatsausgaben zugeftellet. Am 26ften fand der Ausfchuß für gut, und das Haus willigte darein, daß eine Summe, die 5000 Pfund nicht überfteigt, Sr. Majeftät zur Erbauung eines Lazareths angewiefen werde. In dem Zuftanbe blieb, wie ich glaube, die Sache bis 1772., indem Zweifel entftanden, ob der König, vermöge der Acte im 26ften Regierungsjahre Georg II., hinlänglich authorifirt fey, Land an fich zu kaufen, das der Krone unveräufferlich verbleiben follte, um Lazarethe darauf zu bauen. Ein Vorfchlag zu einer Acte, um die Claufel in der vorigen Acte, betreffend die Lazarethe, zu erklären, wurde dem Parlament am 14ten May vorgelegt, und von ihm am 3ten Junius gebilliget. Diefe Acte gab den Vorftehern der Schazkammer Gewalt, folche Ländereyen, die zu der Abficht der Acte erforderlich wären, zu kaufen, und fie von den fchon bewilligten 5000 Pfund zu bezahlen, und wenn folche Summe nicht hinreichen follte, von den Zolleinkünften. Vermöge der Quarantaine-Acte, vom 26ften Regierungsjahre Georg II., ift der König befugt, wenn er mit Genehmigung des Parlaments Häufer oder Lazarethe errichtet für Perfonen und Güter, welche Quarantaine hälten follen, fie auf öffentlichen oder Privat-Grundftücken zu errichten, gegen Vergütung an die Eigenthümer. Es fcheinen zwar in der angeführten Claufel nur zeitige Lazarethe gemeynet zu feyn, aber die Befugniß, die in der Erklärungsacte 1772. ertheilt wurde, gehet auf beftändige Lazarethe zur Aufbewahrung der Perfonen und Güter. Die Schiklichkeit oder vielmehr die Nothwendigkeit, regelmäßige Lazarethe zu errichten, er-

H 2

hellet

hellet hinlänglich von den Beschlüssen des Parlaments über
diesen Gegenstand, die nach reifer Ueberlegung, und nach
Einziehung der besten Nachrichten, welche man erhalten
konnte, gemacht sind. Die gesezgebende Gewalt scheint
alles gethan zu haben, was man von ihr erwarten konnte.
Was noch zu thun übrig ist, hängt von der ausübenden
Gewalt ab, und es ist zu hoffen, daß diese einmal Muße
finden wird, einen Plan wieder zur Hand zu nehmen, der
mehrmalen, sowohl vorher, als nachdem das Parlament
sich darein gemischt hat, rege gemacht worden ist.

Von den Quarantainen in England. S. 441. u. f. f.

In dem vorigen Jahrhundert, ja bis in das Jahr 1710.
scheinen die Befehle und Verordnungen zur Verhütung, daß
die Pest nicht vom Auslande nach Großbritannien gebracht
werde, und um die Schiffe zu zwingen, daß sie die Quarantaine halten, von dem Könige im Geheimenrathe durch
Proclamation ohne Einwirkung des Parlaments gegeben zu
seyn. Der Eingang zu der ersten Quarantaine-Acte in dem
9ten Jahre der Königin Anna, zeigt, daß sie solche Befehle
ausgefertiget hatte, und ohne Zweifel haben die vorhergehenden Regenten das nämliche bey ähnlichen Gelegenheiten gethan. Diese erste Acte, die sehr eilfertig durch beyde
Häuser passirte, erhielt die königliche Einstimmung in weniger als acht Tagen von der Zeit an gerechnet, da das
Projekt dazu vorgelegt war, und sie begann 2 Tage nachher. Die Pest wütete um die Zeit an verschiedenen Oertern an oder nahe bey der Ostsee, und es scheint, daß zur
Bewirkung gewisser Einrichtungen die Beyhülfe der Gesez-
gebung

gebung erfordert wurde. Eine Folge der Eilfertigkeit war, daß man wegen Auslüftung der Güter, welche die Quarantaine halten sollten, nichts verfügt hatte; denn der Vorschlag der Acte war ohne diesen Punct abgefaßt; und die Clausel, betreffend die Eröfnung und Lüftung der Güter nach der Quarantaine, war, als ein Anhang, den Tag vorher, ehe die königliche Einstimmung in die Acte erklärt war, hinzugekommen.

Unter diesen Umständen ist es nicht zu verwundern, daß die Acte sehr mangelhaft war. Weil sie aber der Regierung die Gewalt gegeben hatte, im Fall einer wirklichen Ansteckung im Auslande solche Befehle zur Quarantaine zu geben, die nöthig zu seyn scheinen möchten, so bekamen dadurch die königlichen Proclamationen, in Beziehung auf die Quarantainen, ein solches Ansehen, als sie vorher nicht gehabt hatten, und die Uebertretung dieser Befehle konnte desto nachdrüklicher bestraft werden. In der Vorrede zu der Acte, wodurch sie unter der folgenden Regierung aufgehoben wurde, ist gesagt, daß die Erfahrung gelehrt hätte, sie sey unvollständig, und zu dem bezielten Endzwecke unzulänglich, und die Strafen den verbotenen Uebertretungen nicht angemessen.

Als man durch die Pest zu Marseille 1720. beunruhiget wurde, wurden die Quarantainen wieder ein Gegenstand der Berathschlagungen in dem Unterhause. Der Attorney und Sollicitor General bekamen am 17ten December den Auftrag, einen Plan zur Quarantaine Acte auszuarbeiten, der am 10ten Januar vorgelesen, und der Committe des ganzen Hauses übergeben wurde. Die Levantische Handlungscompagnie kam mit einem Bittschreiben dagegen ein; aber die Acte wurde am 21sten Januar bewilliget, und von dem Könige am 25sten bestätiget. Sie

H 2 sollte

sollte. ihre Rechtskraft am 10ten Februar bekommen, und sie
3 Jahre oder bis an das Ende der damals nächsten Session des Parlaments behalten. Man hatte auf diese Acte
mehr Mühe und Ueberlegung gewandt, als auf die vorige,
und sie hatte dadurch mehrere Erweiterungen und Verbesserungen erhalten. Die Acte der Königin Anna wurde
aufgehoben, und da gewisse Clauseln hineingerückt waren,
wodurch das Ausbreiten der Ansteckung verhindert werden
sollte, so wurde dieser Umstand auf dem Titel der Acte
berührt, welcher in der aufgehobenen ganz ausgelassen war.
Die Clauseln, welche unmittelbar bestimmt waren, die
Verbreitung der Pest zu verhindern, setzen voraus, daß die
Pest schon wirklich in dem Lande ist. Was auf die Schiffe, die von angestekten Oertern kommen, gehet, ist mit
geringer Abänderung in den verschiedenen Quarantainen-
Acten, die nachher gemacht sind, abgeschrieben, und hat
noch jetzt gesezliche Kraft. Die Dauer dieser Acte wurde
durch eine Clausel, welche das Oberhaus einer folgenden
Acte hinzugefügt hatte, bis auf den 25sten März 1723.
anberaumt. Die Pest zu Marseille veranlaßte zwey andere
Acten in der nächsten Session des Parlaments. Durch die
eine wurde der König befugt, die Handlung mit einem
angestekten Lande zu verbieten. Durch die andere sollte
die heimliche Einfuhr, und die damit verbundene Gefahr
verhütet, und Schiffe verhindert werden, sich von der
Quarantaine loszumachen. Die erste erhielt die königliche
Beystimmung am 12ten Februar 1721 — 22., die andere
erst am 7ten März, weil sich bey ihrem Fortgange einige
Schwierigkeiten in Absicht des Schleichhandels gezeigt hatten. Im Julius des vorigen Jahrs war eine Bill zur
Verhütung der Pest, die durch den Schleichhandel eingebracht werden konnte, im Unterhause genehmiget, aber im

Ober-

Oberhaufe verworfen. Zu Anfang der nächsten Session wurde die Gefahr, die man zur Pestzeit von dem Schleich-handel zu befürchten hätte, in der königlichen Rede er-wähnt, und da eine neue Bill am 15ten December vorge-legt wurde, so wurde die Acte von dem Könige am 7ten März bestätiget. Die vorigen Quarantainen-Acten hatten dem Könige die Erlaubniß gegeben, zur Pestzeit, es sey in Britannien, Irland, den Inseln Guernsey u. s. f. oder Frankreich, Spanien, Portugall, oder den Niederlanden, das Absegeln der Schiffe von weniger als 20 Tonnenlast aus irgend einem Hafen in Großbritannien, es geschehe dann unter gewissen Bedingungen, zu verbieten. Zufolge der gegenwärtigen Acte durften fremde geistige Getränke, u. s. f. auf keinen Schiffen, die weniger als 40 Tonnen hielten, eingeführt werden, und Schiffe, die ohne Erlaub-niß von den zur Quarantaine bestimmten Oertern abgehen, werden confiscirt, und die Schiffer um 200 Pfund bestraft.

Alle diese Acten, vom 7ten und 8ten Jahre Georg I., erloschen binnen 2 oder 3 Jahren, und vom März 1723. an erhielt die Quarantaine-Acte der Königin Anna ihre gesezliche Kraft wieder, die sie bis auf den heutigen Tag hat. Die Sachen blieben in diesem Zustande bis in das erste Jahr Georg II., da wegen der im Auslande grassi-renden Pest eine Acte unter dem nemlichen Titel, wie die vorige, gemacht wurde, ausgenommen, was sich auf die Aufhebung der Acte der Königin Anna bezog. Es war Erlaubniß gegeben, die Bill am 9ten May 1728. vorzu-schlagen. Am 10ten wurde sie zum zweytenmale vorgele-sen, und committirt. Sie wurde am 24sten genehmiget, von dem Oberhause ohne Veränderung angenommen, und von dem Könige am 28sten sanctionirt. Die vornehmsten Clauseln, die Quarantaine der Schiffe anlangend, waren

beybevnahe wörtlich dieselben, die im 7ten Regierungsjahre Georg I. beliebt waren. Die Befugniß, den Handel auf ein Jahr zu verbieten, worüber 1721. eine besondere Acte bekannt gemacht war, wurde in diese eingerükt, und der König bevollmächtiget, durch eine Proclamation unter dem grossen Siegel, das Commerz zwischen seinen Unterthanen und den angestellten Oertern zu verbieten, auch zu verbieten, daß keiner bey Strafe von 500 Pfund aus solchen Oertern in seine Länder komme. Der Güter exportirt, soll das Duplum ihres Werthes bezahlen, und wenn Schiffe der Proclamation zuwider aus angestekten Oertern kommen, so sollen sie nebst den Gütern confiscirt, und Personen der Felonie schuldig erkannt werden. Der die Einfuhr solcher Güter b. sorgt, solle ihren Werth dreymal ersetzen. Unter den vornehmsten Clauseln der vorigen Quarantaine = Acte, die nun weggelassen wurden, waren ausser denen 1721. aufgehobenen, die 4te, welche den König bevollmächtigte, im Geheimenrathe zur Pestzeit in Britannien, Befehle in Absicht der Einrichtung der Quarantaine zu geben, und die 13te, wodurch er die Gewalt erhielt, Schiffe, die von angestekten Oertern kamen, oder mit Gütern von solchen Oertern beladen waren, oder kranke Passagiere an Brod hatten, zu verbrennen. Die Clauseln, wodurch die Verbreitung der Ansteckung verhütet werden soll, gehen auf die Lazarethe, das Verbot der kleinen Fahrzeuge unter 20 Tonnen, und die Zwangmittel, welche gegen Personen, die sich der Quarantaine nicht unterwerfen wollen, zu gebrauchen sind. In dieser Acte sowohl, als in der unter Georg I., ist der Befehl, die Güter zu öfnen und zu lüsten, nach der Quarantaine des Schiffes und des Schiffsvolkes stehen geblieben. Eine Einrichtung, die unnöthigen Aufschub verursachet, anderer Unbequemlichkeiten zu geschweigen; welches

in

in der Folge verbessert ist. Diese Acte war, wie die von
den Jahren 1720. 1721., nur auf eine Zeitlang gegeben,
und erlosch 1731. Allein im Jahr 1733. that man den
Vorschlag, sie zu erneuern, weil die Pest sich wieder im
Auslande gezeigt hatte. Die Bill wurde beliebt, presen-
tirt, zweymal vorgelesen, und committirt; alles am 4ten
Junius wieder vorgenommen, beschieden auf den folgenden
Tag ins Reine gebracht zu werden, und am 6ten bewilliget. Da die Lords nichts daran zu verbessern fanden, so
erfolgte am 13ten die königliche Einstimmung. Die Acte
sollte vom 2ten Junius 1733. auf 2 Jahre gelten, und
von der Zeit an bis auf die nächste Session des Parlaments.

Vom Jahre 1735. bis auf 1753. war die Acte der
Königin Anna das einzige Quarantaine-Gesez, welches
in Britannien seine Kraft behielt. In diesem Zwischenraum ereignete sich die Pest zu Messina 1743., und da der
König ausser Landes war, so befahlen die Herren von der
Regierung, daß alle Schiffe aus dem Mittelmeere, die die
Themse hinauf segeln wollten, die Quarantaine bloß zu
Standgate Creek halten sollten. Im Jahr 1752. wurde
wieder über Quarantaine im Parlament deliberirt, und
das Jahr darauf am 22sten Januar bekamen Lord Bar-
rington und 5 andere Mitglieder, den Auftrag, eine Qua-
rantaine-Bill auszufertigen, welche am 8ten Februar vorgelegt, und auf Befehl gedrukt wurde. Am 20sten wurde die Bill zum zweytenmal vorgelesen. Die Acten vom
7 und 8ten Regierungsjahr Georg I. wurden auf Verlangen
vorgelesen, und die Bill durch Mehrheit der Stimmen 92
gegen 49 einer Committe übergeben. Nachdem sie 4 oder
5mal in der Committe des ganzen Hauses gewesen war,
so wurde die Bill mit Verbesserungen am 12ten März wieder vorgetragen. Den nächsten Tag nach weiterer Erörte-

H 5   rung

zung und Verbeſſerung wurde befohlen, daß ſie kopiert werden ſollte, und ſie paſſirte am 16ten. Die Lords genehmigten ſie mit einigen Verbeſſerungen am 4ten April, und da dieſe auch von den Gemeinen beliebt wurden, ſo wurde die königliche Einwilligung am 17ten ertheilt.

Man hatte der Committe den Vorſchlag gethan, die Dauer der Acte auf 5 Jahre einzuſchränken; welches aber durch die Stimmenmehrheit verworfen wurde. Die Acte erhielt ihre geſezliche Kraft am erſten März 1754., und die Dauer derſelben wurde unbeſtimmt gelaſſen. Als das Parlament noch über dieſe Bill deliberirte, ſo wurde am 14ten Februar eine andere dem Unterhauſe vorgelegt, wie der Seehandel nach der Levante zu erweitern und zu reguliren ſey. Zu dieſer Bill wurden am 10ten April, als ſie zum drittenmal vorgeleſen wurde, zwey Clauſeln über die Quarantaine hinzugeſezt. Vermöge der einen ſollen alle Verordnungen, welche zur Verhütung der Anſteckung gegeben ſind, ihre völlige Kraft beybehalten, und in Abſicht ihrer dieſe Acte als nicht gemacht angeſehen werden. Die zweyte verbietet die Zulaſſung der Güter und Kaufmannswaaren, welche von der Peſt angeſteckt ſeyn können, aus der Levante in irgend einen Theil von Großbritannien u. ſ. f. ohne einen reinen Geſundheitspaß, woferne es nicht auf eine hinreichende Art bewieſen werden kann, daß dieſe Güter und Waaren in einem der Lazarethe zu Maltha, Ancona, Venedig, Meſſina, Livorno, Genua und Marſeille hinlänglich geöfnet und gelüftet ſind. Dieſe regulirende Acte erhielt die königliche Einwilligung am 15ten May, und ſollte ihre Wirkſamkeit am 24ſten Junius im nächſten Jahr bekommen. Die Verordnungen zur Verhütung der Anſteckung, worauf gezielt wird, waren, wie ich vermuthe, die, welche die Levantiſche Handlungscompagnie gemacht hatte.

hatte. Der Zwang, daß die Schiffe ihre Quarantaine in
einem der fremden Lazarethe beobachten sollten, war nur
eine Verfügung auf so lange Zeit, bis der Bau der Laza,
rethe, den man damals vor Augen hatte, völlig bestimmt
war. Nie hatte man im Parlamente so viel über Qua,
rantainen gesprochen, als um diese Periode. Die Zeit,
umstände machten es auch nicht nothwendig, wie sonst der
Fall gewesen war, die Acte in Geschwindigkeit durchzu,
setzen. Man nahm sich Zeit die Sache zu untersuchen,
und das Gesetz wurde, erst ein ganzes Jahr nachdem es
gegeben war, vollzogen. Da die meisten Clauseln der vo,
rigen Acten in der neuen Quarantaine-Acte wörtlich Platz
fanden, so kann man sagen, daß diese viermal von dem
Parlamente sanctionirt worden sind, nämlich 1720. 1728,
1733. 1753. Die neue Acte führte beträchtliche Verbesse,
rungen ein, indem in einigen Stellen die Clauseln richti,
ger ausgedrükt wurden, in andern wichtige Zusätze erhiel,
ten. Unter den Zusätzen war der vornehmste, daß die
Schiffe, auf welchen, wenn sie nördlich vom Cap Finis
Terrä sind, die Pest entdekt werden möchte, sich nach dem
Hafen von New Grinsby begeben sollten. Auf die Bitte
der Einwohner von den Scilly Inseln wurde durch eine nach,
herige Acte 1756. der Platz für angestek.e Schiffe nach St.
Hele 's Pool verlegt. Ein anderer Zusaz war, daß der
Schiffer, der die Quarantaine beobachtet, an die dazu be,
stellten Officianten den Gesundheitspaß und das Manifest
des Britischen Consuls nebst dem Logbuche und Journal
abliefern sollte, bey Strafe von 500 Pfund. Eine dritte
Clausel, die in älteren Acten nicht so klar ausgedrukt war,
und die die Personen, welche die Quarantaine auf den
Schiffen oder in Lazarethen oder sonst halten sollten, an,
gieng, war, daß sie sich während der Quarantaine solchen

Be,

Befehlen unterwerfen, die sie von dazu bestellten Officianten erhalten werden, die bevollmächtiget sind, auf die Voll-
ziehung ihrer Befehle zu sehen, und im Nothfall andere
zu ihrer Hülfe herbey zu rufen, welche Hülfe nicht gewei-
gert werden soll. Die vierte Clausel, die in vorigen Acten
ausgelassen ist, befiehlt, daß, wenn einer von den Qua-
rantainebedienten die unter seiner Aufsicht in der Quarantaine befindlichen Güter veruntreuet, oder mit Fleiß beschä-
diget, er den Schaden dreyfach ersetzen, und die Proceß-
kosten bezahlen soll. Zum fünften wurden von allen Schiffen, Personen und Gütern, die von Oertern kommen, von
welchen der König im Geheimenrathe es für wahrscheinlich halten möge, daß die Ansteckung gebracht werden könne, eine Quarantaine verlangt, da sie vorher noch weiter
ausgedehnt war. Sechstens unterschied sie sich dadurch von
den vorigen Acten, daß sie keine Lüftung der Güter nach
geendigter Quarantaine für nöthig hielt, sondern sich darüber so ausließ: Alle der Quarantaine unterworfenen
Güter u. s. f. sollen an solchen Oertern und auf so lange
Zeit und auf eine solche Art geöfnet und gelüftet werden,
als der König anweisen wird. Siebentens wird die Anle-
gung der Lazarethe, welche vorher vom Könige allein abhieng, dem Könige mit Bewilligung des Parlaments anvertraut, und die Streitigkeiten, die über die zu dem
Endzwek anzuschaffenden Ländereyen entstehen mögen, sollen von einer Jury, nicht von Justices, völlig entschieden
werden. Endlich sind auf dem Titel und in dem Eingang
die Worte: und gegen die Ausbreitung der Ansteckung,
gänzlich ausgelassen. Als eine Neuerung kann es auch
angesehen werden, daß die Befehle, die Quarantaine betreffend, entweder durch Proclamation wie sonst, oder durch
Insertrung in die London Gazette angekündiget werden können.

Wenn

Wenn man den Gang der Quarantaine = Gefetze be=
trachtet, fo ift es auffallend, daß bis an das Jahr 1753.
fie niemals von dem Parlamente erwogen find, wenn daß=
felbe nicht durch die Furcht, welche die Peft auf dem fe=
ften Lande oder an andern Oertern des Auslandes erregte,
dazu genöthiget worden ift. Die Nothwendigkeit, die Acten zu
expediren, verftattete keine reife Ueberlegung. Sie waren
alle nur auf eine gewiffe Zeit gegeben, und da fie erlö=
fchen konnten, fo wurden fie ohne alle Verbefferung gele=
gentlich wieder erneuert, wenn diefelben Urfachen, die
ihnen die Exiftenz gegeben hatten, wieder eintrafen.

Dies war nicht der Fall mit der gegenwärtigen Qua=
rantaine = Acte unter Georg II., die jetzt gefezliche Kraft
hat. Seit der Zeit ift, wie fchon gedacht, durch eine
neue Acte der Plaz für die angeftekten Schiffe von New
Grimsby nach St. Helen's Pool verlegt, und in Anfehung
der Claufel, welche die Lazarethe betrift, durch eine Acte
im 12ten Jahre des jezt regierenden Königes eine Erklä=
rung gegeben. Im Jahr 1788, im 28ften der Regierung
Georgs III., beftimmt eine Acte zur genauern Beobachtung
der Quarantaine noch näher die Fragen, welche dem anlau=
denden Schiffer vorzulegen find, ob er auf feiner Reife die
Infel Rhodus, Morea, irgend einen Theil der Afrikanifchen
Küfte im Mittelmeere, oder den Hafen von Magadore be=
fucht habe, ob die auf dem Schiffe befindlichen Perfonen
oder das Schiff eine Communication mit Schiffen von
diefen Oertern gehabt habe, u. d. m. Auf eine falfche
Antwort ift die Strafe von 200 Pfund gefezt. Es foll
auch von dem erften Januar 1789. an, ein jeder Seecapi=
tain eines Schiffes, das Quarantaine halten muß, wenn es
zur See einem Schiffe begegnet, oder innerhalb 4 Seemeilen
von der Britifchen oder Irländifchen Küfte fegelt, des Ta=
ges

ges eine gelbe Flagge an dem Wipfel des höchsten Mast-
baums und in der Nacht ein Licht an demselben Mast-
baum, zum Zeichen, daß sein Schiff die Quarantaine halten muß, aufziehen. Uebertretung wird mit 200 Pfund
bestraft.

Allgemeine Beschreibung der Jahrszeiten zu Aleppo.

Die Jahrszeiten sind im allgemeinen zu Aleppo einförmig.
Wenn sie in verschiedenen Jahren sich ändern, so geschiehet es hauptsächlich in den Winter- und Frühlingsmonaten,
und alsdann ist ihre Abänderung sehr unbeträchtlich, wenn
sie mit den Unregelmässigkeiten in den mehr nördlichen
Ländern verglichen werden. Die Beschreibung der Witterung, die in Natural History of Aleppo by Alex. Russel, London 1756. S. 158. gegeben ist, ist so genau,
daß hier nur einige Umstände anzuführen sind, welche die
nachher angestellte Erfahrung von 18 Jahren noch mehr
berichtiget hat.

Das Wetter ist zu Anfang des Frühlings kühl und
regnigt, wird aber vor der Mitte des März veränderlich
und milde. Kurze, aber sehr heftige Plazregen fallen, und
wenn die Wolken durch die westlichen Winde vertrieben
werden, so ist der Himmel rein und heiter während der
Zwischenzeit. Die scharfen kühlen Winde, nemlich der Ost,
Nord und Südost Wind herrschen bis an den April,
worauf sie nicht allein ungewöhnlicher und gelinder werden, sondern auch statt kühl, laulicht werden, und oft mit
dickem, nebelichtem, und unangenehm warmem Wetter begleitet

gleitet ſind. Im April giebt es immer Tage von der Art,
aber der Himmel iſt gröſtentheils entweder heiter oder bloß
mit weiſſen Wolken unterbrochen, ausgenommen, wenn
Regen fällt, welches ſeltener, und in weniger anhaltenden
Plaʒregen als im März geſchiehet. Der Frühling, welcher im April groſſe Fortſchritte macht, erreicht ſeine Höhe
gegen Ende dieſes Monats. Das Wetter gleicht dem
Frühlingswetter noch einige Zeit im May, aber die Son-
nenhiʒe, wenn ſie gleich durch Plaʒregen, und Weſtwinde
gemäſſiget wird, nimmt täglich mehr überhand. Das
Grüne auf den Feldern verſchwindet plöʒlich, und um die
Mitte dieſes Monats macht der Frühling dem Sommer
Plaʒ.

Der Frühlingsregen fällt hauptſächlich im Märʒ.
Selten kann der April ein naſſer Monat genannt werden,
und überhaupt giebt es nur wenige Plaʒregen im May.
Die Menge des Regens der zwiſchen dem erſten März und
15ten May fällt, variirt gar ſehr in verſchiedenen Jahren.
Die gewöhnliche Menge iſt von 21 bis 30; die Extremen
16 und 53. Die gröſte Anʒahl der regnigten Tage in
irgend einem Jahr war 37, die geringſte 14. Die gewöhnliche Zahl war von 19 bis 25 *).

Die

---

*) Die Quantität des Regens wurde auf dieſe Art berechnet.
Ein kleiner Plaʒregen hatte dieſes Zeichen ('), wenn mehrere ununterbrochen den nämlichen Tag fielen, (welches oft
im Frühling geſchah) ſo bemerkten 2 oder 3 ſolcher Zeichen
einen Tag, an welchem Plaʒregen fielen. Dauerte der Regen
faſt 24 Stunden lang, ſo erhielt der Tag 4 Kreuʒe (††††)
und 3 oder weniger, wenn weniger Regen gefallen war.
Zwey der Zeichen (') wurden einem Kreuʒe (†) gleich ge-
ſchäʒt, und die Zahl der Kreuʒe zuſammen addirt, gab die
monat-

Die erſten Wochen im Sommer ſind mäſſig warm.
Im May fällt gewöhnlich einiger Platzregen. Die Sonne
iſt oft mit weiſſen Wolken auf eine Weile überzogen, und
kühle Lüfte wehen faſt beſtändig, wenigſtens einige Stunden des Tages aus Weſten. Selten pflegt Regen nach
der erſten Woche im Junius zu fallen. Vorübergehende
Wolken ſind gleichfalls weniger gewöhnlich. Sie ſind aber
doch bisweilen um Mittag zu ſehen, und vereinigen ſich
mit den weſtlichen Winden die Hitze zu mäſſigen, die bey
ſtillem Wetter, oder wenn der Wind ſich nach Oſten oder
Norden drehet, ſehr zunimmt.

Während des Julius und des gröſten Theils des Auguſts iſt der Himmel gemeiniglich ganz heiter, und das
heiſſe Wetter, wenn es nicht durch die weſtlichen Winde
abgekühlt wird, wird unerträglich. Dieſe Winde pflegen
gemeiniglich des Tages heftig zu wehen, und bisweilen
auch in der Nacht. So wie ſie nachgeben, vermehrt ſich
die Hitze, und wenn ſie gänzlich mangeln, werden die
Nächte ſchwühl und drückend.

Stilles Wetter iſt indeſſen noch eher zu ertragen, als
die Winde aus Oſten, Norden oder Süden. Wenn dieſe
ſtark wehen, ſo iſt der Himmel mit einem blaſſen Blau
überzogen, der Horizont neblicht, die Luft wird trocken
und ungemein heiß, und die mehr oder weniger heftigen
Winde bewirken eher Erſchlaffung als Erfriſchung. Zum
guten Glücke ſind dieſe Winde ſelten im Sommer, und
halten nicht lange an. Sie ſind indeſſen häufiger, als der
eigentliche heiſſe Wind, der in heftigen Stöſſen von Oſten
wehet, und bisweilen viele Stunden anhält.

Gegen

---

monatliche Quantität des Regens. Dieſelbe Methode wurde
auch beym Schnee befolgt, nur daß man Punkte (.) ſtatt
der Kreuze gebrauchte.

Gegen Ende des Augusts gehen die so genannten Nil-
Wolken über die Stadt, worauf bald nachher eine merk-
liche Veränderung in dem Zustand der Witterung ist. Die
Gränze des Sommers kann in diese Periode versezt werden.

Der Herbst beginnt mit dem September und endiget
sich mit dem November. Die Hitze nimmt ab, während
einiger Tage zu Anfang vermittelst der Nil-Wolken, welche, ausserdem daß sie die Strahlen der Sonne auffangen,
wahrscheinlich der Atmosphäre einige Feuchtigkeit mittheilen. Denn der nächtliche Thau, den man selten im Sommer verspürt, wird von der Zeit an gewöhnlich. Es
dauert aber nicht lange, bis der Himmel seine gewöhnliche
Klarheit wieder annimmt. Die Westwinde, welche schwä-
cher und unbeständiger werden, machen den veränderlichen
leichten Winden oder dem stillen Wetter Plaz, und das
Wetter fähret fort des Tages schwüle zu seyn, bis es
durch den Fall des ersten Regens erfrischt wird. Dies
trägt sich gewöhnlich um die Herbstnachtgleiche zu, worauf eine geraume Zeit hindurch mit jedem Morgen und
jeder Nacht die Heiterkeit des Wetters allmählich zunimmt.

Der zweyte Regen veranlasset eine mehr plözliche und
bemerkliche Veränderung in der Witterung, und das Wetter wird von Tage zu Tage veränderlicher. Er fällt gemeiniglich im Oktober, obgleich er bisweilen bis in die
zweyte Woche des Novembers ausbleibt. Im lezten Falle
wird die angenehme Herbstzeit verlängert. Fällt er im
Oktober, so ist es ein langer starker Plazregen, und das
Wetter bleibt bleich und trübe verschiedene Tage hinter
einander. Gegen Ende des Novembers ist der Morgen
bisweilen frostig, und wenn heftiger Regen gefallen ist,
werden die meisten Bäume ihres Laubes beraubt.

Die Herbstregen sind nicht so stark als die Frühlingsregen, aber, wie diese, oft mit Gewitter begleitet, und
variiren in Ansehung der Quantität mit den Jahren.
Die gewöhnliche Quantität ist von 10 bis 20, die Extremen 8 und 44. Die gröste Zahl von regnigten Tagen
war 22, die geringste 6. Die gewöhnlichste Anzahl war
von 11 bis 16. Die hellen Zwischentage, welche im November so gewöhnlich sind und wodurch der Uebergang zu
dem Winter langsam und allmählig geschieht, sind nicht
so gewöhnlich im December. Das Wetter wird immer
kälter. Die Regengüsse sind nicht so stark, der Regen aber
ist beständiger. Der Himmel, ausgenommen wenn es friert,
wird bisweilen durch dickes schwarzes Gewölke verunstal-
tet, oder hat ein trübes Ansehen, und dicker Nebel ist des
Morgens sehr häufig. In allen diesen Stücken kömmt
der Januar mit den beyden letzten Wochen des Decembers
überein.

Der Winter gehet selten oder gar nicht ohne Frost
vorüber. In einigen Jahren ist der Frost heftig, im
Ganzen ist er mäßig und von kurzer Dauer. Die gröste
Anzahl von frostigen Tagen, die in einem Winter bemerkt
sind, war 51, die kleinste 4. Wenn die Frosttage nicht
unter 12 oder über 24 sind, so wird der Winter für mäs-
sig gehalten. Vier und zwanzig bis vierzig Frosttage machen
einen strengen Winter. Wenn aber die Anzahl von Frost-
tagen über 40 steigt, (welches sich bloß zweymal in 18
Jahren zugetragen hat) so wird die Jahrszeit für außer-
ordentlich strenge gehalten. So lange der Frost dauert,
so ist, wenn kein Wind wehet, das Wetter völlig klar,
das Quekſilber steht im Barometer auf 29, und die Luft
ist kalt, bis sich die Sonne dem Meridian nähert, wenn
das Eis, es sey denn im Schatten, zu thauen anfängt.

Wehet

Wehet der Wind, so ist der Himmel mehr oder weniger
umwölkt, die Sonne hat weniger Gewalt, und die Luft
ist den ganzen Tag über empfindlich kalt. Der Frost ist
oft mit Schnee begleitet. In fünf Wintern aus 18 fiel
kein Schnee. In strengern Wintern bleibt der Schnee
ohne zu schmelzen viele Tage liegen, bisweilen so gar in
den Straßen. Gemeiniglich aber zerschmilzt er schon beym
Fallen, und bleibt gewöhnlich nur wenige Tage liegen.
Die Quantität ist, ausserordentliche Jahre ausgenommen,
nicht beträchtlich. Gemeiniglich war sie 6. Die Extremen
21 und 22. Die gröste Anzahl der Tage da Schnee
fiel, in demselben Winter war 8 oder 9, und dies ereignete sich in 3 Jahren. In 5 von den übrigen fiel Schnee
nur 2 oder 3 Tage, und in den 5 übrigen gewöhnlich
4 Tage.

Im Winter pflegt es gemeiniglich wolkigt und naß
zu seyn, und der Thermometer zwischen 42 und 50 zu
schwanken. Doch ist die Quantität des Regens nach den
Jahren sehr verschieden. Die gröste Quantität in irgend
einem Jahr war 91, die geringste 21. Wenn sie unter
31 ist, so rechnet man die Jahrzeit für ungewöhnlich trocken.
Zwischen 30 und 60 wird sie für mäßig gehalten, und innerhalb diesen Gränzen bleibt die Quantität des Regens
gewöhnlich des Winters. Wenn sie zwischen 60 und 70
ist, so hält man sie für naß, wenn sie aber über 70 hin-
ausgeht, so ist alsdann der Winter ausserordentlich naß.
Die gröste Zahl der regnigten Tage war 47, die geringste
18, in gewöhnlichen Jahren zwischen 20 und 36. Der
Regen fällt während der 3 Wintermonate. Der Frost und
Schnee stellt sich zwischen dem 22sten December und Ende
des Januars ein. Der Frost nimmt oft frühe seinen Anfang, und dauert mehrmalen bis in die zweyte Woche des

J 2   Febru-

Februars. Gemeiniglich herrschet er in der angeführten
Periode, welche die Einwohner Maarbanie oder 40 Tage
nennen, und binnen welcher Zeit sie sich aller Arzeneymittel
in Krankheiten, wo sie nur einigermassen aufgeschoben
werden können, enthalten. Der Winter ist selten so rauh,
daß nicht, selbst in der Maarbanie, einige gelinde schöne
Tage unterlaufen sollten. Gegen das Ende, das ist, von
der Mitte des Februars, wird das Wetter veränderlich,
und es giebt einige wirkliche Frühlingstage. Die Vegeta-
tion wird aller Orten neu belebt, und verschiedene Bäume
stehen in Blüthe.

Aus-

Auszüge
aus dem zweyten Theile
der in
drey Theilen zu London 1791 herausgekommenen
Reise
des H. Joseph Townsend
durch Spanien
in den Jahren 1786. und 1787.

(A Journey through Spain in the years 1786 and 1787.
with particular attention to the Agriculture, Manufac-
tures, Commerce, Population, Taxes and Revenue of
that Country and remarks in paſſing through a part of
France by Joſeph Townſend A. M. Rector of Pewſey,
Wilts; and late of Clare-Hall, Cambridge.)

Vorbericht.

Die Reisen dieses einsichtsvollen Mannes, wenn sie gleich nicht mit der Lebhaftigkeit und Grace, die die Reisen eines Bourgoing auszeichnet, geschrieben sind, verdienen doch in Absicht auf Zuverläßigkeit, Gründlichkeit und Interesse dieser und jeder andern Reisebeschreibung, die wir von Spanien haben, an die Seite gesetzt zu werden. Ich glaubte den zweyten Band für das Repositorium am besten zu bearbeiten, wenn ich mir mit dem Originale mehr als eine Freiheit erlaubte. Die auf ganz Spanien sich beziehende Objecte sind aus den Stellen, wo sie vorkommen, ausgehoben und unter Rubriken gebracht. Daher habe ich des Verf. Nachrichten von Spanischen Staatseinkünften, Ausgaben und Schulden, nebst dem, was damit in Verbindung steht, imgleichen von dem Spanischen Amerika und der Handlung dahin, von der Spanischen Seemacht zuerst mitgetheilt. Was er von der Bevölkerung Spaniens anführt, ist weggelassen, weil es schon in Sprengel und Forsters neuen Beiträgen zur Völker = und Länderkunde 8tem Theil benuzt ist. Die Reise durch Asturien und bis Escorial ist weniger abgekürzt, als mancher Theil des Buches, weil Bourgoing in diese Gegenden nicht gekommen ist. Die politischen, philosophischen und historischen Raisonnements sind durch-

gehends

gehends entweder ganz unterdrükt oder nur in der Kürze
berührt.   Was an mehr als einer Stelle in dem Bande
zu suchen war, ist an Einen Ort gebracht. Wo der Verf.
die Beschäftigungen, Sitten, und die Denkungsart der
Einwohner und die gegenwärtige Verfassung des Landes
genauer zu beschreiben schien, als seine Vorgänger, da,
glaubte ich, müsse alles übersezt, oder nur das abge-
schnitten werden, was zu der individuellen Lage des Reisenden gehört, die auf die Beobachtung selbst keinen Einfluß hat. Seine Nachrichten von dem Preise der Lebensmittel, und des Lohns der Arbeiter werde ich aus dem
ganzen Buche sammeln und in Eine Tabelle bringen. Die
hinzugefügten Anmerkungen sind sämtlich von dem Herausgeber.

P. J. B.

Spanische Staatseinkünfte, Ausgaben und Schulden.

Die Nachrichten, die ich von den Einkünften und Ausgaben mittheilen werde, beruhen auf Dokumenten, die ich von den auswärtigen Gesandten zu Madrid erhalten, und mit einem authentischen Verzeichniß, das mir die Schatzcommission gefälligst communicirte, verglichen habe. Erst müssen aber die Quellen der Einkünfte angegeben werden, die ich hier in alphabetischer Ordnung aufführen werde.

Annaten, medias Annatas, ist die halbjährige Einnahme der Grandes und titulirten Edeln *), die von den Ländereyen, die sie in Besitz nehmen, und Aemtern, die sie erhalten, bezahlt wird. Von der Geistlichkeit erhielten sonst die Spanischen Monarchen keine Annaten, ausgenommen in Amerika und in den eroberten Provinzen, bis das Concordat 1753. zwischen Papst Benedict XIV. und Ferdinand VI. abgeschlossen wurde. Denn von dieser Zeit an werden sie nicht mehr nach Rom geschikt. Hierunter sind auch die geistlichen Monate oder $\frac{1}{12}$ von allen Pfründen, die unter 300 Dukaten oder 33 Pf. St. nach dem alten Anschlag, einbringen, begriffen. Seit diesen Bewilligungen hat der Pabst im J. 1783. ein Drittel von allen einzelnen Pfründen, die über 200 Dukaten jährlich einbringen, dem Könige eingeräumt.

Aposento oder Casa de Aposento. Als Philipp der V. den Thron bestieg, wollte er Sevilla zu seiner Residenz

---

*) Vergl. Bourgoing, deutsche Uebers. Jena 1789. B. 1. S. 61. 230.

J 5

ſidenz machen. Die Bürger von Madrid hintertrieben den
Entſchluß, indem ſie eine Geldſumme anboten, wenn der
König bey ihnen bleiben wollte. Dieſe wurde nachher in
eine Steuer auf alle Häuſer verwandelt, mit der Freiheit
ein Drittel abzukaufen, wenn ſich die Häuſer in 25 Jahren bezahlt machen *).

Blei iſt ein königliches Monopol, und muß in ſeinem
Ertrage ſehr ungewis ſeyn.

Brantewein gehört gleichfalls unter die königlichen
Monopolien **). Der König erhebt ein Achtel von allen
gebrannten Waſſern als eine Taxe, und behauptet das
Recht, den übrigen Brantewein zu 22 Reales, und den
Aquavit zu 28 Reales, die Arrobe von 28 Pfund zu
kaufen. Den erſten verkauft er wieder zu 64 und den
leztern zu 100 Reales.

Catalonien und Arragonien. Hierunter iſt begriffen
das Cataſtro von Catalonien, nebſt dem Equivalent von
Arragonien, Valencia und Majorca.

Creuzbulle. Sie ertheilt dieſelben Indulgenzen, die
die Päbſte den Creuzfahrern zu geben pflegten, und zwar
erſtlich ſolchen, welche wirklich in den Krieg zogen, zwei-
tens denen, welche Stellvertreter ſchikten, endlich denen,
die durch Schenkungen die Züge beförderten. Die Indulgenzen beſtehen 1) in der Erlaubniß, Fleiſch zu ſpeiſen an
Faſttagen, mit Genehmigung des Arztes und Beichtvaters,
und Eyer und Milch zu eſſen, auch ohne deren Einwilligung

---

*) Dieſe Einnahme ſcheint in der 7 Ausg. der Achenwalliſchen
Statiſtik gar nicht, in der Heinziſchen der Toziſchen unter
den Provinzialſteuren, und zwar unter der Rubrik jährliche
Steuer der Unadelichen von jeder Feuerſtätte S. 249.
vorzukommen.

**) Die vorher angeführten Handbücher übergehen dies Monopol.

gung 2) in der Verſicherung, daß eine auferlegte oder
ſchuldige Buſſe von 15 Jahren und 54 Stunden mit einem Tage willkührlichen Faſtens und Gebets um Einig-
keit unter chriſtlichen Regenten und Sieg gegen die Ungläubigen abgethan werden kann, und daß die, welche
dieſes thun, an allen Gebeten, Almoſen und Wallfahrten,
die bis nach Jeruſalem von der ſtreitbaren Kirche oder
einem ihrer Mitglieder unternommen werden, Antheil nehmen ſollen. 3) Daß die, welche 5 Altäre, oder fünfmal
einen Altar beſuchen, und, wie angezeigt, beten, vollkom-
menen Ablaß für ſich oder für einen ihrer verſtorbenen
Freunde, in deren Nahmen ſie die Handlung vornehmen,
erhalten. 4) Daß einmal, während ihres Lebens, und
einmal in den Todesſtunden, ſie von ihrem Beichtvater
Vergebung ſogar ſolcher Sünden, die dem Pabſt vorbe-
halten ſind, Ketzerey ausgenommen, und anderer Sünden,
ſo oft als ſie beichten, erhalten. 5) Daß, im Fall eines
plözlichen Todes ohne Beichte, ihnen derſelbe Ablaß zu
Theil wird. 6) Daß ſie, wenn ſie 5 Altäre beſuchen und
Gebete ablegen, an den in den Almanachen angezeigten
Eilf Tagen, ſie durch ihre Gebete jeden Tag eine Seele
von dem Fegfeuer befreyen werden. 7) Daß, wer für
2 Exemplare der Bulle bezahlt, zweymal jedes Jahr alle
Indulgenzen und Privilegia, die vorher angeführt ſind,
genieſſen, und die den Käufern einer Bulle zukommenden
Vortheile zwiefach zu erhalten berechtiget iſt. Für dieſe
Bulle bezahlen Edelleute 6 Schill. und 4 Pence, die Gemeinen 2 Sch. 2 P. in Arragonien, und etwas weniger
in Caſtilien. Sogar Bedienten kaufen ſie. Die Frage darnach iſt ſo groß, daß ſie jährlich mehr als 200000 Pf. St.*)

eine

*) Weit weniger hat Bourgoing I. 241., der die Einnahme nur
auf 4½ Mill. franz. Livres ſchäzt.

einbringt. Kein Beichtvater absolvirt irgend einen, der
sich diese Bulle nicht angeschaft hat.

Effettos de la Camera kommen von vacanten Pfründen her. Vermöge des Concordats 1753. ernennen die
Könige von Spanien zu allen geistlichen Stellen, welches
vorher die Päbste thaten, und genieſſen noch überdem die
Einkünſte von den Vacanzen, und bemächtigen ſich der
beweglichen Güter der Prälaten, und Effecten aller Geiſtlichen, die ohne Teſtament ſterben. Dieſe heiſſen Eſpo-
lios y vacantes.

Excuſado. In jedem Sprengel in Caſtilien und Arragonien *) bezieht der König den Zehnten an Oliven,
Korn und Wein von der beſten Pachtung, die er ſich aus-
ſucht. Die Geiſtlichkeit gab ihm für den Zehnten etwas
gewiſſes; allein er iſt nachher an die Gremios oder die
5 verbundenen Compagnien in Madrid für 12 Millionen
Realen verpachtet. In dem J. 1778. wurde er der Geiſtlichkeit um ein Drittel weniger angeboten. Der gröſte
Theil nahm das Anerbieten an. Die, welche ſich zu arm
hielten, den Verſuch zu machen, ſchlugen es aus, und
dieſe Pachtungen wurden den Gremios für 4 Millionen
gelaſſen. Man hat die Gremios beſchuldiget, daß ſie den
Contract genuzt haben, um das Korn, wenn es wohlfeil
iſt, im Land aufzukaufen, in ihren Kornmagazinen aufzubewahren, und nachher um einen hohen Preis zu verkaufen, worüber das Volk verhungert, ſie ſelbſt aber reich
werden.

Extraordinaire Gefälle kommen von Confiscationen,
Erlaubniß Güter in den Regiſterſchiffen zu verſenden, und

den

---

*) D. i. im ganzen Königreiche. Bourgoing I. 75. ſagt: die
Regierung kennt nur eine Eintheilung, nemlich in die Provinzen der Krone Kaſtilien und die der Krone Arragonien.

den Abgaben von der Ausfuhr der Münzen. Der Ertrag wird nur zu 35 Millionen (Realen) geschäzt; bisweilen ist er 100 gewesen. Diese Summe sollte zu der Aduana oder den Zolleinkünften übertragen werden.

Die Indische Einnahme wird besonders betrachtet werden. Sie beträgt in Amerika beinahe $4\frac{1}{2}$ Millionen Pf. St. Obgleich sie in den nachher anzuführenden Listen auf verschiedene Art bestimmt wird, so wird gezweifelt, ob sie einen Vortheil oder Verlust für Spanien gewähret.

Lanzen. Diese Taxe wird statt der Kriegsdienste bezahlt, und ist für Herzoge, Grafen und Marquis 200 Dukaten oder 22 Pf. St. für jeden Titel. Ein Grande bezahlt 8000 Realen. Man nennet sie pecuniaris compensatio pro hastatis militibus.

Manufakturen von Leinwand und Glas werden unter die Einnahmen gesezt. Das Glas wird zu S. Ildefonso gemacht, und ist Spiegelglas. Denn das Glas zum täglichen Gebrauch wird importirt. Wahrscheinlich ist bey beiden Schaden.

Die Meisterthümer der 3 Orden von Calatrava, Alcantara, und S. Jago wurden von dem Pabst an Ferdinand und Isabella übertragen, und auf beständig den Spanischen Monarchen von Adrian eingeräumt, um gegen Kaiser Carl V. dankbar zu seyn, der ihm zum päbstlichen Stuhl behülflich gewesen war.

Die Notarien bezahlen ein jeder 200 Dukaten bey ihrer Zulassung.

Posten und Couriere waren sonst das Eigenthum der Grafen D'Onate, Grandes von Spanien. Sie sind aber nun einer der vornehmsten Zweige der Staatseinkünfte.

Pro-

Proprios und Arbitrios. An die Städte wurden
sonst Abgaben von unbebauten Ländereyen, die an Pri-
vatperſonen überlaſſen waren, und von Proviſionen, zur
Beſtreitung der Unkoſten ihrer Municipalregierung entrichtet. Der König erhebt jetzt 2 p. C. von den Produkten
zum allgemeinen Nutzen.

Die General-Renten ſind die Zölle, welche in den
Seehäfen erhoben werden.

Die Provincial-Renten ſind 1) Alcavalas oder 10
p. C. von einem jeden verkauften oder veräuſſerten Object,
es werde in der Landwirthſchaft oder in Fabriken gebraucht,
welche Auflage, ſo oft das Object ſeinen Eigenthümer verändert, bezahlt wird. Zu der erſten Taxe iſt noch 4 p. C.
nachher hinzugekommen. 2) Millones oder Millionenſteuer,
welche die Cortes 1601. auf 6 Jahre bewilliget haben,
die aber doch nachher immer entrichtet ſind; ſie beſteht in
8 Maravedis oder ungefähr eine halbe Pence von 1 Pfund
Fleiſch und Unſchlitt, das auf dem Markt verkauft wird,
und in 8 Realen von jedem Stük Schlachtvieh, das zum
Verkauf auf den Markt gebracht, oder für Privatfamilien
geſchlachtet wird. Wein, Weineſſig und Oel zahlen auch
zu dieſer Acciſe ein Achtel des Preiſes, und wird der
Wein zu 64 Maravedis die Arroba, Weineſſig zu 32,
und Oel zu 50 geſchätzt. 3) Fiel medidor iſt eine andere
auf Wein, Weineſſig und Oel von 4 Maravedis die Arrobe, die 1642. bewilliget iſt. 4) Die königlichen Drittel
oder drey Neuntel von den Zehnten, die den Spaniſchen
Monarchen 1274. bewilliget ſind. 5) Die ordentlichen und
auſſerordentlichen Servicegelder, ſeit 1580; eine Taxe auf
alle Habſeligkeiten derer, welche keine Edelleute ſind, das
iſt, der Hidalgos oder Ritter. Da die Geiſtlichen von
der

der Abgabe Alcavala, den Millonen und allen Munici-
paltaxen, die man Arbitrios nennet, frey sind, so werden diese Abgaben jedes Jahr nach der Consumtion ver-
gütet. Alle diese Provincial-Renten betrugen 1778.
130 Millionen Realen; die noch im J. 1745. für 90 Millionen verpachtet wurden.

Renten von Madrid, die auch Effettos y sisas de
Madrid, imgleichen Rentas de arrendamiento heissen,
ist der Ertrag von Alcavala, und Millonen dieser Stadt
und 5 Meilen (leagues) um die Stadt, die an die Gremios verpachtet sind.

Patrimonial-Renten entspringen von dem Drittel,
dem Zehnten, vorbehaltenen Renten und Meyereyen in
Catalonien, Arragon, Valencia und Majorca.

Rente des Priorats von S. Juan ist blos von Usta-
riz erwähnt, weil sie dem Infanten Don Gabriel ausge-
worfen wurde.

Die Salzwerke geben eine beträchtliche Einnahme.
Sie wurden in alten Zeiten als Privateigenthum angese-
hen; aber 1348. von Alonzo II. an sich gerissen, und 1564.
von Philipp II. zu seinen Domainen geschlagen. Die vor-
nehmsten sind in Andalusien, Valencia, Catalonien und
Majorca. Die Salzwerke zu Mata in dem Königreiche
Valencia könnten leicht 1½ Million Fanegas à 100 Pfund
an Gewicht, produciren; die, wenn sie zu 22 Realen die
Fanega verkauft werden könnten, 330000 Pf. Sterl. das
Jahr einbringen würden. Allein durch die Erhöhung des
Preises ist die Nachfrage vermindert, so daß der ganze
Ertrag im Königreiche nur zwey Drittel von dem, was
ein einziges Werk liefern könnte, ausmacht.

Die

Die Stempeltaxe ist in dem J. 1637. eingeführt.

Strafgelder der Camera, welche die Obrigkeiten verwürkt haben, werden an den Rath von Castilien bezalt.

Subsidie beträgt 1 p. C. von allen geistlichen Einkünften, welche die Päbste den Königen von Spanien verwilliget haben, um gegen die Ungläubigen zu kriegen.

Spielkarten, Salpeter, Schwefel, Pulver, Siegellak, Queksilber und Tabak sind insgesamt königliche Monopolien, das leztere verstatteten die Cortes im J. 1336.

Die Wiesensteuer der Großmeisterthümer wird von den weit ausgedehnten Wiesen der drey Orden bezahlt.

Die Steuer von der Serena wird von einem District in Estremadura erhoben, der sonst sehr beträchtlich war, aber durch die öfteren Schenkungen, welche die Regierung davon an den hohen Adel gemacht hat, so sehr gesunken ist, daß sie ungefähr nur 2500 Pf. Sterl. einbringt, da sie doch von Uztariz 1722. auf mehr als 2½ Millionen Reales, d. i. 26000 Pf. St. jährlich geschäzt wurde.

Wolle. Im J. 1437. wurde eine Taxe auf alle Wolle ohne Unterschied gelegt, unter dem Namen servicio y montazgo. Allein um die Erzielung derselben zu befördern, veränderte sie Ferdinand VI. in eine Abgabe von der feinen exportirten Wolle. Die schlechte Wolle behält man zu Hause.

In der folgenden Liste wird die Indische Einnahme von Uztariz auf 40 Millionen geschäzt, und von dem Grafen de Grevi, dem kaiserlichen Consul, noch zehnmal höher. Der erste meint die reine Einnahme, der zweite den ganzen Ertrag. Herrn Listons Berechnung, die nach einem Durchschnitt von 10 Jahren gemacht ist, kommt beinahe

beinahe mit Uztariz überein. Allein H. Carmichael, der Spanische Gesandte, hat 60 Millionen. Wir können es indeſſen als eine Thatſache gelten laſſen, die von den am beſten Unterrichteten behauptet wird, daß die Spaniſchen Colonien dem Mutterlande keine directe Einnahme gewäh‚ ren. Nach des Grafen de Grepi Meinung iſt die Amerika‚ niſche Einnahme folgende:

Zölle von Europäiſchen Waaren nach den Real. de Vellon.

Jahren 1785 und 1786	42, 240, 000
Alcavala von denſelben, die J. 1591. eingeführt iſt	54, 120, 000
Tabakſteuer in Neu‚Spanien und andern Provinzen, J. 1752. eingeführt	100, 000, 000
Abgaben von dem exportirten Gold und Silber	60, 000, 000
Tribut von den Indiern -	40, 000, 000
Creuzbulle, J. 1509. eingeführt	20, 000, 000
Verkauftes Quekſilber	6, 000, 000
Stempeltaxe, J. 1641. eingef.	20, 000, 000
Münze	6, 000, 000
Acapulco Handel	10, 000, 000
Verkauf des Krauts Mathe'	10, 000, 000
Verkauf des Papiers für kö‚ nigl. Rechnung	10, 000, 000
Jeſuitenſteuer	8, 000, 000
Spielkarten und andere Mono‚ polien	6, 000, 000
Abgaben der Philippinen	30, 000, 000
Taxe an Negern	4, 000, 000
	426, 360, 000 Reales Vellon.

In dieser Liste sind einige Taxen, z. E. Alcavalas von Amerikanischen Produkten, weil der Graf keine gewisse Nachricht ihrentwegen erhalten konnte, ausgelassen.

Die folgende Tabelle zeiget den Ertrag der Taxen in dem königlichen Schatze. Wenn man die Realen zu Pfund Sterl. reduciren will, so muß man die beiden lezten Zahlen weglassen, weil 1 Pf. Sterl. $=$ 100 Reales Vellon.

ten genommen.

...owieff 1778. ungefähr.	Carmichael nach einem Durchschn. von 5 Jahren.	Liston nach einem Durchschnitt von 10 Jahren 1778.
1,300,000	1,470,000	1,986,000
1,200,000	1,000,000	1,084,257
———	450,000	3,241,097
4,525,000	1,500,000	———
7,000,000	30,529,303	32,109,481
0,000,000	16,000,000	11,052,209
786,800	———	340,237
2,000,000	10,000,000	8,525,000
5,000,000		
0,000,000	60,000,000	39,899,918
den Annaten.	1,590,000	in den Annaten.
4,500,000	———	4,192,000
———	———	6,213,686
1,800,000	2,600,000	1,128,050
———	140,000	235,779
62,000		
196,800	196,800	
4,000,000		
500,000		
———	1,200,000	2,835,344
8,060,000	31,949,102	70,584,604
0,000,000	73,010,902	97,948,256
6,418,552	5,500,000	6,538,856
———	741,800	———
60,000,000	20,749,208	16,508,384
72,000	950,000	711,030
4,312,000	3,300,000	2,489,308
1,500,000	1,000,000	400,233
———	———	305,311
Sen Excusado.	3,530,000	5,865,310
0,000,000	70,000,000	67,138,882
4,500,000	16,549,767	17,397,745
———	3,615,000	6,912,008
7,873,152	360,375,082	417,264,835

Officieller Bericht von dem Zustande der Einkünfte 1768.

	Einnahme	Personen zur Hebung	Salarien	Unkosten	Reiner Ertrag in Real. Vellon
Wiesenwachs von der Serena	280,977	12	17,100	4,929	258,948
Meisterhühner der milit. Orden	4,158,486	17	15,764	2,657,877	1,484,845
Tobak	101,226,189	18,291	21,878,505	12,481,365	66,866,319
Renten, Generale und Aggreg.	67,259,482	4,453	6,540,248	4,744,412	55,944,822
Salpeter	37,200,610	-	3,935,979	9,641,380	23,633,251
Wiesenwachs der Meisterhühner	458,847	16	30,220	4,170	424,457
Provincial-Renten	102,113,467	2,249	7,016,836	4,271,521	90,825,110
Blei	1,668,126	100	441,226		1,226,900
Raten	724,355	8	12,433	422,059	289,863
Pulver und Salpeter	3,401,041	117	570,054	1,719,965	1,091,021
Schwefel	242,567	5	31,198	93,938	117,431
Kreuzbulle	18,663,440	49	354,253	1,015,447	17,293,740
Stempeltare	5,545,745	104	330,530	1,087,946	4,127,269
Escusado	12,000,000	13	91,300		11,908,700
Subsidie	3,576,497	-	-	-	3,576,497
Medias Annatas	633,610	4	112,500		521,110
Wolle und andere Einnahmen	14,998,284	223	584,505	1,811,475	12,602,304

K 2

Die

Die fremden Minister verschaften mir verschiedene Listen der Staatsausgaben, welche sie an ihre Höfe schikten. Unter diesen schien mir die, welche mir der Russische Gesandte Estevan Zienowieff communicirte, und die durch die Liste des Brittischen Gesandten H. Liston bestätiget wurde, die zuverlässigste zu seyn.

Ausgaben 1778.   Reales Vellon.

Königliche Hofhaltung.	24,000,000
Pensionen an die Prinzen	10,000,000
Königliche Capelle · ·	2,000,000
Pensionen an betagte Bediente	3,000,000
Garderobe und Juwelen	8,000,000
Reisen nach den königl. Lust-	
schlössern · ·	15,000,000
Marstall · ·	12,000,000
Jagd, nebst Entschädigung	18,000,000
Almosen und Gaben ·	5,000,000
Gebäude · ·	9,000,000
Geheime Dienste · ·	2,000,000

Reales Vell.
108,000,000

Armee Leibgarde · ·	18,000,000
Infanterie, 45 Regim. zu	
953 Mann · ·	39,235,810
Milß 10,880 · ·	5,848,036
Artillerie mit Officieren,	
3050 Mann · ·	4,439,008
Invaliden 7,200 · ·	6,289,357
Ingenieurs · ·	1,400,000
Cavallerie, 14 Regimenter zu	
480 Mann · ·	10,581,815
Dragoner, 8 Reg. zu 480 M.	5,763,882
Generale · ·	3,600,000

Schatz-

Schatzeinnehmer, Commissarien u. f.

	10,344,282
Fortification	12,000,000
Kleidung, Fourage	74,021,389
Witwen der Officiere und Wai-	
sen	4,378,615
Lazarethe	5,800,000
Ausländische Werbungen	700,000
Kriegsministerium	1,000,000
Kriegsminister und Comis (Se-	
cretair)	800,000

204,202,194

Königliche Marine 64 Linienschiffe,	
47 Fregatten, 50000 Matrosen,	
12,096 Seesoldaten	100,000,000
Das Departement von Indien	8,000,000
— — — der Finanzen	4,500,000
— — — der Justiz	1,100,000
Justiztribunäle	8,422,769
Auswärtiges Departem. Minister	
und sein Comis	1,140,000
Gesandter in Rom	900,000
— — in London	710,000
— — an andern Höfen	6,003,162
Curiere, Consuls, geheime Dienste	6,000,000

14,753,162

Porcellanfabrik zu Retiro	436,188
Gobelin- Tapete, und persische	
Fußdecken	397,100
Mahler, Architekten und Pensionen	440,000
Akademie, Naturalien-Cabinet und	
Bibliothek	900,000

Hospi-

Hospitäler	•	•	400,000
Straßen und Canäle	•	4,000,000	
Pensionen an Fremde, und Ne-			
benausgaben	•	•	3,300,000

9,873,288

Interesse der Schulden und Liquidation   30,000,000

Total in Reales Vell. 488,851,413

    In der vorstehenden Liste ist die Porcellanfabrik nur für 436,188 R. ins Debet gebracht. Nach einer genauern Nachricht, die ich von H. Carmichael eingezogen, ist 1 Million Real. ausgelassen. Die Unkosten der Glas-fabrik, die hier ganz übergangen ist, belaufen sich nach demselben Zeugen auf 1,136,884 Realen, und der Ver-lust bey der Leinwandfabrik ist gleichfalls nicht angegeben. Dem ungeachtet findet man in der Liste der Einkünfte die Glas- und Leinwandfabrik in Rechnung gebracht.

    Nach genauer Prüfung aller eingesammleten Mate-rialien bin ich überzeugt, daß seit vielen Jahren die Ein-nahme den Ausgaben nicht gleich gewesen ist. Als ich mich zu Oviedo aufhielt 1786, ermahnte der Finanzmini-ster in einem Circularschreiben, das in alle Provinzen geschikt wurde, die Schatzeinnehmer, die äusserste Sorg-falt und Pünctlichkeit in Hebung der Auflagen anzuwen-den, weil die Staatsausgaben die Staatseinkünfte um 46 Millionen Real. überschritten. Nach meiner Abreise aus Spanien ist die Einnahme vermehrt, und aus zuver-lässigen Nachrichten weiß ich, daß H. Eden sie zulezt auf 500 Mill. Reales, d. i. fünf Mill. Pf. St. *) geschäzt hat,

---

*) Bourgoing I. 243. versichert, daß die Einnahme 1776. ge-wesen ist 110 Mill. Livr. d. i. 27½ Mill. Rthl. C. M. wovon jene Angabe von 5 Mill. Pf. St. = 30 Mill. Rthl. nicht sehr verschieden ist.

hat, und daß jezt ein Ueberschuß vorhanden ist, die alten Schulden zu bezahlen.

Die Staatsschulden sind in alte und neue einzutheilen. Zur Bezahlung der ersten mit dem bestimmten Interesse waren die Provincialeinkünfte als Sicherheit angewiesen. Diese Einkünfte aber weiß man nicht, weil der reine Ertrag in die Rechnung gebracht wird, nach Abzug der Juros oder Interessen für aufgenommene Capitalien. Die Schulden waren in sehr kritischen Zeitläuften gemacht, und das Geld hauptsächlich von den Genoesen, den Gremios und dem reichen Adel vorgestreckt. Sie sind oft in mißlichen Umständen gegen einen ansehnlichen Rabatt an andere überlassen, und viel ist davon getilgt, indem die Eigenthümer, welche dem Staate die vortheilhaftesten Anerbietungen machten, und ihm ihre Forderung an die Schuld um den niedrigsten Preis erliessen, bezahlt wurden. Die zweite Classe der Staatsschulden sind die von Kaiser Carl V. wegen seiner Kriege gemachten Schulden. Diese betrugen nach dem Abt Raynal 1000 Millionen Livr. Tournois. Da die Interessen dieser Schuld die damalige ganze Einnahme des Staates übertrafen, so wurde der Staat 1688. bankerott. Nach dem Tode Carls II. und als eine neue Familie zur Regierung kam, wurde der öffentliche Credit wieder hergestellet, und in weniger als 50 Jahren hatte Philip V. dem Staate eine Schuldenlast von beinahe 7 Mill. Pf. Sterl. aufgebürdet. Sein Nachfolger Ferdinand VI. legte den gelehrtesten Casuisten seines Reiches die Frage vor, ob ein Souverain die Schulden seines Vorgängers bezahlen muß? die Frage wurde verneinend beantwortet. Ferdinand häufte daher einen Schatz, und hinterließ volle Cassen. Carl III. fand nach dem Abt Raynal 160 Millionen Livres im Schatze, und

K 4   ent-

entschloß sich, seines Vaters Schulden zu bezahlen. Nachdem er die halbe Summe dazu angewandt hatte, wurde der Rest zu unnützen Kriegen verschwendet.

Als Spanien sich in den lezten Krieg für die Unabhängigkeit Amerikas eingelassen hatte, und es einen Mangel an Gelde hatte, versuchte der Minister, was er mit Papiergeld ausrichten könnte; eine Operation, die einem despotischen Staate, der überdem wenige Achtung für öffentliche Treue gezeigt hatte, wenig angemessen war. Neun Millionen Dollars wurden in 15000 Zetteln, jeden zu 600 Dollars, mit Zinsen zu 4 p. C. ins Publikum gebracht. Die neue Bank hat den Credit dieser Papiere so sehr gehoben, daß, da sie vorher zu 24 p. C, discontirt wurden, sie jezt eine Prämie tragen. Die Regierung gesteht, daß sie zu 3 verschiedenen Perioden während des Krieges 28,799900 Dollars in solchen Obligationen in den Cours gebracht habe, behauptet aber, daß sie 1,200000 Doll. wieder herausgenommen habe, so daß, wenn der Dollar zu 3 Schill. geschäzt wird, die ganze Schuldenlast sich nur auf 4,139,985 Pf. Sterl. belaufe, wovon die jährlichen Interessen 165 599 Pf. St. sind, eine Kleinigkeit, wenn man sie mit den Schulden Frankreichs und Englands vergleicht. Die Juros müssen hier nicht in Rechnung gebracht werden, weil sie von den Einnahmen schon abgezogen sind, und der Ansaz sich auf den reinen Ertrag bezieht.

Der Mann, der den gefallenen Staatspapieren einen Werth wieder zu verschaffen wußte, war H. Cabarrus, und er bediente sich dazu der Nationalbank. Sie hatte im Anfang viele Widersacher. Allein die unermüdete Thätigkeit ihres Stifters, die durch die Einsichten des Grafen Florida Blanca unterstüzt wurden, überwanden alle Schwierigkei-

rigkeiten, und gaben ihr eine gewiſſe Feſtigkeit. Sie be-
ſtand anfänglich in 150000 Actien, jede zu 2000 Realen,
mit der Freiheit, jährlich 3000 Actien auf 30 Jahre zu
creiren, damit kein Spaniſcher Bürger von einer Theil-
nahme an dieſem wohlthätigen Unternehmen ausgeſchloſ-
ſen ſeyn mögte. Damit die Bank Zutrauen im Publikum
erhalten mögte, ſo durften die Directoren ſich auf keine
Handlungs-Speculation nach auswärtigen oder entfernten
Ländern, es ſey denn, daß der König ihnen eine Com-
miſſion dazu gäbe, einlaſſen, noch die Landwirthſchaft
oder Manufakturen des Königreichs begünſtigen. Zur
Wegräumung aller Gelegenheit zur Eiferſucht ſollte die
Bank kein ausſchlieſſendes Privilegium oder Monopolium
haben. Sie ſollte al pari annehmen, und dadurch den
Staatspapieren, zu einer Zeit, da ſie auf 24 p. C. diſ-
conto ſtunden, eine Circulation verſchaffen. Zur Belohnung, oder wie es hieſſe, zur Entſchädigung erhielt ſie
die Erlaubniß, alle Contracte für die Unterhaltung und
Kleidung der Armee, und für die Verſorgung der Marine gegen 10 p. C. Commiſſionsgebühren zu ſchlieſſen,
und für das Geld, was ſie vorſchieſſen würde, wurde ihr
4 p. C. jährlich bewilliget. Dies ſollte auf 20 Jahre gelten. Auſſerdem ſollte ſie das ausſchlieſſende Privilegium
haben, Münze zu exportiren, und ſich dafür von dem
Kaufmann 4 p. C. zum Beſten der Regierung, und 3
für die Bank zahlen laſſen. Sie ſollte auch 1 p. C. von
allen Remeſſen haben, die der Madrider Hof an die auswärtigen Miniſter zu machen haben würde, und 4 p. C.
für das Diſcontiren der Wechſel. Kein Fideicommis ſollte
gegen die Forderung der Bank gelten. Dieſer Aufmun-
terung ungeachtet wollten die Spanier der Bank nicht
ſonderlich trauen, und verſchloſſen entweder ihre Capita-

K 5   lien

lien in Kisten, oder stehen sie an die Gremios zu 2 p. C.
Hingegen in der Schweiz und in Frankreich wurde der
Plan mit so vieler Begierde aufgenommen, daß die Actien
eine Prämie von 300 p. C. hatten, bis ein plözlicher
Schrecken die Interessenten überfiel, und dem ganzen
Werke den Untergang drohte.

Um Zutrauen wieder zu gewinnen, kaufte die Bank
viele Actien an sich, und lieh Geld zu 4 p. C. an die
Actionisten auf die Sicherheit ihrer Actien, und machte
sich daneben anheischig, ihnen ihre Dividende von 7 p. C.
oder mehr, wenn sie mehr schuldig seyn sollte, zu bezahlen. Diese sonderbare Operation hatte die erwünschte
Wirkung. Denn da die Pariser Actionisten, die von der
Bank 20 Millionen Reales gegen 4 p. C. Zinsen borgten,
ohne Gefahr 9 p. C. erhielten, so wurden aufs neue die
Actien dieser Bank sehr stark gesucht. Man kann sich
leicht vorstellen, daß die Bank diese sonderbare Operation
nicht lange fortsezte. Sie würde, wenn sie es gethan
hätte, in kurzer Zeit ihr Capital bald eingebüßt haben.
Denn jeder Inhaber würde Geld zu dem vollen Werth
seiner Actien geborgt haben, und die Bank würde ver-
nichtet seyn. Es wurde daher in der vierten allgemeinen
Versammlung beschlossen, daß nicht mehr als 500 Realen auf eine Actie von 2000 vorgestrekt werden sollte.

Der glückliche Zustand der Bank wird aus dieser Berechnung ihres jährlichen Gewinns ersehen.

Im J. 1783. gewann die Bank		Reales Vell.	Ms.
		3, 301, 295	8
1784.		17, 137, 622	22
1785.		48, 346, 675	18
1786.		20, 473, 093	13

In

In dem lezten Jahre erhielten die Actionisten nur
7 p. C. in dem vorhergehenden aber 9, und überdem
wurde noch ein Capital von 21 Millionen Reales in der
neuen Philippinen. Handlungsgesellschaft belegt. Die Ur.
sache, warum der Gewinn so verschieden ausgefallen ist,
und die Beschaffenheit ihrer Operationen wird aus dem
Bericht an die Inhaber der Actien, der in den jährlichen
Versammlungen 1785. 1786. abgestattet wurde, ersehen
werden.

	Reales	Mß
Zinsen auf Staatsobligationen 1785	3,569,533	27
Discontiren der Wechsel	1,260,519	18
Zinsen von den auf die Actien geliehenen		
Geldern	594,106	23
— — — Amerika	503,118	32
— — — die Versorgung der Armee	1,435,109	13
— — — das Departement von Cadix	617,180	28
— — — Wechsel	1,411,904	5
Commissionsgebühren zu 1 p. C. von der		
Regierung	253,164	14
— — — wegen Amerika	197,450	3
— — — Cadix	870,913	29
Exportation der Münze zu 3 p. C.	11,883,656	23
Commission zu 10 p. C. von Versorgung		
der Armee	3,066,763	3
— — — Presidios	407,024	32
— — — der Marine	1,187,221	13
— — — Schiffbauholz	765,892	29
— — — Eisen	201,434	27
Vermehrter Werth der Actien	21,552,840	—
	49,777,835	13

Ab;

Ab; für Unkosten	1,431,159	28
Ganzer Gewinn	48,346,675	18
Ab; belegte Capitalien in der Philippinen - Handlungscompagnie	21,000,000	—
Zu vertheilender Rest	27,346,675	18
Zinsen auf Staatsobligationen 1786	936,920	—
Discontiren der Wechsel nach Abzug der Unkosten	2,513,857	31
Zinsen von Geldern, die auf Actien geliehen sind	2,386,803	15
Operationen der Bank zu Cadiz	4,007,960	20
Wechsel für die Regierung	20,602	15
Commißion von 1 p. C. für die Regierung	247,264	28
— — — für Amerika	3,963	1
Exportation der Münze zu 3 p. C.	10,234,299	22
Kauf und Verkauf der Actien	310,960	—
Vermehrter Werth von 5453 angekauften Actien	1,616,210	20
	22,278,842	17
Ab; für Verwaltungskosten	1,805,749	4
Zu vertheilender Rest	20,473,093	13

Aus diesen Berechnungen erhellet, daß

1) der Credit der Bank den Staatsobligationen einen freyen Umlauf verschaft hat, indem die Zinsen von dem Theile, der während des Laufes des Jahres in dem Besitz der Bank war, von $3\frac{1}{2}$ Millionen zu weniger als einer Million gesunken ist.

2) Das Geschäfte des Discontirens in einer Zeit von 12 Monaten sich verdoppelte.

3) Die

3) Die Zinsen, die für die auf die Actien geliehenen Gelder einkamen, beweisen, daß die Eigenthümer des fünften Theils des ganzen Capitals ihren Antheil aus dem Fond herausgenommen hatten. Diese waren gesonnen, das Risico wegen der Dividende zu bestehen, auf die einzige Gefahr derer, die aus Uebereilung oder Mangel an Einsichten oder Sorglosigkeit ihrem Exempel nicht gefolgt waren.

4) Die Extraction oder Exportation der Münze nahm beträchtlich ab. Dieß war zu erwarten. Ehe die Bank errichtet war, wurde von der Regierung die Exportation der Münze gegen eine Abgabe von 4 p. C. erlaubt, und diese brachte im Durchschnitt ungefähr 3 Millionen Reales ein. Als es aber das Interesse der Bank erforderte, der Contrebande zu wehren, so stiegen die Abgaben auf 16 Millionen. Kaufleute wissen, wenn ein Ausweg verstopft ist, leicht einen andern zu finden, wenn die Waare von einer solchen Wichtigkeit, wie Silber ist.

5) Eine Quelle des Gewinns, die im J. 1785. mehr als $5\frac{1}{2}$ Millionen einbrachte, versiegte im folgenden Jahre. Die Sache erfordert Erläuterung.

Die Regierung, welche wegen Geldmangels in Verlegenheit war, hatte auf sehr unvortheilhafte Bedingungen Geld geborgt, und bereuete nachher die Bedingungen, welche sie eingegangen war. Die Commissionsgebühren von 10 p. C. schienen unbillig zu seyn, und mit den Attestaten, welche die Directoren der Bank für die Artikel, welche sie für die Armee und Marine gekauft hatten, producirten, war der Finanzminister nicht zufrieden. Außer diesen Einwendungen war der erschöpfte Schatz nicht im Stande, seine vornehmsten Verbindlichkeiten gegen die Bank zu erfüllen, und die Rückstände zu bezahlen, die sie

selbst

selbst für gerecht anerkannte. Alles war in Unordnung. Der Minister drohete, und der Stifter der Bank erregte ein lautes Geschrei. Der lezte gab mit vielem Rechte zu verstehen, daß in einem Lande, wo Gerechtigkeit und Gesetze schwiegen, und willkührliche Gewalt die Oberhand hätte, der Minister das ganze Capital auf einmal wohl wegnehmen und rauben könnte, daß er aber in einem solchen Falle kein Zutrauen zum zweitenmal erwarten und auf die Idee einer Bank Verzicht thun müßte. Diese Gründe machten Eindruk, und der Minister beschloß, daß der Bank die Contracte für die Armee und Marine um denselben Preis, den die Gremios dafür gegeben hatten, gelassen werden sollten, und daß diese neue Einrichtung sich auch auf das Vergangene beziehen sollte. Die Bedingungen waren auf die Weise freilich vortheilhafter für das Publikum. Wie weit aber diese Maasregel mit Gerechtigkeit übereinstimmte, hatte der Finanzminister zu verantworten.

Die Gremios oder die 5 incorporirten Compagnien zu Madrid haben ein gemeinschaftliches Capital, alle Waaren zu kaufen, und an die Detailhändler zu verkaufen; denn den Fabrikanten ist es verboten, im Detail zu handeln. Diese Gesellschaft mit einem grossen eigenen Capital, und mit den zu 2 p. C. aufgenommenen Summen, die sie gebrauchen konnte, besorgte alle Contracte für den Hof, die Presidios, die Unterhaltung und Kleidung der Armee. Seit der Errichtung der Bank ist dies Monopol in andere Hände gekommen, und die Regierung, die die Mitbewerbung der Gremios und der Bank zu ihrem Vortheile hätte nutzen können, hat es der Bank zur Befestigung ihres Credits überlassen. Da es aber nicht hinlänglich seyn würde, vortheilhafte Contracte zu machen, ohne Verträge zu erfüllen,

füllen, so assignirte die Regierung die 4 p. C. Abgaben von der exportirten Münze an die Bank, bis die der Bank rükständigen Schulden bezahlt wären. Nach dieser wechselseitigen Verabredung beschlossen die Directoren der Bank, Geld zur Grabung eines Kanals von Guadarama an dem Fuß der Sierra, oder des Gebirges, welches die beiden Castilien theilet, nach Sevilla vorzustrecken, das Werk zu dirigiren, gegen 10 p. C. Commissions-Gebühren, und 4 p. C. Zinsen für alles Geld, was sie ausgeben würden.

Da der Plan zu der Handlungsgesellschaft nach den Philippinen von dem H. Cabarrus, dem Stifter der Carlsbank, entworfen ist, so werden einige Nachrichten Erstere angehend hier am rechten Orte stehen. Der Plan ist zu bekannt *), als daß er hier wiederholt werden dürfte. Die grossen Hofnungen, die man sich davon gemacht, sind auf dem Punkte zu scheitern. Die starken Abgaben an die Regierung und der nachtheilige Einkauf der Waaren verursachen, daß die meisten Waaren entweder aus Mangel eines Markts verderben oder zu einem beträchtlichen Verlust verkauft werden. Thee wird nicht getrunken. Porcellan wird wenig gesucht. Die Seidenzeuge, Mußline, und Baumwollenzeuge hätten, so lange sie Käufer fanden, die einheimischen Fabriken ruiniren können; und da sie jezt mit den Englischen Fabrikaten um den Preis buhlen müssen, haben sie eine tödtliche Wunde bekommen. In einem Lande, das einer despotischen Macht unterworfen ist, muß der zeitige Minister Zutrauen um einen hohen Preis erkaufen. Wenn er incorporirte Handlungsgesellschaften mit Capitalien haben will, so muß er ihnen Monopolien mit ausschließlichen Privilegien bewilligen, die sich mit dem allge-

*) Man s. Toze Statist. Heinzes Ausg. S. 266.

allgemeinen Beſten nicht vertragen. Dem ungeachtet iſt
die Dauer dieſer den Compagnien eingeräumten Privilegien
ſehr ungewiß, und wenn ſie die Rechnungen ſchlieſſen, ſo
können ſie leicht finden, daß, wenn ſie in der Hofnung
waren, mehr als billige Zinſen für ihr Geld zu empfangen, ſie das Capital ſelbſt eingebüßt haben. Sollte dies
das Schikſal der Philippiniſchen Compagnie ſeyn, ſo hat
die ganze Nation und jeder Privatkaufmann Urſache über
den Fall ſich zu freuen, nicht wegen der ausſchlieſſenden
Privilegien, ſondern weil kein eingeſchränktes Capital es
mit ihr, der ganz Amerika und Afrika für ihre Specula-
tionen offen ſtehen, aufnehmen kann. Hätte ſie die Unter-
ſtützung erhalten, welche ſie Urſache hatte zu erwarten, ſie
würde den ganzen Handel von Spanien an ſich geriſſen
haben, und in der Folge der Ruin dieſes Landes geweſen
ſeyn. Sie hat ſchon ihre Operationen nach Vera Cruz,
Buenos Ayres, und den meiſten Seehäfen in Amerika
ausgebreitet, und ſie erhandelt jezt Sklaven an der Küſte.
von Afrika. Dieſe wurden ſonſt von den Engländern geliefert, vermöge eines Artikels in dem Utrechter Frieden
unter dem Namen Aſſiento bekannt. Nachdem dieſer
Contract zu Ende gegangen iſt, ſind verſchiedene andere
gemacht, einer neulich mit Dawſon und Baker in Liver-
pool, die ſich anheiſchig gemacht haben, 3000 Negern
jährlich an die Spaniſchen Inſeln zu liefern, und gemäß
dieſes Contracts 300000 Pf. St. für die von ihnen abge-
lieferte ſchon erhalten haben.

Spanisches Amerika und Spanischer Handel dahin.

Das Betragen der Spanier gegen ihre schwarzen Sklaven ist den Grundsäzen einer gesunden Staatsökonomie vollkommen angemessen. Der Sklave ist in Ansehung seiner Person und seines Eigenthums unter dem Schutze der Gesetze, und kann sich auf billige Bedingungen loskaufen. Diese werden durch Schiedsrichter festgesezt, wovon der Sklave einen und der Herr den andern ernennet; und wenn diese nicht miteinander übereinkommen, ernennet der Richter einen dritten. Eigenthum kann der Sklave leicht erlangen, wenn er einige Industrie hat, oder frei zu seyn wünschet. Denn die vielen Festtage, ausser zwei Stunden zur Mittagszeit, können von ihm genuzt werden, seinen Garten anzubauen, sein Federvieh und seine Schweine zu füttern und seine Erzeugnisse auf den Markt zu bringen. Eine Folge dieser guten Behandlung ist, daß in den Spanischen Inseln die meisten Künstler, Handwerker und Krämer Negern sind, die entweder durch ihre Industrie und Sparsamkeit oder ihre besondere Treue ihre Freiheit erhalten haben. Es gereicht auch dieser Einrichtung zur besondern Empfehlung, daß 2 der besten Bataillons zu Havannah aus Negern bestehen, die Sklaven gewesen sind.

Es wäre zu wünschen, daß die freie Denkungsart der Spanier gegen ihre Kolonien gerühmt werden könnte. Allein unglüklicher Weise herrschen hier wie an andern Europäischen Höfen die nämlichen Vorurtheile, und kurzsichtigen Maasregeln in Absicht des Monopols, die dem Mutterlande und den Colonien so vielen Schaden zufügen.

Es fehlte nicht viel, so wäre 1781. die reiche Provinz Peru abtrünnig geworden. Als der Marquis de Sonora

in Peru ein königliches Monopol für Tabak nebst einigen
Taxen, die dem Volke verhaßt waren, einführen wollte,
so entstand ein bürgerlicher Krieg, der, wenn nur der
commandirende Chef der Rebellen sich mit mehr Vorsicht
aufgeführt hätte, geendigt seyn würde, wie der Englisch-
Amerikanische. Der Anführer der Rebellen war Tupaca-
maro, Cazique von Arequipa, der sich für einen Descendenten von der heiligen Linie und der Sonne ausgab, und
sich den Ynca nannte. Er fieng die Rebellion damit an,
daß er den Corregidor, der ihm Freundschaft erwiesen,
und ihn beschüzt hatte, hängen ließ; und die Exempel seiner Grausamkeit und seiner Räubereien, die er gegen die
Personen und das Eigenthum sowohl seiner Freunde als
Feinde ausübte, waren so häufig, daß viele Indier sich
mit der Regierung gegen ihn vereinigten. Er wurde endlich gefangen genommen und gehangen, und sein Tod endigte den innerlichen Krieg, aber nicht eher, als bis 200000
Menschen ums Leben gekommen waren.

Der Minister von Indien hat den Bergwerken einen
wesentlichen Dienst geleistet, daß er den Preis des Queksilbers von 80 harten Dollars zu 41 den Centner herunter
gesezt hat. Die Spanischen Bergwerke, vorzüglich das zu
Almaden, producirten in alten Zeiten eine hinlängliche
Quantität dieses Halbmetalls für die Colonien. Sie waren damals unter Aufsicht des berühmten Bowles, eines
sehr geschikten Irländers, der dabey so rechtschaffen war,
daß, nachdem er Millionen für königliche Rechnung gewonnen hatte, er seine Witwe in armseligen Umständen
nach sich ließ. Jezt kann Spanien nur 16000 Centner
liefern, und hat daher mit dem Grafen Greppi, kaiserlichen Consul zu Cadix, um 12000 Centner jährlich contra-
hirt, wovon die Regierung den Centner mit 53 Dollars
bezahlt,

bezahlt, und für 63 verkauft. Es war wirklich eine gute
Queksilbermine zu Quancavelica in Peru vorhanden; allein
sie ist durch Haabsucht und schlechte Behandlung in Verfall gerathen. Dem ungeachtet hätte Ulloa sie wieder her-
stellen können, wäre er nicht so unvorsichtig gewesen, die
üble Verwaltung einiger Mächtigen zu entdecken und zu
hintertreiben. Seit der Heruntersetzung des Preises des
Queksilbers, und des Tributes, der von Gold und Silber
sonst 20 p. C. war, und jezt 5 p. C. von Golde und 10
p. C. von Silber ist, sind beide Metalle reichlicher gewonnen, und in Mexico 1776. wurde das Duplum der gewöhnlichen Quantität Silbers gemünzt, die mehr als $2\frac{1}{2}$
Million Pf. Sterl. betrug. Der ganze Ertrag der Spanischen Bergwerke in Amerika 1776. betrug 30 Millionen
Dollars, oder, nach Englischem Gelde $4\frac{1}{2}$ Millionen. In
Zeit von 6 Jahren ist er ansehnlich vermehrt, und wird
jezt zu 5,400,000 Pf. Sterl. angegeben.

Nach der ersten Entdeckung von Amerika häufte sich
dieser Schaz in Spanien, und wurde so weit als Gesetze
es zu erreichen vermögend waren, auf diese Halbinsel eingeschränkt. Die Folge davon war der Ruin der einheimischen Manufakturen; denn die Anhäufung des Goldes
und Silbers in diesem Lande verursachte eine Erhöhung
des Arbeitpreises, worüber sich die Cortes gegen Carl V.
beschwerten (s. Campomanes Education Popular P. IV.
p. 112. not. 98.). In der Folge der Zeit entdekte sich das
Geheimniß, daß keine menschliche Gewalt den natürlichen
Gang dieser edeln Metalle aufhalten kann; und Spanien,
das an Silber erschöpft war, wurde mit schlechter Kupfer-
münze überschwemmt, die von den benachbarten Nationen
sich daselbst verbreitet hatte (s. Campomanes Ed. Pop. P. IV.

L 2   p. 272.).

p. 272.). Es ist eine bekannte Thatsache, daß das Land einen Mangel an klingender Münze hat, wenigstens verhältnißmäßig; und Graf Campomanes hat mit vieler Einsicht die Ursachen angegeben, welche diesen Effect bewirkt haben. Er rechnet auch dahin die kostbaren Kriege, welche durch die auswärtigen Besitzungen veranlaßt sind, und die Summen, welche Spanien nach dem Verlust seiner eigenen Manufakturen hat bezahlen müssen, um von seinen fleißigern Nachbarn die gemeinsten Kleidungsstücke zu kaufen.

Die Importen von Amerika 1784 *) betrugen 12,635,173 Pf. St. oder noch einmal so viel, als sie von dem Abt Raynal geschäzt sind.

Die Preise der Waaren von Amerika waren 1775:

Die beste Cochinelle von 97 bis 104 Dukaten zu 11 Reales de Plata die Arroba; oder ungefähr 16 Schill. das Pfund.

Indigo das Pfund von 21 zu 34 Reales de Plata. Real de Plata = $4\frac{1}{2}$ Pence.

Cacao die Fanega von 26 zu 41 Dollars.

Zucker ziemlich weiß, 25 Reales de Plata die Arroba, oder $4\frac{1}{2}$ Pence das Pfund.

Häute von Buenos Ayres, Caraccas und Orenoko, 5 Pence das Pfund, aber von Havannah beträchtlich weniger.

Vicuna Wolle von Peru, $2\frac{1}{2}$ Pence das Pfund; von Buenos Ayres beinahe 2 Pence.

Reine Baumwolle 3 Schillinge das Pfund.

Kupfer

---

*) Die Tabelle von den Exporten und Importen nach und von Amerika 1784. ist ausgelassen, weil sie in Neuere Staatskunde von Spanien II. 435. angesehen werden kann.

Kupfer von Mexico und Peru 24 Dollars der Cent. ner oder 8 Pence das Pfund, wobey angenommen wird, daß 104 Pfund Spanisch = 112 Englisch. Kupfer von Chili ist 25 p. C. wohlfeiler.

Zinn aus Amerika 20 Dollars der Centner, oder 6½ Pence das Pfund. Englisches Zinn wurde um 25 Dollars der Centner verkauft.

Nach meiner Zurükkunft in England untersuchte ich die Natur und Beschaffenheit unsrer Colonie in Honduras. Bay, die bey den Spaniern so viele Besorgniß erregt hat. Sie bestand in 569 Freyen, Weiber und Kinder einge. schlossen, 1763 schwarzen Sklaven, und 204 Stük Horn. vieh. Die Besorgniß hatte nicht in der Menge der Colo. nisten, sondern in dem Contrebandehandel, den diese trie. ben, ihren Ursprung. Die Mosquitoküste war überdem nie der Krone Spanien unterworfen, und die unabhängi. gen Prinzen, die daselbst regierten, hatten seit vielen Jah. ren mit der Englischen Nation Bündnisse errichtet. Die Spanier fürchteten, daß in Kriegeszeiten dieses Einver. ständniß mit den Mosquitos ihnen schädlich werden, und die Engländer sich vermittelst derselben mit Gewalt auf dem See Nicaragua festsetzen möchten. Die Colonie war für die Engländer von Wichtigkeit, weil sie zur Unterhal. tung der Verbindung zwischen Jamaica und dem festen Lande von Amerika diente, und die Englischen Fabrikate mit Guatimala gegen Indigo, Cochinelle, Silber und harte Thaler umsetze. Indigo, welcher wild auf der gan. zen Küste wohnt, giebt einen herrlichen Artikel, und kein Land producirt bessern Zucker. Die kleine Colonie verfer. tigte ungefähr 150 Oxhöfte Zucker in einem Jahre; weil aber davon die Abgabe von ausländischem Zucker in Eng. land bezahlt werden mußte, so giengen die Zuckermühlen

zu

zu Grunde. Mahogonyholz war ein beträchtlicher Handlungsartikel und davon wurden jährlich 3 Millionen Fuß
ausgeführt. Außerdem schickten die Colonisten nach England
4 Tonnen Schildpatte, die eine Abgabe von 1 Schill. das
Pfund bezahlten, 120000 Pfund Gewicht Sarsaparilla,
wofür eine Abgabe, das Pfund zu 7 Pence, von 3500
Pfund Sterl. entrichtet wurde. Diese Summe war mehr
als hinreichend zu den Unkosten für diese neue Colonie.
Der Werth dieser Besitzung an der Mosquitoküste war so
einleuchtend, daß weder der Minister, welcher die Frie-
dens-Präliminarien an dem Ende eines unglüklichen Krieges zeichnete, noch sein unmittelbarer Nachfolger sie auf-
geben wollte. Aber in dem J. 1787. wurde die Nieder-
lassung geräumt *), und unsre getreuen Alliirten der Will-
kühr ihrer erbitterten Feinde Preis gegeben.

Spanische Seemacht.

Seit dem lezten Amerikanischen Kriege haben sich die
Spanier bemüht ihre Seemacht auf einen respectablen
Fuß zu setzen. Und da zu der Zeit, als ich in Spanien
war, die Nation ihre Ansprüche auf die Mosquitoküste
geltend machen wollte, so war alles in Bewegung, und
rüstete sich zum Kriege. In dem Arsenal zu Carraca sind
die Magazine gut eingerichtet und mit dem zum Schifbau
gehörigen Vorrath angefüllt. Neue Schifswerften sind mit
grossen Kosten angelegt; denn da sie in einem Boden von
sanftem

*) Der den Colonisten dafür angewiesene District ist beschrieben
in meinem Geograph. Handbuche in Hinsicht auf Industrie
und Handl. Nürnb. Ausg. S. 25.

fanftem Thon und Laim liegen, so war es sehr schwer sie
zu bauen, und es erfordert unabläßige Arbeit sie trocken
zu erhalten. Man gebraucht dazu 16 Ketten = Pumpen,
an deren jeder 8 Mann arbeiten, die wechselsweise 4 Stunden pumpen und 8 ruhen. Diese Arbeiter sind Verbrecher,
größtentheils Contrebandiers, die zu dieser harten Arbeit
verurtheilt sind, einige auf 3, andere auf 7 und wenige
auf 14 Jahre. Die Contrebandiers sind von den Dieben
durch eine einzelne Kette unterschieden, da diese zwey tragen müssen. In diesem Werfte sind allein 1000 solcher
unglüklichen Creaturen. Ich fand hier eine Einrichtung,
die Nachahmung verdient. Um den Vorrath vor Würmern, dem Winde und der Sonne zu sichern, ist er im
Sand vergraben, durch welche simple Methode er viele
Jahre aufbewahrt bleibt. Um den Anwachs der Spanischen Marine in wenigen Jahren anschaulich zu machen,
will ich eine Tabelle, die ihren Zustand in den Jahren
1776 und 1788 angiebt, anführen.

Im J. 1776 Schiffe	J. 1788 Schiffe	Stärke der einzelnen Schiffe an Kanonen.
1	10	112
—	3	94
5	3	80
—	42	74
41	—	70
—	5	68
4	5	64
6	—	60
—	4	58
—	1	54
—	2	40
—	40	34

Von

Von den kleinen Fregatten, welche wenig ausrichten,
ist keine Notiz genommen.

Die Liste ergiebt, daß innerhalb 12 Jahren die Spanische Seemacht beynahe verdoppelt ist, wenn wir bloß auf
die Anzahl der Kanonen sehen. Wenn wir sie aber in Hinsicht der Größe der Linienschiffe vom ersten Range bestimmen, so ist sie mehr als verdoppelt, und wenn wir die
Absicht der Regierung oder den besondern Geschmak und
die Neigung des neuen Monarchen erwägen, so ist zu vermuthen, daß man weder Kosten noch Fleiß sparen werde,
die Seemacht noch fürchterlicher zu machen.

Eine wichtige Frage, die Untersuchung verdient, ist,
ob Spanien darauf bedacht seyn sollte, sich als eine Seemacht hervorzuthun, und ob die Summen, die in der
Hinsicht jährlich ausgegeben werden, nicht nützlicher zur
Ermunterung der Industrie durch Oefnung der Communication, Beförderung des Ackerbaus, Unterstützung der Fabriken, Belebung des Handels und Befolgung eines jeden
Plans, den die aufgeklärtesten Nationen, um Handelsverkehr zu erleichtern angenommen haben, angewandt werden
könnt.n? Sollte Spanien das Colonisations-System bei-
behalten, so wird freilich eine starke Marine nöthig seyn,
seinen Commerz zu schützen, und seine Monopole zu sichern.
Alsdann aber sollte untersucht werden: wird der behauptete Theil des Commerzes über dem, den das Reich haben
würde, wenn er seine Gewalt über die entfernten Provinzen verloren hätte, oder wenn der Handel frei wäre, die
Unkosten, die solche Zurüstungen in Friedenszeiten, und
die Besoldung so vieler Officianten, die ausgedehnten Küsten zu besetzen, erfordern, bezahlen, und noch mehr wird
er es für alle Kriege, in welche es zur Aufrechthaltung
eines Handels verwickelt werden möchte, entschädigen?
Diese

Diese Fragen verdienen beantwortet zu werden, und die besten Politiker denken, daß Spanien ohne Colonien reicher und mächtiger seyn würde. Ist ihre Meinung gegründet, so ist es thöricht, so viele Kosten auf die Marine zu wenden. Kein Land kann einen vortheilhafteren Handel führen, als Spanien. Ohne Marine könnte es mächtig und reich seyn. Seine herrlichen Producte, als Wein, Brantewein, Rosinen, Feigen, Mandeln, Orangen und Nüsse, Oliven, Oel, Soda und Seife; Seide, Linnen und Baumwolle unter gehöriger Begünstigung, die feinste Wolle, Esparto oder Hanf zum Tauwerk u. s. f. Eisen, welches das in andern Ländern übertrift, Zinn, Bley und Kupfer in Menge, das überflüßige Korn, wenn das Land hinlänglich angebaut wäre, alle diese Naturprodukte, nebst den Fabriken, die unter einer guten Regierung natürlich Statt haben müssen, würden eine solche nie versiegende Quelle von Reichthümern werden, daß, sollte es einer benachbarten Nation beigehen, die Spanische im Genuß des Friedens zu stören, sie nichts zu fürchten haben würde, weil auf ein bevölkertes und vereinigtes Reich kein dauerhafter Eindruk gemacht werden kann. Und gesezt, daß Spanien bey solchen Vorzügen des Bodens und Klimas, die so viele Handlungsartikel liefern, und ohne erschöpfende Colonien, sich bloß zur Selbstvertheidigung rüstete, und ohne Neid noch Furcht zu erregen, ihre Absichten bloß auf einheimische Industrie einschränkte; würde alsdann wohl eine benachbarte Nation eine Neigung haben, es zu beunruhigen? Die Ruhe Europens hat jezt am meisten von solchen Kriegen, die des Commerzes wegen entstehen können, zu fürchten. Wenn aber die den Europäischen Mächten unterworfenen Colonien das Joch abgeschüttelt haben, und die commerzirenden Nationen mit ihrem wahren In-

L 5 teresse

teresse besser bekannt, die Friedenskünste gehörig cultiviren werden, so wird diese Ursache zum Streit aufgetroknet seyn, und man wird nur in der Industrie miteinander wetteifern.

Reise durch Asturien.

Oviedo, die Hauptstadt von Asturien, enthält 1560 Familien, 5895 Communicanten, ausser Kindern unter 10 Jahren, die auf 1600 berechnet werden. Die ganze Bevölkerung von 7495 giebt nicht einmal 5 Personen auf eine Familie. In der Stadt sind 4 Pfarrkirchen, 8 Kapellen, 6 Klöster, und eine hinlängliche Anzahl von Priestern, nebst einem Bischof, seinem Suffragan und 36 Canonicis. Das Bisthum hat 60000 Dukaten = 6591 Pf. Sterl. 15 Sch. 11¼ Pfen.; das Kapitel 80000 Dukaten = 8,789 Pf. St. 1 Sch. jährliche Einkünfte. Ich logirte bey dem Suffragan-Bischof, einem grossen wohlgewachsenen Manne, von vieler Lebhaftigkeit, und offenem freiem Betragen. Er bekömmt den Titel Illustrissimo, und bey der ersten Aufwartung beuget man die Knie und küsset seinen Ring, nachdem man vorher seinen Segen empfangen hat, den er durchs Kreuzen mit der rechten Hand ertheilt. Sein Pallast ist gar nicht elegant, aber doch nicht unbequem. Die Stühle und die grosse Tafel im Eßsaal sind von Eichenholz. Die Lebensart ist simpel. Das Mittagsessen bestand in einer Sopa oder einer Suppe mit geröstet Brodt, einer Olla, oder einem Gericht von Rind- und Hammelfleisch, einem Stük Spek und einigen Bratwürsten, mit Garvanzos oder grossen Spanischen Erbsen

(cicer

(cicer arietinum), an andern Tafeln wird noch Kalbfleisch
und Hüner hinzugefügt. Darauf folgte ein Braten oder
Wildpret, und Fisch, auf diese oder jene Art zubereitet,
beschloß die Mahlzeit. Des Morgens und Abends wurde,
statt Thee, Chocolate mit Neapolitanischen Biscuit angeboten. Der Bischof brachte den Morgen mit Amtsge-
schäften zu, nach der Mahlzeit schlief er, alsdann fuhr
oder gieng er spazieren, den Abend brachte er mit seinen
Freunden zu, die sich um ihn versamleten. In seinem
Hause wohnten ein Kaplan, ein Secretär, 2 Pagen und
sein Neffe, ein Canonicus. Sein Groß-Neffe, mein Rei-
segefährte, war nur bisweilen da. Die Pagen warten
ihm bey Tische auf, und begleiten ihn, wenn er ausgehet.
Die übrige Zeit bringen sie mit Studieren zu, und werden nachher Priester, darauf Tischgenossen und Gesellschafter des Bischofes, bis er ihnen eine Pfründe giebt. Da
ich von dem Grafen Campomanes an den Intendanten
empfohlen war, so besuchte ich seine Tertulla oder Abends
Assembleen, wo ich allemal den Grafen Penalba, den
Freund des Grafen Campomanes, antraf. Hier waren
2 Zimmer zum Kartenspiele und zur Unterredung. Das
Spiel war Lotterie, wozu man weder Urtheilskraft noch
Gedächtniß gebrauchte. Indessen war doch hier die Gesellschaft am zahlreichsten, und das andere Zimmer stand
leer.

Bald nach meiner Ankunft wurde eine Procession von
dem Bischof, begleitet von den Canonicis und den vornehmsten Einwohnern, mit Fackeln in der Hand, und mit
Vortragung der Asche der heil. Eulalia gehalten, um Regen vom Himmel zu erbitten. Die Heilige wollte sich aber
nicht erbitten lassen. Wegen der vielen Processionen wird
viel Wachs in ganz Spanien verbraucht, hauptsächlich in
den

den Provinzen, die weder durch Flüsse noch durch Noria
gewässert werden. Anstatt des Geldes für Wachs könnten
Kanäle angelegt und andere Verbesserungen gemacht werden, die sehr gute Zinsen für das angewandte Capital
tragen würden. Man hat auch damit den Anfang gemacht. Dergleichen Sachen werden aber nicht von Privatpersonen, wie in England, sondern von der Regierung
unternommen.

In dem Hospicio oder allgemeinen Arbeitshause sind
65 Männer, 55 Knaben, 90 Weiber, 70 Mädchen, ausser den Kindern, die an Ammen ausser dem Hause ausge-
than sind. Das Haus hat 4 geräumige Vierecke, 3 Etagen hoch und sehr gut eingerichtet zu Arbeitsstuben und
Schlafstellen. Dies Institut hat jährliche Einnahme 30000
Dukaten aus den Gefällen von dem Branteweinschenken,
3000 von Verpachtung der Ländereien, und andere Vortheile; zusammen 4000 Pf. St. ausser dem Verdienst von
der Arbeit, der zu 3000 Reales oder 30 Pf. St. jährlich
angegeben wird, mit Inbegrif dessen, was zu eigenem
Gebrauch gemacht wird. Unter den 280 Personen in dieser Anstalt sah ich keine Krüppel, so daß die Arbeit für
jeden das Jahr auf 2 Schill. und $1\frac{1}{2}$ Pfenn. gerechnet
wird. Das Haus ist auch ein Fündlingshaus. Der Bischof theilt jeden Morgen Almosen aus an alle, die kommen, und wöchentliche Gaben an Witwen und Waisen.
Die Dohmherren sind nicht weniger mildthätig, wenn sie
in der Gasse gehen. Die 6 Klöster theilen Suppen aus
jeden Mittag, vorzüglich die Benedictiner. Für kranke
Arme ist ein gutes Hospital. Die grosse Mildthätigkeit
hat den Schwarm der Bettler vermehrt; denn man findet
in allen Strassen zerlumpte und von Ungeziefer zernagte
Bettler. Als ich den Bischof einmal fragte, ob er nicht
Unrecht

Unrecht thäte, daß er so viele Almosen austheilte: antwortete er, ohne Zweifel; aber es ist die Pflicht des Magistrats, die Strassen von Bettlern zu säubern, meine Schuldigkeit ist, allen Almosen zu geben, die mich darum ansprechen.

In dem Hospital, woran Don Antonio Durand Arzt und Don Francisco Roca Wundarzt waren, waren die merkwürdigsten Krankheiten Tertianfieber, Wassersucht, und eine Krankheit, die dieser Provinz eigen ist, mal de Rosa. Man hat sie als eine Art von Aussaz angesehen, womit sie aber doch keine Verwandschaft hat. In ein anderes Hospital werden die mit den venerischen Krankheiten behafteten dreimal des Jahrs aufgenommen. Die Wundärzte aber über die ganze Provinz klagen, daß die Patienten sich zu spät melden, woher die Krankheit sehr gewöhnlich ist. Die endemischen Krankheiten in den Asturien sind abwechselnde Fieber, Wassersucht, Hysterie, Hypochonder, Kropf, Verhärtung in den Drüsen, Cachexie, Scorbut, Aussaz, Tollheit, Epilepsie mit Würmern begleitet, Schlag, Lähmung, Gicht, Schwindsucht, Erisipelas, Mal de Rosa, und die Krätze. Für den Aussaz sind 20 Hospitäler oder sogenannte Lazarethe in Asturien. Der Aussaz erscheint in mancherlei Gestalt. Einige Patienten sind mit einem weissen trockenen Grind überzogen, und sehen aus wie Müller, andere haben eine fast ganz schwarze, sehr dicke Haut, voll von Runzeln, schmierig, und mit einer ekelhaften Kruste bedeckt. Bey andern ist Bein und Lende sehr geschwollen, voller Geschwüre und Eitern, die einen unerträglichen Geruch von sich geben. Alle beschweren sich über Hitze mit einem unerträglichen Jucken. Einige Patienten, vornemlich weiblichen Geschlechts, haben nicht an dem grossen Schenkel, sondern an einer Hand eine grosse Geschwulst,

oder

oder ein so aufgeschwollenes Gesicht, daß es kaum einem
menschlichen ähnlich sieht. Andere haben Carfunkeln so
groß wie Haselnüsse über ihrem ganzen Leib. Die Ursache
der mancherlei Krankheiten, denen die Einwohner dieser
Provinz ausgesezt sind, ist in der Feuchtigkeit, die von
ihrer Lage herkömmt, zu suchen. Dieses gebirgige Land,
welches gegen Norden von der Bay von Biscaya, und
gegen Süden von Schneebergen begränzt wird, ist beständig temperirt, und im Ganzen feucht. Der Nordostwind
ist trocken, begleitet mit einem heiteren Himmel, und einer
scharfen Luft, bey jedem andern Winde ist der Himmel
mit Wolken überzogen. Der Nordwind bringet schreckliche
Stürme und der Ostwind *) ist wenig besser. Beide verursachen Regen im Sommer, und der Westwind ist jederzeit mit Feuchtigkeiten aus dem Atlantischen Meere versehen. Im May, Junius, Julius, siehet man selten die
Sonne; hingegen im August und September selten eine
Wolke. Die Küste ist nicht allein temperirt, sondern auch
ohne Regen. Die Feuchtigkeit auf den Anhöhen ist so
groß, daß die Früchte und eiserne Werkzeuge davon anlau-
fen und vom Roste angegriffen werden. Die Nahrung,
welche die Einwohner zu sich nehmen, befördert gleichfalls
die Krankheiten. Sie essen wenig Fleisch, trinken wenig
Wein. Sie nähren sich von Indischem Weizen oder Mais,
Bohnen, Erbsen, Kastanien, Aepfeln, Birnen, Melonen
und Gurken. Ihr Brod, das von Mais gemacht wird,
ist ungesäuert, und ein bloßer Teig. Ihr Getränk ist
Wasser.

Diese

---

*) Im Original steht N. W. ein offenbarer Druckfehler, der in
E. oder N. E. W. zu ändern ist.

Diese Nachricht wird durch Gaspar Casal, eines Arztes von vielem Beobachtungsgeiste, natürliche Geschichte von Asturien bestätiget *).

Der endemischen Krankheiten ungeachtet können wenige Länder mehrere Beispiele eines hohen Alters aufweisen. Viele werden 100, einige 110, ja noch mehrere Jahre alt. Dasselbe gilt auch von Galicia, wo 1724 das Abendmahl an 13 Personen ausgetheilt wurde, deren Leben zusammen 1499 Jahre ausmachte, und wovon die jüngste 110, die älteste 127 Jahre alt war. In Villa de Hosinanes starb 1726 ein Tagelöhner alt 146 Jahre. Das gemässigte Klima, das von der Feuchtigkeit herkömmt, und die kühlenden Winde von der See und den Schneegebirgen, verlängern das menschliche Leben, und befördern chronische Krankheiten, die selten tödtlich sind. In wärmern und trockenern Gegenden kömmt die Natur früher zur Reife, ist vielen hitzigen Krankheiten unterworfen, und wird, gleich einem Lichte, das mit einer lebhaften Farbe brennet, bald verzehrt.

Das Hospital für die Pilgrimme ist ein elendes Gebäude, worin die nach dem Altar zu St. Jago in Galicia Wallfahrtenden drey Nächte beherberget werden. Stirbt einer von ihnen zu Oviedo, so wird er mit mehr Pomp be-

*) Der Titel dieses zu Madrid 1762 herausgekommenen Buches hat Stuck in Verzeichniß von Land und Reisebeschreibungen Nro. 271. gegeben. Da das Buch nicht ins Deutsche übersetzt ist, so wird man dem Verf. für den Gebrauch, den er davon gemacht hat, danken. Der Auszug, den Plüer machte, und Büsching in dem 5ten Theil des Magazins für Historie und Geographie einrükte, gehet hauptsächlich auf Naturgeschichte.

begraben, als ein Edelmann, und alle Canonici begleiten ihn zum Grabe. Die Wallfahrtssucht hat sehr abgenommen; man findet indessen noch einige alte Männer und viele Junge, die davon angestekt sind.

In der Kathedralkirche sind viele Reliquien, die, zufolge der Tradition, als Cosroes, König von Persien, Jerusalem plünderte, auf eine wunderbare Weise in einer Kiste über Afrika nach Carthagena, und endlich nach der San Salvador Kirche zu Oviedo transportirt wurden. Es wurde auch einmal während meines Aufenthalts das Santissimo Sudario oder das heil. Schweißtuch, worein Christus bey seinem Leiden sein Bildniß abgedrükt hat, öffentlich in der Kirche vor 8 oder 10000 Bauern aus den benachbarten Dörfern zur Schau gestellet, welche Körbe voll Kuchen und Brod den Augenblik, als die Gardine weggezogen war, in die Höhe hoben, in voller Ueberzeugung, daß diese so ausgestellten Kuchen die Kraft erhalten würden, alle Krankheiten zu curiren oder zu lindern. Viele hoben ihre Rosenkränze in die Höhe, andere andere Sachen, denen sich die aus dem Schweißtuch ausgehende Kraft mittheilen sollte. Nach einigen Minuten zog ein Canonicus die Gardine nieder, und die Versammlung gieng aus einander.

Die Klöster zu S. Oviedo haben wenig interessantes, zwey ausgenommen von dem Orden der Benedictiner. In dem Mönchenkloster wohnte der berühmte Pater Feyjoo, dessen Celle ich besuchte. Ich sprach die, welche ihn bey seinen Lebzeiten gekannt hatten. Das Nonnenkloster ist sehr reich. Der Nonnen sind 50 und ihre Einkünfte werden auf 20000 Dukaten = 2,197 Pf. St. 5 Sch. geschäzt. Ich machte eine Theevisite bey ihnen in der Gesellschaft

sellschaft des Canonicus und eines jüngern Freundes, die Nonnen hatten sich nebst der Aebtissin hinter dem Gitter versammlet. Ihre Gespräche waren sehr lebhaft, und ihr Betragen ungenirt. Eine junge, schöne, auf den ersten Anblik sehr interessante Dame wurde von mir gebeten zu singen. Ihre Stimme war aber durch das Singen im Chor sehr rauh und unangenehm geworden. Das Gebäude ist sehr groß und elegant. Die heissen Bäder zu Rivera de Abajo, einige Meilen von Oviedo, haben eine bejaubernde Lage, in einem kleinen Thale mit hohen Bergen umgeben, mit einem kleinen Ausweg für das Wasser. Das Gestein ist Kalkstein, und das Wasser in Temperatur und Geschmak dem zu Bath ähnlich. Die Badstuben sind nicht gut angelegt, und durch einen kalten Gang von denen, wo man sich ankleidet, abgesondert. Die Quelle ist noch nicht gehörig untersucht *); sie ist aber wegen des Nuzens, den sie bey Gicht, Schlagfluß, Gelbsucht und Unfruchtbarkeit geleistet hat, berühmt. In der Mitte des Thals auf einer kleinen Anhöhe ist ein Castel mit runden Thürmen San Juan de Priorio, und nahe dabey eine Kirche in einer sehr romantischen Lage, mit einem schönen Hintergrunde von Eichen und Castanienbäumen.

Nahe bey der Stadt ist eine neue Fabrike von Steinöl (petroleum), die mit der Zeit wichtig werden kann, weil Steinkohlen in Asturien sehr reichlich vorhanden sind. Sie haben einen unerträglichen Gestank, vermuthlich von dem Kalkstein, wo zwischen sie liegen, und dem Schwefel, womit sie angefüllt sind. Sollte man dieses Stratum über-

---

*) Sie wird von Casal in dem unten anzuführenden Buche die Quelle von Priorio genannt und beschrieben.

überwinden, und Steinkohlen in Schichten finden, so werden die Steinkohlen nicht mehr so übel riechen. Es fehlt an Ermunterung, diese Gruben zu bearbeiten, weil das Land einen Ueberfluß an Holz hat, und die Vorurtheile gegen Steinkohlen so weit gehen, daß man ihnen Krankheiten zugeschrieben hat. Der Kalkstein ist mit versteinerten Conchilien angefüllt. Gegen Westen von Oviedo ist der Boden gypsig, aber es wird kein Salpeter gemacht, und es ist auch keine Spur von nitröser Erde. Die Bäume sind Ulmen, Eschen, Pappelbäume, eine Art Eichen, die Robles heißen. In den niedrigen Gegenden wird zweimal des Jahres geerndtet, erst Gerste, nachher Mais oder Flachs. Weizen ist vortreflich. Die Pflüge um Oviedo sind die schlechtesten, die man sich gedenken kann, und können den Boden nur kratzen, der wegen seiner Härte gut gepflügt werden müßte. Die Eggen sind ohne Eisen, und werden nur bey Mais gebraucht. Weizen und Gerste wird nicht geegt. Die Karrenräder haben keine Speiche. Sie bestehen in einem hölzernen Ringe, aus 4 Quadraten zusammengesetzt, und werden von einer Planke, 8 oder 10 Zoll breit, in 2 Theile getheilt, um die Achse aufzunehmen, die an dem Wagen befestiget ist, und mit demselben sich umdrehet. Die Achse ist 8 bis 10 Zoll breit und bisweilen mit Eisen, worinn eiserne Nägel mit grossen Knöpfen befestiget sind, beschlagen. Bisweilen werden bey der hölzernen Achse, die sich, ohne geschmiert zu seyn, herumdrehet, zwey hölzerne Stifte, so nahe an der Achse eingeschlagen, daß diese sich daran reibet. Dies geschiehet, um durch das Reiben ein Geräusch hervorzubringen, wodurch die Ochsen und die Treiber zu ihrer Arbeit ermuntert werden. Die Musik, die dem Blasen auf dem Postillionshorn nicht unähnlich ist, wird von Morgen bis in die Nacht

über

über ganz Asturien gehört, und ist dem Fremden nicht
unangenehm. Einem Eingebohrnen vertritt sie die Stelle
einer jeden andern. Ochsen vertreten in diesem Lande die
Stelle der Pferde. Daher ist das Rindfleisch wohlfeil.
Der Bischof erzählte mir, daß die Lebensmittel bey seinem
Gedenken um die Hälfte wohlfeiler gewesen wären.

Ich reiste am 21sten August 1786. nach Aviles, an
der Seeküste, 5 Meilen *) von Oviedo, um eine Feria
oder Kirchweihfest zu sehen, das zu vielem Handel und
Vergnügen Gelegenheit giebt. Der Weg geht über Berge,
der mit grossen Kosten in gerader Linie gemacht wird, und
an beiden Seiten mit Bäumen bepflanzt ist. Von Oviedo
nach Gijon einem kleinen Seehafen, östlich von Aviles
arbeitet man an einem Wege in demselben Styl. In
Aviles sind 800 Familien, 2 Pfarrkirchen, 3 Klöster,
2 Hospitäler, für alte Weiber und für Pilgrimme nach
St. Jago. Hier werden bloß kupferne und eiserne Pfan-
nen für die Dörfer in der Nachbarschaft, und Garn zum
eigenen Gebrauch verfertiget. Der Ort liegt am Ufer eines kleinen Flusses, eine Meile von der See, wo aber
die Ebbe und Fluth noch bemerklich ist. Rings herum
sind Hügel, die grossentheils bis an den Gipfel fruchtbar,
mit den angeführten Eichen und Kastanienbäumen bepflanzt,
und mit Heerden bedeckt sind. In dem niedrigen Grunde
sind ergiebige Felder von Weizen und Mais. Das Haus
meines

---

*) Die Leagues des Verf. sind die Kastilianisch gesezlichen Mei-
len (leguas), deren 26⅔ nach den Landcharten des H. Bon-
ne, dem ich hierinn lieber folge als Gatterern, auf einen
Aequator:grad gehen. Diese Spanische Meilen sind durchgehends gemeint, wo Meilen vorkommen.

meines Freundes, wo ich abtrat, iſt nach Landesart um
einen Hofraum gebaut, hat aber nur die gewöhnliche Gallerie zur Hälfte, indem ſie gegen Süden und Oſten offen
iſt.   Das Erdgeſchoß iſt für Bedientenzimmer und eine
Kapelle. Die Zimmer ſind ein Speiſe-und Viſitenzimmer,
beide geräumig und hoch, 4 gute Zimmer mit Betten,
und einige von geringerm Range. Nur in 2 ſtanden einzelne Betten, in den übrigen 2, 3, auch wohl 4 Betten.
Denn in Spanien, ſelbſt in guten Häuſern, nehmen 3
oder 4 Mannsperſonen bisweilen ein Zimmer ein.   Sie
wiſſen ſo wenig von dem, was bey uns ekelhaft und un-
anſtändig ſeyn würde, daß ſie das in Tellertüchern verbergen, was die Franzoſen in Nachtſtühlen, die in Kammern
ſtehen, wo ihre Kleider aufbewahrt werden, verſchlieſſen.

Zur Zeit der Feria iſt der Zuſammenfluß von Fremden ſehr groß, und ein jeder öfnet ſein Haus zur Aufnahme ſeiner Freunde. Des Morgens beſucht man die Bu-
den, das in groſſer Menge hergetriebene Marktvieh, und
die auf dem Marktplaz verſammelten Leute.   Des Abends
wird getanzt. Die Simplicität in dieſer entfernten Provinz iſt ſo groß, daß den Domeſtiquen und Bauern verſtattet wird, ſich zu dem Eingange des Tanzſaals zu drän-
gen, um dem Tanze zuzuſehen *).   Am meiſten tanzt
man Menuet und Engliſch, bisweilen auch Cotillion, und
gegen Ende den Fandango. Die Stadt **) wird von 2
Corre-

---

*) Ich habe die Stelle ſtehen laſſen, damit man das Urtheil
des Verf. über die auch in einigen Städten Deutſchlandes
übliche Sitten daraus erſehe.

**) Der Verf. giebt ihr den ehrenvollen Namen city. Büſching
in Erdbeſchr. Th. 3. Hamb. 1788. S. 282. nennet ſie einen
Flecken, welches zu wenig iſt.

Corregidors, 4 Regidors und einem Syndikus regiert, der alle Jahre von dem Volke gewählt wird, für gesundes Fleisch zu sorgen, die Rechte der Bürger zu vertheidigen, und Gerechtigkeit zu handhaben hat. Daß in Spanien die Visiten den Damen im Hause, nicht den Herren gelten, daß man sich gar nicht um den leztern bekümmern dürfe, daß, wenn die Tochter hübscher ist, als die Mutter, die Tochter die Aufmerksamkeit der ganzen Gesellschaft ohne Beleidigung an sich ziehen könne, lernte ich in Aviles zuerst, und fand es nachher in der Hauptstadt bestätiget.

Die theoretische und praktische Arzneykunst ist in Spanien, vorzüglich in Asturien, in einem elenden Zustande. Fiat venæ sectio, ist noch immer die Lieblingsvorschrift der Aerzte, so ernsthaft sie auch widerlegt worden ist, und so sehr man auch darüber gelacht hat. Ein alter Canonicus, der nach der Meinung der Aerzte bald vom Schlage gerührt werden würde, wurde zur Ader gelassen; ich besuchte ihn, fand, daß sein Puls voll und stark war, und weil ich wußte, daß er sehr nahrhafte Speisen zu sich nahm und wenig aß, so verordnete ich ihm vegetabilische Speise und Motion, wodurch er die vorigen Kräfte bald wieder erlangte. Eine Nonne, die sich meines guten Rathes bedienen wollte, klagte über eine kranke Brust. Als ich der Abtissin äusserte, daß, wenn die Nonne meine Schwester wäre, ich ihre Brust zu sehen verlangen würde, antwortete sie: jede Dame ist Schwester des Arztes, der sie bedienet. Sie hieß sogleich die Nonne mit mir in die Stube gehen. Ich fand, daß sie an der Brust einen Krebsschaden hatte, und gab ihr den Rath, einen Wundarzt zu gebrauchen.

M 3

Luan-

Luanjo, oder nach der Aussprache Luanco, hat 370 Häuser und 1800 Seelen, wovon 1300 Communicanten, die übrigen Kinder sind. Es ist ein kleiner See-hafen, der Küstenhandel treibt. Der Weg von Aviles hieher gehet gröstentheils längst der Seeküste. Die Woh-nung des Grafen Penalba, meines Reisegefährten, ist massiv, an dem sich die Wellen brechen, die ihren Schaum über das hohe Haus in die Gassen werfen. Die untere Etage ist, wie gewöhnlich, ein Pferdestall. Die Familie im Hause war zahlreich; das Zimmer, worin ich schlief, hatte 2 Betten ohne Gardinen, eines für mich, das an-dere für den Bruder des Grafen. Die Wände waren von weissem Leim, der Boden gehobelt, aber doch nicht eben, und nirgends ein Platfond. Die Lebensart glich der alten brittischen Gastfreyheit. Der lange eichene Tisch, um den alte eichene Bänke standen, war jeden Tag mit guten Speisen besezt. Wenn wir zu Tische sassen, kam ein zerlumpter und halb nackter Kerl herein, der um den Tisch spazierte, mit der Familie, aber sehr unverständlich, discurirte, sich bisweilen unten am Tische niedersezte, und allerhand Possen trieb. Ich hörte nach-her, daß er ein unsinniger Mensch aus dem Dorfe sey, dem man diese Freiheit erlaubte. Die Einfalt der Ma-nieren und Sitten der Einwohner in dieser abgelegenen Provinz ist auffallend. Sie sprechen sehr offen und frey von Dingen, auf die man unter mehr civilisirten Men-schen nicht einmal zielen dürfte. Hingegen würden Ver-traulichkeiten, die an sich unschuldig sind, und auch zu nichts Bösem führen, hier und in ganz Spanien sehr übel aufgenommen werden. Die Frauenzimmer gebrau-chen keine Schminke, keinen Puder, keine Locken, keinen Hut, sondern blos ein Stückchen Band, das sie um die

Haare

Haare binden. Jugend und Schönheit triumphiren in
dieser Simplicität, aber alte Damen leiden unter diesem
Mangel an erborgtem Schmuck. Doch erzeiget man ih,
nen Aufmerksamkeit, und die Damen wissen diese auch
zu schätzen. Ein Kaufmann aus Luanjo präsentirte einen
von ihm in Papier zusammengerollten angezündeten und
angerauchten Cigarro *) der Gräfin, die ihn annahm,
halb ausrauchte, und wieder zurückgab. Wenige Minuten
nachher öfnete sie ihren Mund, und schikte eine Wolke
von Rauch heraus. Als ich meine Verwunderung darü,
ber bezeugte, so that der, welcher rauchte, einige starke
Züge, zeigte seinen leeren Mund, und ließ wenige Mi,
nuten nachher vielen Rauch aus ihm herausgehen. Dies
ist ihre gewöhnliche Manier zu rauchen, und wenn der
Rauch nicht durch die Lungen geht, so halten sie ihn für
unnüz.

Luanjo wird von einem Corregidor regiert, mit der
Hülfe von 8 oder 10 Regidors, und 2 Syndici, die das
Volk vor Unterdrückung schützen. Diese Magistratsperso,
nen schliessen einmal des Jahres einen Contract mit ei,
nem Fleischer, der das wohlfeilste Fleisch liefern will.
Das Land in dieser ganzen Provinz wird nach dia de
buyes oder dem Stük, das ein Joch Ochsen in einem
Tage pflügen wird, gerechnet. Zu Oviedo rechnet man
den dia de buyes (diem boum) lang 60 Varas, breit
30 Varas, oder 1800 Quadrat Varas, zu Luanjo 64
láng, 48 breit oder 3062, und um Gijon 70 lang, 35
breit,

---

*) Cigarros, wie Bourgoing II. 177. sagt, sind fingerdicke und
lange Tabaksrollen, die man ohne Pfeiffen raucht, und de,
ren man unzählich viele consumirt. Man lese auch die Be,
schreibung in Gatterers technolog. Magaz. I Bd. 3 St. S. 791.

breit, oder 2450 Quadrat Varas. Im Allgemeinen kann man den dia de buyes ungefähr zu einer halben Acre annehmen. Um Luanjo trägt der Weitzen 10fältig, und da auf einen dia de buyes eine Fanega oder 92 Pfund Weitzen kommen, so kann man den Pacht zu 16 Schillinge den Acre annehmen.

Von Luanjo gieng ich mit dem Grafen nach Carrio, einem Landhause, das ihm gehört, und nur wegen der Lage in einem fruchtbaren Lande an einem kleinen Flusse, nicht weit von der See merkwürdig ist. Von hier reisten wir nach Gijon, einem beträchtlichen Hafen, woher die Engländer die Lampertönüsse und Castanien holen. Darin leben 800 Familien. Der Hafen, der mit grossen Kosten gemacht ist, und unterhalten wird, wird nicht für sicher gehalten. Es ist aber kein anderer in der Nähe, der es mit ihm aufnehmen kann. Wir kehrten über Carrio nach Luanjo zurück, und hielten unterwegens auf einer schönen Wiese bey Candace still, um einer kleinen Fete Champetre beizuwohnen. Zu Peran, nicht weit davon, fand ich in dem Kalkstein eine Menge ausländischer Versteinerungen, als Corallen, Corallinen, Coralloides, Muscheln (cockles), die das Reiben der See bloß gestellt hatte. Dieses Stratum erstrecket sich in das Land weit über die Meeresfläche. In Luanjo sah ich eine königliche Verordnung vom 22sten Okt. 1785, worin gesagt wurde, daß die vornehmste Ursache des Verfalls des Ackerbaues diese sey, daß der Gutsherr seine Pächter nach verflossener Pachtzeit nach Gutdünken abdanken könne, daß inskünftige in Asturien der Pächter, wenn er sich des Landbaues mit Fleiß annähme, und mit der Zahlung nicht in Rückstand wäre, nach dem Verlauf der Pachtzeit nicht verstossen, noch seine Pacht erhöhet werden sollte,

indem

indem Gutsherr und Pächter befugt seyn sollten, durch
Sachkundige den Werth der Pacht und die Vergütung,
die dem Pächter bey seinem Abzug für die gemachten Verbesserungen zukommen sollte, bestimmen zu lassen. Dies
leztere ist sehr billig; daß aber der Gutsherr die Pacht
nicht erhöhen soll, wenn ihm mehr geboten wird, scheint
weder weise noch gerecht zu seyn.

Asturien und viele Gegenden in England haben eine
auffallende Aehnlichkeit. Das Land hat dasselbe Ansehen
in Absicht der Verdure, der Umzäunungen, Hecken, Gehölze, Abwechselung von Ackerland und Wiesenland u. s.
Beide leiden von der Feuchtigkeit im Winter, finden aber
einen reichen Ersaz im Sommer, in beiden ist das Klima
gemässiget, doch ist Asturien feuchter und wärmer. In
bedekten Plätzen und nicht weit von der See wachsen Oliven, Wein, Trauben und Orangen. Der Eyder ist nicht
so gut als der Englische. Das mag wohl von der wenigen Kenntniß ihn zu verfertigen, und der Feuchtigkeit des
Landes herkommen. Denn diese macht, daß alle seine
Produkte an Güte den Produkten wärmerer Länder nachstehen. Die Kräuter vertroknen hier ganz. Das Holz,
das auf dem Feuerheerd verbrannt wird, giebt wenig oder
keine Asche, und giebt so vielen Ruß, daß die Schorn-
steine beständig damit angefüllt sind, und der Mistel wäch-
set nicht blos an den Eichen, sondern auch auf den Aepfeln, Birnen und Dornen. Auf dem Wege von Aviles
nach Oviedo war um die Mitte des Septembers die
Erndte geendiget, und Männer, Weiber und Kinder
dreschten das Korn auf dem Felde mit Flegeln. Der
Flegel ist sehr schwer, ausserordentlich lang, gewöhnlich
nicht weniger als 5 Fuß, mit einer eben so langen Handhabe. Die Bewegung des Flegels ist daher geringe, und
die

M 5

die von dem Drescher angewandte Kraft von keinem Nuzen. Die Bauern in Wiltshire in England verstehen das
Dreschen am besten. Zum Dreschen des Weitzens gebrauchen sie einen Flegel von 3 Fuß, der ungefähr 24 Unzen wieget, mit einer Handhabe, die eben so lang ist. In
Ansehung des Werfens hängt man in Asturien blos vom
Winde ab. Die Maschinen, deren man sich dazu in andern Ländern in den Scheunen bedienet, kennt man nicht.

Nach meiner Zurückkunft in Oviedo erhielt ich von
einem Freunde eine Sammlung von Bernstein und Gagat
(amber and jet) wovon in dieser Provinz ein grosser
Ueberfluß ist, hauptsächlich in dem District von Beloncia,
wo 2 Minen davon sind, die eine in dem Thale Las
Guerrias, die andere an der Seite eines grossen Berges
in dem Dorfe Arenas, in der Pfarre Val de soto. Bernstein wird in Schiefer gefunden, und siehet wie Holz aus.
Wenn er gebrochen wird, so zeigen sich Klümpchen mit
einer weissen Kruste, die gelben, glänzenden und durch-
scheinenden Bernstein enthalten. Gagat, und eine Art
von gemeiner Steinkohle (Rennelcoal), die einen Ueberfluß an Marcasite hat, sind gemeiniglich bey dem Bernstein.

Ich entschloß mich, Asturien zu verlassen, noch ehe
die Berge mit Schnee bedeckt waren, der gemeiniglich zu
Anfang des Novembers und bisweilen in der Mitte des
Oktobers fällt, und ich reißte von Oviedo am 2ten Oktober.

Reise von Asturien nach Escorial.

Von Oviedo kam ich durch verschiedene kleine Dörfer
nach Mieros um Mittag. Ich hatte ein gutes Nachtlager

ger zu Campomanes, nachdem ich 10½ Meilen über
angenehme Berge, die entweder stark mit Holz besezt,
oder vortreflich angebaut waren, gereiset war. Ueber die
wohlfeile Zehrung an beiden Oertern war ich nicht wenig
erstaunt. An der Gränze von Asturien erheben sich die
verwundernswürdigen Felsen von Kalkstein, die zum Theil
sich in langen Spitzen 2 bis 300 Fuß hoch erheben, theils
in vielfachen Formen gebrochen sind. Der Weg schlängelt
sich an der Seite kleiner Flüsse oder Ströme, bis er den
Gipfel der Gebirgkette erreicht hat, die Asturien von Alt-
Castilien trennet. Mitten unter diesen hohen Bergen sind
einige fruchtbare Thäler, jedes mit einem kleinen Dorfe,
das der Grösse des Landes, welches angebaut werden
kann, angemessen ist. Die Wassermühlen, die ich sah,
hatten horizontale Räder, deren viele über einander gebaut waren, und von demselben kleinen Strom, der von
einem Rade auf das andere lief, in Bewegung gesezt
wurden. Sie scheinen für ein Land schiklich zu seyn,
das einen Ueberfluß an Steinen hat, und wo das Wasser
einen jähen Fall hat, und Geschwindigkeit nicht erfordert
wird. Am 4ten Oktober, als wir nach Leon herunter-
fuhren, stiessen wir auf eine Heerde Merino-Schaafe,
die dem Kloster zu Guadaloupe in Estremadura gehörten.
Im Winter halten sie sich bey dem Kloster auf; im Sommer aber, wenn die dasigen Gebirge von der Hitze verbrannt sind, werden die Schaafe nach Norden geschikt,
wo die Mönche für die Weide bezahlen müssen. Sie waren auf ihrer Rükreise nach Süden. Die Anzahl der Merino-Schaafe ist veränderlich. Uztariz rechnete zu seiner
Zeit 4 Millionen, jezt sind sie beinahe fünf. Der Eigenthümer sind sehr viele. Einige haben 3 bis 4000, andere
noch einmal so viele. Der Herzog von Infantado hat
40000.

40000. Ein jeder Eigenthümer hält sich einen Mayoral oder Hauptschäfer, dem er jährlich 100 Doblons oder 75 Pf. St. und ein Pferd giebt, und für jede Heerde von 200 Schaafen einen besondern Schäfer, der nach seinem Dienste bezahlt wird, von 8 Schill. monatlich bis zu 30, ausser 2 Pfunden Brod täglich für sich, und eben so viel für seinen Hund, mit der Erlaubniß, einige Ziegen für seine eigene Rechnung zu halten. Von einer Schaafmutter gewinnet man 5 Pfund, von einem Widder acht; und acht von der ersten, oder fünf von der zweiten Gattung zu scheeren, wird für ein gutes Tagewerk gehalten. Einige nehmen 12 Schaafe für jeden Scherer an. Aber auch dies ist eine Kleinigkeit gegen das, was in England geschieht, wo ein gewöhnlicher Arbeiter 60 in einem Tage scheeret, und ein guter noch die Hälfte mehr. Die Wolle der Merino-Schaafe gilt etwas weniger als 12 Pfenninge das Pfund, da die Wolle der zu Hause bleibenden nur um die Hälfte verkauft wird. Jedes Schaaf bringet dem Eigenthümer nach Abzug aller Unkosten jährlich einen reinen Gewinn von 10 Pfenn. St.

Den 6ten Okt. gieng ich mit demselben Fuhrmann von Leon nach Salamanca. Der Weg war über eine weite Ebene von Sand und Kies, der offenbar von entfernten Hügeln gebracht, glatt und durch das Wasser gerundet ist. Das Getreide ist Roggen nebst etwas Weitzen und Gerste. Die Bäume sind die Eiche, genannt ilex, Pappelbaum und Ulme. Der Pflug ist so schlecht gemacht, daß er die Arbeit der Ochsen erschwert, und wird von Weibern regiert. Die vielen Dörfer enthalten 50 bis 5 oder 600 Häuser mit Leimwänden, und scheinen im Verfall zu seyn. Die Wirthshäuser sind schlechter, als die in Asturien. Zu Toral, wo ich die erste

Nacht

Nacht nach meiner Abreise von Leon zubrachte, schlief ich in dem Hause des Pfarrers, wo ich so gut aufgenommen wurde, daß ich es verschmerzen konnte, keinen Platz für mich in der Posada angetroffen zu haben.

Auf dem Wege nach Benevente bemerkte ich einen Unterschied in der Kleidung. Die Bauern von Astorga trugen runde Hüte, lederne Jacken ohne Ermel, und weite Hosen nach der holländischen Manier, und nach Art der alten Braccati. Zu Benevente ist der herzogliche Pallast, ein grosses und unförmliches Gebäude, von beträchtlichem Alter, wozu grosse Güter gehören. Die Stadt scheint zu verfallen, hat aber doch 6 Klöster, ist in 9 Kirchsprengel abgetheilt, und enthält 2234 Einwohner. Der Weg von Leon nach Zamora ist 18 Meilen, längst dem kleinen Fluß Ezla, der sich unterhalb Zamora in den Duero ergießt. Der Weg ist daher gröstentheils eben, und der Boden zu einer grossen Tiefe entweder Granitsand oder weicher Thon. Zu Santa Ovena war das Wohnzimmer, das wie gewöhnlich in Spanien, auch die Stelle einer Schlafkammer vertritt, 12 Fuß lang und 10 Fuß breit; und doch standen hier ein Bett, eine Bettstelle, ein Stuhl, ein Tisch, nebst 2 grossen Kisten, worin Taback, Gerste, Leinwand, und das ganze Vermögen der Familie aufbewahret war. Die Küche hat dieselbe Dimension, und doch zählte ich in diesem Wirthshause 35 Pferde, Maulthiere und Esel nebst ihren Reutern und Treibern, die hier insgesamt eine Nachtherberge fanden. Zamora wird, wenn die Communication durch den Kanal geöfnet seyn wird, um seine Produkte auszuführen, seinen alten Glanz wieder erhalten. Der Umfang der Befestigungswerke, 23 Pfarrkirchen, 16 Klöster, innerhalb den Mauren, zeigen, was die Stadt in alten

Zeiten

Zeiten war, und die neuen Verzierungen an der Domkirche, was sie inskünftige seyn wird. Der Altar in dieser übrigens alten Kirche ist neu, und ist wegen der mancherley Arten von Marmor, hauptsächlich aus Asturien,
der eleganten Composition, und der schönen Decken, die
von Scharlachsammet stark mit Gold verbrämt sind, zu
bewundern. Man fabricirt hier Hüte, Serge, schlechtes
Linnen und Salpeter. Für das lezte Produkt ist das
Klima nicht günstig. Von Zamora reisten wir den folgenden Tag nur 3 Meilen, und blieben die Nacht zu
Corrales, einem Dorfe von 360 Häusern. Der Führer
hatte dieses mit Fleiß gethan, um bey Tage durch einen
dicken Wald zu kommen. Von Corrales gieng der Weg
3 Meilen bergan, und eben so viele bergab; nach 7 Stunden kamen wir zu Calzada de Valdeunciel an, nachdem wir 5 Stunden im Walde gereist waren, wo viele
Anhöhen den allgemeinen Namen Confessionarios führen,
um anzuzeigen, daß hier der Wanderer einen Beichtvater
nöthig hat, um sich zu seinem Schik ale vorzubereiten.
Die Grösse des Waldes und die Gränze an Portugall
macht ihn vorzüglich geschikt zu einem Aufenthalt für
Räuber und Schleichhändler, die, wenn sie das ihrige
verlohren haben, leicht Andere anfallen. Der Boden ist
aufgelöster Granit mit Quarz, Feldspat und Mica. Die
Bäume sind vornemlich Jlex, Roble und Corkbaum. Von
Leon bis Salamanca, 33 spanische oder 150 englische
Meilen, ist eine grosse offene Ebene. In Salamanca
hatte der Präsident des Irländischen Collegium die Ge-
fälligkeit, mich in seinen Schuz zu nehmen, und mich
während der 10 Tage, die ich mich daselbst aufhielt, als
Mitglied seiner Familie zu betrachten. Das Kloster, worin er wohnt, ist eins der besten in Spanien. Es wurde

1614. von den Jesuiten erbaut, und nach ihrer Vertrei=
bung wurde die nördliche Seite dem Bischof der Diöcese
für seine Studenten, und die südliche den Irländern ein=
geräumt. Der Flügel für die leztere ist 3 Stockwerke
hoch, und mehr als 200 Fuß lang. In der Mitte von
jedem geht eine breite Gallerie, um die Communication
zwischen einer doppelten Reihe von Bettzimmern zu er=
halten. Diese langen Gallerien haben kein anderes Licht,
als was von den Enden hereinfällt, und dienen zu jeder
Zeit, selbst des Mittags, an heissen Sommertagen zu
Spaziergängen. Das Gebäude ist oben mit einem flachen
Dache versehen, wovon man eine Aussicht über das ganze
Land hat; und hier schöpfen die Studenten frische Luft.
Der für das bischöfliche Seminarium bestimmte Flügel ist
diesem gleich, hat noch überdem einen Kreuzgang, und
ein schönes Zimmer 60 Fuß lang, 30 breit zu Conferen=
zen und Disputationen. Die Kirche haben beide Collegia
gemeinschaftlich. In das Irländische werden 60 Studen=
ten auf einmal aufgenommen, und wenn diese nach Ir=
land zurückgeschikt sind, so werden sie durch eine gleiche
Zahl wieder ersezt. Sie studieren 4 Jahre Philosophie,
d. i. Logik, Metaphysik, Mathematik, Physik und Moral
nach Jacquier, und 4 Jahre Theologie nach P. Collet.
Sie stehen des Morgens um $4\frac{1}{2}$ auf, und haben keine
Vacanzen. Zu bedauren ist es, daß diese Jünglinge auß=
ser ihrem Vaterlande eine Erziehung suchen müssen, die
sie zu Hause zu erhalten ein Recht haben.

Die Anzahl der Studenten auf der Universität war
in alten Zeiten 16000; im J. 1785. wurden immatriku=
liert 1909. Die Hochachtung, die man sonst gegen Aristo=
teles und Thomas Aquinas gehegt hat, dauert bis auf
den heutigen Tag. Doch muß man sich nicht einbilden,
daß

daß die Univerſität ohne wahre Gelehrte ſey. An dem
Auguſtinermönche D. Joſeph Diaz fand ich einen Mann,
der in Hinſicht auf Gelehrſamkeit, geſunde Vernunft und
aufgeklärten Geiſt, die Zierde eines jeden Landes ſeyn
würde. Die Bibliothek iſt geräumig, und mit neuen
Büchern ziemlich angefüllt. Das meiſte iſt elender Wuſt
von ſcholaſtiſcher Theologie. Die Kathedralkirche wurde
1513. angelegt, und erſt 1734. geendiget. Sie iſt 370 Fuß
lang, 180 breit im Lichten, 130 hoch im Schiffe, und
80 in den Seitengängen. Die meiſte Verwunderung verdient die Sculpturarbeit, die auch an andern öffentlichen
Gebäuden zu ſehen iſt. Ueber der vornehmſten Kirchthüre
iſt die Anbetung der Heiligen in Basrelief vorgeſtellt, und
über einer andern Chriſti Ankunft zu Jeruſalem. An der
Dominikanerkirche iſt eine Vorſtellung von der Steinigung
des h. Stephans, mit einem Crucifix darüber, alles in
Lebensgröſſe und dem Anſehen nach durch das Wetter
nicht beſchädiget. Bisweilen ſind dieſe Sculpturarbeiten
durch Tragſteine, die über die Mauer hervorragen, bedeckt.
Wo aber auch dieſes nicht geſchehen iſt, und die Statuen
dem Wetter ausgeſezt waren, bemerkte ich, daß die Bas-
reliefs, ſelbſt in den ſpizigſten Winkeln, unbeſchädigt geblieben ſind. Die Urſache iſt, weil der Stein ein Sand-
ſtein iſt, der zwar zu Anfang weich iſt, aber durch die
Länge der Zeit eine gewiſſe Härte erhält.

Das alte Collegium iſt eins der merkwürdigſten von
den vielen, die hier zu ſehen ſind. Das Gebäude iſt zwar
klein, aber ſchön, und der Kreuzgang mit ſeinen 24 Columnen, einer der niedlichſten in Salamanca. Die Zimmer ſind bequem, und die, welche dem Rector gehören,
ſind in einem höhern Styl. Das erzbiſchöſiche Collegium,
gebaut 1550. iſt gröſſer, heller und offener. Seine 4 Gallerien

lerien 130 Fuß lang mit 32 Columnen, die von eben so vielen, welche den Kreuzgang ausmachen, getragen werden, geben ihm ein prächtiges Ansehen. Cuenca Collegium ist zierlich und einfach; wenn der Portikus fertig ist, so wird es eines der schönsten in Salamanca seyn. Das Collegium Oviedo, und die Kirchen der Augustinos Calzados, und Carmelitas Descalzos verdienen Aufmerksamkeit.

Es würde unmöglich seyn, die Schätze und Kostbarkeiten, welche in diesen Collegils und Kirchen zum Altardienst bestimmt sind, aufzuführen. Die kostbarsten Produkte aller Welttheile, bearbeitet von den Händen der besten Künstler in jedem Lande, sind hier gesammlet. Die Verzierungen und Kleidungen der Priester sind reich und schön. Das Kostbarste aber in den meisten Klöstern ist die Custodia oder die Kapsel für die Hostien. Es sind bisweilen 6000 Unzen Silber auf sie verwandt, ausser Gold und Edelsteinen, und Arbeitslohn, der die Materialien manchmal übertrift.

Der grosse vierekte Marktplaz ist geräumig, regulär, und mit Schwibbögen umgeben, die an dem untern Geschoß der Häuser hinlaufen. Er würde sogar in London oder Paris bewundert werden. Wo aber die Strassen so enge sind, wie zu Salamanca, ist ein Plaz zum freyen Athmen noch viel angenehmer. Der Schwibbogen ist eine grosse Zierde des Tages, und dienet zur Schuzwehr des Nachts, gegen eine üble Gewohnheit, die den Geruch sehr beleidiget, und gute Kleider verdirbt, und die auch an der Altstadt in Edinburgh getadelt wird.

Im J. 1030. war noch kein Kloster in Salamanca, 1480. waren 6 Mönchen= und 3 Nonnenklöster, jezt sind ihrer 39. Im J. 1518. zählte man 11000 Jungfrauen;

ietzt sind die Personen, die das Gelübde gethan haben,
auf 1519 reducirt. Häuser sind nur 3000; doch giebt es
27 Pfarrkirchen, 15 Kapellen. An den Pfarrkirchen sind
399 Geistliche, an der Kathedralkirche 132, ausser der königlichen Geistlichkeit zu St. Mark 49; überhaupt 580.
In einer Stadt, wo so viele Klöster sind, ist es nicht zu
verwundern, daß die Strassen von Bettlern wimmeln.
Es ist zwar ein Hospicio oder allgemeines Arbeitshaus zu
ihrer Aufnahme vorhanden; da aber die jährliche Einnahme desselben nur 1600 Pf. St. beträgt, so kann es
nur 450 Arme ernähren. Unter den verschiedenen Werkzeugen gefiel mir eines zum Weben des Zwirns wegen
seiner Wohlfeilheit und simplen Construction ausserordentlich. Die Arbeit ist so leicht, daß ein Kind beinahe
50 Yards und ein Weib mehr als 120 des Tages weben
kann.

Der Ackerbau um die Stadt scheint dem Boden angemessen zu seyn. Der Pflug hat weder Sech noch
Streichbret, aber am Ende der Pflugschar sind 2 Nageln
so angebracht, daß sie die Furche in hohen Rücken legen,
gleich einem Hausdache. Wenn die Saatzeit herankömmt,
so wird erst das Korn gesäet, alsdann die Furche gespal-
ten, und da die Saat in gleicher Tiefe liegt, so kömmt
sie zusammen hervor, und es hat das Ansehen, als wenn
Löcher in der Erde gebohrt wären. Uebrigens ist es ein
Fehler, daß hier Ackerbau und Viehzucht von verschiedenen Leuten getrieben wird, da der, welcher die Viehzucht
treibt, die meiste Pacht giebt, so wird er von den grossen Güterbesitzern vorgezogen. Daher ist das Land entvölkert, und das Ackerland, weil es an Vieh fehlt, es zu
düngen und zu treten, producirt wenig. Zu diesem Bisthum gehörten sonst 748 Städte, ietzt nur 333, und das
sonst

sonst gepflügte Land ist in Wiesen verwandelt. In einem
Umfange von 7 Meilen in der Länge und 5 in der
Breite, wo sonst 127 Städte waren, jede mit einem Corregidor und Magistrate, sind nur 13 übrig, die 47 Kirchen haben.

Der Boden ist sandig, und von aufgelöstem Granit,
weil er mit seinem weissen Mica angefüllt ist. Das Gestein ist gröstentheils Granit, bedekt an einigen Stellen
mit Schiefer, an andern mit Kieselsand, welcher feine
Sand oder gebrochene Quarz mit einem Kütt vereiniget
zu seyn scheinet.

Salamanca wird von einem Corregidor, Alcalde-
mayor und 48 Regidores regiert.

Am 22sten Oktob. reiste ich nach Alba. Die ersten
Meilen gieng der Weg allmählig in die Höhe. Wir kamen darauf in einen Wald von Eiche Jlex, der, wie
mir mein Führer erzählte, sich ost- und westwärts 40 Meilen erstrecket. Die Eicheln dieser Art Bäume sind süß
und schmackhaft, wie Castanien, und nicht blos Nahrung
für die Schweine, sondern auch für die Bauern, und
gewähren einen beträchtlichen Gewinn. Am Ende des
Waldes gieng der Weg durch ein seines angebautes Land,
das an Korn und Wein einen Ueberfluß hatte. Nach Zu-
rüklegung 4 kleiner Meilen kamen wir in Alba *) an.
Hier sind 300 Häuser und 7 Klöster. Das Carmeliter-
kloster verdient wegen seiner Gemälde und Schätze vorzüglich gesehen zu werden. Die gröste Merkwürdigkeit ist
das Schloß mit seinem runden Thurm, der von 4 vier-
eckigten unterstützt wird, worin eine Rüstkammer der Herzoge

*) In Büschings Erdbeschreib. S. 226. und auf den Landkar-
ten Alva de Tormes.

N 2

zoge von Alba ist. Zu diesem alten Gebäude sind nach
und nach mehrere neue Wohnungen hinzugekommen, die
ein beträchtliches Viereck ausmachen. Unglüklicher Weise
sind aber alle Zimmer klein.

Drey Meilen von hier kamen wir wieder in einen
grossen Ilexwald, wo wir viele Heerden von Schweinen
sahen, und ein Dorf mit einer Kirche, wo nur 4 Häuser mit Inbegrif des Pfarrhauses waren, antrafen. Wir
brachten hier den Mittag zu. Wegen des heftigen Regens waren wir genöthiget, in einem elenden Dorfe Malpartido die Nacht zu bleiben. Da das Wirthshaus zu
elend war, als daß ich mich entschliessen konnte, mich
daselbst niederzulegen, so schikte ich meinen Paß von dem
Grafen Campomanes an den Alcalde, mit dem Ersuchen,
mir ein Logis für die Nacht anzuweisen. Er kam bald
selbst, und berichtete mir, daß das beste Bett im Orte
für mich zubereitet würde. Ich traf auch ein gutes Bett,
reine Bettlacken und höfliche Leute in dem Hause an,
wo ich aufgenommen wurde. Als ich sie des Morgens
verließ, konnte ich sie nicht dahin bringen, eine Belohnung
anzunehmen. Ich erstaunte über diese edle Gesinnungen
in einer Bauernhütte, habe aber nachher in vielen Fällen erfahren, daß der großmüthige Spanier das Geld zu
verachten im Stande ist. Das Faulfieber hatte in diesem
und den benachbarten Dörfern viele Leute hinweggeraft.
Wenn die Pfarrer in den Spanischen Dörfern, die klein
und in geringer Anzahl sind, und von armseligen Leuten
bewohnt werden, nur so viele medicinische Kenntnisse hätten, daß sie diesem Uebel gleich bey seiner Entstehung zuvorkommen könnten, so würde mancher Mensch am Leben bleiben.

Jenseit

Jenſeit Malpartido iſt das Land ſehr uneben, und die Granitfelſen, die ihre rauhen kahlen Spitzen zeigen, ſind ein Beweis, daß der Gipfel dieſer groſſen Bergkette nicht entfernt iſt.

Piedrahita iſt ein Dorf von 150 Häuſern mit 3 Klöſtern und einem Beaterio *), das der Herzogin von Alba gehört, und wegen eines Landhauſes, das der ver- ſtorbene Herzog im Engliſchen Geſchmacke hat bauen laſ- ſen, merkwürdig. Von hieran reiſten wir im Thale, ein- geſchloſſen zwiſchen hohen Bergen, die mit Jler und Gumeiſtus bedekt waren. Sie machten mit dem grünen Granitfelſen einen ſchönen Anblik. Wir ſtieſſen auf ver- ſchiedene Heerden Merino-Schaafe, die nach Süden zu- rückkehrten. Bey Caſas del puerto kamen wir in ein an- deres Thal, das ſich oſt- und weſtwärts auf 10 Meilen erſtreckte, und nirgends über eine Meile breit war. Am Ende dieſes Thales ſtehet Avila. Der Boden iſt ſandig, die Felder ſind in kleine Portionen abgetheilt, und die Wieſen ſind in Gemeinheit. Die Schaafe werden in Hürden gelaſſen, und der Schäfer bleibt die ganze Nacht mit ſeinen Hunden bey der Heerde, beſchützt durch eine Strohhütte, welche groß genug iſt, daß er ſich der Länge nach darin ausſtrecken kann. An dem Karren iſt gar kein Eiſen, weder an den Rädern noch an der Achſe. Alles iſt von Holz. Die Ochſen werden paarweiſe gejocht, und ziehen groſſe Laſten mit ihren Hörnern. Die Bauern ha- ben ein Coleto an, d. i. eine lederne Jacke ohne Ermel, die mit einem Gürtel von derſelben Materie feſt angebun- den iſt.

Gleich

---

*) Einem Kloſter für ſogenannte Beatas, die in Spanien von den Nonnen unterſchieden werden.

Gleich nach meiner Ankunft zu Avila kaufte ich auf dem Markte einen Ziegenbock, der um die Zeit, wenn die Merino = Schaafe vorbeypassiren, für 10 Reales oder 2 Engl. Schill. zu haben i , schikte ihn nach dem Koch, um ihn zuzubereiten, und gieng im Orte herum. Als ich mich wornach erkundigte, redete mich ein Vorbeygehender an, gab mir die verlangte Nachricht, erbot sich mein Führer zu seyn, und lud mich zur Mittagsmahlzeit ein. Es war dieses D. Baltasar Lezaete, Präbendar an der Cathedral= kirche, der mich so gütig annahm, als wenn ich ihm von einem Freunde empfohlen worden wäre.

Zu Avila sind 1000 Häuser, oder ein Sechstel der vorigen Bevölkerung. Allein die Klöster haben nicht ab= genommen, 16 an der Zahl, nehmlich 9 für Mönche, 7 für Nonnen. Auch sind hier 8 Pfarrkirchen, eine Ca= thedralkirche mit 40 Canonicis, 5 Hospitäler und eine Universität. Kein Wunder, daß die Stadt voll wohlge= nährter Bettler ist.

Sie ist auf Granit erbaut, und von einer Mauer umgeben, mit 88 hervorspringenden Thürmen. Sie hat allenthalben das Ansehen eines hohen Alterthums, am meisten aber zeigt sich dieses an der Kirche. Der Kreuz= gang ist überaus zierlich und simpel. Die Sakristey ent= hält einen Schatz an Silbergeschirr und Juwelen, der in England für unermeßlich gehalten werden würde. Die mit einem Geschmack gearbeitete Custodia ist, wie gewöhn= lich, von solidem Silber und 4 Fuß hoch, geziert mit Säulen von der jonischen, römischen und corinthischen Ordnung. Unter den Juwelen ist der Brustschmuck des verstorbenen Erzbischofs von Toledo, des Infanten Don Louis, der wegen der grossen und feinen Edelsteine merk=
würdig

würdig ift. In dem Chor ift schöne Bildschnitzerarbeit. Die Carmeliterklöfter find die merkwürdigften, das eine für Nonnen, das andere für Mönche. In dem erften ift ein Gemälde von Morales, das den geftorbenen Chriftus in den Armen feiner Mutter vorftellet, mit dem fanften Ausdruk, der allen Gemälden diefes Künftlers den Beynamen göttliche bey allen Kennern zuwegegebracht hat. Den Leichnam der h. Therefia, der urfprünglich zu Alba 1382. begraben war, von da insgeheim nach Avila gebracht wurde, und den Carmelitern mehr werth war, als alle Gemälde, mußten fie auf Befehl des Pabftes, an den fich der Herzog von Alba, nachdem andere Bemühungen fruchtlos gewefen waren, gewandt hatte, wieder herausgeben. Weil diefe Heilige, deren Leben nebft dem Leben anderer Heiligen von A. Butler neulich herausgegeben ift, in Avila gebohren ift, und dafelbft den größten Theil ihres Lebens zugebracht hat, fo ftellen fich, wann ihr Feft begangen wird, viele Fremde ein. Fabriken giebt es hier nicht, und die Einwohner ernähren fich vom Safranbau, der Weiber und Kinder einen Theil des Jahrs befchäftiget. Wenn keine Domkirche und Klöfter hier wären, fo würde die Stadt verlaffen feyn, weil fich nicht ein einziger Landeigenthümer hier aufhält. Alles ift verpachtet, oder wird von Verwaltern für Rechnung der Eigenthümer adminiftrirt.

Von Avila reisten wir durch ein fruchtbares Thal, und fiengen an die Berge zu erfteigen, welche die beiden Caftilien von einander trennen, und eine geraume Zeit die Gränze zwifchen den Chriften und Mauren gewefen find. Auf diefen hohen Gebirgen fuhren wir 5 Meilen, ohne ein menfchliches Geficht oder Wohnung, und kaum einen gebahnten Weg anzutreffen. Unten fahen wir die Eiche

N 4   Ilex,

Ilex, und wie wir höher kamen, die Robel-Eiche. Auf
dem Gipfel waren Fichten, Juniperus Europæus, Daphne
Mezereum, matricaria suavis, Ginster und eine Menge
aromatischer Kräuter, vorzüglich Thymian. Die Pflanzen vom Cistusgeschlecht sind auf den Granitbergen, wo
kein Schnee liegt, häufig. Wir kamen durch die Dörfer
Naval Peral und 1 Meile davon, Navas del Mar-
qves, welche zwar nur Häuser, aber doch eine Kirche, Ca-
pelle und ein Kloster hat. Nach zurükgelegten 3 Meilen
stiegen wir in die Ebenen von Neu-Castilien hinunter.
Auf dem ganzen Wege von Salamanca sah ich wilden
Saffran, der von den Armen in den Dörfern gesammelt
werden könnte, und guten Nutzen bringen würde. Wie
wir uns Escurial näherten, kamen wir auf die königliche
Jagd-Chaussee, die mehr zum Nutzen als für Schönheit
gemacht ist, und die Theoristen in Spanien überzeugen
sollte, daß auf die Heerstrassen keine unnöthige Pracht
und Kosten verwandt werden müssen. Denn weil man
in Spanien die äusserste Vollkommenheit und Schönheit
erreichen will, bleibt vieles ungeschehen, und die Communication zwischen den grossen Städten ist noch nicht
zu Stande gebracht.

———

St. Ji

St. Ildefonso und Escurial.

Weil ich den Englischen Minister nicht in Escurial antraf, so entschloß ich mich eine Excursion nach St. Ildefonso zu machen. Ich gieng östlich über Guadarrama
und Puerto de Fuenfria, welcher Paß von dem kalten
Wasser den Namen führet. Dieser Paß liegt hoch, und
der Prospect davon ist angenehm, bey heissen Sommertagen ist er aber kaum zu ersteigen. Wenn man von hier
nach Segovia herunter sieht, so scheint das ganze Land
eben, und einer Meeresfläche gleich zu seyn. Wenn man
in die Ebene hinuntergeht, so erblikt man die Berge vor
sich. Das Land um uns herum nahe an dem Gipfel ist
majestätisch wild, mit Vertiefungen, und hervorragenden
Klippen, die, wo Fichten wachsen können, mit Fichten be-
setzt sind; und durch wütende Ströme zerrissen werden.
In einem tiefen Thale, das nur dem Nordwinde ausgesetzt ist, liegt St. Ildefonso, von einer frischen Luft an-
geweht, und wo man die Frühlingsfrüchte einsammlet,
wenn, gegen Süden dieser hohen Gebirge, alle vor Hitze
umkommen wollen, und die Herbstfrüchte einerndten. Dieser Unterschied des Klimas in einer Entfernung von 8 Meilen (denn weiter ist es nicht von Escurial nach Ildefonso)
bewog Philipp V. hier einen Pallast zu bauen. Der Pallast besteht aus 3 Seiten eines Vierecks. Die beiden Flügel sind durch eine lange Reihe von Gebäuden, die für
das königliche Gefolge bestimmt, und am Ende durch eiserne Thorwege und Schranken geschlossen sind, vereiniget,
und bilden einen schönen und geräumigen Plaz. Die
Fronte 530 Fuß in der Länge, ist gegen Süden, nach dem
Garten hin, und die Zimmer haben durch die ganze Län-

ge mit allen Thüren auf derselben Seite eine Communica-
tion. Um sich von den Gemälden dieses Schlosses einen
Begrif zu machen, darf man nur wissen, daß sie von folgenden Künstlern sind: Leonhard de Vinci, Michael Angelo, Raphael, Hannibal Caracci, Guercino, Guido,
Carlo Maratti, Correggio, Rubens, Poussin, Paul Vero-
nese, Wovermann, Teniers, Martin de Vos, Andrea del
Sarto, Vandyke, Dominicini, Tintoret, Albrecht Dürer,
Jordano, Velazquez Ribera, Ribalta, Valdez, Murillo,
Mengs. In der Kirche sind die Frescogemälde von Bayer,
Mariano und Maella. In den untern Zimmern ist eine
vortrefliche Sammlung alter Statuen, die die Königin
von Schweden Christina zusammen gebracht hat.

Die Kirche ist dunkel, aber schön, und hat in Ansehung des Schatzes wenige in Spanien, die ihr gleich kommen. Vorzüglich kostbar ist eine von den Custodias, die
auf 70,000 Dukaten oder 7,690 Pf. St. ursprünglich geschäzt wird. Der Garten ist abhängig, gegen Süden
hoch, und gegen Osten und Westen niedrig. Nahe an dem
Pallast ist er in dem alten Geschmak, mit geschnittenen
Hecken, und geraden Gängen, und mit vielen Springbrunnen geziert. Weiter hin wird er wilder, und endiget in
einem unangebauten, und pfadlosen Walde, wo rauhe
Felsenspitzen, die unter Eichen und Fichten hervorscheinen,
mit den Werken der Kunst einen sonderbaren Contrast
machen.

Der Garten, in dem die Spaziergänge zwar schat-
tig, aber doch weder feucht noch melancholisch sind, ist
wegen der Wasserkünste am meisten zu bewundern. Die
merkwürdigsten davon sind acht, die den vornehmsten heid-
nischen Gottheiten geweihet, und mit den eigenthümlichen

Emble-

Emblemen verſehen ſind. In der einen ſiehet man Diana,
von ihren Nymphen begleitet, die ſie vor Acteon verbergen. In einer andern Latona mit Apollo und Diana,
von 64 Springbrunnen umgeben. Die verwundernswür-
digſte iſt Fama auf dem Pegaſus ſitzend, mit einer Trom-
pete am Munde, die einen Strom mehr als 2 Zoll im
Diameter dick, eine Höhe von 132 Fuß herauf ſchieſſet.
Den angenehmſten Anblick gewähret Plazuela de las ochos
Calles, wo acht Gänge an einander ſtoſſen, ein jeder mit
einem Springbrunnen in der Mitte, und wo 8 andere
Brunnen, unter hohen Schwibbögen, die von Joniſchen
Säulen, von weiſſem Italiäniſchen Marmor unterſtüzt
werden, ein Oktagon bilden, das mit den Bildniſſen des
Saturns, Minerva, Veſta, Neptun, Ceres, Mars, Her-
kules, und des Friedens, die um daſſelbe herſtehen, und mit
den des Apollo und Pandora in der Mitte geziert iſt.
Die Statuen ſind von Blei, mit einem Verniß, der ihnen
das Anſehen von Bronce giebt; und wurden von Fermin
und Tierri gemacht. Auſſer unzähligen Springbrunnen
giebt es hier groſſe Waſſerbehälter und Caſcaden, die alle
ſo angebracht ſind, daß ſie die Schönheit des Orts ver-
gröſſern. Wenn man in Erwägung zieht, daß der ganze
Garten ein nakter Felſen war, daß der Grund aus einer
groſſen Entfernung hergebracht, und das Waſſer zu einem
jeden Baume hingeleitet iſt, wenn man ferner die Quantität Blei die zu den Statuen erforderlich war, und Eiſen
für die Röhren nebſt der Arbeit für beide betrachtet, ſo
wird man ſich nicht wundern, daß dieſer Ort 45 Millionen Piaſter gekoſtet hat. Wenn es wahr iſt, daß Schönheit in Nutzen gegründet iſt, ſo verdient der Ort Bewunderung. Es iſt jezt nicht ungewöhnlich, das Wohnhaus
mitten im Felde zu bauen, allen Winden ausgeſezt, ohne

Schutz,

Schuß, und ohne Verbindung mit dem Garten. Allein
in dem Garten von S. Ildefonso ist alles, was man an
schwülen Sommertagen verlangen kann, freie Circulation
der Luft, dicker Schatten, und erfrischende Dünste, die
die Hitze wegnehmen. Wegen der Nähe an dem Wohn-
hause kann man leicht in den Garten kommen, und zu
jeder Zeit sich hier erfrischen. Ohne diese viele Fontainen,
geschnittene Hecken, und enge Gänge, würde die Circulation nicht so schleunig, der Schatten nicht so dick seyn,
und es an erfrischenden Ausdünstungen fehlen.

Die Glasfabrike ist hier zu einer Vollkommenheit gebracht, die man in England nicht kennet. Die größten
Spiegel werden in einer eisernen Form, 162 Zoll lang,
93 breit, und 6 tief, die beinahe 9 Tonnen wiegt, gegos-
sen. Sie sind bloß für die königlichen Palläste, und zu
Geschenken vom Könige bestimmt. Aber auch in der Hinsicht ist die Fabrike an einem unrechten Orte angelegt, und
ist ein aufzehrendes Ungeheuer, in einer Gegend, wo Lebensmittel theuer, Brennholz rar, und die Fracht außer-
ordentlich kostbar ist.

Die königliche Leinwandfabrike beschäftiget 15 Stühle, soll aber mit Schaden arbeiten.

Da ich nur 2 Meilen von Segovia entfernt war,
so entschloß ich mich diese Stadt zu besuchen. Auf dem
Wege dahin ist nicht viele Cultur zu sehen, und die Ursache liegt in den beständigen Verheerungen, die das königliche Wild anrichtet. In dem Walde, ehe wir ins
offene Feld kamen, sahen wir es heerdenweise frei und un-
gehindert über das ganze Land laufen. In Segovia be-
sieht man zuerst die Wasserleitung. Sie hat 159 Bögen,
erstrecket sich 740 Yards, und wo sie über das Thal ge-

het,

het, iſt ſie etwas mehr als 94 Fuß hoch. Die Domkirche hat nicht viel vorzügliches. In einer Kapelle iſt ein
guter Altar, mit der Herabnehmung Chriſti vom Kreuze
in Mezzo Relievo von einem Schüler von Michael Angelo,
geendiget 1571. Die Kirche iſt faſt nach dem Model der
groſſen Kirche zu Salamanca, aber nicht ſo ſchön ausgeführt. In dem Alcazar werden jezt 100 Edelleute in der
Kriegswiſſenſchaft unterrichtet. Ich beſah dieſes Gebäude
mit Vergnügen, vornämlich den groſſen Saal mit den
Bildniſſen aller Spaniſchen Monarchen. Am meiſten aber
vergnügten mich die ſtarken Züge des Spaniſchen Charakters, welche ich in vielen Geſichtern dieſer Zöglinge wahr-
nahm. Ein Spanier wird, wenn er ſeiner natürlichen
Neigung folgen kann, ſich ein militäriſches Leben wählen,
und wenn darin Großmuth, Geduld, Tapferkeit, und Un-
ternehmungsgeiſt gezeigt werden müſſen, ſo wird er ſich
gewiß hervorthun.

Hier wurde ſonſt Tuch für königliche Rechnung gemacht. Aber andere Nationen ſind in dieſem Nahrungs-
zweige Rivalen geworden, und die Manufaktur hat allmählig abgenommen. Als der König ſie an eine Privat-
geſellſchaft abtrat, behielt er einen Antheil von 3000 Pf.
St. am Handel. Er hat aber jezt nichts mehr damit zu
thun. In dem J. 1612. wurden hier 25500 Stück Tuch
verfertiget, die 44625 Centner Wolle gebrauchten, und
34189 Arbeiter beſchäftigten. Jezt werden nur 4000 Stück
gemacht. Der vornehmſte Fehler am Tuche iſt, daß die
Fäden nicht eben ſind, und viele Schmiere daran kleben
bleibt, wenn es in die Färberei kömmt, daher es die
Farbe nicht gut annimmt. Im J. 1525. wohnten hier
5000 Familien, jezt kaum 2000, eine unbedeutende Be-
völke-

völkerung für 25 Kirchsprengel; jedoch sind hier ausser so
vielen Kirchen und der Kathedralkirche 21 Klöster. Wenn
der Kanal zu Stande gebracht, und die Communication
mit der Bay von Biscaya bey St. Ander geöfnet ist *),
so werden Handel und Manufakturen zu Segovia ein neues
Leben erhalten. Bis dahin aber wird alle Hofnung dazu
benommen seyn.

Als ich nach Neu = Castilien zurük reisete (Oft. 28.)
hätte ich gerne die Tour nach eigenem Gefallen eingerich=
tet. Allein mein Fuhrmann drang in mich, noch vor
Nacht den Weg über die Berge zurükzulegen, und als ich
den folgenden Morgen zurüksah, und die hohen Gipfel mit
Schnee bedekt erblikte, fand ich, daß er gute Gründe ge=
habt hatte, zu eilen. Die Wege hinter uns waren also
auf eine Zeit lang nicht zu passiren, da alles vor uns durch
sanfte und erfrischende Regengüsse befeuchtet war. In
Alt = Castilien ist der gewöhnliche Preis für den Fuhrmann
4 Realen täglich, für das Maulthier eben so viel, und
für Gerste 6 Realen; welches zusammen 2 Schill. 9 Pfen.
macht. Vergißt man mit ihm einen Accord zu schliessen,
so muß man von seiner Gnade abhängen. Die Reisekosten
belaufen sich auf 10 Schill. den Tag, wenn man vor=
wärts geht. Kehrt man mit demselben Fuhrmann zurük,
so sind sie ungefähr 7½ Schill.

Esco=

---

*) Schade, daß der Verf. von diesem Kanal nicht ausführli=
cher gehandelt hat. Er scheinet in der Neuern Staatskund:
von Spanien Th. 2, S. 215. vorzukommen.

Escorial.

Das Kloster St. Lorenzo liegt sehr niedrig, am Fuß der hohen Berge, welche die beiden Castilien von einander scheiden, und gegen alle Winde, den Südostwind ausgenommen, gesichert. Von hier sieht man herab auf eine weit ausgedehnte Ebene, und umliegende Hügel, die mit dickem Gehölze bedekt sind, da die Berge gegen Norden kahl oder fast beständig mit Schnee bedekt sind. Es wurde von Philipp II. erbaut, um ein Gelübde, das sein Vater Karl V, nach dem er durch die Beihülfe des H. Lorenzo die Schlacht bey St. Quintin gewonnen, gethan hatte, zu erfüllen. Der Baumeister, Juan Bautista de Toledo, entlehnte die Idee von einem Roste, worauf der Heilige den Märtyrertod erlitten, und ließ die königliche Residenz in dem kurzen Stiel des Rostes hervorragen, und zeigte nicht bloß die Gittern durch vielfache Eintheilungen, sondern auch die Füsse durch 4 hohe Thürme, die in den Winkeln des Gebäudes stehen, an. Das Kloster ist 740 Spanische Fuß lang, 580 breit und 60 hoch. Die Kuppel der Kirche ist 330 Fuß hoch. Das Ganze wurde unter Aufsicht eines Schülers des angeführten Baumeisters, der Juan de Harrera hieß, vollendet.

Die Mönche in diesem Kloster sind an der Zahl 160, und ihre jährliche Einnahme beträgt 5 Millionen Realen, oder 50000 Pf. Sterl., die theils aus liegenden Gründen, theils aus einer Heerde von 36000 Merinoschaafen entspringen, ausser welchen noch 1000 Schaafe in der Nähe zum Gebrauch des Klosters erhalten werden.

Die Bibliothek besteht aus 38000 Bänden, und stehet in 2 Zimmern, 194 Spanische oder über 182 Englische

sche Fuß lang. In dem untern sind gedrukte Bücher, in dem obern Manuscripte. In der Mitte des untern Zimmers siehet ein Tempel mit einer grossen Menge von Figuren, an Gewicht 1448 Unzen Silber, und 43 Unzen Gold, nebst kostbaren Edelsteinen.

Ein Kenner von Gemälden findet hier reichen Stoff zur Befriedigung seiner Wißbegierde, und Erweiterung seiner Kenntnisse. Meine Aufmerksamkeit zogen hauptsächlich an sich das Abendmahl Christi mit seinen Jüngern - von Titian, eine Christus-Familie von Raphael.

Nicht weit vom Kloster hat der Prinz von Asturien *) und sein Bruder der Infant Don Gabriel, jeder ein kleines Lusthaus, das im besten Geschmak meublirt, und mit den schönsten Gemälden verziert ist, wohin sie sich oft mit ihren Freunden begeben. Das Lusthaus des Prinzen von Asturien ist das schönste, und verspricht so weit als man aus dieser Probe schliessen kann, den Künsten einen gnädigen Beschützer.

Das Escorial ist als Residenz gar nicht angenehm. Wäre es niedrig und geschüzt wie Aranjuez, so würde es im Frühling sehr angenehm seyn. Wäre es erhaben, gegen Norden gebaut, und mit dicken Waldungen bedekt, wie St. Ildefonso, so würde es ein angenehmer Aufenthalt im Sommer seyn. Da es aber den vollen Strahlen der Mittagssonne ausgesezt ist, und nahe bey Gegenden, die mit ewigem Schnee bedekt sind, erbaut ist, so giebt ihm das Locale im ganzen Jahre keine Reitze. Die einheimischen und auswärtigen Minister geben zwar oft Mittagsmahlzeiten, und machen, so viel an ihnen liegt, die

Ein

---

*) Jezt regierender König.

Einsamkeit erträglich. Allein weil nur wenige Damen hier
aufgenommen werden können, so mangelt den Gesellschaften die Munterkeit, die den Damen eigen ist.

Der König bringt den größten Theil seiner Zeit auf
der Jagd zu. Des Mittags, nach einer kleinen Excursion,
kehret er zur Mahlzeit zurük, spricht mit den fremden Ministern, und wenige Minuten mit seinem Beichvater, ver-
lässet den Pallast gemeiniglich vor 3 Uhr, bisweilen viel
eher, und begiebet sich 20 oder 30 Meilen hinweg, ehe er
zu jagen anfängt. Wenn es dunkel wird, so steigt er in
seinen Wagen, und kehrt zurük. Kein Wetter schreckt ihn
ab, weder Donner, noch Bliz, noch Hagel noch Schnee
noch Regen. Ist ein Kleid naß, so ziehet er ein anderes
an. Und denen in seinem Gefolge sagt er kühn: Regen
zerbricht keine Beine. Keine Festtage halten ihn vom Jagen zurük, ausgenommen zwey in der Passionswoche, und
alsdann, ob er gleich sonst von einem sanften Charakter
ist, ist er so grämlich, daß keiner sich ihm nähern mag.
Sogar als einer seiner Söhne tödtlich krank war, gieng
er aus wie gewöhnlich, und behauptete beständig, daß er
sich wieder bessern würde. Da ihm die Nachricht gebracht
wurde, daß er gestorben sey, erwiederte er mit seiner gewöhnlichen Ruhe: Wohlan, weil nichts mehr geschehen
kann, so müssen wir uns darein ergeben. Seine gewöhnlichen Begleiter sind der Prinz von Asturien, der Capitain
der Garde, der Stallmeister, Kammerdiener, Arzt und
Chirurgus. Alle diese sitzen in 5 Wagen. Ausserdem ist
noch einer für Medicin, Flinten, Ammunition, trockene
Kleider u. s. f. Vor jedem Wagen sind 6 Maulthiere,
und da auf dem Wege für diese Wagen und die Garden
verschiedene Relais sind, so brauchet man täglich 200.
Sie gehen 12 Engl. Meilen in einer Stunde; daher den

Treibern und den Thieren mancher Unfall begegnet. Im
Jagen ist der König nicht bloß von seinen Hunden abhängig. Er hat gemeiniglich 200 Mann um sich, die das
Wild reizen, und an gewissen Plätzen ihm entgegen treiben müssen, wo er und der Prinz es erwarten, mit Bedienten, die die Gewehre laden, und so geschwinde, als
sie abgefeuert werden, hinreichen müssen. Kein Wild wird
von ihm verachtet, er sucht aber eine Ehre darin, das
Land von Wölfen zu befreien, wovon er auch eine Liste
hält. Als ich im Escorial war, hatte er 880 getödtet.
Wenn man von einem Wolf in einer nicht gar zu grossen
Entfernung gehört hat, so werden 1600 bis 2000 Menschen nach Maaßgabe des Berges beordert, ihm aufzuspü-
ren, und ihn auf einen Platz zu treiben, wo der König Gelegenheit hat, ihn zu schiessen. Die Leute bekommen ein
jeder 6 Realen, wenn er aber den Wolf tödtet, so bekommen die Hüter doppelte Löhnung. Diese Unkosten sind
freilich unnöthig, und wenige Bauern würden hinreichen,
den Feind aus dem Wege zu räumen, oder zum Zurük-
zuge zu zwingen. Wenn aber ein Souverain Vergnügen
an einer Sache findet, so werden seine Unterthanen die
lezten seyn, welche glauben, daß er es zu theuer erkaufet.
Glüklich wäre es übrigens für Spanien, wenn dieses die
einzige Ausgabe wäre. Allein es ist dieses nur ein kleiner
Theil des Verlustes, den die Liebhaberey des Königes zur
Jagd verursachet. Um die Sitios oder königlichen Lust-
schlösser ist das ungebaute Land von einer weiten Ausdehnung. Der Wald von Pardo soll 30 Meilen im Umfang
haben. Hiezu rechne man das unbebaute Land um Aranjuez, St. Ildefonso und Escorial. Man erwäge überdem,
daß das in keine Schranken eingeschlossene Wild das dazwischen liegende Land durchstreicht. Wie hoch muß nach
diesen

diesen Angaben der Verlust geschäzt werden! Zwar giebt der König dem Landmann sehr reichliche Entschädigungen. Aber der Verlust, den das gemeine Wesen leidet, kann nicht so leicht ersezt werden, weil das Land, dem es an Getreide fehlt, unbevölkert ist, und die Dörfer ruinirt werden.

Ich verlängerte meinen Aufenthalt im Escorial vornehmlich, um bey der Batida oder königlichen Jagd zugegen zu seyn, deren 4 jedes Jahr gegeben werden. Diese war auf den 27sten Novemb. vor der Abreise des Hofes anberaumet.

Herr Liston, der Englische Minister, hatte die Güte, mich an den Neapolitanischen Ambassadeur zu empfehlen, der als der Repräsentant eines mit dem Spanischen verwandten Königes bey dieser Gelegenheit eine herrliche Fete gab, und in seinem Wagen begab ich mich nach dem Schauplaz. Er war auf einer grossen Ebene, mit einer Anhöhe, von der man sie übersehen konnte; ungefähr eine halbe Meile von dieser Anhöhe war ein kleines Gehölze, in welchem der König mit seinen 3 Söhnen und Bedienten verborgen war. Viele Tage vorher waren 2000 Mann über das ganze Land zerstreut, um das Wild aufzujagen, und es nach dem gemeinschaftlichen Centrum zu treiben, indem sie Tag und Nacht patrouillirten, und beständig, aber langsam sich einander näher kamen. Bald nachdem wir unsern Plaz auf einer Anhöhe genommen hatten, sahen wir die Hirsche in einer grossen Entfernung über die Ebene von allen Seiten springen, und nach dem unglücklichen Plaz rennen. So wie sie sich näherten, hörten wir immer deutlicher das Knallen der Gewehre, und sahen die Verwirrung der Thiere, die nach allen Richtungen

sich

ſich geſchwinde bewegten, aber jeden Augenblick ihren Lauf
änderten, als wenn ſie ungewiß wären, wo ſie Zuflucht
ſuchen ſollten. Da die ausgeſchikte Mannſchaft ſich zuerſt
zeigte, ſchienen ſie durch Zwiſchenräume von einander getrennt zu ſeyn, und das Wild durch Geſchrey und Ab-
feuren ihrer Waffen zuſammen zu halten. Als ſie auf
der Ebene weiter fortrükten, bildeten ſie eine Mauer,
und indem ſie näher rükten, verſtärkten ſie ſie durch Ver-
doppelung ihrer Glieder, wodurch das Wild genöthigt
war, in ganzen Heerden vor den königlichen Scharfſchü-
zen vorbey zu defiliren. Alsdann fieng das Blutbad an,
und länger als eine Viertelſtunde dauerte das Feuer unaufhörlich. Einige Hirſche weigerten ſich weiter zu gehen,
als ſie dem Hinterhalt nahe waren, kehrten ſich plözlich
um, und, alles Schreyens und Feuerns der Garden ungeachtet, ſprangen über die doppelten Glieder, und liefen
in das Gehölze.

Als das Feuern aufgehört hatte, näherten ſich alle
Wagen dem Gehölze, und die Geſellſchaft ſtieg aus, um
ihren Glükwunſch abzuſtatten, und das Wild in Augen-
ſchein zu nehmen. Ein Theil davon war in zwey Rei-
hen auf dem Schlachtfeld ausgebreitet, und der König
mit ſeinen Söhnen muſterte es. Die Jäger brachten die
Thiere zurük, welche tödtlich verwundet und zu einer beträchtlichen Strecke davon gelaufen waren. Sobald ſie
angekommen waren, legten ſie die Beute zu den Füſſen
des Monarchen. Ich zählte 145 Hirſche und ein wildes
Schwein. Bald darauf kamen einige mit einem wilden
Schwein, das mit zuſammengebundenen Füſſen und Halſe
an einer Stange befeſtiget war. Als ſie ſich näherten,
wafneten ſich der König und ſeine Söhne, und ſtelleten
ſich in einer Linie. In einer gewiſſen Entfernung wurde
das

das Thier niedergelegt, die Stricken einer nach dem andern zerrissen, und als das arme gelähmte Thier sich in
Bewegung sezte, machte eine wohl gezielte Salve seiner
Furcht ein Ende. Die Unkosten der Jagd für diesen Tag
wurden zu 300000 Realen oder 3000 Pf. St. geschäzt.
Des Abends wurde das Wild nach Gewohnheit in das
Zimmer, wo der König soupirte, gebracht, und die Am-
bassadeurs der mit Spanien verwandten Höfe machten
ihre Aufwartung. Unter diesen versteht man die Ambas-
sadeurs von Napoli, Portugal und Frankreich, die einen
freyern Zutritt haben, und die es für ihre Schuldigkeit
halten, an allem, was dem Könige Vergnügen macht,
einen nähern Antheil zu nehmen, und ihm nicht blos zu
solchen wichtigen Ereignissen gratuliren, sondern auch,
wenn er soupirt, Erkundigung einziehen, und nachher ihre
Freunde benachrichtigen, wie viel der König getödtet hat.

Weil Herr Liston vor der Abreise des Hofes Escorial
verlassen wollte, so hatte er eine Coche de Colleras auf
den Tag nach der Batida bestellt. Die fremden Minister
gebrauchen diese Vorsicht, um Maulthiere zu bekommen,
denn der Hof, wenn er sich in Bewegung gesezt hat,
braucht nicht weniger als 20000 Maulthiere, und die
ganze Gegend wird daher in Beschlag genommen, und
weder Pferde noch Maulthiere können zu einer andern Absicht erhalten werden. Auf dieser kleinen Reise, ob ich
gleich schon vorher von der Gelehrigkeit der Maulthiere,
und der Geschiklichkeit der Fuhrleute Proben gesehen hatte,
lernte ich, zu was für einem verwundernswürdigen Grade
beide gebracht werden können. Die beiden Kutscher sitzen
auf dem Bocke, und von den 6 Maulthieren werden nur
die beiden nächsten durch Zügel regiert. Die 4 übrigen
sind frey, und werden durch die Stimme gelenkt. Sie

galop-

galoppiren den ganzen Weg, und wenn sie sich rechts
oder links wenden sollen, so gehorchen sie aufs Wort,
und bewegen sich zusammen, als wenn eine Springfeder
in ihnen wäre. Wenn der Name des Thiers Coronela
oder Capitana bey der geringsten Nachläßigkeit mit einiger Heftigkeit ausgesprochen wird, so spitzet es sogleich
seine Ohren, und strenget sich mit aller Kraft an. Sollte
indessen nicht pünctlich Gehorsam geleistet seyn, so springt
einer von den Kutschern vom Bocke, schlägt das Thier
auf eine unbarmherzige Art, springt in einem Augenblick
wieder auf den Bock, und endiget damit die Geschichte, die
er angefangen hatte. Wenn der Kutscher das eine Thier
bey seinem Namen Coronela oder Capitana genannt hatte,
so redete er das daneben laufende bisweilen aquella otra
Ihr anderes an, es mogte sich nun dieses auf das zur
Rechten oder zur Linken laufende beziehen, und er wurde
jedesmal verstanden. Wir verliessen Escorial 4 Uhr nach
Mittag, und kamen um $7\frac{1}{2}$ zu Madrid an, d. i, wir
reisten 7 Meilen in $3\frac{1}{2}$ Stunden.

Madrid.

Madrid.

Lebensart. Sitten, vorzüglich der Grossen.

Da ich einen Winter in Madrid zubrachte, so will ich
das Leben, das ein Fremder hier zu führen pflegt, beschreiben, und einige Bemerkungen über die Sitten des
Zeitalters mittheilen. Wenn man einmal am Hofe vorgestellt ist, so kann man so oft hingehen, als man Lust
hat. Ich bediente mich dieser Erlaubniß, theils um nach
Gefallen die Gemälde zu besehen, theils um des Umgangs
willen. Denn hier versammlen sich die vornehmsten Stan-
despersonen jeden Morgen, um der königlichen Familie,
wenn sie zu Mittage speiset, aufzuwarten, und über die
Weltbegebenheiten zu discuriren. Wenn der König in die
Kutsche gestiegen ist, um auf die Jagd zu gehen, so begiebt sich die Gesellschaft auseinander, und da das Corps
diplomatique hier ausserordentlich gastfrey ist, so kann der
Fremde, der gute Empfehlungen hat, zu jeder Stunde
des Tages in die feinsten Gesellschaften kommen. Die
Dankbarkeit verpflichtet mich, meine Verbindlichkeiten gegen diejenigen, welche mich mit ihrer Freundschaft und
Protection beehrt haben, zu bezeugen, und ich will daher
erzählen, auf was für eine Art ich meine Zeit in der
Nähe des Hofes zubrachte.

Graf Florida Blanca stehet hier oben an; denn wenn
er gleich zu Madrid keine Feten gab, so hatte er doch
die Güte, mich in den sitios (Lusthäusern) unter seine
Gäste aufzunehmen, wenn er seine wöchentlichen Mahl-
zeiten gab. Der Englische Minister nahm mich als seinen Bruder auf. Sein Haus war jederzeit offen für

mich,

mich, und wenn seine Freunde bey ihm speiseten, so wurde ich nicht vergessen.

· In dem Hause des Herzoges von Vauguion waren die Diners prächtig, die Gesellschaft zahlreich, und die Unterhaltung interessant. Ich speißte daselbst öfters als an irgend einer andern Tafel zu Madrid, mehr durch die feine und elegante Lebensart des Herzogs und der Herzoginn und die liebenswürdige Einfalt ihrer Kinder, als durch die Pracht ihrer Tafel oder die Gesellschaft, die sich daselbst versammlete, herbeigezogen.

Bey dem Amerikanischen, Russischen, Preussischen, Genuesischen und Venetianischen Minister war ich wie zu Hause. Die übrigen fremden Gesandten beehrten mich gleichfalls oft mit einer Einladung, und ich hielt es für ein Glück, wenn ich sie annehmen konnte. '

Wenn ich die Wissenschaften cultiviren, oder mit Gelehrten umgehen wollte, so fand ich bey ihnen nicht weniger viele Gastfreyheit. Ich werde bald Gelegenheit haben, mehr von ihnen zu sagen.

Ich speißte oft bey dem Marquis Imperiali, einem Spanischen Grande, der wegen seiner Gutmüthigkeit und seines sanften Betragens mit dem grösten Rechte bewundert wird. Ich hatte auch einmal die Ehre, bey dem Marquis de Ovieco zu speisen, der gleichfalls ein Spanischer Grande ist. Dieser Mann wird als ein Beispiel eines alten Spaniers angesehen, und wenn es erlaubt ist, von einem Individuum auf eine ganze Communität zu schliessen, so muß die Höflichkeit, Rechtschaffenheit und wahre Würde, die sich in seiner ganzen Aufführung zeiget, uns mit der grössesten Hochachtung gegen die Spanische Nation erfüllen.

Die

Die Spanier trinken, wie die Franzosen, ihren Wein
während der Mahlzeit; sobald aber das Desert geendiget
und der Caffee getrunken ist, halten sie Mittagsruhe.
Wenn sie von der Siesta aufstehen, begeben sie sich in
ihre Kutschen, um den Prado auf = und niederzufahren,
aber nicht geschwinder, als man zu spazieren pflegt. Da
sie in einer Linie langsam fortschreiten, so sehen sie in die
Kutschen, welche in der andern Linie zurückkommen, und
bücken zu ihren Bekannten, so oft sie an ihnen vorbeifah-
ren. An wichtigen Tagen habe ich 400 Kutschen gezäh-
let, und man braucht alsdann mehr als 2 Stunden, um
eine Englische Meile zu fahren. Gegen Ende des Tages
werden die gewöhnlichen Gebete gesagt; die Gesellschaft
wünschet sich einen guten Abend, und beginnt nach Hause
zu gehen, wo eine Erfrischung von Chocolade nebst Biscuit und einem Glas Wasser genommen wird. Wenn
ein Fremder in eine Spanische Familie introducirt ist, so
wird ihm beym Abschied gesagt, daß er Herr vom Hause
sey, wodurch aber der höfliche Spanier nur zu verstehen
geben will, daß man die Erlaubniß hat, ihn zu besuchen.
Man sieht daher viele, die vor der Mahlzeit weggehen,
oder sich nach derselben einstellen. Wenn es in der ganzen Ausdehnung genommen wird, so wird es als eine
Einladung zum Diner, Refresco und Souper angesehen,
so oft man Lust hat, davon Gebrauch zu machen.

Die meisten Familien, vornehmlich die Grossen, haben ihre Tertulla oder Abendgesellschaften zum Kartenspiel und zur Conversation, nach welchen die vertraute-
ren Freunde zum kleinen Abendessen bleiben. Die Gesellschaft in dem Hause der Herzoginn von Berwick war,
ohne von den andern ein nachtheiliges Urtheil zu fällen,
unstreitig die angenehmste. Die fremden Minister pflegten

O 5   sie

sie oft zu besuchen. Die Herzogin und ihre Schwester, die Prinzeßin von Stollberg, sind ungemein unterhaltend, und die Zeit verstrich, wo der Umgang von allem steifen und gezwungenem Wesen frey war, sehr angenehm. Die Herzogin sezte sich mit 3 ihrer Freunde zu einer Parthie Whist nieder. Andere ließen sich in eine Unterredung ein. Die Prinzeßin amusirte sich gemeiniglich mit Zeichnen, unter der Aufsicht des Preußischen Gesandten, dessen Geschmack und Geschiklichkeit in dieser Kunst ausserordentlich groß ist. Andere standen beym Pianoforte. Ich pflegte gemeiniglich mit meiner Reißfeder in der Hand von dem Unterricht zu lernen, der der Prinzeßin gegeben wurde. Um 11 Uhr sezten wir uns zu einem eleganten Souper nieder, und um 1 Uhr Morgens begab ich mich hinweg, da ich beinahe 2 Englische Meilen zu gehen hatte. Der Herzog kam gemeiniglich zum Souper zu Hause, verließ aber bald die Tafel, um zu Bette zu gehen. Bey der Herzogin von Vauguion war die Gesellschaft hauptsächlich französisch. Die Vergnügungen waren Karten, Tricktrac, Schach, die sich mit einem Souper endigten. Bey der Gräfin del Carpio waren lauter Spanier, einen Italiäner ausgenommen. Man vergnügte sich mit Kartenspiel. Hier wurde auch soupirt. Der Graf ist gemeiniglich vor 10 Uhr zu Hause, und bringt den Abend, wenn er nicht im Schauspielhause ist, bey seiner Familie zu. Er ist ein gescheuter und wohl unterrichteter Mann, und die Gräfin kann jede Gesellschaft, wo sie ist, beleben. Sie ist gar nicht schön; allein ihr lebhafter Witz und sanften Manieren machen sie zu einer sehr interessanten Person, die sie auch in Hinsicht ihrer zarten Constitution und schwachen Gesundheit ist. Graf Campomanes giebt keine Soupers, und ein Spieltisch wird selten gesezt. Aber

seine

feine Unterredungen nehmen die Zeit weg, und machen
alle andere Vergnügungen entbehrlich. Die Gesellschaft
bestand aus gebohrnen Asturiern, weil er selbst aus diesem
Lande ist.

Auffer diesen stillen Tertullas gaben die Herzoginnen von
Berwik und Vauguion wöchentlich einmal einen Ball, und
die Gräfinnen von Cogullubo und Pennafiel Concerte und
Bälle, worauf Glaces, Kuchen und Gelles gegeben wurden. Nach dem Balle gieng ein jeder mit seiner Gesellschaft nach Hause zum Souper.

Wenn man eine Dame besucht (denn wo eine Dame
im Hause ist, gilt ihr die Visite), klopft man nicht an
die Thüre, fragt nicht den Pförtner, sondern gehet gerade
in das Zimmer, wo sie Gesellschaft annimmt, und daselbst
findet man sie fast beständig, Morgens, Mittags und Abends.
Im Winter sizt sie bey dem Kohlbecken, umzingelt von
ihren Freunden, es sey dann daß sie zur Messe gegangen
wäre. Die Freunde sind Mannspersonen, weil Damen
selten einen freundschaftlichen Besuch ablegen. Von den
versammelten Herren heißt einer gemeiniglich Cortejo;
ich sage gemeiniglich. Denn es ist nicht immer der Fall.
Während meines Aufenthalts in Spanien habe ich nichts
von Eifersucht bey einem Ehemann gehört. Ich habe auch
nicht erfahren, daß ein solches Ding existire. Indessen
zeigen doch einige Damen eine gewisse Vorsicht und Zurükhaltung, wenn der Mann in der Nähe ist. Andere haben
Geschiklichkeit genug, den Cortejo verborgen zu halten.
Dieses kann in Spanien leicht geschehen. Denn wenn die
Damen zur Messe gehen, so sind sie so verschleiert, daß
sie nicht leicht erkannt werden können. Sie tragen insgesamt eine Basquina oder einen schwarzen seidenen Rok,

Man-

Mantilla, die als Mantel und Schleier, so daß im Noth=
fall das Gesicht damit bedeckt werden kann, gebraucht wird.
Auf die Weise verschleiert, können sie gehen, wohin sie
wollen. Wird die Dame von einem Bedienten begleitet,
so muß dieser gewonnen werden. Ueber dem ist das Haus
so zugänglich des Tages, und der Ehemann eine so grosse
Nulle im Hause, so selten sichtlich, und wenn sichtlich, so
gänzlich unbekannt mit allen, die seine Familie besuchen,
daß der Liebhaber leicht unbemerkt entwischen kann. Da=
mit sind indessen die Spanischen Damen nicht immer zu=
frieden, die mit einem feinen Gefühle, und heftiger Zu=
neigung versehen, unglüklich sind, wenn ihr Cortejo nicht
um sie ist. Er muß jeden Augenblik des Tages zugegen
seyn, die Dame mag in Privatgesellschaft oder öffentlich
erscheinen, gesund oder krank seyn. Er muß auch allent=
halben eingeladen werden, die Dame zu begleiten. Man
kennet Beispiele von Damen, selbst unter denen vom Stande,
die sich während der Abwesenheit ihrer Cortejos ganze Mo=
nate eingeschlossen haben, nicht aus Verdruß, sondern um
sie nicht zu beleidigen. Ist die Dame zu Hause, so ist
der Cortejo an ihrer Seite. Gehet sie aus, so lehnet sie
sich an seinem Arm. Nimmt sie ihren Plaz in der Gesell=
schaft ein, so wird ein lediger Stuhl für ihn gesezt. Wenn
sie tanzet, so ist es mit ihm. Jede Dame tanzt 2 Me=
nuetten auf einem Balle, die erste mit ihrem Cortejo, die
zweite mit einem Fremden. Besizt sie einige Lebhaftigkeit,
kann sie sich mit Grace bewegen, so wird sie es bey der
ersten Menuette thun. Gegen den Fremden wird sie nicht
bloß Gleichgültigkeit, sondern so gar Widerwillen zeigen.

Wenn eine Dame geheirathet hat, so wird sie von
vielen um diese Ehre gebeten, bis sie endlich ihre Wahl
bestimmt hat. Die unglüklichen Candidaten begeben sich
hinweg,

hinweg, oder werden, was man Cortejos der Kohlpfanne
nennet, d. i. sie haben bloß die Erlaubniß im Winter um
die heisse Asche zu sitzen. Obgleich wankelmüthige Damen
nicht geachtet werden, so giebt es doch viele, die ihre Liebhaber geändert haben. Einige haben dieses so oft gethan,
daß sie sich eine allgemeine Verachtung darüber zugezogen
haben, und damit endigen, daß sie gar keinen Cortejo
haben.

Die vornehmsten Cortejos in grossen Städten sind die
Dohmherren. Allein, wo Soldaten einquartirt sind, werden diese vorgezogen, und die Kirche muß nachstehen. In
den Dörfern geben die Mönche den Ton an, und sie machen auch bisweilen Prätension in den Städten. Viele von
der Klerisey auf den Pfarren haben Familien, und es wird
dieses Allen Schuld gegeben. In Asturien machte es der
Suffragan-Bischof zu Oviedo, ein Mann von strengen
Grundsätzen, aber grosser Humanität, zur Regel, daß keiner von seinen Geistlichen Kinder im Hause haben sollte.
Er glaubte, daß dieses Opfer dem Decorum gebracht werden müßte. Uebrigens pflegte er in seinen Untersuchungen
nicht zu genau zu seyn. Wenn nun gleich die untere
Geistlichkeit in Spanien nicht ohne Tadel ist, so bezeugen
doch alle mit einer Stimme die vorzüglichen Tugenden der
Bischöffe. Nach den Beobachtungen, die ich gemacht habe, sind sie in Ansehung ihrer Frömmigkeit und ihres Ei-
fers sehr verehrungswürdige Männer. Wenige aber von
den Welt- und Ordensgeistlichen halten es für ihre Schuldigkeit, diese vortrefliche Muster nachzuahmen.

Die Schauspielhäuser in Madrid werden nicht viel
besucht. Der Genius des Volkes scheint diesen Vergnügungen nicht angemessen zu seyn. Das erhellet aus der

Ein-

Einnahme beider Theater. Denn, nach der Einnahme vom
December im Durchschnitt zu rechnen, nimmt ein jedes
Haus 50 Pf. St. jeden Abend ein, bisweilen weniger als
20 Pf. und so gar in der Weinachtswoche nicht mehr als
76 Pf. Opern sind auch neulich aufgeführt worden, aber
mit geringem Erfolge. Denn die meisten Leute von Stande haben ihre eigene Gesellschaften, ausgenommen, wenn
sie auf Bälle gehen.

Wenige Leute beweisen einige Liebe zu den Wissenschaften. Das Naturalienkabinet ist aller Welt offen, aber
es wird nicht besucht, und obgleich D. Ant. Fern. Solano, königlicher Professor der Physik, in Rücksicht auf Klarheit, Eleganz und Gründlichkeit eine Stelle unter den
ersten Professoren in Europa verdienet, und seine Vorlesungen gratis hält, so hat er doch keine Zuhörer. Bücher werden nicht viel gelesen. Die keine Geschäfte haben,
machen ihre Aufwartung bey den Damen, bey denen man
nichts von solchen Sachen hört.

Ich habe Gelegenheit gehabt, die meisten Palläste in
Madrid zu sehen. Der größte in Hinsicht auf Pracht ist
der des Herzogs Alba. Die Hauptwohnung ist gegen
Süden, 200 Fuß lang mit 85 Fenstern. Die Flügel gegen Westen und Osten werden, wenn sie geendiget, 600 Fuß
lang seyn. Indessen ist in diesem grossen Gebäude nicht
ein einziges Zimmer, das dem Rang und Vermögen des
Herzogs angemessen wäre. In den obern Etagen werden
400 Schlafkammern seyn, die für die Familie kaum hinlänglich sind, wenn man bedenkt, daß alle ausgediente
Domestiquen mit ihren Weibern und Kindern hier logirt
und pensionirt seyn sollen. Der Herzog sagte mir, daß er
100000 Reales oder 1000 Pf. St. monatlich allein an
Lohn

Lohn auszahlte. In Abſicht der Bequemlichkeit und Eleganz übertrift das Haus des Herzogs von Berwik alle übrige in Madrid. Es hat eine abhängige Lage, die Fronte iſt gegen Weſten. Es umſchließt, wie andere Spaniſche Häuſer, ein Vierek, iſt aber doch in Abſicht der Bauart und des Ameublements vollkommen modern. Der Eingang führt in einen geräumigen Vorſaal, und wenn man eine weite Treppe hinauf geſtiegen iſt, ſo findet man eine Suite prächtiger Zimmer, die ganz herum mit einander eine Communication haben, und gegen Süden und Oſten mit dem Garten in einer geraden Linie ſind. Wegen dieſes Umſtandes iſt das Erdgeſchoß zur Sommerwohnung ſehr kühl, und die vornehmſten Zimmer ſind im Winter warm und angenehm. Da dieſes Haus keine zahlreichen Bedienten faſſen kann, ſo bekommen die abgedankten eine kleine Penſion, und leben auſſer dem Hauſe. Der Beſitzer hatte die Gnade, mir den Theil des Hauſes, wo das Rechnungsweſen iſt, zu zeigen. Er beſteht, wie gewöhnlich, aus 4 Abtheilungen, darin iſt ein Generalrechnungsführer mit 3 Schreibern, ein Oberſecretair mit 3 unter ihm, ein Einnehmer, ein Archivarius nebſt ſeinem Adjunct. Auf allen ſeinen Gütern ſind ähnliche, aber nicht ſo weitläuftige Inſtitute. Sein ganzes Vermögen bringt jährlich 1,888683 Realen ein, und wenn man davon 341908 Reales für Verwaltungskoſten abzieht, ſo bleiben 1,546,775 Reales, oder 15,467 Pf. Sterl.

Der verſtorbene Herzog von Arcos hatte mehr als 300 Bedienten in ſeinem Haushalt zu Madrid. Der Marquis von Penafiel, der die junge Herzogin von Benevente heirathete, und den Titel eines Herzoges von Oſſuna, Arcos, Vejar, Candia u. ſ. w. führet, und ein Einkommen von 50000 Pf. St. jährlich hat, gebrauchte, als ich zu Madrid war,

war, 29 Rechnungsführer, mit Einschluß 2 Secretairs, und er soll nachher die Zahl noch vermehrt haben. Er hat überdem einen Advokaten, und einen Hausarzt, für den und seinen Obersecretair und Cassierer 4 Kutschen gehalten werden.

Der Herzog von Medina Coeli hat 30 Rechnungsführer zu Madrid, ausser grossen Etablissements der Art auf seinen vielen Gütern, hauptsächlich in Catalonia und Andalusia. Sein Sohn der Marquis de Cogolludo, der eine besondere Haushaltung führt, erzählte mir, daß er allein zu Madrid jeden Monat 30000 Reales oder fast 4000 Pf. St. jährlich an seine Bedienten zahlte.

Es läßt sich schwerlich bestimmen, wie groß die Einnahmen dieser vornehmen Herren seyn würden, wenn ihre Güter besser benuzt würden. Was würden nicht die Ländereien des Herzogs von Alba, die administrirt 80000 Pf. St. jährlich einbringen, für einen Nutzen gewähren, wenn sie an wohlhabende Pächter vertheilt würden? Wenn der Herzog jezt, da seine Verwalter auf Rechnung ihres Herrn pflügen, säen, erndten, dreschen, verkaufen, essen und trinken, so grosse Einkünfte hat, wie groß würden sie nicht seyn, wenn jeder Fuß breit Landes etwas producirte, und diese Produkte mit weiser Oekonomie benuzt würden? Jezt aber werden diese Herren grossentheils von ihren Bedienten aufgefressen, sind in Schulden, leben sehr eingeschränkt, und geben kaum ihren Freunden eine Mahlzeit zu essen.

In vielen Häusern findet man gute Gemälde, die von ihren alten Besitzern gesammelt sind. Die jezige Generation scheint nicht vielen Geschmak an schönen Künsten zu haben. Ihre Zeit und Aufmerksamkeit geht auf unbedeutende Dinge. In den Pallästen Alba, Medina Coeli,

San-

Santiago, Infantado und Santestevan sind Gemälde von
den besten Malern. In dem erstern ist eine sehr zahlreiche
und unschäzbare Sammlung; unter diesen, ein Portrait
des ießigen Herzogs, von Mengs, der grosse Herzog Alba,
von Titian; eine Venus von Velazquez eine Christusfa-
milie von Raphael, die berühmte Liebesschule, wo Venus
und Merkur den Cupido lesen lehren, von Correggio.
Diese Gemälde waren in der alten Wohnung auf einem
Hauffen beisammen, und fielen nicht wohl ins Auge.
Wenn sie gereiniget und gehörig aufgestellet seyn werden,
so werden sie eine vortreffliche Sammlung ausmachen.
Die übrigen angeführten Sammlungen sind wohl behalten, ausgenommen die, welche dem vorigen Herzog von
Santestevan gehörten, und iezt ein Eigenthum seines
Schwiegersohns, des Marquis von Cogolludo sind, die,
ob sie gleich als Werke der ältesten Künstler unschäzbar
sind, doch gänzlich vernachlässiget werden, und in Verfall
gerathen. Der Marquis hatte die Höflichkeit, mich und
den Preussischen Gesandten zu begleiten, als wir sie be-
sahen, und kann unsre darüber angestellten Klagen bezeugen.

Charakterzeichnung des Königes und seiner Minister. Gelehrte.

Carl III. ist iederzeit als ein Mann von sehr gewöhnlichen Talenten angesehen worden. Allein alle, die ihn kennen, bewundern die Güte seines Herzens, und man kann
ihn nicht ansehen, ohne die Züge von Gewogenheit und
Rechtschaffenheit wahrzunehmen. Als ein Mann von

Grundsätzen hielt er es für seine gröste Pflicht, das Glük
der Nation, die er regiert, zu befördern. Und wenn je
sein Betragen seinen Grundsätzen nicht gemäs gewesen ist,
wenn er unnatürliche Allianzen, ohne dazu gezwungen zu
seyn, oder Vortheile vorauszusehen, eingegangen, wenn
er zur Vertheidigung eines Verwandten sich geschwinde
entschlossen hat, so ist allemal sein Irrthum in Güte des
Herzens, oder Pflichten der Dankbarkeit gegründet gewesen. Bey der Wahl seiner Minister zieht er blos das
Wohl seines Volkes zu Rathe, und man muß gestehen,
daß er gemeiniglich in seiner Wahl gut geleitet wird.

Der jetzige Minister, Graf Florida Blanca, ist ein
Mann von ausgezeichneten Geschiklichkeiten, rechtschaffenen
Gesinnungen und unermüdeter Arbeitsamkeit. Sein Vater war Chorirano, Episcopal in Murcia. Er wurde
sehr jung als Advokat des Herzogs von Arcos in die Familie Benevente aufgenommen, unter dessen Schutz er
Fiscal oder einer von den Richtern in Castilien wurde.
In dieser Bedienung that er sich dadurch hervor, daß er
die Maasregeln des Grafen d'Aranda zur Vertreibung
der Jesuiten unterstüzte, und einen Tumult, den bey dieser Gelegenheit der Bischof von Cuenca, ein Prälat, der
den Jesuiten sehr ergeben war, erregt hatte, stillete.
Nach ihrer Vertreibung wurde er nach Rom geschikt, wo
er vielen Ruhm einlegte, indem er die Einwilligung des
Pabsts zu solchen Maasregeln erhielt, die zulezt der päbstlichen Macht sehr nachtheilig geworden sind. Von Rom
wurde er nach Hause berufen, um den königlichen Staatsrath zu dirigiren, und der Minister Grimaldi erseste seine
Stelle in Rom. Graf d'Aranda, der als Präsident von
Castilien und Gouverneur des Staatsrathes allmächtig
gewesen war, wurde als Ambassadeur nach Paris geschikt.

Der

Der neue Minister war seiner Freunde nicht uhein,
gedenk. Bey allen Vorfällen hat er sich als einen Freund
des Hauses Benevente bewiesen, und ihm seine Dankbar,
keit zu erkennen gegeben. Er hat auch Don Pedro de
Lerena, in dessen Hause er logirte, als er zu Cuanca
war, zu einem ansehnlichen Posten erhoben. Dieser Günst,
ling des Glückes, Sohn eines elenden Wirthes in Val,
demoro, war Lehrbursche bey einem Grobschmid, der sei,
nem Vater gegenüber lebte In einer glüklichen Stunde
heirathete er eine reiche Wittwe zu Cuenca, und erhielt
durch die Verbindung mit ihrer Familie eine kleine Stadt,
bedienung. Hier hatte er das Glück, Monnino, jezt
Grafen Florida Blanca in sein Haus aufzunehmen, und
sich bey ihm in guten Credit zu setzen Lerena wurde,
als der Graf sich in die Höhe zu schwingen anfieng,
Agent der Armee in Minorca, und nach der Einnahme
dieser Insel gieng er mit dem Herzoge von Crillon in
derselben Qualität nach Gibraltar, und nach geendigtem
Kriege wurde er Intendant von Andalusien und Assistent
in Sevilla. Als er diese Bedienung hatte, verschaffte er
sich nach der Gewohnheit des Landes Attestate über seine
gute Aufführung von ganzen Communen im Civil, Mili,
tär, und Kirchenstande, und von vornehmen Privatperso,
nen, und als diese dem Könige vorgelegt waren, so er,
hielt er nach dem Tode des Don Miguel de Musquiz die
Finanzstelle beym Kriegsdepartement.

Die Familie der Galvez, die gleich glüklich sind,
waren lauter Männer von vorzüglichen Talenten. Don
Joseph de Galvez, Marquis von Sonora, und Mini,
ster von Indien war von einer geringen Familie bey Ma,
laga, und hob sich und seine Familie durch seine grosse
Geschiklichkeiten zu den höchsten Ehrenstellen im Staate.

P 2   Seine

Seine beiden Brüder trieben boricos, und wurden Tio
genannt, ein Wort, welches Vetter (uncle or gaffer),
bedeutet. Indessen wurde einer von ihnen Vicekönig von
Mexico, und ihm folgte in demselben Amte nach seinem
Tode sein Sohn.

Don Antonio Valdes, der gegenwärtige Seemi-
nister, hat seinen Verdiensten seine hohe Ehrenstelle zu
verdanken. Als Capitain in der Marine und als Com-
modore zeichnete er sich aus. Seinen Einsichten und seiner Thätigkeit verdanket die Nation den Zuwachs der
Seemacht. Von seinen vorzüglichen Talenten hatte ich
keine Begriffe, bis ich in den Seehäfen gewesen war,
und ich bedaure jezt, daß ich nicht mehrere Zeit in seiner Gesellschaft zugebracht habe.

Alle, die das Glük haben, sich dem Grafen Campomanes zu nähern, bewundern seine weit ausgebreiteten
Einsichten, die sich über alle Wissenschaften erstrecken, und
seine Rechtschaffenheit, die nur auf einen Zwek gerichtet
ist, das Wohl seiner Nation. Er leuchtet in allen Zweigen der Gelehrsamkeit, vorzüglich in den Rechten, der
Geschichte und der Staatswirthschaft. Seine Erhebung
verdankt er gänzlich sich selbst, und der Stimme der
Nation.

Man muß sich billig verwundern, daß alle diese
Aemter mit Männern besezt sind, die aus den untern
Volksclassen genommen sind, und daß keiner von ihnen
ein Mann von hoher Herkunft, ein Grande von Spanien ist. Die Grandes bekleiden die Würden, die ihnen
eigentlich zukommen. Sie sind Kammerherren, Hofjun-
ker, Stallmeister u. f., und haben Antheil an dem Glanze
des Hofes, wenn andere für wichtige Aemter, deren Last

sie

sie besser ertragen können, verantwortlich gemacht werden.
In England werden die Standesperfonen von ihrer Kind,
heit an zur Erreichung großer Abüchten auferzogen. In
der Schule lernen sie Ehrgeiz, und wenn sie in das Haus
der Gemeinen kommen, so finden sie, daß sie blos durch
ausgezeichnete Betriebsamkeit und Kenntniffe sich Achtung
erwerben und Macht erhalten können. Sie werden da,
durch so sehr zum Fleiße angespornt, daß ihrer ererbten
Reichthümer und Ehrenstellen ungeachtet, viele der ersten
Männer und der geschicktesten Minister unter dem hohen
Adel in England zu finden sind. In Spanien hingegen
herrscht unter den höhern Ständen eine gewisse Schläf,
rigkeit. Sie begnügen sich mit den Reichthümern und
Ehrenstuffen, welche ihnen die Geburt giebt. Die Gran,
des handeln nach den Grundsätzen der Sinnlichkeit, und
werden nicht bemerkt. Die Erziehung wird auch über,
haupt so sehr vernachläffiget, daß die Staatsminister
nicht ohne Schwierigkeit Männer finden können, die den
gewöhnlichn Bedienungen vorzustehen geschickt sind.

Als mein Freund Don Eugenio Izquierdo von Pa,
ris zurückkam, wo er sich bildete, um eine Stelle bey dem
königlichen Naturaliencabinet zu Madrid zu erhalten, wo,
von er auch nach dem Tode Davilas Direktor geworden
ist, so wurde ihm aufgetragen, ein Verzeichniß der Na,
turalien zu verfertigen, um die Welt zu überführen, daß
in Spanien dieser Zweig der Gelehrsamkeit nicht hintan,
gesetzt würde. Ehe er aber dem Auftrage Genüge leisten
konnte, wurde er davon abgerufen, um die Färbekunst zu
lehren, und die Tuchmanufaktur in Guadalajara zu diri,
giren, wo alles in Unordnung gerathen war, und eine
Reformation bedurfte. Hier fand er aber an denen, die
sich bißher mit Müßiggang ihr Brod verdient, und durch

P 3 den

den schlechten Zustand der Manufaktur auf Unkosten des Staats bereichert hatten, so viele Feinde, daß er, wie ich gehört habe, nach 2 Jahren durch ihre Verfolgung genöthiget wurde, sich wegzubegeben.

Sein Freund Angulo, der unter seiner Aufsicht zu Paris die Naturgeschichte studierte, und es für eine Ehre gehalten haben würde, Vicedirector des Naturalienkabinets zu werden, war kaum am Hofe wieder angelangt, als er zum Professor der Chemie ernannt wurde, und Befehl erhielt, den folgenden Winter Vorlesungen darüber zu halten. Er verlangte ein Laboratorium und einen hinlänglichen Apparat. Das erste wurde ihm versprochen, und für das zweite, hieß es, müsse er selbst sorgen. Bald darauf wurde er von dem Finanzminister nach Linares geschikt, um über die dasigen Bleygruben die Aufsicht zu haben. Er entledigte sich seines Auftrages so wohl, daß er Generaldirector aller Bergwerke in Spanien wurde. In dieser Qualität wurde er nach Riotinto geschikt, wohin ich ihm folgen wollte. Nicht weit von dem Orte hörte ich, daß er in eine andere Gegend des Königreiches gesandt sey, um ein Bergwerk, wo man Zinnober gefunden zu haben vermeinte, zu untersuchen. Proben dieses Erzes mit dem daraus gezogenen Quecksilber, das häufig war, waren dem Finanzminister zugestellt, und man nährte sehr schmeichelnde Hofnung von dem Reichthum, den diese Entdeckung verschaffen würde. Unglüklicher Weise war alles eine Täuschung, und H. Angulo brachte den Betrüger zum Geständnisse der Mittel, wodurch er den Minister hintergangen hatte, in Hofnung, Director dieses vorgiebigen Bergwerkes zu werden.

H. Clavijo war Aufseher über das königliche Theater, und als man einen geschikten Mann suchte, die öffentli fentlichen Druckereyen zu dirigiren, wurde ihm diese Stelle aufgetragen, und der Hof war mit den Diensten dieses gelehrten Mannes zufrieden. Als nach dem Tode des H. Davila Don Eugenio Izquierdo der erste Director des Naturalienkabinets wurde, und ein Vicedirector an seiner Stelle ernannt werden sollte, so fiel die Wahl des Finanzministers auf H. Clavijo, und es wird auch an ihm wahr werden, daß ein weiser Mann alles ist. Er hat die Werke des Grafen von Buffon übersezt, und sollte er seine jetzige Stelle behalten, so wird er unstreitig in der Naturgeschichte grosse Fortschritte machen. Geschikte Männer sind aber so selten, daß H. Clavijo vielleicht bald einen neuen Auftrag erhalten wird.

Während meines Winteraufenthalts in Madrid wurde ich mit dem Obersten Nobin, von Geburt ein Italiäner, bekannt, der sich durch Kenntnisse in der Algebra hervorgethan hat. Er war so glüklich, von dem Minister bemerkt zu werden, und erhielt den Auftrag, die Schiffahrt zu Tortosa, wo fast unüberwindliche Hindernisse sich ihr in den Weg legen, zu verbessern. Er wurde aber bald von diesem Orte nach dem nördlichen Theil von Spanien geschikt, eine Strasse zu bauen, wo der Finanzminister glaubte, daß algebraische Berechnungen von Nutzen seyn könnten.

Wenn man der Gelehrten in Madrid erwähnet, so müssen die Gebrüder Yriarte nicht vergessen werden, die in Absicht des Geschmaks, gesunden Urtheils und wissenschaftlicher Kenntnisse von wenigen in den aufgeklärtesten Ländern übertroffen werden. Don Bernardo hat eine Stelle im Finanzdepartement. Sein Bruder ist aber der Gelehrte.

P 4   In

In einer gewiſſen Periode war der Apotheker Don Caſimiro Gomez Ortega der einzige, der Geſchicklichkeit genug beſaß, Botanik, Chemie, Mineralogie oder Naturgeſchichte zu lehren. Er hat aber viele Nebenbuhler ſeines Ruhms, ſelbſt in der Wiſſenſchaft, worin er die meiſten Einſichten hat, aufſteigen ſehen.

Don Antonio Solano, Profeſſor der Experimentalphyſik, verdienet wegen der Richtigkeit und Gründlichkeit ſeiner Vorleſungen viele Hochachtung. Allein unglüklicher Weiſe iſt der Geſchmak an Wiſſenſchaften in Madrid ſo elend, daß keiner ſie beſuchen will. Dankbarkeit und Ehrerbietung macht es mir zur Pflicht, daß ich Don Francisco Bayer, erſten Bibliothekar des Königes, und Lehrer des Infanten Don Gabriel anführe.

Der lezte, den ich als Gelehrten anführen werde, ob er gleich nicht die lezte Stelle verdient, iſt Juan Bautiſta Munnoz, Hiſtoriograph des Königes, der den beſondern Auftrag hat, die Eroberung von Amerika zu ſchreiben. Er gab mir die Erlaubniß, ſeine Manuſcripte zu unterſuchen. Er hat 7 Jahre an ſeinen Materialien geſammlet, und zu dem Ende alle Oerter in Spanien beſucht, wo Familien und Deſcendenten der erſten Wagehälſe ſich aufhalten, oder öffentliche Dokumente aufbewahrt ſind. Seine Sammlungen beſtehen in mehreren Bänden, und werden, wie ich nicht zweifele, der Welt mit der einem Hiſtoriker zukommenden Unpartheylichkeit, und mit der Eleganz, die man von einem ſo talentvollen Schriftſteller erwarten kann, mitgetheilt werden. Er iſt ein aufgeklärter Kopf, in der claſſiſchen Literatur bewandert, und mit der Vortrefflichkeit der Schriftſteller, die am meiſten als Hiſtoriker bewundert werden, bekannt.

Man

Man iſt daher berechtiget, von ihm nicht bloß ein-neues, ſondern ein intereſſantes Werk zu erwarten. Hätte Hr. Dr. Robertſon oder ſein Freund Waddilove gewuſt, wo Dokumente zu ſuchen wären, und 7 Jahre mit deren Sammlung zugebracht, ſo würde ſein Werk der Aufmerkſamkeit des Publikums noch viel würdiger geweſen ſeyn. Sollten jene Materialien erſcheinen, ſo wird er ſie zu bearbeiten wiſſen, und dadurch ſeinen Ruhm vollenden.

Herr Liſton erſuchte den Grafen Florida Blanca kurz vor meiner Abreiſe von Madrid, mir ein Empfehlungs-ſchreiben nach Murcia zu geben. Der Graf fragte ſehr höflich, was für eine Tour ich nehmen würde, und ſchikte mir wenige Tage nachher Briefe an alle Gouverneurs der Provinzen, und einige der vornehmſten Perſonen in jeder Stadt, durch welche ich reiſen würde. Ich verſah mich auch mit Päſſen von dem Miniſter, dem Grafen Campomanes und meinem ſchäzbaren Freunde Eſcarano. Die beiden lezten waren mir bey verſchiedenen Gelegenheiten von groſſem Nuzen. Ich machte auch bey dem General-inquiſitor meine Aufwartung, nicht bloß um meine Neugierde zu befriedigen, ſondern um, wenn ich ſeines Schuzes bedürfen ſollte, ihm nicht ganz unbekannt zu ſeyn.

Reise von Madrid nach Sevilla.

Ich reiste in einer Coche de Colleras, die von 7 Maulthieren gezogen wurde, am 15ten Febr. 1787. von Madrid,
passirte durch Valdemoro und war den Abend in Aranjuez. Valdemoro, ein Flecken, hat 1938 Einwohner,
2 Klöster, und eine königliche Strumpffabrike, die der
Finanzminister zur Ehre seines Geburtsorts hat anlegen
lassen. Der Stühle sind 100, und nicht alle im Gange.
Die Strümpfe sind nicht fest, und schlecht gewebt. Die
gestrikten sind zweyfäbig, und nicht gut gesponnen. Eine
geschikte Hand kann hier täglich 12 Reales oder 2 Sch.
4 Pfenn. verdienen. Da meine Reisegefährten diese Tour
mehrmalen gemacht hatten, so wusten sie, wo Lebensmittel und guter Wein anzuschaffen war. Wir litten also keinen Mangel. Das Wirthshaus in Aranjuez ist sehr geräumig, hat 44 reine und gute Betten. Es gehört dem
Könige und wird für 54000 Reales oder 540 Pf. St.
jährlich verpachtet.

Am 16ten Febr. Ocana, eine beträchtliche Stadt,
2 Meilen von Aranjuez und 9 von Madrid, hat 4 Pfarrkirchen, 4886 Einwohner. Wir machten Halte zu La
Guardia. Hier sind 1000 Familien oder 3344 Seelen,
nach der Liste, die der Regierung eingeschikt wird. Es
sind aber 3000 Communicanten, und 800 Unmündige da.
Die einzige Fabrik, von Salpeter, ist unbedeutend. Daher sind die Einwohner in Armuth. Das Land wird in
kleine Parcelen ausgetheilt. Der vornehmste Eigenthümer
ist Don Diego de Plata. Die Pacht wird in Naturalien
bezahlt. Die Kirche ist ein schönes, wohl proportionirtes Gebäude, die Altäre sind gröstentheils neu und simpel. In einer
Ka-

Kapelle sind viele gute Gemälde von Angelus Nardi. Wir übernachteten noch 2 Meilen weiter zu Trembleque, einem Flecken von 2000 Familien, aber nicht mehr als 4418 Seelen, mit 1 Pfarrkirche, 1 Kapelle und 1 Kloster. Hier ist eine Salpeterfabrik, worin 40 Personen des Winters, 60 des Sommers arbeiten, und 6000 Arrobas jährlich gemacht werden. Der sehr einsichtsvolle Director dieser Fabrik erzählte mir, daß bey der grösten Sparsamkeit die Unkosten sich auf 600000 Reales beliefen, d. i. 4 Reales oder fast $9\frac{1}{2}$ Pfenning das Pfund, wovon die Arbeit 1 Pfenn. kostet, und die übrigen $8\frac{1}{2}$ für Brennmaterialien, Oefen, Zinse des Capitals und zufällige Ausgaben verwandt werden. Er sagte mir, daß er seine Erde von solchen Plätzen nehme, worauf mineralische und vegetabilische Substanzen in Fäulniß gerathen waren.

Am 17ten Febr. Wir passirten durch Camunas, ein elendes Dorf von 300 Häusern nach Las Ventas de Puerto Lapiche. Von Madrid bis hieher sind 22 Meilen. Das Land ist flach und die Aussicht gegen Norden ausgedehnt. Der Boden ist weicher Quarzsand und die Steinart Granit. Der Pflug wird von 2 Eseln oder 2 Maulthieren gezogen, und wo der Boden durch Kanäle gewässert wird, wächst Getreide in Menge. Der Wein ist vortreflich und im Ueberfluß. Das Dorf Lapiche ist elend, und die Einwohner sind halbnakend, obgleich wegen Mangels an Regen hier kein Miswachs entstehen kann. Denn in einem Raum von 60 Acres zählte ich mehr als 30 Norias. Das Wirthshaus (Venta) ist nach alter Spanischer Art, 150 Fuß lang, und eine Nebenhütte abgerechnet, nur 10 Fuß weit. An dem einen Ende ist ein Camin anstatt einer Küche, 10 Fuß im Quadrat, mit einem Heerd in der

der Mitte, an 3 Seiten mit Bänken umgeben, auf welchen die Maulthiertreiber des Tages sitzen, und des Nachts
schlafen, und gegen die lange Reihe von Ställen offen.
Bey dem Hause ist ein Hofplaz mit einem Brunnen in
der Mitte, und an einer Seite ein Obdach für Karren
und Kutschen. Das Schlafzimmer ist über dem Stall,
und die ganze Nacht hörten oder konnten wir hören den
Laut der Glocken an den Köpfen der Maulthiere, so lange
diese fraßen.

Am 18ten Febr. Von las Ventas giengen wir in
eine große Ebene hinunter, an beiden Seiten durch hohe
Berge begränzt, die Oliven, Getreide, und Safran producirt. Nach zurükgelegten 8 Meilen kamen wir zu Manzanares an. Alle Reisende waren wohl bewafnet, und
wie einige zum Andenken aufgerichtete Kreuze zeigten, nicht
ohne Ursache. Ob es gleich Sonntag war, so arbeiteten
doch viele Pflüge. Das Getreide wird durch viele Norias
gewässert. In Manzanares sind 1800 Familien, 6786
Seelen. Die Häuser sind von Leim, und die Armen fast
nackend. In der Kirche sahen wir 4 gute Gemälde. Das
Schloß mit beträchtlichen Ländereien, und Zehnten gehören den Rittern von Calatrava, und der Infant Don
Antonio ist dermalen im Besiz davon, dem es jährlich
30000 Dukaten oder 3295 Pf. St. einbringt. Wir sahen
uns darin um, und der Verwalter ließ uns nicht allein
den Wein kosten, den er eben für des Infanten Tafel ein-
pakte, sondern schikte uns mehr als 3 Gallons davon nach
unserm Wirthshaus. Dieses war geräumiger als gewöhnlich mit 32 Betten, insgesamt im Erdgeschoß. In jedem
Schlafzimmer stehen nach Spanischer Sitte 4 Betten.

Am 19ten Febr. Wir speisten zu Valdepenas
4 Meilen vom vorigen Ort. Der Boden ist sandig mit
Kies. Producte sind Oliven, Wein, und vornämlich Getreide. Die Norias sind wohl angelegt, mit dem grossen
eisernen Rad statt des hölzernen. Das Gestein ist Schiefer. Der gute Wein, welcher hier wächst, wird nach
Madrid geschikt. In der Stadt sind 7651 Seelen. Wir
kamen von hier durch Santa Cruz, und dann wurde
der Weg steil unter rauhen unangebauten Anhöhen bis wir
in La Conception de Almuradiel anlangten. Dies kleine Dorf von 36 Familien, gebaut 1781, war das erste,
welches wir in der neuen Kolonie zu Sierra Leona antrafen. Das Wirthshaus umschließt einen Hofplaz 90 Fuß
lang, 50 Fuß breit, mit einer Wagenremise 150 Fuß
lang, 40 Fuß breit, und Ställe in Proportion. Die Zimmer sind wohl eingerichtet, jedes mit einem Kamine und
2 Alkoven zu Betten. Darüber sind die Zimmer für den
Administrator, seinen Deputirten und seine Bediente, nebst
weitläuftigen Vorrathshäusern, und einem Corridor, der
um dies alles herumgeht. Alles ist hier auf königliche
Rechnung, und man bekümmert sich daher wenig um die
Reisende. Ein jeder Kolonist hat 90 Fanegos Land in
emphitevsis, oder auf Erbenzins, bezahlt bloß an den
König den Zehnten, und 12 Quartos oder 3 Pfenning
Grundsteuer für das Haus. Santa Elena ist hauptsächlich von Deutschen bevölkert. Hier herum sind viele einzelne Häuser über das Land zerstreut. Das Land ist stark
angebaut. Es sind aber noch so viele Bäume stehen geblieben, daß das ganze einem grossen Walde ähnlich sieht.
Man pflüget mit Kühen, und es geht geschwinde. In
den höhern Gegenden der Sierra ist Granit, niedriger
Schiefer mit Kalkstein und Gyps.

Am

Am 20ſten Febr. um Mittag in Carolina, der
Hauptſtadt dieſer Kolonie. Der Boden um Carolina iſt
groſſentheils ſandig, und das Geſtein iſt entweder Kalkſtein oder Gyps. Die Produkte ſind Oliven, Oel, Wein,
Seide, Weitzen, Gerſte, Roggen, Haber, Erbſen, India-
niſcher Weitzen oder Mays und Linſen. Hier giebt es
keine Fabriken, und nicht Gewerbe genug für die Einwohner. Dieſe neuen Kolonien ſind daher auch mit halbnak-
ten Bettlern angefüllt. Die Zahl derſelben in der Sierra
Morena, nach den der Regierung eingeſandten Liſten, iſt
folgende: unverheirathete Männer 2388, unverheirathete
Weibsperſonen 1724, verheirathete Männer 1620, Weiber
1609, Witwen 318, Witwer 209; und das Total 7868.
Von dieſen ſind Ackersleute 1784, Tagelöhner 4,411,
Handwerker 172, Dienſtboten 366, in Dienſten der Regierung 118.

Wenn wir bedenken, daß alle dieſe in weniger als 10
Jahren zuſammengebracht ſind, ſo müſſen wir die Thätigkeit und den Eifer des Stifters dieſer Kolonie D. Pablo
de Olavide bewundern. Sie ſind mit groſſen Koſten aus
entlegenen Ländern zuſammen geholt. Die Kolonie iſt aber
weit davon entfernt, im Wohlſtande zu ſeyn. Die Urſache
davon liegt nicht ſowohl in dem Klima und dem Boden,
welcher geſund und fruchtbar iſt, oder der Regierung, die
ſich einer Autonomie nähert, oder den Sitten der Koloni-
ſten, die durch Luxus noch nicht verdorben ſind, als vielmehr in dem Mangel eines Markts, wo ſie den Ueber-
ſchuß ihrer Produkte verkaufen können. Unſer Wirth war
ein Franzoſe, und es wurde der Jahrszeit ungeachtet,
Blumenkohl und grüne Erbſen aufgetiſcht. Die Einwohner ſind den kalten Fiebern und andern Krankheiten, die
in Faulfieber ausarten können, unterworfen, obgleich kein

ſtehen-

stehendes Waſſer oder Moräſte in der Nähe ſind. Bis hieher iſt der Weg durch die Sierra vortreflich, weiterhin iſt
er noch in ſeinem natürlichen Zuſtande.

Zwey Meilen von Carolina iſt Guadaroman, ein
Dorf mit 100 Familien, davon jede 50 Fanegos Land
hat. Es hat eine abhängige Lage an der Seite eines
rauſchenden Fluſſes in einer fruchtbaren Gegend, die mit
Kornfeldern und kleinen Waldungen von Ilex geziert iſt.
Die entfernten Berge ſind in ihrer Form ſchön von einander unterſchieden, und mit Holz bedeckt. Der Boden iſt
ſandig, und die Bäume ſind geſund; die Einwohner aber
doch mit kalten Fiebern geplagt. Die Einwohner ſind gröſtentheils Deutſche, die durch Fleiß und Sparſamkeit ihrer
Nation Ehre machen.

Am 21ſten Febr. Je mehr man ſich von dieſer Kolonie entfernt, deſto mehr verliert man die Spuren, die
den menſchlichen Aufenthalt bezeichnen. Dicht vor Bailen
ſind groſſe Pflanzungen von Olivenbäumen, die nebſt dem
Dorfe und einem groſſen Stük Landes um daſſelbe der
Gräfin von Penaſiel gehören. Auf dem Wege ſieht man
Banos mit einem Schloſſe auf einem Berge gelegen,
wovon man eine ſchöne Ausſicht hat. Nachdem wir Bailen verlaſſen, kamen wir in einen Wald, und ſahen auf
einem Berge ein Kreuz, das ein Denkmal ſeyn ſollte. Wir
verlieſſen Zogunga mit dem Kloſter zur Rechten, und kamen an die Venta Sequaca, und nachdem wir den Nachmittag bald durch groſſe Waldungen von Ilex, bald durch
Pflanzungen von Olivenbäumen gekommen waren, erreichten wir gegen Nacht Andujar. Das Geſtein, wo das
Waſſer rein gewaſchen hatte, ſcheint harter Granit zu
ſeyn, von verſchiedener Art, ſowohl roth als weiß. Andujar

jar liegt in einer reichen und sehr angebauten Ebene. Hier sind 6800 Familien, 5 Pfarrkirchen und 10 Klöster, aber keine Fabriken. Das Schloß fällt als ein sehr altes in die Augen. Es wurde von Ferdinand III. den Mauren 1225. entrissen.

Am 22sten Febr. Nachdem wir die Brücke über den Quadalquivir passirt, und in eine Olivenbäumeplantage gekommen waren, zogen, weil es noch frühe am Tage war, meine Reisegefährten den Hahn ihrer Pistolen auf, und ein Soldat mit einer Flinte gieng an unserer Seite. Verschiedene Räubereien, die neulich verübt waren, schienen ihnen diese Vorsicht, die nach meiner Meinung unnöthig war, zu erfordern. Als wir in ein mehr offenes Land kamen, verschwand unsre Besorgniß. Alle Hügel, worüber wir kamen, die den Fluß gegen Norden begränzten, sind mit weichen, runden, kalkartigen Kies und einigen Flintsteinen bedeckt; aber nicht weit von Del Carpio scheint das Gestein kieselartig zu seyn mit Mica, ohnstreitig von verwittertem Granit. In Del Carpio sind 750 Häuser, mit einem alten Castel, einem Posthause, und einer wohlgebauten Posada. Das Land herum ist reich, und gehört grossentheils der Herzogin von Alba. Ihr Corregidor verwaltet es für sie, und er scheint sein Geschäft zu verstehen. Die Olivenbäumepflanzungen sind weitläuftig, und die Bäume sind nicht, wie die der Gräfin von Penafiel um Bailen, veraltet, sondern jung und gesund. Nicht weit von Cardova waren die höchsten Berge mit Flintsteinen, oder Stücken von Kalkstein, Kieselerde, und Granit bedeckt; und näher bey dem Flusse entdeckt man ein Bett von Kies von allen diesen Arten, 12 oder 14 Fuß dick.

Am

Am 23ſten Febr. Cordova liegt in einer weit ausgedehnten Ebene, die gegen Süden von ſteigenden Hügeln, die bis an den Gipfel angebaut ſind, und gegen
Norden von einer rauhen Gebirgkette, der Fortſetzung der
Sierra Morena, begränzt iſt. Durch die Mitte der Ebene
fließt der Guadalquivir. Das ganze Land hat einen reichen Vorrath an Holz und Waſſer, iſt gut angebaut,
und kann an Reichthum und Schönheit nicht übertroffen werden. Hier fand ich zum erſtenmal, nachdem ich
Barcelona verlaſſen, zu meinem groſſen Vergnügen Feigen, Orangen und Palmbäume in groſſer Menge. Die
Stadt hat 32000 Einwohner, 14 Pfarrkirchen und 44
Klöſter. Die groſſe Anzahl der Bettler in den Straſſen
war mir auffallend, und ich fand bald, daß die vielen
Almoſen, welche die Geiſtlichkeit austheilet, die Urſache
davon ſind. Das Bisthum hat eine jährliche Einnahme
von 80500 Dukaten oder 8843 Pf. St. wovon der Bi-
ſchof jeden Tag an Manns- und Frauensperſonen wech-
ſelsweiſe Geld giebt, und bisweilen ſind mehr als 7000
Perſonen von ihm beſchenkt. Auſſer Gelde vertheilet er
täglich 30 Fanegas Korn; dieſer reichen Verſorgung ungeachtet ſollen voriges Jahr viele vor Mangel an Brod
umgekommen ſeyn.

Die vornehmſten Krankheiten ſind dreytägige und
Faulfieber, die aus den vielen Gurken und Melonen,
die hier im Sommer und Frühling gegeſſen werden, entſpringen.

Am 24ſten Febr. geſellete ſich zu unſerer Kutſche
noch eine andere mit 4 wohl bewafneten Reiſenden. In
Spanien pflegen auf die Weiſe, wenn Gefahr vorhanden
iſt, mehrere in Geſellſchaft zu reiſen, ohne übrigens eine

Repoſitor. 1.   Q   weitere

242

weitere Verabredung mit einander zu treffen. Wir fahen aber nichts von den Räubern, die auf diesem Wege ge plündert hatten. Um Mittag waren wir zu Charlotta, eine neue Colonie in ihrer Kindheit, wie die auf Sierra Morena. Das Länd ist schön, der Boden ergiebig, das Pflanzenreich treibend, und das Rindvieh groß. Nach mittags kamen wir über fruchtbare Felder, auf denen in den wenigen angebauten Plätzen Bohnen in voller Blüthe und wohl gehakt standen. Als wir uns Ecija näherten, verschönerte sich das Land, die Cultur schien zuzunehmen, das Rindvieh wurde schöner und grösser, und die Oel bäumepflanzungen zeigten die Fruchtbarkeit des Bodens.

Ecija ist 8 Meilen von Cordova, hat eine ange nehme Lage an dem Ufer des Xenil mit schönen Spatzier gängen, die nach Spanischer Gewohnheit des Abends be sucht werden, 28176 Einwohner, 6 Pfarrkirchen, 8 Ka pellen, 20 Klöster, 6 Hospitäler. Die Kirchen sind von Backsteinen erbaut, ganz nach dem alten Geschmack, mit unschiklichen Verzierungen überladen, und mit Gold be dekt. Die, welche am meisten in diesem Styl erbaut ist, und für ein Muster des verdorbenen Geschmackes gel ten kann, ist die Kirche nuostra Senora del Rosario im Dominicaner - Kloster. Der Plaza Mayor ist hübsch, sehr geräumig, und wegen der Balcone, die die ganze Fassade der Häuser einnimmt, zu bewundern.

Als wir ankamen, sprach ein jeder noch von der Niederlage, welche die königlichen Truppen den Tag vor her von den Schleichhändlern erlitten hatten. Diese 100 an der Zahl und wohl bewafnet waren in die Stadt ge drungen, hatten die Soldaten vertrieben, einen getödtet, und darauf ihren Tabak an die Einwohner verkauft. Eine
solche

solche aufferordentliche Gewaltthätigkeit hatte die Regierung durch den erhöheten Tabackspreis von 30 Reales zu 40 das Pfund, da der Schleichhändler es in Portugal für 8 Reales kaufen konnte, veranlaßt. Unter solchen Umständen hat der Schleichhändler einen zu groffen Gewinn zu hoffen, als daß er sein verbotenes Gewerbe fahren laffen sollte. Die Strafe auf den Schleichhandel, wenn kein Mord dabey begangen, ist Einsperrung auf 7 oder 10 Jahre zu harter Arbeit in den Presidios. Hier wird er durch den Umgang mit den verworfensten Menschen in der Bosheit noch mehr bestärkt. Wenn der Schleichhändler diese Gelegenheit, im Bösen zuzunehmen, nicht gehabt hat, wird er nicht leicht jemand auf der Heerstraffe anfallen, wenn er nicht selbst geplündert ist, und Pferde, Geld oder Waffen haben muß. In solchen Fällen wird er wütend, und fängt damit an, daß er den Reisenden ermordet, den er berauben will. Die Pächter hier herum bezahlen eine theure Pacht, gemeiniglich 2 Scheffel (bushels) Weitzen und Gerste für einen Scheffel zur Saat. Bezahlen sie eine stipulirte Geldsumme, so bezahlen sie diese nicht an den Eigenthümer, sondern, als Mayer, an die reichen Speculanten, die mit Grundstücken handeln, und können daher keine Mäßigung erwarten. Grundstücke, welche eingezäunt sind, werden höher verpachtet, als die, welche offen liegen, weil auf den letztern die Merino-Schaafe weiden, die, wenn sie jene betreten würden, ein Fünftel der Uebertreter einbüffen würden. Hierin liegt aber der Grund vieler Streitigkeiten zwischen den Landeigenthümern und den Eigenthümern der Merins-Schaafe, die in Beziehung auf ein gewisses Gesetzbuch sich eines Rechts anmaffen, nicht blos auf die gemeine Wiesen, sondern sogar in die Oelbäumenplanta-

Q 2   gen

gen die Heerde zu treiben. Die Mordthaten, die in dieser Hinsicht seit wenigen Jahren verübt sind, belaufen
sich auf mehr als 200, und die Proceſſe haben den ſtrei-
tenden Partheyen mehr, als ihre Schaafe und Oelbäume
werth ſind, gekoſtet.

In ganz Andaluſien haben die Städte und Flecken
unermeßliche Beſitzungen, die ſich bisweilen auf 3 Meilen
nach allen Gegenden erſtrecken, und mehr als 200000
Acres entweder ödes Land, oder ſolches, das urbar gemacht werden könnte, wenn es nicht zu weit von dem
Hauſe des Pächters wäre, umfaſſen. Von dieſen wird
nicht ein Viertel gepflügt, und das, was unangebaut liegen bleibt, iſt der Viehzucht eher hinderlich als förderlich.
Kurz, nach der Meinung der beſten Patrioten wird Andaluſien durch hohe Pacht und Gemeinweiden ruinirt.
(S. Memorias de la ſocieta Economica. Madrid).

Am 25ſten Febr. Wir reisten auf der Römiſchen
Heerſtraſſe von Cordova nach Sevilla, bis wir nach Carmona kamen. Das Land gehört der Krone, und wird
verbeſſert werden, ſobald man Emigranten habhaft werden kann. Jezt iſt wenig angebaut, und das wenige in
einem elenden Zuſtande, wo nichts als elende Hütten und
halbnakte Bauern zu ſehen waren. Die botaniſchen Producte ſind ilex, Myrte, Gunciſtus, Lavendel, eine Art
Lorbeer, und eine Pflanze, die lentiſcus heißt. Carmona
iſt abhängig gebaut, mit einer Ausſicht auf ein fruchtbares Thal, das durch entfernte Berge begränzt wird, nur
nicht gegen Süden, wo eine weite Oefnung dem Guadalquivir den Lauf verſtattet. Hier ſind 12685 Seelen,
7 Pfarrkirchen, 5 Mönchen - und 2 Nonnenklöſter, und
2 Hoſpi-

2 Hofpitäler. Hier zählet man mehr als 100 Oelmüh, len. Gleich nach meiner Ankunft gieng ich, um ein gutes Nachtlager zu haben, mit Extrapost nach Sevilla, 6 Spanische oder 20 Englische Meilen von hier, wofür ich 120 Reales oder 24 Schill. zahlte; Um 10 Uhr Abends kam ich in Sevilla an, und hatte die 6 Meilen in zwey Stunden zurükgelegt. Keine Pferde können besser laufen, als die Andalusischen, die weder Peitsche noch Spornen bedürfen.

Sevilla.

Der Erzbischof, dem ich meine erste Visite machte, empfieng mich mit vieler Höflichkeit, erlaubte mir seinen Ring zu küssen, und verlangte, daß ich jeden Tag bey ihm zu Mittag speisen mögte, wenn ich kein besseres Engagement hätte. Als ich meine übrigen Addressen gezeigt hatte, beorderte er durch seinen Pagen eine Kutsche, und einer seiner Kaplane mußte mich bey der Ablieferung meiner Addressen begleiten, und mir die Merkwürdigkeiten der Stadt zeigen. Ich speißte den Mittag und fast jeden Mittag während meines 14tägigen Aufenthalts *) bey ihm. Seine Kutsche stand mir auch zu Diensten. Ich wurde oft von andern Familien eingeladen, nahm aber ihre Einladung nicht an, weil die Speisen, die auf die erzbischöfliche Tafel während der Fastenzeit gebracht wurden, mit meinem schwachen Magen besser übereinstimmten.

*) Bourgoing hielt sich hier nur einen Nachmittag auf.

Q 3

ten. Der Erzbischof ist ein vollkommener Weltmann, seine Manieren sehr einnehmend, und sein Umgang lebhaft. Die gewöhnliche Tischgesellschaft war sein Beichtvater, seine Kapläne, seine Secretairs und wenige Freunde. Er wurde von Pagen bedienet, jungen Leuten von guter Familie, die seinem Schutz empfohlen sind, und unter seiner Aufsicht erzogen werden. Der Bibliothekar saß bisweilen an der Tafel, bisweilen stand er hinterm Stuhl. Er war mein gewöhnlicher Begleiter, und mit ihm besuchte ich jeden Winkel der Stadt.

Sevilla an dem Ufer des Guadalquivir liegt in einer reichen und für das Auge gränzenlosen Ebene. Sie ist mit einer Mauer von 1 Meile im Umkreis umgeben, die 176 Thürme hat. Ueber einem der Thore ist diese Inschrift:

Condidit Alcides, renovavit Julius urbem,
Restituit Christo Fernandus tertius, Heros

die über ein anderes Thor so übersetzt ist:

Hercules me edifico
Julio Cesar me cerco
De Muros y torres altas;
Y el Rey santo me gano
Con Garci Perez de Vargas.

Die Strassen sind so enge, daß man in einigen beide Mauern zugleich berühren kann. Durch wenige können Wagen passiren, und in vielen, durch welche sie gehen, sieht man an den Mauern die Spuren von der Nabe an den Rädern, die sie berührt hat. Man rechnet hier 80268 Seelen, 30 Kirchsprengel, 84 Klöster, 24 Hospitäler. Die Domkirche wird wegen des Thurms, den der

Maure

Maure Guever (Geber) erbaut hat, vorzüglich bewundert. Er war ursprünglich 250 Fuß hoch. Im J. 1568.
wurde er um 100 erhöhet, und ist jezt 350 Fuß hoch.
Man geht nicht auf Stufen hinauf, sondern die schiefe
Fläche ist so leicht zu ersteigen, daß ein Pferd vom Ende
bis zum Gipfel trottiren kann. Sie ist auch so geräumig, daß 2 Reuter neben einander reuten können. Auf
der Spitze dieses Thurms ist die Giralda (Wetterhahn)
oder ein grosses Bronzernes Bild, das mit dem Palmzweige
1½ Tonne wiegt, und durch die geringste Veränderung
des Windes bewegt wird. Die Kirche ist 420 Fuß lang,
263 breit, 126 hoch, und das Licht fällt durch 80 ge-
malte Glasfenster herein, ein Werk von Arnao aus Flan-
dern. Jedes Fenster kostet 1000 Dukaten. Der Schatz
dieser Kirche ist unermeßlich, und er würde noch mehr
in die Augen fallen, wenn die unzähligen Gemälde der
ältesten Spanischen Mahler seit der Wiederherstellung der
Künste die Aufmerksamkeit an sich zögen. Eine neue Orgel von 5300 Pfeiffen mit 110 Registern, mithin 50
mehr, als an der berühmten Orgel zu Harlem, und
mit so grossen Bälgen, daß, wenn sie ausgespannt sind,
sie die Orgel 15 Minuten anfüllen, gefiel mir ausserordentlich. In der Kirche sind 82 Altäre, an welchen täglich 500 Messen gehalten werden. Jährlich werden verbraucht 1500 Arrobas Wein, 800 Oel, und 1000
Wachs. Der Reichthum des Capitels kann aus den Vielen, die davon leben, gefolgert werden. Der Erzbischof
hat eine jährliche Einnahme von 300000 Dukaten =
30000 Pf. St. Eilf Prälaten, die an hohen Festtagen
die Mitter tragen, sind gut, obgleich nicht auf gleichem
Fuß, versorgt. 40 Domherren haben 40000 Reales oder
400 Pf. St. ein jeder jährlich, 20 Präbendarien 30000

Reales

Reales jeder, 21 Canonici minores 20000 Reales jeder.
Auffer diesen sind noch 20 Sänger, genannt Veintene-
ros, nebst 3 Gehülfen oder Sochantres, 2 Pedellen, 1 Ce-
remonienmeister, 1 Substituten, 3 Officianten, die die
Musterung halten, und die Abwesenden bemerken, 36 Cho-
risten, die auch am Altar aufwarten, nebst ihrem Rector,
Vicerector und Lehrmeistern in der Musik, 19 Kaplane,
4 Pfarrer, 4 Beichtväter, 27 Musikanten; in allem 235.

Viele Klöster sind in Ansehung der Architectur schön;
in Sevilla aber sieht man nur nach Gemälden, und am
liebsten nach den Werken von Murillo. Die besten Stücke
von ihm sind in dem Hospital de la Caridad, und drücken
in Gemäsheit des Instituts wohlthätige Handlungen aus,
als das Wunder mit den Broden und Fischen, das Schlagen des Felsen in Horeb, der Teich Bethesda, der unge-
rathne Sohn, Abraham, der die 3 Engel zu seiner Wohnung einladet u. s. f. Das gröste Meisterstück von allen seinen Werken meiner Meinung nach ist in dem Speisesaal
eines Hospitals für betagte Priester. Es stellet einen Engel vor, der dem Kinde Jesus einen Korb vorhält, aus
welchem das Kind, in der Mutter Schoos stehend, Brod
nimmt, um 3 ehrwürdige Priester zu futtern. Keine Vor-
stellung ist je wahrem Leben näher gekommen, und unmöglich kann man mehr Ausdruk sehen, als auf dieser
Leinewand glänzet. In der Pfarrkirche Santa Cruz sind
2 Gemälde in einem höhern Stil, eine Stabat Mater do-
lorosa, die sich durch Grazie und Sanftmuth hervorthut,
und die Herabnahme Christi vom Kreuze von Pedro de
Campanne, welches Gemälde Murillo täglich zu bewundern pflegte, und dem gegenüber er auf sein Verlangen
begraben ist 1682. Auf den Visiten, die ich den Klöstern

stern machte, um die Gemälde zu sehen, begleitete mich
D. Francesco de Bruna, ein Mann, der sich durch Urtheilskraft und Geschmak auszeichnet, die Vortrefflichkeit
eines jeden Meisters studirt, und den Werth eines jeden
Stückes gehörig zu schätzen gelernt hatte. Er besizt selbst
eine wohl aufgestellte Sammlung von Gemälden der besten Mahler, die in Sevilla gebohren oder erzogen sind,
und Italiäner und Flamländer. Sie befindet sich in dem
Hause, wo er selbst wohnt, in der ehemaligen Residenz
der Maurischen Könige, Alcazar, die oft beschrieben ist.

Das Franziscaner-Kloster ist unter allen Klöstern
das geräumigste. Es hat 15 Kreuzgänge, von denen
viele schön und weitläuftig sind, mit Zimmern für 200
Mönche; jezt aber leben nur 140 zusammen. Sie, wie
ihre Ordensgenossen, leben von der Freigebigkeit des Publikum, und werden von dem Volke sehr geachtet. Ihre
jährliche Ausgaben belaufen sich auf mehr als 400000
Reales oder 4000 Pf. St., welches für jeden Mönch
28 Pf. St. 11 Sch. und 5 Pfenn. ausmacht. Von diesen Ausgaben müssen die für Wein, Oel und Wachs,
nebst den täglichen Almosenaustheilungen, die beträchtlich
sind, abgezogen werden. Kein Kloster wird so sehr besucht, als dieses, vornehmlich in der Fastenzeit. In dem
vornehmsten Kreuzgang, der von einer Menge kleiner
Capellen eingeschlossen ist, sind in 14 Mahlereyen, davon
eine jede eine Station genannt wird, alle Leiden unsers
Erlösers vorgestellt. Sie sind in gewissen Entfernungen
von einander aufgestellt. Darüber ist die Zahl der Schritte,
die Jesus auf dem Wege nach dem Calvarienberge zwischen den verschiedenen Vorfällen seines Leidens gethan
hat, angemerkt, und eben so viele Schritte muß der

Q 5   Büs-

Büssende von einer Station zur andern thun. Ueber einer
las ich folgende Inschrift: Diese Station besteht aus
1,087 Schritten. Hier fiel der Erlöser das zweitemal
unter der Last seines Kreuzes, und hier kann man die
Indulgenz für 7 Jahre und 40 Quarantainen erhalten.
Gebet in Gedanken, Pater noster, Ave Maria. Sie
mag als ein Beispiel der übrigen dienen. Männer,
Weiber, Kinder, Reiche und Arme hielten den Umgang,
einige allein, andere in kleinen Gruppen, sagten laut ihre
lateinische Gebete, und knieten vor jeder Station nach
der Reihe.

Von den Hospitälern gefiel mir La Sangre, welches für Kranke weiblichen Geschlechts bestimmt ist, am
meisten. Die Fronte ist schön, die Sculpturarbeit zu loben, insbesondere die 3 Statuen Glaube, Hofnung und
Liebe. Die Säle sind geräumig, und das Ganze sauber
und reinlich.

Die Universität wurde hier 1502. gestiftet, und erhielt bald Ansehen. Der Name des Arias Montanus,
der in dem Kloster St. Jago begraben liegt, ist allein
hinreichend, ihr Ruf zu verschaffen. Hier sind 150 Studenten.

In Sevilla trift man die Lieblingsinstitute des Grafen Campomanes an, eine Akademie der Mahler - Bild-
hauer - und Baukunst, und eine patriotisch - ökonomische
Societät. Beide sind mit gutem Erfolg gekrönt gewesen,
und haben Künste, Ackerbau, Manufacturen und Commerz unterstüzt. In der Akademie der schönen Künste sind
ungefähr 200 Zöglinge. Die vornehmste Manufaktur ist
Schnupftabak. Das Gebäude an sich, zierlich und simpel,
ist ungefähr 600 Fuß lang, 480 breit, 60 hoch, mit 4 re-
gulä-

gulären Faſſaden, die 28 Vierecke einſchlieſſen. Es koſtete 37 Millionen Reales oder 370000 Pf. St. Jezt werden nur 1700 Arbeiter und 100 Pferde oder Maulthiere darin gebraucht, ehemals 3000 Menſchen, und beinahe 400 Pferde. Der Verfall wird der ſchlechten Verwaltung und der Abgeneigtheit, den beſchädigten Tabak zu zerſtören, zugeſchrieben. Jezt hat man darin ein anderes Syſtem angenommen, und wenige Tage vor meiner Ankunft wurden 15000 Pfund Tabak als untauglich verbrannt. Indeſſen verhindert der hohe Preis den Verkauf des Tabaks. Denn ſeitdem man ihn von 30 zu 40 Reales das Pfund erhöhet hat, hat der Abſaz allmählig abgenommen. Seit dem J. 1780. iſt jährlich 1,500,000 Pfund Braſilientabak verkauft, den man von den Portugieſen zu 3 Reales das Pfund gekauft hat, und Schnupftabak, ein ſpaniſches Colonial-Produkt, 1,600000 Pfund, auſſer Cigarros zu einer beträchtlichen Menge. Mehr als 5 Millionen Schnupftabak liegen in den Magazinen unverkauft. Da er aber nicht durch Alter leidet, ſo iſt man wegen dieſer Anhäufung unbeſorgt. Man hat auch neulich den Anfang gemacht, Rappé einzuführen. Man wurde hiezu genöthiget, um dem Schleichhandel ein Ende zu machen. Denn als der König das Pfund zu 60 bis 80 Reales verkaufte, verkauften es die Schleichhändler, die ſich in Frankreich damit verſehen hatten, um 15 Reales. Jezt aber, da der König den Rappé um 24 Reales verkauft, iſt der Gewinn des Schleichhändlers der Gefahr, die er läuft, nicht mehr angemeſſen. Dieſer Zweig der Fabrik allein beſchäftiget 220 Menſchen, alt und jung, nebſt 16 Maulthieren. Er ſoll aber noch höher getrieben werden, wenn man eine hinlängliche Quantität Tabak bekommen kann, und es ſollen alsdann fünfmal ſo viele Menſchen in Arbeit geſezt werden. Die Operatio-

rationen, die mit dem Rappé vorgenommen werden, ehe
er aufs Markt gebracht wird, erfordern eine Menge Arbeiter. Alle Arbeiter legen ihre Kleider bey der Thüre ab,
und werden bey dem Ausgang so genau untersucht, daß
sie nicht viele Gelegenheit haben, Tabak zu verbergen. Es
geschieht indessen bisweilen. Ein Officier mit einer Wache
ist beständig bereit, die Verbrecher in Verwahrung zu nehmen, und um aller Widersezlichkeit vorzubeugen, darf kein
Arbeiter ein Messer bey sich führen. Würde diese Vorsicht
nicht gebraucht, so könnte die Entdeckung ein Unglük nach
sich ziehen. Das ganze Geschäft steht unter Aufsicht eines
Directors, der ein jährliches Gehalt von 40000 Reales
hat, und 54 oberen Officianten, mit eben so vielen Unter-
bedienten. Um den Schnupftabak zu mahlen, sind 40
Mühlen, jede mit einem Mühlstein, der durch ein grosses
Pferd oder Maulthier in Bewegung gesezt wird, das an
einen Baum 8 Fuß lang, in einem Winkel von 45 Gra-
den mit seinem Geschirr befestiget ist, und folglich die halbe Kraft verliert. Ich suchte dieses dem Officianten, der
mich herum-führte, begreiflich zu machen. Er konnte es
aber nicht begreifen. Er ist der Bruder des unglüklichen
jungen Frauenzimmers, die 1774. zu St. Lucar von einem Priester, der ihr im Beichtstuhl seine Liebe zu erkennen gegeben hatte, aber von dieser tugendhaften Person
verschmäht wurde, am Altar in Gegenwart ihrer Mutter
umgebracht wurde. Für diese schändliche That geschah
ihm nichts mehr, als daß er nach Porto Rico verwiesen
wurde.

Die Seidenmanufakturen waren sonst beträchtlich.
Nach den lezten Nachrichten sind die Stühle für leichte
Zeuge (wide silks) 462, und für andere Gattungen 1856.
Jeder Stuhl erhält für leichte Zeuge 100 Pfund Seide,

frei

frei von Abgabe, für andere 80. Die Ledergerbereien sind
vielleicht nirgends schlechter als in Spanien. Der Finanzminister wünschte daher einen dieser Handthierung kundigen Fremden ins Land zu ziehen. Er verfiel auf einen
Lederhändler aus London, der im Lande herum reiste,
Commißionen zu bekommen, und Schulden einzucaßiren.
Dieser hielt sich zwar nicht geschikt zu einem Geschäft,
wozu er nicht erzogen war. Er ließ sich aber doch überreden, das Anerbieten anzunehmen, und sich in Sevilla
niederzulassen. Ich besuchte ihn in seiner Anstalt, und
fand ihn glüklich in seiner Lage. Der Minister hat ihm
das Kloster der Jesuiten eingeräumt, und ungefähr 7 Acres
gutes Land, frei von Abgaben, mit dem Vorkaufsrecht der
Häute aus Buenos Ayres, und den Spanischen Nieder-
laßungen, imgleichen das Privilegium, alle Bäume, die
entweder in den königlichen Wäldern oder auf den Grundstücken der Privatpersonen in einer gewissen Distanz von
der Stadt wachsen, zur Lohe niederzureissen. Er gebraucht
die innere Rinde des Corkbaums, mit Blättern von Myr-
tenbäumen, die seiner Absicht recht wohl entsprechen, aber
keinesweges an Stärke der Eichenrinde gleich kommen. Er
behauptet, daß die Spanier die Gerbekunst verstehen, daß
es ihnen aber an Muth, Industrie, und Kapital zu so
großen Unternehmungen fehle, und ich bin der Meinung,
daß seine Bemerkung wohl gegründet ist. Da er ein thä-
tiger Mann ist, der Kapitalien besizt, so hat der Minister
einen Contract mit ihm geschlossen, der Kavallerie Stie-
feln und Gürtel, und eine Menge anderer Sachen, die
mit seinem Gewerke in keiner Verbindung stehen, zu liefern. Er ist für Spanien ein wichtiger Mann, und wird
sein Etablissement noch höher bringen, wenn die Regierung fortfahren sollte, ihn zu unterstützen.

In

Reise von Sevilla nach Cadix.

Ich miethete die Cajüte in einem Boot, das den Abend aus der Stadt gehen, und in 36 Stunden zu St. Lucar ankommen würde. Ein Passagier bezahlt gewöhnlich 8 Reales. Für die ganze Cajüte bezahlte ich 20 Reales oder einen harten Dollar. Mein Logis war 6 Fuß lang, 5 Fuß breit, und 3 Fuß hoch. Ich konnte mich indessen des Nachts auf der Bärenhaut hinstrecken, und war des Tages von einer Gesellschaft getrennt, die eben nicht die reinlichste war. Unter dem gemeinen Haufen war ein Franciscaner Mönch, und ein artiger französischer Kaufmann, die mit ihrer Lage keinesweges zufrieden zu seyn schienen. Am Schlusse des Tages stimmte die ganze Gesellschaft ein Ave Maria an, wobey der Mönch den Ton angab, und sich durch die Stärke und Melodie seiner Stimme auszeichnete, worauf er die Gesellschaft mit Sequidillas, Tiranas und andern Spanischen Gesängen unterhielt. Ich lud ihn des Morgens in meine Cajüte, und fand einen angenehmen Gesellschafter an ihm. Er gefiel mir so wohl, daß ich für ihn bezahlte, und ihn zu meinem Gefährten und Führer bis Cadix annehmen wollte. Ich vertraute ihm meine Bagage an, als ich bey St. Lucar ausgestiegen war, um dem Englischen Consul mein Compliment zu machen. Bey meiner Zurückunft fand ich zu meinem Erstaunen, daß ich einen Dieb gepflegt hatte. Ich machte mich von ihm los, ohne ihm seine Undankbarkeit zu verweisen, und gieng mit gemietheten Pferden nach Cadix. Zwischen Sevilla und St. Lucar ist das Land flach, der Boden weich, und die Wiesen mit einem beständigen Grün bedekt. Von St. Lucar an ist das Land bergig, der Bo-

den

ben, der etwas niedriger, und an der See ist, sandig.
Was dazwischen liegt, ist harter Thon, und der Weg ab-
scheulich schlecht. Die Entfernung ist 6 Meilen. Um die
Mitte des Weges zählte ich 20 Joch Ochsen, die pflügten.
Der Pflug ist dem Boden nicht angemessen, hat weder
Fech, noch Streichbrett, sondern statt des leztern 2 hölzerne Nägel. In leichtem Sande mag dieses wohl angehen, aber der harte Thon kann dadurch nicht locker gemacht werden. Die höchsten Hügel, die der Mittagssonne
ausgesezt sind, haben Weinstöcke, die oft mit Olivenbäu-
menpflanzungen abwechseln. Als ich zu Puerto de Santa
Maria ankam, erkundigte ich mich nach dem Passagierboot,
hörte aber im Wirthshause, daß heute keines abgehen würde. Ich eilte indessen nach der Bay, wo eine Menge
Bootsleute mich versicherten, daß ich für das gewöhnliche
Boot zu spät angekommen wäre, daß ich aber für 2 harte
Dollars ein Fahrzeug allein haben könnte. Um nicht einen
ganzen Tag aufgehalten zu werden, willigte ich ein, und
wurde zu einem Boot geführt, das halb mit Passagiers
angefüllt war, und das erst nach Verlauf einer Stunde,
da die Anzahl voll war, absegelte. Der günstige Wind
brachte uns bald an das Ziel der Reise, und beym Aus-
steigen hatte ich den Verdruß zu sehen, daß jeder ausser
mir 2 Reales, anstatt 2 Dollars bezahlte. Alles Klagen
war aber vergebens.

Cadix.

Die Straſſen ſind enge, aber doch wohl gepflaſtert und rein. Der ſchönſte Theil der Stadt iſt gegen Puerto de Santa Maria, wo die Häuſer hoch, von weiſſen Werkſteinen erbaut, und mit angemalten Balcons geziert ſind. Der Plaz vor den Häuſern iſt groß, mit Kies verſehen, mit Bäumen bepflanzt, und geht nach der Seeküſte, wo die Kauffartheyſchiffe und Kriegsſchiffe anlegen. Zwey groſſe Pläße, der eine ein Marktplaz, der andere genannt Plaza de San Antonio, tragen zur Verſchönerung und Geſundheit der Stadt vieles bei; und da die Stadt faſt ganz mit einem Walle umgeben iſt, ſo hat man an dieſem Plaz einen erhöheten, luftigen und angenehmen Spaziergang, der des Abends fleiſſig beſucht wird. Die ſchönſte Ausſicht von Cadix hat man von dem Signalthurm. Von hier ſieht man auf die Häuſer herunter, deren flaches Dach, bedekt mit einem weiſſen Kütt, einen ſonderbaren aber ſehr angenehmen Proſpekt giebt. Gegen Weſten hat man den Ocean vor ſich mit vielen Schiffen, von denen einige abgehen, andere einlaufen. An der Landſeite entdekt man die 4 Seehäfen Raka, Santa Maria, Port Royal und Caraca, nebſt der Inſel Leon, und die Landzunge, und ein reiches Land gegen Weſten begränzet den entfernten Proſpect. Man zählet jezt in Cadix 65987 Seelen. Das gute Pflaſter, die Reinlichkeit der Straſſen, eine wohl eingerichtete Polizey, einige der beſten Gebäude, und viele andere weiſe Anſtalten verdanket die Stadt dem Grafen O'Reilly. Die vornehmſten Gebäude ſind die beiden Domkirchen, die alte und die neue. Die neue iſt ein groſſes Gebäude mit weiten und hohen Kuppeln, nebſt vielen wohl proportio-

nirten

nirten Pfeilern. Das Ganze hat ein schwerfälliges und widriges Ansehen. Dies kömmt daher, weil das Gebäude mit einem hervorspringenden Kornisse überladen ist, das an einer Rotunda von einer weiten Ausdehnung sich gut ausnehmen würde, aber einem Gebäude, woran viele Winkel sind, keinesweges angemessen ist. Allen, die das Gebäude sehen, sind diese sonderbare Verzierungen auffallend, allein der Baumeister hat nicht Entschlossenheit genug, sie wegzunehmen. Es ist indessen möglich, daß die Wellen diesen Verstoß gegen den Geschmack verwischen werden, da sie ihre Verheerungen von dieser Seite angefangen haben, und nicht mehr als 10 Fuß zwischen dem Gebäude und der See sind. Bey der Kathedralkirche ist Plaza de Toros für die Stiergefechte, blos von Holz, dem Aeussern nach ein elendes Gebäude, aber inwendig zierlich und bequem. Um diese Jahreszeit werden keine Gefechte gehalten. Nicht weit von hier ist die Sternwarte in einer herrlichen Lage. Unglüflicherweise werden die Instrumente, obgleich die besten, welche von Englischen Künstlern verfertiget werden konnten, wenig gebraucht, und werden bald ganz ruinirt seyn.

Die Akademie der drey bildenden Künste, Mahlerey, Sculptur und Architectur ist, als Gebäude, jetzt kaum einiger Achtung werth. Es wird übrigens mitten in die Stadt verlegt werden, wenn ein Fond dazu kann ausfündig gemacht werden.

In den Klöstern sind einige gute Gemälde, vornemlich in dem Kreuzgange der Augustinermönche. Wichtiger sind noch die bey den Capucinern von Murillo. In dem Garten der Franciscaner ist der Drachenblutbaum, der von Quer in der Botanik von Spanien angeführt ist.

R 2 Von

Von den 3 Hospitälern sind 2 merkwürdig in Ansehung der Reinlichkeit. Das dritte verdient in Ansehung
der Unsauberkeit Tadel, ob es gleich, was den Nutzen
anbetrift, vortrefflich eingerichtet ist. Es heißt das königliche oder militärische Hospital, weil es für Soldaten
bestimmt ist, und hat 80 Studenten, die auf königliche
Kosten unterhalten und erzogen werden. Dabey ist ein
guter botanischer Garten, und ein anatomisches Theater,
für welches die Subiecte aus den verstorbenen Kranken
genommen werden. Eins von den beiden reinlichen Hospitälern ist für Personen weiblichen Geschlechts, das andere, gewidmet dem San Juan de Dios, und bestimmt
für Mannspersonen, ist elegant. In diesem Hospital,
wo die Betten keine Umhänge haben, sah ich Tod in allen Abstuffungen von seiner ersten Anndherung bis zum
Beschluß. Die Kranken, denen die Sacramente gereicht
sind, haben über ihr Bett ein Crucifix. In diesem Hospi-
tale sind gemeiniglich 6000 Patienten, wovon der zehnte
Theil jährlich stirbt. In dem Witwenhause, welches
Juan Fragela, ein türkischer Kaufmann, der zu Damas-
cus gebohren ist, sich zu Cadiz niedergelassen hat, und
1756. gestorben ist, gestiftet hat, werden 47 Witwen unterhalten, deren jede 2 gute Zimmer hat, und wöchentlich 6 Reales bekömmt.

Das interessanteste Institut, was von allen der Art
in Spanien am besten verwaltet wird, ist das Hospicio
oder allgemeine Arbeitshaus. Das Gebäude ist geräumig, hoch, bequem und hübsch. Brodlose aller Nationen ohne Unterschied, die sich nicht selbst ernähren können, vorzüglich Waisen, verlassene Kinder, betagte, alte
und arme Priester u. s. w. werden hierin aufgenommen.

Zier-

Zierlichkeit herrscht überall. Alle haben reinliche Kleidung und die besten Victualien im Ueberfluß. Die Kinder lernen lesen, schreiben, rechnen, und die, welche Geschicklichkeit haben, werden in der Geometrie und Zeichenkunst unterrichtet. Die Knaben lernen weben, und andere Handwerke. Die Mädchen spinnen, knitten, machen Spitzen, oder nähen. Als ich dieses Institut am 21sten März 1787. besuchte, waren hier 834 Arme, von denen waren Greise 109, arme Weiber 131, Knaben 235, Mädchen 171, Verheirathete 18, Einfältige und Tolle 34, Züchtlinge männlichen Geschlechts 59, weiblichen 38; Bediente 39. Die Zahl ist beständig veränderlich. In dem vorigen Jahre wurden 312409 Portionen ausgetheilt, welches mit 365 dividirt 855 auf jeden Tag bringt, die in diesem Hause unterhalten sind. Zu ihrem Dienste sind 45 Weber und 16 Strumpfwirkerstühle, nebst Spinnrädern, Arbeitsbänken, Werkzeugen für Zimmerleute, Drechsler, Schuster, Schneider, einer Zwirnmühle und einer Maschine zum Baumwollekrempeln.

Für ein jedes Individuum wird Rechnung gehalten, worin er als Schuldner des Hauses zu 3 Reales täglich angeschrieben, und alle Arbeit, die er verrichtet, ihm zu gute geschrieben wird. Sollte die Balance, welches oft der Fall ist, zu seinem Vortheile seyn, so wird sie ihm bezahlt, falls er den Directoren beweisen kann, daß er ohne ihre Beihülfe fortzukommen im Stande ist.

Bey dem Hause ist eine geräumige Werkstätte für alle, die Lust haben zu arbeiten, worin die gehörigen Werkzeuge und rohen Materialien vorhanden sind. Sobald jemand sein Werk geendiget hat, wird ihm seine Arbeit

R 3   ohne

ohne Abzug bezahlt, und er hat die Freiheit, sich aufzu-
halten, wo er will, und seinen Gewinn nach seinem Belieben zu verzehren. Ich zählte hier mehr als 70 junge
Leute an ihren Spinnrädern. Den Armen, die nicht aus
ihrer Wohnung gehen können, und doch gerne arbeiten
wollen, werden von den Directoren Räder und Wolle
zugeschikt, ohne etwas von dem Preise ihrer Arbeit ab-
zuziehen. Auf diese Weise wurden, als ich hier war,
von 348 Familien mehr als 500 Personen zur Industrie
angehalten. Ich hörte, daß 3 Kinder, wovon das älteste
9 Jahre alt ist, mit Spinnen 6 Reales täglich verdien-
ten, und einen gelähmten Vater unterhielten. Die Directoren haben noch überdem Schulen in den entfernten
Quartieren der Stadt nach demselben Plan errichtet,
und da sie die geschiktesten Meister in jedem Gewerbe zum
Unterricht anstellen, so werden alle Lernbegierige zugelassen. Die Aufsicht über die Anstalt führen 12 Directoren, mit dem zeitigen Gouverneur der Stadt als Präsidenten, die auch die Vacanzen, welche entstehen, ausfül-
len. Von diesen haben 6 die allgemeine Aufsicht, die
übrigen 6 haben ein jeder ein besonderes Departement,
als Rechnungswesen, den Schatz, die Aufsicht über die
Einnahme, über die Manufakturen, die Victualien und
Kleidung. Alle Rechnungen sind klar und deutlich, und
werden mit der grösten Genauigkeit gehalten. Die Einnahmen entspringen aus freiwilligen Contributionen, Le-
gaten, Abgabe, von 1 Real die Fanega, von allem Weitzen, der in die Stadt gebracht wird, und aus dem Verdienst der Arbeiter im Hause. Die ganze Ausgabe im
J. 1786. war folgende

Rea-

Reales Vellon.

für Proviſionen	•	•	541,640
— — Kleidung	•	•	58,409
— — Salarien	•	•	66,590
— — andere Artickel	•	•	718,361

Summe   1,385,000 Reales Vell.

Das Jahr vorher koſtete die Kleidung noch dreimal ſoviel, die andere Ausgaben waren aber von denen im
J. 1786. wenig verſchieden. Rechnet man die Armen
im Durchſchnitt zu 850 Perſonen, ſo iſt für die Beköſti-
gung eines jeden 637 Reales = 6 Pf. St. 7 .. 4 .. und
die Kleidung 13 Sch. 8 Pence ausgegeben. Wollen wir
die geſammte Ausgabe für jedes Individuum wiſſen, ſo
iſt zu erwägen, daß ſeit den 3 Jahren, da das Hoſpi-
cio zuerſt geöfnet ward, die unverkauften Güter in den
Magazinen ſich belaufen auf 473,151 Reales, welche
Summe durch 3 dividirt, auf jedes Jahr 157717 Reales bringt. Wenn man nun dieſe Summe von obigen
1,385,000 Reales abzieht, ſo bleiben noch 1,227,283 Reales, die das Publikum 1786. für dieſe Anſtalt ausgab.
Wird nun die leztere Summe durch 850 dividirt, ſo kommen 1443 Reales oder 14 Pf. St. 8 Sch. 7 P. als die
Ausgabe für einen jeden, ohne das Produkt ſeiner Arbeit.
Der Vorrath in den Magazinen kömmt von dem Mangel an einem Markte her. Oeffentliche Corpora können
überhaupt nicht ſo wachſam, thätig und eifrig ſeyn,
noch ihre Waaren ſo vortheilhaft debitiren, als einzelne
Manufakturiſten. Dies iſt ein wichtiger Grund gegen
alle Anſtalten der Art; aber doch noch nicht der wich-
tigſte. Denn Leute, die ein eingezogenes Leben führen,
und ihrer Freiheit beraubt ſind, eſſen zuviel und arbeiten

      zu

zu wenig. Dies ist unstreitig der Fall in Cadiz, wo es
92 Feiertage giebt, und wo die Unterhaltung und Kleidung noch einmal so hoch sind, als sie seyn sollten. Der
Eifer und die Bemühungen der Directoren dieser Anstalt
sind sehr zu loben. Es ist aber doch leicht vorher zu sehen, daß der von ihnen getroffenen Maasregeln ungeachtet, woferne das Volk nicht genöthiget wird, mehr zu
arbeiten, und weniger zu essen, in einer Reihe von Jahren die Stadt fast so sehr mit Bettlern angefüllt seyn
wird, als sie vor der Stiftung war. Denn da die Wohnungen, die neulich geleert sind, solche arme Miethlinge
inskünftige noch aufnehmen dürfen, und da ein so guter
Zufluchtsort für sie bereitet ist, so haben Trägheit, Ver-
schwendung und Laster nichts zu fürchten, sondern alles
zu hoffen, und die Sorglosen werden sich keinen Augenblick bedenken, solche Verbindungen einzugehen, wodurch
ihre Race fortgepflanzt wird.

Ich kann das Hospicio nicht verlassen, ohne der
Küche zu gedenken. Die Feuermauer ist in der Mitte
der Küche umgeben von 16 Oefen, nehmlich 8 grossen,
die daran stossen, und 8 kleinen, deren Rauchfänge dahin
geleitet sind. Die grössere Oefen haben 3 Fuß im Diameter, und $3\frac{1}{2}$ Höhe. Unter der Küche ist ein Keller,
die Asche aufzunehmen.

Seitdem die Americanische Handlung von Sevilla
hieher verlegt ist, haben sich die Kaufleute dieser Stadt
sehr bereichert. Sie haben aber jetzt einen grossen Schaden erlitten, da das Monopol, welches ihnen diesen Handel allein sicherte, weggenommen ist. Die Folge davon
war ein überhäufter Markt in den Americanischen Colonien,

nien, viele Bankerotte in Cadiz, und nicht wenige in
den Städten, die sich zu rasch in neue und schmeichel.
hafte Unternehmungen einliessen, ohne ein hinlängliches
Capital zu haben, um es mit den Mitbewerbern aufzu.
nehmen, und den Verlust zu erleiden, der bey der ersten
Oefnung eines ausgebreiteten Commerzes unvermeidlich
ist. Die Spanische Regierung besizt noch keine liberale
Begriffe in Ansehung der Handlung, und ihre besten po.
litischen Schriftsteller gleichen den langsamen Jagdhun.
den, die dem Geruche nachlaufen, da die geschwinden
schon im Besize des Wildes sind. Anstatt alle Hinder.
nisse, die dem Commerz im Wege stehen, wegzuwerfen,
suchen sie seine Gränzen einzuschränken, und schmeicheln
sich mit der falschen Hofnung, ein Monopol zu errichten,
ohne den Mangel eines eigenen Capitals, der Industrie
und des Unternehmungsgeistes, oder die Unmöglichkeit,
dem Schleichhandel Einhalt zu thun, zu bedenken, mit.
lerweile andere Nationen, welche einen vortheilhaftern
Handel führen, um einen geringern Preis verkaufen. Bis
sie mehr aufgeklärt werden, die Inquisitoren abgeschaft
haben, und bis die glückliche Periode gekommen seyn wird,
da unter dem Schuz einer freyen Regierung öffentlicher
Credit wiederhergestellt ist, werden alle ihre Verbote, alle
harte Verfügungen gegen Schleichhändler, alle Hand.
lungsverträge und Handlungskriege, wozu sie durch Ehr.
geiz verleitet werden mögen, umsonst und nichtig seyn.
Sogar in Spanien selbst ist die Regierung noch nicht
vermögend gewesen, ihren Verboten Nachdruck zu geben.
Denn diesen zum Troz trugen alle Mannspersonen, als
ich in Spanien reiste, Manchester, Baumwollenzeug, und
kein Frauenzimmer war ohne Musselinschleyer. In Spa.
nien, wie in ganz Europa, hat die Erfahrung gezeigt,

daß,

daß, wenn die Affecuranzprämie unter der Abgabe ist, die auf die Waare gelegt ist, keine Gesetze hinreichen, dem Schleichhandel vorzubeugen.

Der ganze Handel von Cadiz beschäftiget ungefähr 1000 Schiffe, wovon ein Zehntel Spanische sind. Die merkwürdigsten Weine in Cadiz sind Sherry und Pacaratti, beide von Xeres und der Nähe dieses Orts. Der erste Wein wird für 48 Pf. St., der zweite für 56 die Tonne verkauft. Diese bezahlen in England in den Häfen ausser London an Zoll 16 Guineen, an Accise 11 Pf. St. 18 Sch. die Tonne oder 4 Oxthöfte oder 2 Pipen; in London 2 Pf. St. 16 Sch. mehr.

Die Provinz Andalusien, die durch den Guadalquivir gewässert wird, müßte, wenn sie gut angebaut würde, Getraide genug hervorbringen, nicht allein zum eigenen Gebrauch, sondern auch zur Exportation. Indessen wird jährlich beinahe $1\frac{1}{2}$ Million Fanegas eingeführt. Eine Fanega ist gemeiniglich 100 Pfund, in Cadiz 3 Pfund weniger. Beinahe die Hälfte davon kam 1787. aus Afrika, 85000 Fanegas wurden aus Amerika, die übrigen aus Napoli, Sicilien und Sardinien importirt, in allem 1485000 Fanegas. Es ist merkwürdig, daß, obgleich Wassermühlen errichtet werden könnten, doch das Getraide von Maulthieren gemahlen wird, welches 10 Reales die Fanega kostet. In der Stadt ist ein Kornmagazin, woraus die Becker um einen geringen Preis Korn bekommen, wornach von dem Magistrate der Preis des Brodtes angesezt wird. Ich verwunderte mich nicht wenig, als ich die Haufen Weitzen nicht blos mit Gerste, sondern auch Wicken und schädlichen Sämereyen vermischt fand. Man hätte das Korn auf die Art, wie es in Schottland geschieht, worfeln sollen.

In

In dem Stadtgraben vergnügen sich die jungen Leute mit dem Ballonwerfen, das ein Lieblingsspiel ist. Der Ball 8 Zoll im Diameter ist von Leder, und wird vermittelst einer Maschine aufgeblasen, so daß er sehr elastisch ist, worauf er mit Thon beschmiert wird. Er wird mit der rechten Hand in schiefer Richtung gegen die Mauer geworfen, und um ihm einen bessern Schlag zu versetzen, und die Faust zu verwahren, ist die Hand in einem hölzernen Futteral eingeschlossen, worin viele weite und tiefe Furchen sind, die sich in rechten Winkeln durchkreuzen. Die Antagonisten in der Entfernung von 40 Yards *) nehmen den zurückprallenden Ball auf, und ehe er fällt, treibt ihn einer von ihnen zurück, der den Winkel in einen gegebenen Raum verändert, um der Aufmerksamkeit seiner Gegner auszuweichen. Dies Spiel, eine Art von Fives, aber eleganter, erfordert Stärke und Behendigkeit.

Das Schauspielhaus ist groß, schön und bequem. In der Fastenzeit zeigen sich hier Seiltänzer, Luftspringer, Pantomimen, Marionettenspieler und Tänzer, die insgesamt ihre Künste wohl verstehen.

In der Franciscanerkirche wurde nach geendigter Predigt eine Selbstgeißelung vorgenommen. Man hörte den Schlag, je nachdem er auf mehr oder weniger elastische Muskeln fiel, oder mit mehr oder weniger Kraft gegeben wurde. Die meisten aber züchtigten sich mit vieler Mäßigung. Ganz anders gieng es in Barcelona her, wo auf jeden Schlag Blut aus dem Körper zu fließen schien, und ein fürchterliches Geheule zu hören war. Hier hörte man keine Stimme.

Wenn

*) 120 Engl. Fuß.

Wenn der Marktplaz von den Rednern leer war, die
sich während der Fasten in und ausser den Kirchen hören
lassen, so nahmen ihn die Schreiber in Besiz, sezten sich
mit Feder, Dinte und Papier auf Bänken nieder, schrieben und lasen Briefe allerlei Art, und fertigten Instrumente aus. Der gewöhnliche Preis eines Briefes ist 8
Quartos oder 2¼ Pfenning. Obgleich die Summe selbst
eine Kleinigkeit ist, so haben sie doch so viele Scripturen
zu expediren, daß sie davon ihren guten Unterhalt bekommen.

Kurz vor meiner Abreise von Cadix hatte ich Gelegenheit einem Leichenbegängnisse beizuwohnen. Wenn der Tod
des Kranken angekündiget ist, so versammlen sich alle Freunde des Verstorbenen dar la pesame d. i. mit der betrüb-
ten Witwe zu trauren, die in Trauerkleidern auf das Bett
hingestrekt, in einem sehr dunkeln Zimmer die Trauer-
komplimente annimmt, und einem jeden mit leiser Stimme
antwortet. Freunde schicken den Tag das Essen nebst zeitigen Früchten, weil man vermuthet, daß man im Hause
des Verstorbenen nicht daran denken kann. Haben sich die
Besuchenden entfernt, so wird im Namen der Witwe und
sonstigen Verwandten des Verstorbenen allen Freunden desselben eine Einladung zugeschikt, bey dem Begräbnisse des
folgenden Tages, und bey der Seelenmesse, die den Tag
nach dem Begräbniß gehalten wird, gegenwärtig zu seyn.
Sie versamlen sich in dem Trauerhause, gehen in Procession nach der Kirche, wo während des Gottesdienstes der
Leichnam vor dem Altare mit unbedecktem Angesicht und
erhabenen Händen steht. Nach geendigtem Begräbnisse
versamlen sich die nächsten Verwandten in der Sacristey,
wenn jeder Bekannter ihnen das Kompliment macht, indem er sich, wie er vor ihnen vorbeigehet, bücket. Darauf
kehrt

kehrt die Procession nach Hause zurük, wo die Salutation mit demselben Stillschweigen wiederholt wird. Ist der Gestorbene ein Mann von Bedeutung, so wird den Tag nach der Beerdigung die Kirche mit Leichentuch umhängt, kein Licht eingelassen, als das von Wachskerzen, und ein Leichengerüst aufgestellt, um welches sich alle Verwandte versamlen, wenn für den Verstorbenen die Seelenmesse gelesen wird. Wenn ein Ehemann gestorben ist, so schliesset sich die Witwe von allen öffentlichen Vergnügungen auf 6 Monate aus. Der Witwer enthält sich ihrer nur auf wenige Tage.

Wenige Oerter sind gesunder als Cadix. Wenn aber der Solano oder Südwind wehet, der über die brennenden Wüsten Afrikas kömmt, so werden alle Leidenschaften entflammt, und während der Zeit begehen die Einwohner, die am meisten reizbar sind, alle Arten von Ausschweifungen.

In keiner Stadt werden die Vergnügungen des geselligen Lebens mehr genossen, als hier. Unter den Spaniern, mit denen ich bekannt war, ist der vornehmste Don Antonio Ulloa, der wohl bekannte Gefährte von D. George Juan Ulloa, dem ich vorzüglich empfohlen war. Ich fand an ihm den Philosophen, einen gescheuten und wohl unterrichteten Mann, lebhaft in seinem Umgang, frei und ungezwungen. Die beiden Soldaten, die unten vor seiner Thüre Schildwacht standen, liessen mich fürchten, er möchte hochmüthig seyn; ich fand aber keine Spuren davon in seinem Betragen. Dieser grosse Mann, aber klein von Statur, sehr mager, und gebükt von Alter, gekleidet wie ein Bauer, und umzingelt von vielen Kindern, von denen das jüngste, 2 Jahre alt, auf seinen Knieen spielte, saß um Morgenbesuche anzunehmen in einem Zimmer, dessen Dimension

menfion und Ameublement meine Aufmerkfamkeit einige
Minuten von ihm als dem wichtigſten Gegenſtand der
Verehrung abzog. Das Zimmer war 20 Fuß lang, 14
breit und weniger als 8 Fuß hoch. Hierin waren ohne
Ordnung zerſtreut Stühle, Tiſche, Koffern, Kiſten, Bücher, Scripturen, ein Bett, eine Preſſe, Umbrellas, Kleider, Zimmerleutegeräthſchaft, mathematiſche Inſtrumente,
ein Barometer, eine Glocke, Flinten, Gemälde, Spiegel,
Mineralien und Conchylien, ſein Keſſel, Becken, zerbro-
chene Krüge, amerikaniſche Alterthümer, Geld und eine
merkwürdige Mumie aus den Canariſchen Inſeln, oder
wenigſtens der Rumpf mit Händen und Armen; denn da
es den Kindern zum Spielzeug gedient hatte, ſo hatten ſie
ihm die Zähne ausgezogen, und die Beine zerbrochen.

Unter den vielen auswärtigen Petrefacten zeigte er
mir viele Seemuſcheln, die er nahe bey den Gipfeln der
höchſten Berge in Amerika, einige auf der Oberfläche, andere in dem Kalkſtein begraben, gefunden hat.

Auszüge

aus

Alex. Dalrymple

Oriental. Repertorium.

Einleitung.

Ist Asien allen physischen und historischen Wahrschein-
lichkeiten zufolge, der am frühesten kultivirte Welttheil,
sind wir ihm die Grundlagen der tiefsten menschlichen
Kenntniße schuldig, besitzt es endlich überdieß einen unermeßlichen Schatz natürlicher Seltenheiten: so verdient
unstreitig dieses Vaterland unserer Stammältern die vor-
züglichste Aufmerksamkeit des Philosophen, des Geschicht-
forschers und des Naturalisten. Die beiden aufgeklärtesten
Nationen des Alterthums, die Römer und die Griechen,
drangen daher auch tief in Asiens entlegensten Theile,
und das entfernte Land der Braminen gewährte ihnen
ebensowohl Weisheit, als Reichthum und Pracht.

Die Entdekung von Amerika, und besonders die wenigen Mühseligkeiten und geringen Gefahren, womit man
sich dieses reichen und ungeheuren Welttheils bemeisterte,
waren unstreitig hauptsächlich schuld, daß man die beiden
übrigen vernachläßigte, und im ganzen genommen, verhältnißmäßig, nur geringe Fortschritte in der weiteren Untersuchung von Asien machte.

Es sind uns daher noch sehr große Länder Asiens zu
untersuchen übrig geblieben. Die meisten derselben liegen

unter dem treflichsten Himmel, sind von gescheuten, kultivirten Menschen bewohnt, und bieten eine erstaunliche Mannigfaltigkeit von Naturprodukten dar. Als zu den Zeiten der Albuquerke und Matliefs, die Portugiesen und die Holländer sich den Despotismus über diese gesegneten Länder einander streitig machten, als die ersten ostindischen Kompagnien zu blühen anfiengen, zielte ihr einziges Bemühen lediglich auf direkten und schnellen Gewinn. Völlig unter sich gleichgültig waren ihnen diese Bergwerke von Sumatra, die Gewürze der Molukken, die Soja von Japan, der Moschus von Tibet, oder die stinkende Asa aus Persien; genug alles gab und verwandelte sich durch ihren merkantilischen Geist in klingende Münze. Es fiel niemanden ein, dabei weiter auf die Länder, welche alle diese Reichthümer enthalten, auf die dort wohnenden Menschenracen, noch auch selbst nur auf die Natur und Entstehung der Produkte Rüksicht zu nehmen.

Seit der Zeit hat sich alles mächtig verändert. Die Summe der verlangten Waaren hat nicht nur zugenommen, sondern man hat eine grössere Verschiedenheit der Artikel des Luxus und des Geschmaks für den unersättlichen Europäer hervorsuchen müssen: die Konkurrenz ist erstaunlich gewachsen, jene erstern Eroberer Indiens sind beträchtlich gesunken, und die rastlose Thätigkeit der Briten hat sich die reichsten Länder Indiens unterworfen.

Ihre

Ihre Handlungsgesellschaft ist in die Binnenländer des
Moguls gedrungen, gebietet despotisch über mehr als
15 Millionen Menschen, und hat von dort unermeßliches
Gold und Schätze nach Europa geschleppt.

Eben dieser KaufmannsGeist sahe sich aber auch endlich gezwungen, Kenntnisse und Wissenschaften zu Hülfe
zu rufen. Die vormals Genüge leistende Artikel des Luxus reichen nämlich nicht mehr hin, und die ungeheuren
Länder werden zu enge. So sieht man die Ursache, wie
so viele Untersuchungsreisen, selbst von Bengalen aus,
vorgenommen werden; wie man dort anfängt den Botaniker und Chemiker zu beschäftigen, und wie sich sogar eine eigene Societät der Wissenschaften gebildet hat. Denn,
obgleich allerdings die unschätzbare Betriebsamkeit des berühmten Jones eigentlich die erste Lebenskraft dieser Gesellschaft ist: so zeigen dennoch selbst die in dem vor uns
liegenden Werke vorkommenden Thatsachen, daß der Han-
delsgeist hauptsächlich diese wissenschaftlichen Bemühungen
unterstützt. Ihm haben wir viele Expeditionen nach Pegu, Tibet, den Sund Inseln, und Neu Guinea zu verdanken, und er wird genöthiget seyn, fernerhin aufs kräf-
tigste den Geographen und Physiker aufzumuntern, für ihn
neue Länder und Naturprodukte zu entdeken.

Eben der englischen ostindischen Handelsgesellschaft,
sind wir, aus gleichem Grunde, dieses Orientalische Repertorium schuldig. Ihr berühmter Geograph, Herr Alexander

xander Dalrymple, fand sich im Besitz bedeutender
Karten und (an Bogenzahl) kleiner Abhandlungen über
ganz Ostindien. Er ist selbst dort gewesen, es steht ihm
daneben der ganze Schatz indischer Nachrichten durch die
ostindische Kompagnie selbst, zu Gebote; niemand war
deßwegen besser im Stande zu beurtheilen, was für Stüke
zur nähern Kenntniß Indiens am wichtigsten sind. Um
daher viele schätzbare kleinere Schriften nicht umkommen
zu lassen, schlug Herr Dalrymple der ostindischen
Kompagnie vor, einen Fond von 200 Pf. Sterling zur
Bekanntmachung solcher Schriften und Karten auszusetzen,
wofür ihr sodann die ersten hundert Exemplare der
Sammlung ausgehändiget werden sollten; die durch den
Verkauf der übrigen Exemplare gewonnene Gelder hingegen würden wieder zu dem Fond geschlagen.

Da die ostindische Gesellschaft diesen Plan genehmigte;
so zeigte Herr Dalrymple nun an, daß diese Sammlung, welche sich über alle Länder Ostindiens und Poly-
nesiens erstrekt, besonders folgende Hauptabtheilungen be-
greiffen soll, welche enthalten:

1) Geographie und astronomische Observationen.

2) Metereologie oder Nachrichten von dem Wetter
und den dortigen Jahreszeiten.

3) Handlung und Manufakturen.

4) Naturgeschichte.

5) Lit-

5) Litteratur, Wissenschaften, Gewohnheiten, Sitten und Religion der Indier.

6) Miscellaneen z. B. Geschichte, und was sich sonst nicht unter eine der vorhergehenden Abtheilungen bringen läßt.

Dieser Plan zeigt hinlänglich, daß durch diese Sammlung unsere Kenntnisse von Indien ausserordentlich gewinnen müssen; indessen ist es auch begreiflich, daß mehrere Aufsätze darinn vorkommen werden, welche deutschen Lesern nicht so wichtig sind, als einer Nation, die jede Kleinigkeit, fast jeder Fußsteig in einem Lande interessiren muß, woraus eine der Hauptquellen seiner Reichthümer fließt. Es war daher vorauszusehen, daß eine wörtliche Uebersezung des Oriental Repertory unserm Boden weniger angemessen seyn mußte. In dieser Rüksicht gedenke ich alle diejenigen Aufsätze, welche unser Publikum wegen ihres allgemeinen Werthes brauchbar finden kann, entweder ganz übersetzt zu liefern, oder wenn die Schreibart des Originals sich Weitläuftigkeiten und Wiederholungen erlaubt, nur kernhafte Auszüge daraus zu geben. Solche Aufsäze hingegen, die als blosse Nachweisungen zu sehr speciellen Karten, Kriegs-Wegen oder Schifs-Zügen dienen, gänzlich zu unterdrüken, ausser in dem Falle, da sie etwas wichtiges für Länder- und Völkerkunde enthielten. In diesem ersten Stüke kommen besonders wichtige Aufsäze für den Handel, in Rüksicht der Waarenkenntniß,

S 3 und

Nachrichten von einigen wenig bekannten Ländern vor.
Man lernt aus den Nachrichten über den Pfefferbau,
nebenher viele andere Produkte Indiens kennen, und zugleich bewundert man den noch unbenuzten Reichthum
dortiger Länder. Es ist zu bedauren, daß, da diese
Nachrichten in dem Originale aus lauter einzelnen Briefen bestehen, denen man es zu sehr ansieht, daß sie nie
für das Publikum geschrieben waren, die Schreibart
und die Wiederholungen oft unangenehm werden mußten.
In unserm Auszuge ist diese Unannehmlichkeit sehr vermindert, allein es war nicht wohl thunlich sie ganz zu
vermeiden, ohne den Gang der Geschichte des dortigen
Pfefferbaues dabei verlieren zu lassen.   Die beiden folgenden Aufsätze des Herrn Anderson über die dortigen
Produkte und das dortige Klima gehören zu den inter-
essantesten, und der dritte, von der neuen Färbepflanze
des Herrn Roxburgh wird gewiß dem Botaniker noch
angenehmer seyn als dem Waarenkenner, da die daneben-
liegende schöne Zeichnung diese neue wichtige Pflanze so
genau bestimmt. Für die Geschichte der Sitten, der Religion und des Menschen überhaupt, liefert der Aufsatz:
Ueber die indischen Kasten, die das Fleisch essen oder nicht,
keinen unbedeutenden Beitrag. Zwei kleine geographische
Nachrichten und Karten, welche sich lediglich auf sehr specielle
Bezirke dortiger Gegenden einschränkten, schienen nicht
für Deutschland wichtig zu seyn. Aber die Reise nach
Cochim

Cochin China war es um destomehr, je weniger wir von jenem Lande wissen, und je aufrichtiger und ungeschmükter die Nachrichten des Herrn Bowyear zu seyn scheinen.

Das zweite Stük des orientalischen Repertorium, welches vor mir liegt, und nächstens in dieser Sammlung folgen soll, enthält höchst schäzbare Nachrichten über den berühmten Tippo-Saib, sowohl über seine Person und Charakter, als über seine Einkünfte, seine Schäze, seine Armee und seinen Zustand überhaupt. Ferner sind darinn ausser mehrern bedeutenden Artikeln, umständliche Berichte über die noch wenig bekannten Königreiche Ava und Arrakan.

Braunschweig, im Febr. 1792.

E. A. W. Zimmermann.

Dal-

Dalrymples Orientalisches Repertorium.

Nichts ist wohl interessanter und angenehmer als eine Untersuchung über die Entdekung, über die Einführung in die Societät, und über die Fortschritte oder vielmehr das Umsichgreifen irgend eines neuen Handelsprodukts, es mag nun auch nur blos ein Artikel des Luxus geworden seyn, oder es habe sich zu einem wesentlichen Bedürfnisse für die Societät erhoben. Im lezten Fall stehen zum Beyspiel anjezt mehrere Medicamente, als die China, die Ipekakuanha u. a.; im erstern hingegen ausser andern der Kaffee und der Zuker.

Der leztere, jetzt die grosse Stapelwaare Westindiens, ward 1506 von den Kanarischen Inseln nach Hispaniola (St. Domingo) hinüber gebracht.*) Was für eine erstaunliche Revolution bewirkte er nicht seitdem im Handel! und wie viel ist Spanien dessen erstem Verpflanzer schuldig! Auf ähnliche Weise hat Carolina sein Hauptprodukt,

den

---

*) Dies bezeugt Clemente. In den Tablas Chronologicas por Claudio Clemente. Valencia 1689. p. 168. heißt es nemlich: Ein Einwohner von la Vega, Nahmens Aguillon, brachte einige Zuckerrohre von den Kanarischen Inseln. Bachiller Vellosa und Pedro de Atienca pflanzten sie zuerst und sie gediehen so gut, daß man in kurzer Zeit 40 Wasser- und Roßmühlen deshalb anlegen mußte.

den Reis, einer Handvoll Pabby (Reiskörner) zu verdanken, welche der Sekretair der Ostindischen Kompagnie
einem Kaufmann aus Carolina ohne alle Absicht zum Geschenk machte.*) Nicht minder schätzbar und bedeutend
müssen daher die Versuche des Herrn Dr. Roxburgh
angesehen werden, von welchen mir Herr Andreas Roß
von Madras aus Nachricht ertheilt hat. Dieser thätige
Mann hat sich nemlich aufs geflissentlichste bemühet, nicht
nur den schwarzen Pfeffer, der bis jetzt blos in den weiter
gegen Norden liegenden Gebirgen von Ostindien zu Hause
war, in die Besitzungen der Engl. Ostindischen Kompagnie
zu Samul Cotah im 17° Nordl. Breite, um 82° Östl.
Länge von Greenwich zu verpflanzen, sondern auch mehrere dort fehlende Produkte der heissen Zone daselbst anzubauen. Ich lasse hier das Wesentliche der Briefe des Herrn
Dr. Roxburgh an Herrn Roß, diese Materie betreffend,
selbst folgen, denn auf die Art wird man das Entstehen
und den Fortgang dieses höchst wichtigen Unternehmens
desto genauer und besser zu übersehen im Stande seyn.

---

*) Der verstorbene Herr Hazard hat mich dies aufs glaubwür-
digste versichert; er war von einem der Interessenten genau
davon unterrichtet worden.

Aus-

Auszüge aus den Briefen des Herrn Wilhelm Rox:
burgh, Wundarztes zu Samul Cotah, an Herrn
Andreas Roß zu Madras.

Samul Cotah 25 April 1786.

„Ich kann Ihnen mit Vergnügen berichten, daß ich
nach meiner Zurükkunft den schwarzen Pfeffer zuerst auf
einigen hier nordwestlich gelegenen Hügeln wild wachsend
gefunden habe. Die Bergbewohner bringen sehr oft kleine
Vorräthe davon hier ins platte Land zum Verkauf, und
nun mögen Sie selbst urtheilen, ob ich nicht mit dem Dr.
Russel ganz richtig vermuthen konnte, daß das Clima
in den Circars dem Anbau des schwarzen Pfeffers gün=
stig seyn würde.„

„Ich habe gegenwärtig schon zwei Leute in die Hügel
geschikt, um mir etwas Pfeffer und Pflanzen holen zu
lassen. Eröffnen Sie doch bei Gelegenheit den ganzen Plan
unserm neuen Gouverneur Sir Archibald Campbell, stel=
len Sie ihm dabei die Vortheile vor, die aus dem ganzen
gewonnen werden könnten, wenn die Unternehmung aus=
geführt würde.„

3 May 1786.

„Keiner von unsern Eingebohrnen aus dem platten
Lande will sich zwischen die Hügel nach Pflanzen wagen;
allein der erste Bergbewohner, der wieder zu uns kömmt,
soll mir so viel Pflanzen bringen, als nur möglich ist.
Bis auf tausend will ich die Sache auf meine eigene Rech=
nung betreiben; allein wenn die Regierung sich besonders
für die Unternehmung verwenden will; so müssen mehrere
tausend gewonnen werden können: denn wenn wir nur die
erste Pflanzung zu 5000 anschlagen, so müssen diese sich
schon

schon bei guter Wartung in den ersten beiden Jahren bis
auf 500,000 vervielfältigen.„

12 May 1786.

„Am achten dieses Monats sandt' ich Ihnen eine
kleine Probe von unserm Hügelpfeffer und gegenwärtig
schik' ich Ihnen etwas mehr für S i r A r c h i b a l d C a m p -
b e l l. Sobald die Regenzeit eintritt, werde ich mich nach
Pflanzen bemühen, und dann würde es höchst vortheilhaft
seyn, wenn zugleich an die Regierung von M a s u l i p a -
t a m der Befehl ergienge, daß sie meine Unternehmung
nach ihren Kräften best möglichst unterstützte, denn ohne
Unterstützung würde ich doch nur eine kleine, und für den
Handel der Compagnie ganz unbedeutende Anzahl von
Pflanzen anbauen können.„

„Glüklicherweise bin ich mit M a r s d e n' s G e s c h i c h -
t e v o n S u m a t r a bekannt geworden, welche mir etwas Licht über den Anbau dieser einträglichen Pflanze
gegeben hat.„

„Ich danke Ihnen für den Samen vom Guinea-
Grase. *) Schon im verwichenen Jahre erhielt ich etwas
davon von S i r J o h n D a l l i n g; allein er gieng nicht
auf: von diesem versprech' ich mir einen bessern Erfolg,
weil wir jetzt gerade mit dem nächsten Monat der Regenzeit entgegen sehen, wo er gesäet werden muß.„

Aus Herrn Roß Briefe an Sir Archibald Campbell.

Madras 13 May 1786.

„Merkwürdig ist es, daß die vom Herrn Dr. R o x -
b u r g h übeschikte Pfefferprobe um 10 Procent besser als
der

---

*) Man sehe die Note am Ende.

ter Malabarische Pfeffer ist, und ich glaube, daß er durch die fernere Kultur noch mehr gewinnen kann.„

Vom Herrn Dr. Roxburg an Herrn Roß.

Samul Cotah 4 Jun. 1786.

„Einige Tage nach meiner Antwort auf Ihren lezten Brief hab ich nun einen etwas grössern Vorrath vom Pfeffer aus den Hügeln durch den abgeschikten Boten bekommen. Er bekam ihn zu Cottapilla, wo ihn die Bergbewohner sehr oft zum Verkaufe hinbringen. Die nächsten Pfeffergärten sind zu Rampa einem Orte der etwa 12 Coß (ungefähr 6 Lieues) von Cottapilla entfernt liegt, und wohin der Thalbewohner niemals geht, wenn er's vermeiden kann. Der Rajah von Rampa verspricht uns ebenfalls Pflanzen gegen die Regenzeit. Wegen der Befehle an die Regierung von Masulipatam bin ich anjezt in so fern verlegen, daß sie noch vor der Regenzeit gegeben werden, denn ohne diese würde nur wenig zu hoffen seyn: weil der arbeitende Theil des Volks nur ihren Rajahs und nicht der Compagnie oder den Bedienten derselben gehorsam ist.„

Samul Cotah 16 Nov. 1786.

„Seit meinem lezten Briefe habe ich noch einen beträchtlichen Zuwachs von Pfefferpflanzen erhalten. Alle gedeihen sie gut, und ich fange schon an, sie abzulegen. Gegen die Zeit des Verpflanzens an die Bäume zum Aufranken werd' ich etwa 1000 Pflanzen rechnen können, und für 1500 hab ich bereits schon dergleichen Bäume angepflanzt. Mein Correspondent Herbert Harris zu Calcutta schikt mir jezt eine Anzahl Kaffeepflanzen, auch

soll

soll ich, seinen Nachrichten zufolge, eine grosse Anzahl Pfefferpflanzen von der Regierung zu Madras bekommen, die ich nun bald zu erwarten habe.

Die Regierung zu Masulipatam unterstützt mich nach meinem Wunsche in jeder Rüksicht, nur nicht mit Pflanzen, die ich mir durch eigene Betriebsamkeit verschaffen mußte. Glüklicherweise bin ich mit dem Rajah von Rampa in Bekanntschaft gerathen. Ich erhielt von ihm Pfefferpflanzen und mit diesem ein wildes Schwein, ein Eichhörnchen von einer mir noch gänzlich unbekannten Art und einige Papagaien. Zum Gegengeschenk verlangte er zwei Federmesser und einen Spiegel; die erstern überschikte ich ihm gleich, allein den letztern hatt' ich nicht vorräthig: ich werde aber sogleich an Herrn Amos schreiben, damit ich bei der ersten Gelegenheit einen für ihn erhalte.„

„Wir hatten in diesem Jahre zweimal sehr heftigen Sturm, eine bei uns ganz ungewöhnliche Erscheinung. Der letzte wütete am dritten dieses besonders in dem Vizagapatam Distrikt. Mehrere verloren ihr Leben dabei, es wurden Bäume umgerissen und Häuser niedergeworfen, auch müssen einige Schiffe auf der See zu Grunde gegangen seyn, weil die Trümmern davon und der Leichnam eines Europäers an unsere Küste getrieben wurden.

Herr Harris schikt mir jetzt eine Partie kupferner Kessel zum Zuckersieden, ich will mich bemühen die Güte unsers Zukers zu erhöhen; im nächsten Monat fangen wir an, das Rohr zu schneiden ꝛc. ꝛc.„

„Zur Erndte haben wir hier durchgehends die besten Aussichten, weil wir immer erwünschtes Regenwetter hatten.

„Den

286

„Den wilden Reis, welchen Sie mir durch Herrn Amos zugeschikt haben, habe ich mit ihrem Briefe erhalten. Diese Sorte von Reis wächst in diesem Distrikte im grossen Ueberfluß, allein er wird niemals gegessen; die Einwohner speisen hier besser als auf Zeylon, und selten sind sie in der Nothwendigkeit zu dergleichen Nahrung ihre Zuflucht zu nehmen. Der Reis hat ihnen zu wenig Geschmak und das Einerndten desselben ist ihnen zu beschwerlich.„

„Es thut mir leid, daß ich Ihnen von unsern Pfefferpflanzungen noch immer keine günstigen Nachrichten geben kann. Die Regierung von Masulipatam hat mir zwar so viel Land angewiesen, als ich bedurfte; allein ich habe bei ihrem ganzen Einflusse und meiner Betriebsamkeit bisher noch keine Pflanzen erhalten, ungeachtet ich allzeit an den Grenzen der Hügel zwei Menschen beordert habe, um mir Pflanzen für Geld aufzukaufen. Der nächste Ort, wo Pfeffer wächst, liegt ungefähr nur 30 Coß innerhalb der Hügel und dennoch würden unsere Thalbewohner weit lieber die Pflanzen von dem äussersten südlichen Ende des festen Landes herhohlen wollen; so sehr fürchten sie sich vor diesen Hügeln.„

„Sie werden sich gewiß mit mir darüber freuen, daß ich nun einen Vorrath von Pfefferpflanzen aus den Hügeln bekommen habe. Sie wurden mir von Rampa, ungefähr 20 Coß innerhalb der Hügel, hergebracht. Von den beiden abgeschikten Leuten war nur einer wiedergekommen, weil der andere wegen des Hügelfiebers liegen geblieben war; so gefährlich ist es für die Einwohner des flachen Landes!„

Ab-

Abſchrift eines Briefes vom Herrn Dr. Rorburgh
zu Samul Cotah · an Herrn Dr. Anderſon zu
Madras.

Samul Cotah 23 Aug. 1787.

„Die Regenzeit iſt hier äuſſerſt heftig und anhaltend
geweſen. Die Cactuszweige habe ich mit dem Schiffe
Dansbrog erhalten und dieſelben fürs erſte in meinem
Garten angepflanzt; ſobald ſie zu treiben anfangen, will
ich ſie in die Pfeffergärten verſetzen, welche mitten im Lande etwa 6 Meilen von hier und 8 bis 12 Meilen von der
Küſte angelegt ſind. Der Platz liegt an der erſten Reihe von
Hügeln und iſt mit unzähligen Mangobäumen beſetzt; ich
zweifle daher gar nicht, daß er nicht die beſte Lage auf der
ganzen Küſte haben ſollte. Keine Cactusart*) wächſt hier
irgend-

---

*) Da in dieſen Briefen ſo häufig die Rede iſt von mehreren Ar-
ten der Cochenille und von denen von dieſen Inſekten be-
wohnten Pflanzen (z. B. der Cactus Opuntia u. a.); ſo wirds
nicht unnöthig ſeyn, den Leſern durch folgendes hierüber mehrere Auskunft zu geben.

Herr Dr. Anderſon in Madras, eben der von welchem
nachmals hier ein Brief eingerückt ſteht, glaubte in dortiger
Gegend Inſekten entdeckt zu haben, welche entweder der berühmten mexicaniſchen wahren Cochenille gleich kämen, oder
doch ſo nahe ſtünden, daß ſie wie jene ein höchſt wichtiges
Handelsprodukt für England liefern, und dadurch den Al-
leinhandel Spaniens mit dieſer koſtbaren Farbe untergraben
würden.

Er gab darüber ein zwar kleines, aber intereſſantes Werkchen
heraus, welches in 14 Briefen an den Präſidenten der Londner
Societät Sir J. Banks, alle ſeine Beobachtungen und
Verſuche enthält. Der Titel davon iſt folgender: Letters

irgendwo, und da ich mir anjetzt beständig Pfefferpflanzen
von den Hügeln sammlen und bringen lasse, so will ich
mich

---

to Sir Joseph Banks Baronet Pref. of the R. Soc. on the fub-
ject of Cochineal Infects, difcoverd at Madras, with a Copper
Plate engraving &c. &c. Madras 1788. 8. 28 Seiten und
2 Kupfer. Aus dieser reichhaltigen Schrift (wovon der Naturforscher 25 St. die erste 8 Briefe übersezt geliefert hat,
und das Gothaische Voigtische Magazin VI. B. einen Auszug) zeigen wir nur folgendes an.

Die von Herrn Doctor Anderson entdekten hierhergehöri-
gen Insekten haben nach. seiner eigenen Angabe pag. 3. vier
Flügel, und nicht zwei wie die Schildlaus (Coccus), obgleich
sein Kupfer nur zwei sehen läßt. Hierdurch kommt also
dies Insekt der Blattlaus (Chermes) näher, von welchem
es sich aber wiederum dadurch entfernt, daß es keine Spring-
füsse (pedes faltator:) hat. Herr Anderson erklärt sich aus
diesen Gründen dahin, daß er diese Insekten nur für ein
eigenes neues Geschlecht annimmt, welches zwischen dem
Coccus und Chermes in der Mitte steht. Indeß giebt er
ihm dennoch einstweilen den Nahmen Coccus, und hatte davon (1788.) acht Arten (species) entdekt, nämlich

1) Die Grascochenille, Grasei, Chlocoon oder Kermes
Choromandelensis auf der Aira Indica; diese Art kommt hier
im Texte öfters vor.

2) Coccus Oogenes, auf folgenden Pflanzen als Phyllan-
thus Emblica, Euphorbi Hirta, Menispernium Cordifolium
und Hibiscus populneus.

3) Coccus Trichodes, auf dem Pfidium Guajava, Annona
Squamofa, Solanum Lycopersicon, Hibiscus Rosa Sinensis,
und Phaseoli.

4) Coccus Erion, auf Robinia Mitis, Hibiscus Rosa Sinensis, Ficus Indica, Erythrina Corallodendron, Cocos Nu-
cifera, und Myrtus Zeylanicus.

mich auch nach dieser Pflanze bemühen, übrigens habe ich
immer jemand an den Hügeln beordert, daß er mir Samen und Pflanzen suchen und bringen soll, und da werde
ich ihn besonders auf dieses Geschlecht (Cactus) aufmerksam machen. Ich fürchte, daß bei der letzten Ueberschwem-
mung der *) Gras-Kermes hier für einige Zeit verschwunden seyn wird; im verwichenen Jahre sah ich noch an der
See eine grosse Anzahl davon.

Meine Pfefferpflanzungen gerathen nach Wunsche, ich
habe gegenwärtig schon an 2 bis 3000 Pflanzen in der
Baum-

---

5) Coccus Micro-ogenes auf dem Vitis Vinifera und Ga-
lega Prostrata.

6) Coccus Koleos auf dem Solanum Melongena.

7) Coccus Diacopeis auf dem Citrus Sinensis.

8) Coccus Narcodes, auf dem Wodier Baum. (Diesen
bisher wenig bekannten Baum beschreibt er S. 25. besonders
und Herr Meyer hat im Voigtischen Mag. eine lateinische
Beschreibung daraus gezogen.) Die Männchen dieser Insekten
sind geflügelt, die Weibchen wie unbewegliche Eiersäcke oder
Raupen. Der erstern sind soviel weniger als der letztern, daß
sie sich zu letztern wie 1—200 verhalten. Die Eier werden
von den Müttern mit einer seidenen Hülle bedeckt. Unter
allen besizt, sagt er S. 26. nur das Grasei (Chloeum Insekt) der Coccus Oogenes und Micro-ogenes viel rothe Farbe, die übrigen nur die Farbe der Baumrinde. Die Versuche, die mit einem Absud von Weinsteinrahm und Alaun auf
Wolle und Seide damit vorgenommen wurden, zeigten wirklich einen guten Erfolg. Indeß ward mir im vorigen Jahr
in England gesagt, es sey nachmals nicht brauchbar befunden. Den Cactus cochilinifer wollte Herr Anderson anbauen,
um die Insekten darauf zu verpflanzen, welches er auch nachmals gethan hat.

*) Man sehe die vorhergehende Note.

Repositor. I.   T

Baumschule zum versetzen; einige davon stehen schon in der Blüthe, und nach der Regenzeit will ich sie sogleich an ihre KorallenBäume zum Hinaufranken (Erythrina Corallodendron) verpflanzen. Von dem Färbeholzsamen, (Caesalpinia sappan) den Sie mir im verwichenen Jahre gaben, sind recht schöne Pflanzen aufgegangen. Noch denk ich den Anbau des Tikbaums*) hier im flachen Lande einzuführen, bis jetzt wächst er nur noch um den Gebirgen bei Rajahmundry.

Nach einem neuern Berichte vom Herrn Roß soll Herr Roxburgh seine Pfefferpflanzungen schon bis auf 4000 Pflanzen vermehrt haben.

Auszug eines Briefes vom Herrn Dr. Roxburgh an die Regierung vom Masulapatam den Fortgang des Pfefferanbaues u. s. w. betreffend.

Samul Cotah 17 Jul. 1788.

„Das letzte Wetter ist zur Verpflanzung der Pfeffers so günstig gewesen, daß ich jetzt schon in drei Pflanzungen an 9,500 Pflanzen gezogen habe, also fast doppelt so viel, als ich anfangs rechnete. Sie gedeihen alle, und ohne Unterschied des Bodens, ausnehmend gut, so daß ich im künftigen Jahre allein von diesen an 100,000 zu ziehen gedenke.„

Die jungen Kaffeebäume bekommen treflich und hängen ganz voll Beeren, die ich lediglich zur Aussaat wieder verwenden will, damit ich erst einen möglichst grossen Vorrath von Bäumen erhalte. Die Regierung behält

alsdann

---

*) Tectonia grandis L.

alsdann freie Hand, ob sie diesen Artikel ferner angebaut wissen will, oder nicht.

Auszug aus einem Briefe von Herrn Doctor Roxburgh, enthaltend eine summarische Nachricht von seinen ökonomischen Einrichtungen den Pfefferbau betreffend.

Samul Cotah 25 Aug. 1788.

„Am Ende des Jahrs 1781 kam ich hieher, und sobald ich nur erst mit Witterung, mit dem Boden und den hiesigen Landesprodukten bekannt war, gerieth ich sogleich auf die Vermuthung, daß Pfeffer und Kaffee in diesem Circar so gut als in irgend einem Theile von Asien gedeihen müßten. Ich wandte mich daher mit meinem Plane an Herrn Davidson, damaligen Gouverneur von Madras, und erhielt von ihm nicht nur eine günstige Antwort, sondern auch unmittelbare Befehle an die Regierung; indeß geschah in der Sache nichts weiter als bis Herr Archibald Campbell das Gouvernement übernahm. In dieser Zwischenzeit entdekte ich glüklicherweise, daß der Pfeffer auf den nördlichen Hügeln bei Samul Cotah wild wachse, und daß er eben so gut, wo nicht besser sey, als der auf der Malabarischen Küste und der Insel Zeylon. Unter diesen glüklichen Umständen macht' ich der Regierung die angelegentlichsten Vorstellungen, daß sie den Anbau des Pfeffers in ihren eigenen Besitzungen zwischen Samul Cotah und den Hügeln unternehmen mögte, und endlich erhielt ich auch den Befehl dazu. Die ganze Unternehmung hab' ich bis jetzt mit 200 Pagoden Vorschuß bestritten, und damit drei Pflan-

T 2
zungen

jungen zu Stande gebracht. Sie enthalten insgesamt
4750 Bäume zum Aufranken und an jedem derselben sind
zwei Pfefferpflanzen, also überhaupt 9500 angepflanzt.
Ausserdem habe ich noch 10,000 jüngere Stämme zu fernern
Pflanzungen vorräthig. Im nächsten Jahre könnte das Ganze bei dieser ungewöhnlich starken Fortpflanzung sicher auf
100,000 Pflanzen zu bringen seyn. Meine Stämme zum
Aufranken sind Zweige vom gemeinen Corallenbaum (Erythrina corallodendron L). Zur Ersparung des Raums
habe ich sie rautenförmig und 6, 8 bis 12 Fuß von einander einschlagen lassen.

„Gleichfalls hab' ich etwa 40 junge Kaffeebäume anpflanzen lassen; sie treiben insgesamt erwünscht und hängen
ganz voll Beeren.

„Viele Pfefferpflanzen fangen schon an zu blühen,
indeß kann ich gegenwärtig noch wohl keinen Ertrag von
ihnen erwarten, weil sie erst ungefähr vor zwei bis drei
Monaten verpflanzt sind.

„Die Pflanzen kamen neben den Hügeln in jedem
Boden fort, wo ich sie anpflanzte, in schwarzem schwerem Erdreiche, in einem gemischten rothen und sandigen
und in einem sandigen und lettigen Boden. Sie erfordern viel Schatten und Feuchtigkeit.

„Der einzige Ort zwischen den Hügeln, wo ich den
Pfeffer wild finden konnte, liegt etwa 30 Meilen innerhalb derselben und ungefähr 50 Meilen nordwärts von
hier aus. Er heißt Rampah und gehört einem unabhängigen Besitzer, einem jungen Mann von etwa 20
Jahren. Ich habe mich mit ihm des Pfeffers wegen in
einen Briefwechsel eingelassen, und er hat mir nicht nur
einige Pflanzen, sondern auch ein lebendiges wildes Schwein,

ein

ein Eichhörnchen, zwei zahme Papagaien und eine schwarze
Mina*) zum Geschenk gemacht.

„Die Menge des Pfeffers, welche von den Hügeln
zu erwarten steht, ist zu gering, als daß er Aufmerksamkeit verdienen sollte, und der Preis desselben kömmt noch
dazu an 30—40 Pagoden für den Candy von 100 Pf.;
die Compagnie muß ihn daher in ihren eigenen Pflanzungen durchaus selbst anbauen; und er wird alsdann un-
gleich wohlfeilern Preises zu stehen kommen, wenn die
Pflanzungen mit Vortheil eingerichtet werden. Dem Hügelbewohner fehlt es durchaus an Betriebsamkeit; was
ihm die Natur ohne Mühe und Sorgfalt gibt, damit ist
er zufrieden. Jetzt, nachdem die Pflanzungen in Ordnung gebracht sind, finde ich, daß ein Arbeiter vollkommen im Stande ist, 1000 Pflanzen zu besorgen; sein
Gehalt wird etwa jährlich auf 30 Rupien gerechnet; der
Ertrag von 1000 tragbaren Pflanzen hingegen kann wenigstens auf 500 Pfeffer jährlich berechnet werden; jeder
Candy Pfeffer käme daher der ostindischen Compagnie nicht
mehr als 50 bis 60 Rupien, den Zins des Landes mit
eingerechnet.

Madras 30 Jan. 1789.

„Ich habe gegenwärtig Pflanzungen angelegt, die in
allem zwischen 40 und 50,000 Pfefferpflanzen enthalten,
und etwa 50 Acres Land einnehmen. Der beste Boden
für den Pfeffer ist eine Mischung aus rothem Sand und
Letten; übrigens muß er hoch liegen, damit die Pflanzen
von den heftigen Regengüssen nicht weggeschwemmt werden. Man verwendet hier dergleichen Land zum Korn-

T 3 und

---

*) Black Myna; man sehe die letzte (allgemeine) Note.

und Reisbau, allein dann giebt es nur halb so viel Ertrag als man vom Pfeffer erwarten kann. Die ganze Unternehmung, meine eigenen Arbeiten und möglichst geringen Ausgaben dabei nicht mit gerechnet, belief sich am Ende Decembers nicht mehr als auf 300 Pagoden, allein nun möchten die Unkosten wohl um ein beträchtliches grösser werden, da allein zwischen dem September und December von 9 bis 10,000 Pflanzen zwischen 40 und 50,000 gezogen sind.

„Schon neulich hab' ich der Regierung die Vortheile vorgestellt, die aus dem Anbau des Tikbaums erwachsen würden; man könnte jeden Winkel, dergleichen es hier auf der Küste so viele gibt, füglich dazu benutzen. Auch wünscht' ich, daß man hier den Seidenbau bei der Menge von Maulbeerbäumen einführte, man könnte arme Frauenspersonen mit der Wartung der Würmer beschäftigen und die Unternehmung würde gewis zum Vortheil der Kompagnie ausschlagen.

„Noch nie hat ein Botanist das Land Travancore bereißt, und meiner Meinung nach müste man die Regierung dahin vermögen, daß dies Land untersucht würde. Man könnte alsdann auch den Einwohnern ihre Methode, den Pfeffer anzubauen, füglich mit ablernen. Ich würde gleichfalls anrathen, mit dem Könige dieses Landes einen Vertrag für jährliche Lieferung des Pfeffers zu schliessen: gegenwärtig hat Dännemark einen dergleichen Contract mit ihm und liefert Kriegsammunition für den Pfeffer. Allein für unsere Kompagnie würde es weit vortheilhafter seyn, wenn sie diesen Handelszweig selbst verfolgte, und ich bin gewiß, daß es nur bloß auf den Antrag dazu ankömmt.

Der

Der folgende Brief vom Herrn Dr. Ruffel an Sir Archibald Campbell enthält Lobeserhebungen des Herrn Dr. Roxburgh. Herr Ruffel empfiehlt ihn zugleich an seine Stelle zum Nachfolger. In der Antwort verspricht ihm auch Sir Archibald Campbell seine Fürsprache ohne Weigerung. In Herrn Roß Briefe war noch eine Abschrift eines Schreibens des Herrn Dr. Roxburgh an Sir Archibald Campbell, woraus wir nur dasjenige hier beibringen, welches zur weiteren Erläuterung des Anbaues des Pfeffers gehört, mit Auslassung desjenigen was bereits vorgekommen ist.

6 März 1789.

„Im Jahre 1787 erhielt ich in verschiedenen malen aus dem Distrikt Rampah an 4 bis 500 Zweige von Pfefferpflanzen. Dies ist die höchste Anzahl die ich jemals von daher oder irgend einem andern Orte bekommen habe. Sie wurden zuerst in die Pflanzschulen (Nurseries) verpflanzt und blieben daselbst bis zur Regenzeit im verwichenen Jahre; nachher versetzte ich sie in die dazu bestimmte Pflanzungen, worin ich vorher die Bäume zum Aufranken schon angepflanzt hatte. Zu Ende des verwichenen Decembers hatt' ich 3 Pflanzungen im Stande, welche zwischen 40 und 50,000 Pflanzen enthielten und 40 bis 50 Acres Land einnahmen, die sonst nur durch den Kornbau, im Vergleich gegen die Pfefferpflanzungen, zur Hälfte genuzt werden konnten.„

„Der erstaunliche Anwachs von 500 Pfefferpflanzungen bis auf 5000 innerhalb eines einzigen Jahrs läßt unfehlbar eine unermeßliche Vergrösserung dieses Unternehmens in kurzer Zeit erwarten, wenn es von Seiten der Kompagnie mit Ernst betrieben wird. In den Pflanz-

T 4   schulen

schulen bedürfen die Pflanzen nur wenig Wartung und
erfordern daher auch nicht viel Kosten. Am Ende Decembers belief sich der sämtliche Kostenaufwand nicht ganz
auf 300 Pagoden, meine eigenen Arbeiten ausgenommen,
die ich niemals in Anschlag gebracht habe. Gegenwärtig
mögten sich indeß die Kosten wol beträchtlich höher belaufen, denn auf 1000 Pflanzen muß zum wenigsten ein
Arbeiter, und auf 10 bis 15,000 ein Oberaufseher gerechnet werden.

„Jede Pfefferpflanze auf der westlichen Küste von
Sumatra soll im Durchschnitt genommen, wenn man alte
und junge Stämme, tragbare, und nicht tragbare gegen einander rechnet, ein Pfund Pfeffer geben; sie müssen daher
in den Circars noch weit ergiebiger seyn, weil sie hier
überhaupt weit besser gedeihen. Eine Tonne, Maurers
Maas, enthält 160 Cent. oder 1792 Pf. Pfeffer und ein
einziges Schif ist 500 Tonnen oder 896,000 Pf. zu laden
im Stande, wir müsten daher zu diesen 500 Tonnen jährlich 597,332 Pflanzen vorräthig haben, wenn wir den
jährlichen Ertrag einer Pflanze zu anderthalb Pfund anschlagen.

„Ich erwarte hierüber den Entschluß der Regierung,
und alsdann werde ich ihnen meine fernern Plane vorlegen, wie die Unternehmung am zwekmässigsten und vortheilhaftesten ausgeführt werden könnte.„

Samul Cotah 10 Oct. 1789.

„Im August 1788 schrieb ich ihnen, daß der Pfeffer auf den Rampah Hügeln wild wachse und daß meine Pflanzungen damals zwischen 9 bis 10,000 enthielten,
wovon die jungen Pflanzen noch ausgenommen waren.
Nachher hab ich auch entdekt, daß nun diese einträgliche Pflanze
zwi-

zwischen allen hier nordwärts gelegenen Gebirgen eben so
gut, als im Rampah Distrikt einheimisch ist. Im allgemeinen kennen die Eingebohrnen hier den Werth dieser
Pflanze nicht einmal, denn nur wenige geben sich damit
ab sie einzusammlen und zu Markte zu bringen. Ich habe neulich vom Herrn Anderson daselbst einen Brief erhalten, wovon ich ihnen die Abschrift hier mitschike. *)
Die Witterung daselbst scheint mit der unsrigen in den
Circars so ziemlich einerlei zu seyn, indeß kann ich Ihnen hierüber noch so lange nichts zuverlässiges schreiben,
als bis ich meine Wetterbeobachtungen mit jenen zu vergleichen im Stande bin.

„Unsere Regierung gab mir vor meiner Abreise aus
Madras die Erlaubniß, die Pflanzungen, welche jetzt bereits zwischen 40 und 50,000 Pflanzen enthalten, bis auf
100,000 Pflanzen zu erweitern; ich habe schon alle Anstalten dazu getroffen, allein bis jetzt bin ich noch nicht
damit zu Stande gekommen. Viele Hindernisse legten sie
mir daher in den Weg, allein demungeachtet will ich
mein möglichstes thun, um die Unternehmung auszuführen. Die Arbeit ist groß und ausserdem noch für mich
mit Kosten verbunden, die ich der Kompagnie nicht gut
zu berechnen im Stande bin.

„In meinen botanischen Untersuchungen mache ich
noch immer stärkere Fortschritte, und für die Pflanzen
halte ich mir zwei eigene Zeichner, welche mir bereits an
4 bis 500 geliefert haben. Seit meiner Wiederkunft aus
Madras habe ich eine neue Neriumgattung entdekt, welche treflichen Indigo liefert: es ist ein starker Baum, der
überall zwischen den Gebirgen im grossen Ueberfluß wild

T 5 wächst.

---

*) Man sehe den folgenden Brief über den Pfefferbau in Travancore.

wächst. Mit dieser Gelegenheit kann ich Ihnen noch keine Probe davon mitschiken, allein mit dem nächsten Schiffe sollen sie dieselben erhalten. Man könnte den gröſten Vorrath von diesem Indigo mit ganz geringen Koſten gewinnen, weil der Baum in so groſſem Ueberfluſſe anzutreffen iſt.

„Vor einigen Jahren schik' ich einen geringen Vorrath von Galläpfeln (Caducy Galls) nach England; sie schienen mir nach meinen Versuchen abſtringirender zu seyn, als die von Aleppo, und das beſte Gelb auf dieser ganzen Küſte wird aus ihnen bereitet. Auch dies könnte, wie mich dünkt, einen einträglichen Handelsartikel für die Kompagnie abgeben.„

„Unsere Regenzeit nahm in diesem Jahre schon im Junius ihren Anfang, und aus diesem Grunde hatten wir immer kühles und angenehmes Wetter. Das Thermometer ſtand beſtändig in der freien Luft zwischen 76 und 90° und das Barometer zwischen 29 1/2 und 29 3/4 engl. Zoll. Die Menge des Regens betrug nach meinem Regenmaſſe, einem zinnenen Cylinder,

	Zolle	Linien
Im Junius — — —	6.	0.
Julius — — —	6.	10.
Auguſt — — —	21.	1.
September — —	1.	4.
Vom erſten bis zum zehnten		
October — — —	3.	8.
	38.	11.

Das vorhergehende Jahr war beträchtlich naß gewesen; denn in demselben waren gar 69 Zolle gefallen. Wechselfieber herrschten bei dieser Witterung durchgehends und

und fast einzig. Nur in den Distrikten Ganjam und Vizagapatam zwischen den Hügeln wütheten mehrere Ar-ten von Krankheiten, und es ist warlich zu bedauren, daß die Europäer sich hier einem gefährlichen Dienste un-terziehen müssen. Die Eingebohrnen selbst wissen gegen das Hügelfieber noch kein Mittel, und meine Versuche sind noch bis jetzt vergeblich ausgefallen, indeß hab ich noch China, Kampfer, Virginianische Schlangenwurzel und Wein am wirksamsten dagegen gefunden. Wenn wir auf irgend eine Art das starke Buschwerk, das hier alle Hü-gel und Thäler bedekt, zwischen den Gebirgen weghauen könnten; so würden wir nicht nur grosse Strecken des fruchtbarsten Landes gewinnen, sondern auch die Ursache dieser furchtbaren Krankheit aufheben und die Polygars zum Gehorsam bringen, die jetzt in dem Buschwerk stets unbezwingbar und fast nicht in Ordnung zu halten sind. Bei den Landwinden könnte das Buschwerk leicht abge-brannt werden; selbst die Hügelbewohner brennen in die-ser Zeit grosse Strecken ab, um sie anzubauen; allein der Polygar sorgt allzeit dafür, daß sie niemals auf einem Platze mehr als eine oder zwei Erndten halten; und nach-her müssen sie denselben der Natur wieder überlassen.

Samul Cotaß 17 Jul. 1790.

„Die Regierung hat mir nie einen Punkt aus dem Hauptschreiben von der Direktion, den Pfefferanbau be-treffend, mitgetheilt. *)

„Bald

---

*) In einem Briefe von Herrn Dr. Anderson zu Travancore an Herrn Dr. Roxburgh heißt es: „Die jungen Bäume ver-lieren gemeiniglich in dem ersten Jahre, wenn nicht grade die Witterung für sie sehr günstig ist, eine große Menge von Blumen, ohne anzusetzen, und dieß ist der Fall gleichfalls

„Bald nach dem Abgange meines letzten Briefes (am 10 Oct. 1789.) erhielt ich von der Regierung den Befehl, meine Pflanzungen nicht weiter auszubreiten. In diesem Jahre habe ich etwa 100,000 überflüssige Pflanzen, die ich wegwerfen muß, um die Pflanzungen nicht zu überfüllen. Die Zemindars haben mir alle mögliche Hindernisse bei meinen Arbeiten in den Weg gelegt, sobald sie den guten Fortgang meiner Pflanzungen bemerkten; ausserdem muß ich auch noch der versprochenen Unterstützung von Masulipatam entbehren, und dem ungeachtet habe ich den Anbau des Pfeffers zu einer solchen Höhe gebracht, daß Jedermann einsehen muß, daß er hier auf dieser Küste so gut, als in irgend einem Theile Indiens fortkömmt.

„Noch waren in diesem Briefe einige andere eingeschlossen, um die Verläumdungen eines schwarzen Agenten von Masulipatam zu entkräften, der den Vorrath der Pfefferpflanzen, statt der angegebenen 40 bis 50,000 nur etwa 1500 geschätzt hatte. Auch hatte derselbe Mann sehr unrichtig und unverschämt hinzu gesetzt, daß die Pfefferpflanzen auf der malabarischen Küste schon nach 5 Monaten trügen, und daß jede derselben 50 Pf. Pfeffer jährlich einbrächte.

„Meinem Wunsche gemäß habe ich nun auch sechs Zimmetbäume erhalten, und täglich erwarte ich mehrere. Diese will ich zum Besten der Kompagnie anpflanzen.

Auch hab' ich einige tausend Pflanzen des Färbeholz-Baums (Sappan Wood Tree) erhalten; ein beträchtlicher

Han-

---

mit alten Bäumen, wenn das Wetter zu troken ist; auch fallen oft die Körner vor dem Reifwerden aus.

Handelsartikel, der sonst allzeit ostwärts zu uns gebracht ward. Ferner hab' ich eine grosse Anzahl Pflanzen von Annatta *) Baum, vom Tik u. s. w., insgesamt auf meine Kosten, angepflanzt: wenn Sie die Direktion zur Anlage eines botanischen Gartens hieselbst vermögen könnten, so liessen sich noch mehrere und sehr einträgliche Pflanzengattungen hier einführen. Ich gehe so weit, als es mir meine Vermögensumstände erlauben, und wenn meine Unternehmungen gelingen sollten, so rechne ich auf eine billige Vergütung von Seiten der Direktion, und sollte sie sich weigern, so denk ich, daß ich doch mein Geld nicht besser, als zum Wohl des ganzen Menschengeschlechts anlegen könnte.

„Mein neuer Indigobaum verspricht viel. Mit diesem Schiffe (the Houghton) schike ich eine Zeichnung und Beschreibung davon an die Direktion, auch erfolgt dabei eine Probe von Indigo, den ich aus seinen Blättern gezogen habe. Ich habe gleichfalls etwas davon nach Bengalen geschikt, und nach dem Urtheile der Herren Herren Colonel Kyd und Harris kömmt er der besten Sorte von Indigo in Bengalen an Güte beynahe gleich.

„Neulich hab' ich ebenfalls einen Zuwachs von Brodfruchtbaumpflanzen **) erhalten, und im Januar hoffe ich etwas mehr nach der Insel Helena schiken zu können. Im verwichenen Jahre schikte ich schon einen ganz jungen Baum dahin, und empfahl ihn der sorgfältigsten Wartung, weil ich glaube, daß diese Insel für den Anbau seltener Pflanzen der beste Ort ist.

Die

---

*) Man sehe die allgemeine Note am Ende.
**) Artocarpus communis Forst.

Die Einführung der Sagopalme*) scheint mir ein
sehr wünschenswerther Gegenstand zu seyn; bei Theurun»
gen würde sie eine grosse Zuflucht für die Eingebohrnen,
und in bessern Zeiten ein wichtiger Handelsartikel seyn
können. Im Lande Travancore nährt sich der ärme»
re Mann fast ganz davon, und wenn wir im letzten Krie»
ge mit Hyder Aly einige tausend von ihnen um Madras
gehabt hätten, so würden mehrere Menschen ihr Leben
gerettet haben. Man könnte selbst von ihnen Pläze um
Madras herum für sie einzäunen, und zu dem Ende
könnten leicht Saamen und Pflanzen aus Travancore her»
geschaft wreden.

„Dr. Anderson hat mir etwa 2 Reiser von seiner
Opuntia (Kew Opuntia) zugeschikt, welche so erstaunlich
wachsen, daß ich schon eine ziemlich grosse Pflanzung von
ihnen hätte anlegen können.

„Ich erhalte gegenwärtig Seidenwurmseier von Ben»
galen: man muß warlich erstaunen, daß der Seidenbau
in den Circars bei der Menge und dem leichten Fortkom»
men der Maulbeerbäume (denn sie pflanzen sich hier sehr
leicht durch Ableger fort) noch nie unternommen ist. Er
würde zugleich für den ärmern Theil der Weiber und
Kinder ein Einkommen abgeben, daß sie nicht so wie jetzt
vor Hunger umkommen müsten: indeß kann ich mich un»
möglich allein, und ohne Unterstützung, einer solchen Un»
ternehmung unterziehen, und für jene ist beinahe gar
keine Hoffnung.

„N. S. In diesem Augenblike habe ich noch zwei gute
Muskatnußbäume, und fünf andere Zimmtbäume erhalten.
Ueber»

*) (Palma) Cycas circinalis Linn. Doch giebt Rumph mehrere
Unterarten davon an.

Uebersicht der Bäume zum Aufranken, und den Pfefferpflanzen in den Pfefferpflanzungen der ostindischen Kompagnie in den Zemindarys von Peddagore und Pettagore, wobei zugleich die Strecken des dazu genommenen Landes und der jährliche Ertrag der Pflanzen bemerkt ist, gerechnet am Ende des Jahrs 1789

	Anzahl der Stämme zum Aufranken.	Anzahl der Pfefferpflanzen.	Land Vissum.	Land Counts.	Jährl. Ertrag des Landes.	Madras Pagoden.	Fanam	Cash *)
Die 4 Pflanzungen bei den Dörfern Irwada, Irwa und Mallum in dem Zimindary von Pettagora enthalten	11,400	22,800	10	23	in 5 Madr. Pagod der Vissum	53	32	0
Die zu Samul Cotah und demselben Zemindary	4,680	9,360	4	23	dito	23	32	*
NB In der letztgedachten Pflanzung ist einiges Land so schlecht, daß es nur zur Weide für die Büffel zum Wasserhohlen genutzt werden kann. Es mag etwa betragen			2	16¼	zu 2 Madr. Pag.	5	2	0
Die Pflanzung bei dem Dorfe Mangotoor in dem Zimindary Peddaaore enthält	7,200	14,400	6	24	in 5 Madr. Pag. d. V.	33	40	10
Ueberhaupt also	23,280	46,560	24	24		116	10	20

*) 80 Cash machen einen Fanam, und 36 Fanams eine Pagode.

„Das Land iſt zu wiederhohlten malen von verſchiedenen Anbauern geſchätzt und der Unterſchied ihrer Schä-
ßung war zwiſchen 4 bis 6 Pagoden der Viſſum, die mitt-
lere Zahl 5 wird daher wol der Wahrheit am nächſten
kommen.

„An jedem Baume zum Aufranken befinden ſich zwei
Pfefferpflanzen, und jene ſtehen 6 Ellen (cubits) von einander, allein da ſie rautenförmig gepflanzt ſind, ſo ſind
die Zwiſchenräume nur etwas mehr als 5 Fuß von einander entfernt; indeß ſind oben 6 Fuß angenommen.

„Das Viſſum Land iſt ein Maas der Hindoos und
enthält 31 1/4 Quadrat Countas; die Counta beträgt 32
Ellen, ſo daß das Viſſum alſo noch nicht ganz zwei Acres
ausmacht.

„Ein Viertel der oben genannten Pflanzen war etwa
vor 2 Jahren aus den Pflanzſchulen verſetzt, ein anderes
Viertel vor einem bis anderthalb Jahren, und die übrige Hälfte vor zwei bis zwölf Monaten. Auſſer dieſen war
noch eine groſſe Menge junger Pflanzen in den Pflanzſchulen vorhanden.

„Auguſt 1790. Nachdem die obigen Nachrichten ſchon
abgefaßt waren, hatten wir hier bis zum verwichenen Monat anhaltend trockenes Wetter, ohne irgend einem Regen, und demungeachtet gedeiheten die Pfefferpflanzen ſehr
gut, diejenigen ausgenommen, welche in einem rothen
unfruchtbaren Letten, oder im Sande angepflanzt waren;
denn von dieſen giengen die meiſten aus, inzwiſchen wurde dieſer Verluſt durch eine andere Pflanzung in einem beſ-
ſern Boden vollkommen erſetzt.„

„Ich habe Urſache anzunehmen, daß das Land zu 5
Madras Pagoden den Viſſum, alſo 24 Shilling den Morgen (Acre) zu hoch angeſchlagen ſey.

Metho-

Methode, den Pfeffer zu Tellicherry, auf der Küste
Malabar, anzupflanzen und zu bauen.

Die Pfefferpflanze muß in einem niedrigen und schweren Boden angepflanzt werden.

Im Anfang des Junius, wo die Regenzeit ununterbrochen fortdauert, gräbt man an einem Jack, Mango,
Cajou, Muricu, oder irgend an einem andern rauhen
unebenen Baume ein Loch, das einen Fuß tief, und 6
Zoll lang und breit ist: hierinn wird ein Stengel von einem Pfefferzweige hineingesenkt und alsdenn mit Erde
ausgefüllt. Im Loche selbst darf vor dem Pflanzen kein
Wasser gewesen seyn, auch muß man verhindern, daß
nichts an den jungen Pflanzen etwa stehen bleibt. Im
Monat Julius fangen die Wurzeln schon an sich auszubreiten und Zweige zu schiessen und alsdann müssen diese
angebunden und die Pflanzen mit einem kreisförmigen
Erdhügel umgeben werden, damit sie von dem Wasser,
welches sich dann um sie herum ansammeln kann, befeuchtet werden; weil sie sonst bei der Hitze vom Julius
bis zum October nothwendig verdorren müsten. Nach
der Regenzeit wird die Wurzel der Pflanze mit frischen
kühlenden Baumblättern bedeckt; im zu dürren Erdreiche
werden sie selbst mit Wasser Morgens und Abends begos-
sen, wenn es hingegen ganz kühl ist; so ist ein zweima-
liges Angiessen in acht Tagen schon hinreichend. Fünf bis
sechs Schnittlinge werden alsdenn um einen einzigen Baum
gepflanzt, und dergestalt gezogen, daß sie sich einander
nicht berühren.

Zehn Tage, nach dem Eintritt der Regenzeit, wird
die Blätterbedeckung von der Wurzel der Pflanzen wieder
weggeschafft, das etwa aufgeschossene Unkraut umher aus-

geiätet, und das aufgedämmte Erdreich wieder geebnet, damit sich ferner das Waſſer nicht mehr an der Wurzel des Baumes anſammle. Im Monat Auguſt wird dieſelbe Verfahrungsart wiederhohlt, und drei Jahr nach einander müſſen die Pflanzen ſolchergeſtallt gewartet werden.

Auch muß die Wurzel der Pflanzen jedes Jahr auf die obige Art wieder zugedeckt werden.

Wenn die Pflanze nur einmal von der Hitze gelitten hat, ſo welkt ſie und trägt keine Frucht, ſie muß daher immer nach den obigen Vorſchriften behandelt werden.

Die Blätter müſſen gleichfalls im Monat Junius jedesmal weggeſchafft werden, damit die weiſſen Ameiſen nicht durch dieſe herbeigelockt werden und nachher die Pfefferwurzeln ſelbſt anfreſſen.

An glatte Bäume dürfen die Pfefferpflanzen nicht gezogen werden, weil ſie ſonſt abfallen, man muß daher jederzeit unebene und rauhe dazu auswählen.

Methode, den Pfeffer im Monat Februar, und in einem tiefen und ſchweren Boden anzupflanzen.

Man grabe neben dem Baume zum Aufranken in einer Entfernung von 10 Zollen abermals ein Loch, welches 15 Zoll tief und 12 Zoll lang und breit iſt; hierin ſenke man 7, dreißig Zoll lang geſchnittene Pfefferzweige, fülle alsdann 1/3 deſſelben mit Erde und den noch übrigen Raum mit friſchen Blättern aus. Die jungen Senker müſſen alsdenn Morgens und Abends bis zur Regenzeit mit Waſſer angegoſſen werden: ſobald aber dieſe eingetreten iſt, muß das Loch wieder mit Erde angefüllt und der kreisförmige Damm, auf obige Art aufgeworfen werden.

Zu

In den Regenmonaten werden diese Pflanzen am besten im Monat Junius, und bei trockner Witterung im
Februar angepflanzt; zu jeder andern Zeit bringen sie keine Frucht, weil sie alsdenn nur ihre Wurzeln in der Erde ausbreiten: man muß daher auf diesen Punkt besonders
und dergestalt sein Augenmerk richten, wie es oben gelehrt ist.

Die Bäume zum Aufranken müssen 15 bis 16 Fuß
von einander entfernt seyn; Denn wenn sie dichter stehen,
so benehmen sie den jungen Pfefferpflanzen die Sonne,
welche doch einer mäßigen Wärme ausgesetzt seyn müssen.

Methode den Pfeffer in einem höhern und schwereren Boden anzupflanzen.

Man grabe ein viereckigtes Loch, das 15 Zoll tief
und eben so weit vom Baume entfernt ist: hierin stecke
man 10 Pfefferzweige, jeden zu 7 Zoll, in einer gewissen
Entfernung von einander, fülle es alsdann mit Erde aus
und behandle das übrige nach obiger Vorschrift. In einer hohen Gegend dürfen die Bäume zum Aufranken wegen der Hitze nicht mehr als 13 Fuß von einander stehen. Nach zwei Jahren muß jedesmal um 5 Pflanzen eine viereckigte Bank von Erde gezogen werden, damit das Regenwasser hineinziehen und die Wurzeln ernähren kann; wenn dies versäumt wird, so kann sich die
Pflanze bei der Hitze der trocknen Jahrszeit nicht erhalten.

Diese viereckigte Bank muß alle 3 Jahr und zwar
in der Regenzeit im Monat Julius ausgebessert werden,
weil sich hiedurch die Pflanze lange Zeit erhält und sehr
viel Frucht bringt. Es ist den Pflanzen auch anjetzt gar
nicht nachtheilig, wenn man durch das Auflockern der Erde

etwa

etwa ihre Wurzeln entblößt, allein zu jeder andern Zeit vergehen sie davon.

Methode die Pfefferpflanzen in einer sehr hohen Gegend anzupflanzen.

Man grabe drittehalb Fuß von dem Baume zum Aufranken ein drittehalb Fuß tiefes Loch, und stecke 12 Schnittlinge von Pfefferzweigen, jeden zu 2 Fuß 9 Zoll Länge, in einer gewissen Entfernung von einander in daßelbe, bedecke sie hiernächst nach der obigen Vorschrift mit Erde und ziehe dann gleichfalls die viereckigte Bank um dieselben. Man muß sie gleichfalls in den vorhin genannten Monaten anpflanzen; allein das Loch muß hier deswegen tiefer gemacht werden, damit die Pflanze bei der größern Hitze in höhern Gegenden nicht ausgeht.

In einem steinigten Boden trägt die Pfefferpflanze keine Frucht, weil sich ihre Wurzeln nicht ausbreiten können.

Auch ein sandigter Boden ist für den Pfefferbau nicht zuträglich, weil er von Natur heiß ist und die Sonnenstralen weit leichter durch ihn hindurch dringen können: die Pflanzen müssen daher absterben, wenn sie auch schon drei bis viermal täglich gewässert werden.

Man kann die Pflanzen an einem Orte, wo frisches Wasser von selbst einen Zugang hat, auf eben die Art, wie in einem ganz niedrigen und schweren Boden anpflanzen und behandeln: allein ich zweifle, daß sie je Frucht bringen werden, und wenn sie auch tragbar werden sollten, so würden die Körner doch nicht sehr beträchtlich ausfallen, weil die Pflanze beständig feucht steht: denn nach meinen Beobachtungen müssen dieselben allzeit etwas

glei-

gleichen Grades von Wärme und Feuchtigkeit genieſſen,
wenn man ſich eine gute Erndte verſprechen will.

Methode den Pfeffer aus Körnern zu ziehen.

Man nehme reifen Pfeffer, wäßre denſelben 3 Tage
lang ein, und mache alsdann die äuſſere ſchwarze Schale ab: hiernächſt pflanze man ihn in ein Gemiſch von guter rother Erde, Kuhmiſt und Waſſer, und ſetze das ganze drei Tage hindurch Morgens und Abends in die Sonne. Das Gemiſch zum Einpflanzen darf weder zu dik,
noch zu dünn ſeyn. Nach Verlauf von jenen drei Tagen
muß alles in einen irdenen Topf, und zwar jedes Korn
beſonders und in einer gewiſſen Entfernung von den übrigen
gepflanzt und täglich begoſſen werden, bis die junge Pflanze vier Blätter geſchoſſen hat; alsdann grabe man einen
Fuß weit von einem Baume zum Aufranken ein Loch,
das 2 Fuß tief und 9 Zolle lang und breit ſeyn muß,
fülle daſſelbe mit Kuhmiſt, Aſche und Erde, unter einander gemiſcht bis auf 5 Zoll wieder an, und pflanze alsdann
nach 15 Tagen in ein jegliches 4 Pfefferpflanzen und bedecke dieſelben zwei Zoll hoch mit Erde. Den ganzen
Sommer hindurch müſſen ſie täglich Morgens und Abends
gewäſſert und während der Regenzeit mit Erde bedekt
werden. Bei dieſer Bedekung darf ſich jedoch kein Waſſer
an ihren Wurzeln anſammeln. Nach der Regenzeit muß
die kreisförmige Bank ſogleich wieder um ſie herum aufgeworfen werden, damit ſich innerhalb derſelben das Waſſer zu ihrer Nahrung anſammeln könne. So müſſen ſie
3 Jahr lang gepflegt werden, und alsdann werden ſie im
4 Jahre anfangen, Früchte zu bringen. Alle aus Kör-
nern gezogenen Pflanzen müſſen durchgehends in jedem

U 3   Jahre,

Jahre, sowol in hohen als niedrigen Boden nach diesen
Vorschriften behandelt werden, indeß bedürfen doch diese
noch überdem vor den andern eines sehr festen Erdreichs.

Methode die Pfefferpflanzen in einem salzwasserhaltigen Boden anzupflanzen.

Man grabe zuerst eine Grube, 13 Zoll ins Gevier-
te, am Fuß irgend eines unebenen Baumes, fülle dieselbe bis zur Hälfte mit einer guten nicht salzhaltigen Erde,
pflanze alsdenn 10 Schnittlinge von Pfefferpflanzen in einer
gewissen Entfernung von einander in dieselbe und bedecke
sie wieder mit guter rother Erde. Nach der Regenzeit
müssen die Wurzeln zum andernmale mit rother Erde wieder beworfen und eine kreisförmige Bank um die Pflanzen gezogen werden, um sie jeden andern Tag hinlänglich
bewässern zu können. Die Wurzeln der jungen Zweige
müssen übrigens sorgfältig mit frischen Blättern bedekt
werden. Um die Regenzeit müssen die Bank sogleich wieder geebnet, die Blätter weggeschafft, das Unkraut an den
Wurzeln sorgfältig ausgejätet und die Pflanzen wieder mit
rother Erde bedekt werden. Uebrigens müssen sie in jedem
Jahre so behandelt werden, wie es im Anfange dieser
Vorschriften angeben ist.

Tellicherey 11 Jun. 1778.

M Firth Secr.

Aus.

Auszug aus Dr. Andersons Briefe an Dr. W. Roxburgh über die Producte des Landes Travancore.

Das Klima dieser Küste ist sehr von dem auf Koro-
mandel verschieden und meiner Meinung nach dem Anbau des Pfeffers sehr günstig, weil er hier so leicht fortkömmt; es ist eine Pflanze, welche viel Wasser erfordert,
und die ununterbrochenen Regengüsse, die wir hier vom
May bis zum October haben; bekommen ihr sehr gut.
Das Wachsthum aller Pflanzen, und besonders der starken ansehnlichen Bäume, ist hier auch aus diesem Grunde weit üppiger, als ich es je sah, und das ganze Land
gleicht einem unermeßlichen Walde von den Spitzen der
Hügel an bis fast dicht an die See. Der Pfeffer wird
um die Regenzeit, am Ende des May's oder im Anfang
des Junius, um die Erscheinung eines gewissen Gestirns,
angepflanzt. Die Spitzen der Zweige sowol, als die Schöß-
linge aus dem Stamme sind dazu gleich brauchbar. Die
Schnittlinge werden gewöhnlich einen Fuß lang genommen, und zur Hälfte in die Erde gesteckt; mit der andern
Hälfte werden sie an dem Baume befestigt, woran sie
hinaufranken sollen; die Pflanzen selbst werden hier nicht
gedüngt, sondern nur so lange gewartet, bis sie zwei oder
drei Blätter getrieben haben. Gewöhnlich trägt der Baum
im vierten Jahre zum erstenmal Früchte, allein bei sehr
gutem Boden und einer günstigen Witterung erfolgen sie
auch wol schon im dritten. Wie lange ein Baum tragbar bleibe, habe ich nicht ganz ausgemacht erfahren können; indeß glaubt man hier durchgehends, daß er ein Men-
schenalter hindurch Früchte zu bringen fortfährt. *) Die

U 4 Blü-

*) Auf Sumatra bleiben die Pfefferpflanzungen selten länger

Blüthen erscheinen im Monat Julius und die Beeren reisen im December; wenn sie eine blutrothe Farbe bekommen, werden sie zerschnitten, fünf bis sechs Tage an der Sonne getroknet und hiernächst gewürfelt und sortirt; die schwerere gehen nach Europa, und die leichtern werden für Indien verwandt. Der weisse Pfeffer ist eben derselbe, nur wird ihm mit den Füssen die äußere schwarze Schale abgetreten, alsdann nochmals mit Wasser abgewaschen und hiernächst wie der schwarze an der Sonne getroknet. Bei jungen Bäumen fallen die Blüthen im ersten Jahre, wenn nicht die Witterung sehr günstig ist, gröstentheils ohne anzusetzen ab, und dies Schiksal haben auch die ältern Stämme bei trokener Witterung. Die Jak und Cottenbäume, besonders aber den Mangobaum halten die Einwohner für die passendsten zum Aufranken. Schattige Bäume scheint man hier eben nicht sehr nachtheilig für die Pflanze zu halten, nur müssen jene allzeit eine glatte und weiche Rinde haben. Der Ertrag der Bäume fällt in Absicht der Menge und Güte nach der Verschiedenheit des Erdbodens sehr verschieden aus, denn gegen die Hügel hin trägt ein Baum vierfach so viel als an der See; weil der Boden etwa 10 Meilen von der Küste aus rothen Letten, oder einer rothen schweren Erde, und gegen die See hin aus todtem Sand besteht. Es kömmt bei einer Pfeffererndte sehr viel auf den Regen an, der im Anfang des Junius einfällt; auch leiden überhaupt die meisten jungen Bäume, wenn es in den Monaten April und May nur wenig regnet, die ältern sind ausser Gefahr.

Der

als 10 Jahr hindurch tragbar. Mardens History of Sumatra. Elchels-Kroon Beschreibung der Insel Sumatra. S. 34. Anmerk. d. Uebers.

Der Pfeffer um Tellicherry soll vorzüglicher und die Bäu.
me ergiebiger, als zu Travancore seyn, wahrscheinlich
weil der Boden daselbst passender und die Lage desselben
nördlich ist. Jedermann versteht sich hier auf den Pfef.
ferbau, allein es hält sehr schwer einen Eingebohrnen aus
seinem Mutterlande herauszubringen, wenigstens habe ich
mich vergeblich danach bemühet.

Wir fanden zu Cochin eine Menge vortreflicher
Brodfruchtbäume; sie heissen dort unter den Holländern
Maldiviny Jak, und ihre Frucht kommt der ersten
Sorte von Jams ungemein nahe. Der Kaffe wächst
hier sehr wenig, und ist überdem nicht von der besten
Güte. Der Mutterzimmtbaum (Laurus Casia L.)
wird auf der ganzen Küste Wälderweise angetroffen und
zu Brennholz niedergehauen. Ob es hier gleichfalls Zimmt.
bäume gebe, habe ich noch nicht erfahren können; übrigen habe ich zwei bis drei Palmarten entdekt, die ich
auf Ihrer Küste noch niemals gesehen habe.

Die eine Palmart heißt in der Landessprache Bessen
Bittah, und ist sehr brauchbar; das Mark davon wird
gestoßen und gibt Mehl und Körner beinahe wie Sago,
wovon der ärmere Mann sich meistens ernährt. Nach
der Aussage der Eingebohrnen soll diese Art innerhalb
12 Jahren nur einmal Frucht bringen, und dann abster.
ben. Dies mag als ein sehr geringer Anfang der Anga.
be der unermeßlichen Reichthümer dienen, womit die Na.
tur diese Wälder gesegnet hat.

Bota.

Botanische Beschreibung einer neuen Neriumgattung (Rose-Bay) und zugleich die Angabe, wie man aus den Blättern derselben einen sehr schönen Indigo herausziehen kann: mit einer Zeichnung vom Herrn Dr. Wilhelm Roxburgh. Man sehe die Kupfer-Tafel.

Es ist ein Baum von mittlerer Grösse, der, seinen Charakteren zufolge, dem Nerium des Linne vollkommen gleich ist. Wegen der färbenden Eigenschaft seiner Blätter will ich ihn den Farben-Oleander (Nerium tinctorium, Dyer's-Rose-Bay) nennen; denn ich halte ihn für eine ganz neue Gattung, wenigstens haben der Ritter Linne und sein Sohn (Supplement. plantar. 178) desselben noch nicht erwähnt. Er kömmt dem Conessibaume*) der die bekannte Conessirinde liefert, am allernächsten. Beide Bäume sind in der untern Gegend dieser Gebirge, welche den Circar Rajahmundry mit der Nordseite verbinden, einheimisch, und gleichen in jeder Rüksicht bis auf die Saftgrube (nectarium) einander so sehr, daß man beide ganz vollkommen kennen muß, wenn man sie nicht mit einander verwechseln will; auch zweifle ich gar nicht, daß die Rinde dieser neuen Färbepflanze sehr oft für Conessirinde angesehen und verkauft ist, und daß diese dadurch an ihrem Rufe in Europa verloren hat, denn bei den Hindus ist sie noch immer als ein specifisches Mittel bei den meisten Krankheiten des Unterleibes in Ansehen; und ich
glaube

---

*) Nerium antidysentericum L. Spec. Plant. p. 306. Cadoga Pala Hort. Malab., Conessus, Curaty-Pala, Tillicherry-bark, Pala Cadija bei den Hindus. Man sehe die Tafel.

glaube, daß sie mehr Achtung und Aufmerksamkeit ver‐
dient, als sie bisher in Europa gehabt hat.

Farben: Oleander Nerium Tinctorium.

Der Stamm ist sehr unregelmässig gestaltet, und
hält im hohen Alter anderthalb bis zwei Fuß im Durch‐
messer; er ist aber alsdenn voll grosser eingefaulter Löcher.
Seine Höhe fällt, wenn er dik ist, bis an die Zweige
zwischen 10 und 15 Fuß. An einem alten Baume ist
die Rinde rauh, an einem jungen Baume aber glatt
und aschfarbig.

Das Holz ist blendend weiß, dicht, sehr schön und
dem Elfenbein ähnlich.

Die gröffern Zweige (branches) sind regellos,
und in verschiedene Formen gewachsen.

Die kleinern Zweige (ramuli) stehen einander
gegen über.

Die Blätter sind zahlreich, und stehen einander
gegen über an kurzen Blattstielen: sie sind eyförmig, zu‐
gespitzt, glatt, blaßgrün und die gröſten 5 bis 8 Zoll
lang, und 3 bis 5 Zoll breit.

Blattansätze (Stipuls) sind gar nicht vorhanden.

Die Blumen haben ungefähr anderthalb Zoll im
Durchmesser, wenn sie ganz aufgeblüht sind; sie sind ganz
weiß, haben einen starken Geruch und sitzen auf weiten
rundlichen Büscheln (pannicles) an den Enden der Zweige.

Das Dekblatt (bractea) ist klein und eyrund;
je eins unter jeder Abtheilung der Büschel (pannicles).

Der Kelch: eine Blumendecke unter dem Frucht‐
knoten in fünf gleich halb kuglichte Einschnitte getheilt;
bleibend.

Die

Die Blumenkrone besteht aus einem Blumen-
blatt mit einer kurzen Röhre und einem fünfmal gespalte-
nen, schiefzänigten, länglichten Rande.

Die Saftgrube bilden mehrere ästige weiße Faden,
welche um die Röhre herum sitzen.

Die Staubgefässe (Stamina) bestehen aus fünf
ganz kurzen straffen Staubfäden, welche grade auf der
Mündung der Röhre und innerhalb der Saftgrube auf-
sitzen; die Staubbeutel (Anthers) sind pfeilformig (sagit-
tatæ) straf, mit einander seitwärts verwachsen und bilden einen konischen Dekel für die Narbe (Stigma). Nach
unten hin sind sie mit feinen weissen Haaren besetzt.

Das Pistillum zwei Fruchtknoten, dem Anschein
nach mit einander verbunden; die Narbe (Stigma) ist ge-
doppelt, und mit einem durchsichtigen Leim dergestalt
überzogen, daß es dadurch an der Innseite der Staubbeutel anhängt.

Das Samenbehältniß (pericarpium) besteht
aus zwei sehr langen hängenden Fruchtbälgen, welche an
beiden Enden mit einander verbunden sind. Jeder davon
ist 12 bis 20 Zoll lang, etwa so dik als ein gewöhnlicher Bleistift, und besteht aus einer Klappe, die sich
der Länge nach öffnet.

Der Samen ist zahlreich, licht, schlank und mit
einer Haarkrone, wie bei gemeinen Disteln, besetzt.

Diesem Baum ist, wie ich schon bemerkt habe, in
der untern Gegend der Gebirge, nordwärts von Corin-
ga aus, in dem Circar Rajahmundry einheimisch; er
enthält, besonders in den zarten Zweigen und jungen Blättern einen weissen milchigten Saft, der aufs Einritzen aus-
fließt. (Der Conessibaum enthält einen ähnlichen Saft.)

Die Eingebohrnen nutzen ihn bloß zum Brennholze,
und

Fig. 1. Ein kleiner Zweig in der Blüthe und in
natürlicher Grösse.

2. Der Kelch, vergrössert.

3. Ein Stück von einer Blume, wobey die
Staubwege und drei Staubfäden
vergrössert vorgestellt sind.

4. Aussen- und } eines Staubbeutels
5. Innen seite } vergrössert.

6. Ein Saamenkorn mit seiner
Haarkrone in natürlicher Grösse.

7. Die beiden Schoten, wovon
die eine aufgeborsten ist so daß
der Saamen zu sehen ist; etwas
verkleinert.

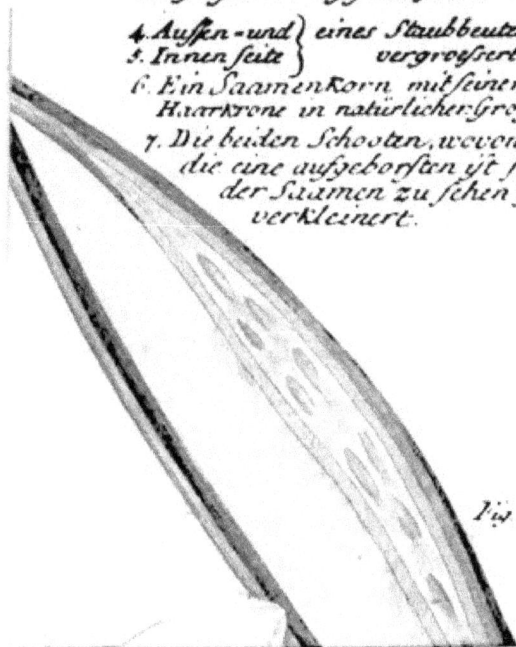

Fig 7.

und je mehr er abgehauen wird, desto stärker wächst er und treibt wieder frische Zweige. Diese schiessen in einem Jahre auf 8 bis 10 Fuß, und gewinnen auch eine dieser Länge verhältnißmäßige Dicke; in der kältern Jahrszeit wirft der Baum seine Blätter ab (vielleicht würde dies im Stande der Kultur nicht der Fall seyn) und gegen den Anfang des Sommers, im März und April erscheinen wieder Blumen und Blätter zugleich, doch enthalten die letztern, welche sich zuerst entfalteten, erst am Ende des May's ihre ganze Größe; um diese Zeit hört der Baum auch ebenfalls wieder zu blühen auf und die Samengefäße bilden sich vollkommen, indeß kömmt der Samen erst in den Monaten Januar und Februar zur gehörigen Reife.

Die Farbe, welche die Blätter in meiner getrokneten Pflanzensammlung zuweilen erhielten, brachte mich zuerst auf den Gedanken, daß sie einen färbenden Bestandtheil enthalten müßten, und die angestellten Versuche entsprachen auch diesmal meinen Erwartungen ganz vollkommen, denn vorher war ich schon oft durch ähnliche Erscheinungen bei andern Blättern hintergangen.

Um den färbenden Bestandtheil herauszuziehen, kochte ich die frischen Blätter in unglasurten irdenen Töpfen mit welchem guten Wasser stark aus, und goß hiernächst die Flüßigkeit ab. Ihre Farbe war Dunkelgrün und oben darauf stand ein violetter Schaum; wie beim gewöhnlichen Indigo. Durch ein mässiges Umrühren fieng sie schon an sich zu setzen und einen Niederschlag zu bilden. Um diesen noch mehr zu befördern, versuchte ich mehrere Flüssigkeiten, und unter andern einen kalten Aufguß der Jambolifera pedunculata L., dessen sich die Hindus durchgehends auf dieser Küste zur Präcipitation ihres Indigo's bedienen; ferner versuchte ich Kalkwasser, Aschenlauge, eine

eine Mischung von Kalkwasser und Aschenlauge, endlich eine andre Lauge von kaustischem Gewächslaugensalz und lebendigem Kalk. Nach wiederhohlten Versuchen erfolgte die Präcipitation mit Kalkwasser und Aschenlauge am besten. Der Niederschlag wurde abgewaschen und wie gewöhnlich getroknet.

Das leichte und üppige Fortkommen des Baumes muß den künftigen Anbauern desselben höchst schätzbar werden. Ich habe ihn allezeit auf den unfruchtbaren, trokenen, felsigten Hügeln, und in der untern Gegend der Gebirge fortkommen sehen, wo man ausserdem nichts anzupflanzen im Stande ist. Die gebirgigten Gegenden auf St. Helena scheinen mir für den Anbau desselben sehr passend zu seyn, ich habe daher in dem verwichenen Januar und Februar eine grosse Menge von Samen an die Gesellschaft der Pflanzer daselbst hingeschikt.

Es ist zwar wahr, daß wir schon eine Menge von guten blauen Farben besitzen, und diese neue daher vielleicht füglich entbehren könnten; allein was für Genauigkeit, Aufwand und Mühe erfordert nicht der Anbau des gewöhnlichen Indigo? Und wie manchen unabwendbaren Zufällen ist er nicht durch Veränderungen der Witterung und andere Ursachen ausgesetzt? Erst im verwichenen Jahre, am 10 October, schrieb mir ein sehr ansehnlicher Indigofabrikant aus Bengalen: „Die nasse Witterung hat „meinen Indigo dergestalt verdorben, daß ich nicht einmal „ein Viertel des gewöhnlichen Ertrages daraus gewonnen „habe; ich hatte beinahe auf 300 Maund (24,000 Pf.) „gerechnet, und dafür gewann ich diesmal nur ungefähr „80 Maund (6,400 Pf.),, Allen dergleichen Unfällen ist unser Baum niemals unterworfen, weil er, ausser dem jährlichen Behauen nach der Angabe der Eingebohrnen keine

ne

ne weitere Wartung erfordert, und selbst in den unfrucht,
barsten Gegenden allenthalben im größten Ueberfluße wild
wächst.

Ueberdieß ists gar nicht unwahrscheinlich, daß die
Farbe, welche diese Pflanze unsern Tüchern geben kann,
von den übrigen Blauen verschieden sein mag, welches denn
für Englands Fabriken von Bedeutung sein kann.

Nach meinen bisherigen Versuchen kann ich den rei,
nen Ertrag der frischen Blätter nicht mit Gewißheit be,
stimmen, indeß darf ich wohl annehmen, daß man etwa
aus 200 Pf. derselben 1 Pf. Indigo, also weit mehr als
aus der gewöhnlichen Indigopflanze, gewinnen kann.

Herr Lieut. J. S. Ewart's summarische Nach,
richt von dem Wetter zu Nagpore, im 21° 8′
28″ nordl. Breite und 79° 24′ östl. Länge von
Greenwich.

März 1782.

22. Des Abends starke Nord-Westl. Winde mit Regen,
schauern untermischt. Ziemlich starker Donner und
Blitz. Das Thermometer zu Mittage 94° oder 95°.

May

26. Heftige Windstöße von Nordwesten mit Donner,
Blitz und schwerem Regen untermischt.

Junius

12. Trübes Wetter mit untermischten starken Regengüs,
sen, die mit Donner und Blitz begleitet wurden.

Eben,

13. \ Ebenfals trübes Wetter mit Regenschauern unter-
14. / mischt; der Wind meistens Nordöstl.

20. Trübe Witterung mit untermischten starken Regengüssen. Der Wind kam aus N. O. mit Donner
und Blitz.

25. Finsteres, trübes Wetter; die Nacht hindurch starke
Regengüsse; der Wind blies westlich.

26. \
27. > Starke schwere Regengüsse bei westlichem Winde.
28. / Das Thermometer 76° um Mittag aus.

29. \ Heiteres Wetter: Die Winde wie gestern.
30. / Das Thermometer 80° um Mittag aus.

Julius

1. Kleine Regenschauer, veränderl. Winde.
2. Alles gerade wie zuvor, heiteres Wetter mit starken
westl. Winden des Morgens bis zum
14. Wo wir etwas Regenwetter hatten
Das Thermometer stand zu Mittags auf 88° oder 90°
Regnigte und trübe Witterung bis zum
23. Das Thermometer stand um die Mittagszeit auf 78
und 80°.
Das Wetter blieb übrigens bis zu Ende des Monats
das nemliche.

August
Unfreundliches Wetter bis zum
10. Das Thermometer zwischen 75 und 80°.
Einige vorübergehende Platzregen am Ende des Monats.

September
Wenig oder gar kein Regen im ganzen Monate, und
meistens ein reiner heiterer Himmel.

Das

Das Thermometer stand in der Mittagszeit fast jeder, zeit auf 80°.

October

7. Sehr heftige Regengüsse von Westen mit Donner begleitet.

8. Trübe. Das Thermometer sank auf 65°

9. Reiner Himmel. — — stieg auf 78

10. Eben so — — — — — — 75

12. Alles wie gestern, ausser daß das Thermometer auf 66° stand.

Der ganze Rest des Monats war sehr schön und heiter.

November

5. Angenehmes heiteres Wetter; die Morgen und Abende waren ziemlich empfindlich, das Thermometer stand um diese Zeit 4° über temperirt, und um Mittag aus auf 86°. Das Wetter blieb den ganzen Rest des Monats hindurch sehr angenehm und die Morgen und Abende etwas empfindlich.

Das Thermometer sank zuweilen auf 61°, und um die Mittagszeit stand es gewöhnlich auf 84 oder 85°.

December

Vom 1 bis zum 5 trübes Wetter; die Abende waren auffallend warm. Das Thermometer stand auf 77°.

Januar 1783.

Durchgehends angenehmes heiteres Wetter: am Ende herrschte eine grosse Dürre und das Korn verdarb meistens aus Mangel an Regen.

Repositor. 1.   X   Hei-

Februar.

Heiteres, angenehmes Wetter den ganzen Monat hindurch. Die Winde waren meistens westlich und bliesen einige Tage sehr frisch und heiß. Am Ende des Monats ward alles Korn geschnitten und eingeerndtet.

März

7. Trübes Wetter: am Abend bedekter Himmel, Donner, Blitz und etwas Regen. Der Wind kam von Südwest.

20. Sehr heisses Wetter. Des Nachmittags waren die Winde meistens westlich, allein des Morgens kamen sie gewöhnlich aus Osten. Das Thermometer stand um Mittag aus auf 107°.

31. Wind und Wetter blieben wie gestern. Das Thermometer stand auf 106°. Die Nacht war sehr angenehm.

April

Starke westliche Winde bei sehr heissem und klarem Wetter.

May

Starke westliche Winde bei sehr heissem und klarem Wetter bis zum

20. Das Wetter ward trübe. Gewitter und von Zeit zu Zeit Regen.

23.
26. blieb die Witterung dieselbe das Thermometer stand um Mittag aus auf 105°.
30.

Der Himmel drohte rings herum.

Ju-

Junius

1. 2. 3. Trübes Wetter mit veränderlichen Winden
7. Durchgehends bedekter Himmel
Schönes Wetter bis zum
17. Wo einige Tage hindurch schwere Regen fielen — hiernächst blieb die Witterung wieder schön bis zu Ende des Monats.

Julius

Zu Anfange dieses Monats war das Wetter unbeständig, mittelmäßig klar und angenehm; am Ende fielen schwere Regen.

Das Thermometer stand bei klarem Wetter hoch, allein bei regnigten Tagen niedrig.

August

Vom 1 an hatten wir angenehmes klares Wetter bis zum
10. Bedekter, regnigter Himmel bis zum
16. Hiernächst schönes heiteres Wetter den ganzen Monat hindurch bei meistens westlichen Winden.

September

Klares, angenehmes Wetter den ganzen Monat hindurch. Ein grosser Regenmangel, wobei das Korn fast verbrannte.

October

Vom 1 bis zum 7 meistens südliche Winde: der Himmel war zuweilen ganz wolkigt und das Wetter regnigt. Die Morgen wurden gegen Tagesanbruch etwas kalt.
12. Ein heftiger Windstoß und sehr schwere Regen von 3 Uhr Nachmittags bis zu Sonnenuntergang.

Liste

Liste der Kasten der Hindus, welche Fleisch essen, und welche blos von Vegetabilien leben von Herrn Russel, dermalen zu Vizagapatam.

Liste derjenigen Kasten, welche blos von Vegetabilien leben.

Gentu - Braminen

Guzerat = Braminen

Arra oder Maharatta
   Braminen

Kannojee oder Callah
   Braminen

Gavurah Banianen

Guzerat Banianen

Dava Tellukelavanloo   (hiebei steht Gengerly Oil
                People, vielleicht die sich
                mit dem Oelbau abgeben?)

Putsauleeloo   Zwirnspinner

Goldschmiede

Eisenschmiede

Kupferschmiede *) — — {Fünf Stämme oder Gilden?
                (Strings) welche man Sila-

Zimmerleute   muntulu nennt.

Steinhauer

                             Davan-

---

*) Diese fünf Casten verbrennen, nach Herrn Martone's Nachrichten, ihre Todten nicht, sondern begraben sie. Wenn daher die Frau des Verstorbenen ihrem Manne folgen will; so verbrennt sie sich gleichfalls nicht, sondern endigt ihr Leben auf folgende Weise. Es wird ein sehr grosser Korb auf nur schwache Stützen errichtet, und alsdann ganz mit Sand auf-

Davangulu ⎫ beide heissen ⎫
Saulevaulu ⎬ auch Seela- ⎬ Tuchweber aller Art.
       ⎭ muntulu ⎭

Linga Baljeelu

Vegravenodulu   Bettler.

Jungumvanlu.   Seela-
muntulu.

Liste der Kasten welche Fleisch essen.

Worlar Braminen   Fisch, Hammelfleisch, Wild-
                       prett. Kein Geflügel.

Pundah Braminen   Welche die gottesdienstlichen
                       Ceremonien zu Jaganat
                       Pagoda verrichten. Auch
                       diese essen kein Geflügel.

Rajahs
Calinga Banianen
                         X 3   Tella-

---

gefüllt. Sodann setzt sich die Frau genau unter diesen sehr
schweren Korb, hält eine Kokosnuß unter ihr Kinn und giebt
ein Zeichen. Die Stützen werden plötzlich zerschlagen, und
nun stürzt das Gewicht des beladenen Korbes auf sie herab
und bricht ihr unvermeidlich das Genik. Sie wird alsdann
mit ihrem Mann beerdigt. Glücklicherweise kömmt diese Cere-
monie sehr selten oder gar nicht mehr vor. Herr Maxtone
sah bei seinem achtzehnjährigen Aufenthalt unter den Hindus
gar kein Beispiel davon.

    Ausserdem verbrennen die Kasten der Hindus keinen, der
an den Blattern gestorben ist, sondern begraben ihn allzeit,
weil sie glauben, daß die Anstekung durch den Rauch verbreitet wird.

Cellagas oder Gentus

Wadeelu	Lederbereiter
Kammavauru	Pächter
Valamalu	
Batraujulu	Bettler
Totadevalamalu	Deren Mütter Sclavinnen waren.
Mooterachevauru	
Moorekenautevauru	Baſtardſklavenkindes
Ayarkelavanlu	Reiche Pächter
Gavaravanlu	Gärtner
Goldſchmiede ⎫	
Eiſenſchmiede ⎪	
Kupferſchmiede ⎬ — — Silamuntulu	
Zimmerleute ⎪	
Steinhauer ⎭	
Siſtukurnaulu	
Bondilelu	Eine Art von Rajapouts
Poodbialu	Ein wenig von der obigen verſchieden, und ſehr in Anſehn.
Jungumvanlu, nicht See- lamuntulu	Schneider
Naravedeavanlu	Seiltänzer (Tumbler) Ta- ſchenſpieler
Katchapoovanlu	Schlechtes Volk — Diebe.
Panaſavanlu	
Veeramuſtevanlu	
Chenchuvanlu	Bergbewohner
Chittajuloovanlu	
Savalevanlu	Glükſager
Muchebanlu	

Matt

Maudegavanlu oder Chut- Schumacher und andere Le-
 lers   derarbeiter
Maulavanlu oder Pariars Feldarbeiter
Gaduru, Boyalu oder Pa- Länderbesitzer
 riars

Die folgenden Kasten essen Fleisch und ihre Wittwen
               heurathen wieder.

Caulingavanlu   Landbauer; und Chilli Ver-
                          kaufer
Doonupulavanlu   Mahler
Radekeelu   Palankeen Boys (?)
Wandavanlu   Laskaren der Marine
Gollavanlu   Milch ndler und Viehhänd-
                          ler
Pullevanlu   Laskaren und Fischer
Jalleryvanlu   Fischer und Bootsleute
Nagaraulu   Akerleute in den Gebirgen
Mangalavanlu   Barbiere
Sakalevanlu   Wäscher
Coomarevanlu   Töpfer
Xeandravanlu
Perrikevanlu   Gunnybereiter
Gamunlavanlu   Arrakbrenner und Verkäufer.
Sondevanlu   Sie machen die Reißbälle zum
                          Distilliren des Arraks.
Sagodevanlu
Mullamudupuvanlu   Eine diebische Kaste.
Jalagabugulavanlu   Leben von dem Golde, wel-
                          ches sie aus der von den
                          Goldschmieden gekauften
                          Asche hervorholen.

X 4   Xata-

Natavanlu	Gärtner und Buschbewohner
Duperlu	Teichgraber
Vodaravanlu	Verschiedene Casten von Teichgräbern
Condavanlu	Bergbewohner überhaupt
Gaunetavanlu	Ebenfalls Bergbewohner
Gaudebavanlu	Bergbewohner. Teichgräber.
Godealu	Bergbewohner
Savarlu	Bergbewohner
Narukelavanlu	Korbmacher und Bettler
Sankudäuserlu	Bettler
Paumulavanlu	SchlangenLeute (wahrscheinlich die von gezähmten und abgerichteten Schlangen leben)
Cotakuravanlu	Gärtner
Nanaudevanlu	Zwischen den Bergbewohnern und Pariars
Cumbaudeevanlu Cudealu Sukalu	Diese drei Casten sind reisende Kaufleute und heurathen die Wittwen ihrer Brüder.

Cochin

Cochin China

Eingang

Fort S. George 1757.

Da ich die Uebersicht der nachbarlichen Länder von Pegu ausarbeiten und ergänzen wollte, und zu dem Ende meine alten Nachrichten darüber durchsah; so gerieth ich zufälligerweise auf einen Brief an den König von Cochin-China und auf Instruktionen an Jemand, der dahin zu gehen bestimmt war, um ein Etablissement daselbst anzulegen. Dieser Zufall bewog mich meine erstere Arbeit aufzuschieben, und diese fürs Erste weiter zu verfolgen. Zwar hatte ich mit manchen Schwierigkeiten zu kämpfen, denn es fehlte mir zum Theil ganz und gar an Büchern, und zum Theil waren diejenigen, die ich besaß, nicht in Ordnung; indessen war ich doch so glüklich, das Tagebuch dieser Reise zu finden, und dies war reichhaltig genug um mich für meine darauf verwandte Zeit hinlänglich zu entschädigen.

Im Jahre 1695 rüsteten die Herren auf dem Fort St. George unter der Statthalterschaft des Herrn Nathanael Higginson Esq. das Schiff der Delphin genannt, zu einer Reise nach Cochin-China aus. Der Capitain Zacharias Stilgoe bekam das Commando desselben und Herr Thomas Bowyear war Supra-Cargo. Sie reißten im May 1695 ab, und kamen im April 1697 wieder zurük.

X 5

Man muß sich wahrlich wundern, daß dieses Projekt niemals befolgt ist, da es so leicht ausführbar war.
Der Fluß von Camboja ist schiffbar für große Schiffe,
und geht zur Hauptstadt; seine Mündung ist nicht weniger als vier Klafter tief; oberhalb der Stadt aber bedient
man sich nur kleiner Schiffe. Auf einigen Karten ist
ein beträchtlicher, den Handel hindernder, Wasserfall
auf diesem Flusse angegeben, allein es ist nicht wahrscheinlich, daß er wirklich vorhanden seyn sollte, weil ich
nirgends eine authentische Nachricht von ihm finden kann.
Camboja ist mit allen Bequemlichkeiten zum Schiffbau
und Handel reichlich versehen, und die Einwohner selbst
sind sehr zu Handelsgeschäften aufgelegt und ihre Lage ist
einem ausgebreiteten Handel sehr angemessen.

Aus einer Unterredung mit Herrn Duff, einem chinesischen Mandarinen, erfuhr ich, daß der Zustand von
Cochin-China und den angrenzenden Ländern noch jetzt,
(1758) fast derselbe sey, wie er vom Herrn Bownear ge-
schildert ist. Camboja ist noch tributair, allein übel mit
seinem Zustande zufrieden und rebellirt daher fast alle
Jahr; das Reich Champa ist gleichfalls abhängig, und
wenn es gleich seinen eigenen Fürsten hat, so kann doch
nichts ohne Einwilligung der Cochin-Chinesischen Mandarinen ausgerichtet werden. Die Champanesen sind ein
ingenieuses Volk, bauen, wie Dampier schon bemerkte,

te, sehr gute Schiffe und verstehen sich überhaupt gut
auf die Schiffarth.

Die Einwohner von Camboja gleichen den Malayen,
auch wird die Sprache dieser letztern in allen jenen Ländern verstanden, inzwischen findet man doch auch hier
und in den nachbarlichen Ländern einige, welche der Portugiesischen Sprache mächtig sind.

18. Nov. 1758.

Dalrymple.

Inſtruktionen für Herrn Bowyear, Supra Cargo,
um in Cochin-China ein Etabliſſement für die
engl. oſtindiſche Kompagnie zu Stande zu bringen:
Briefe an und von dem Könige von Cochin=China
nebſt Herrn Bowyears Tagebuch.

Briefe an den König von Cochin=China.

„Dem glorreichſten und mächtigſten Fürſten, dem
Könige von Cochin-China, wünſchet Nathanael Higgin-
ſon Eſq. Präſident der Engl. Nation auf der Küſte Coromandel, der Bay von Bengalen, Sumatra und der Süd-
ſee, Geſundheit und Glük und eine lange und glükliche
Regierung.

„So lange Euer Majeſtät Vorfahren andern Nationen den Eintritt in ihre Reiche verwehrten, war ihr
Glanz nur innerhalb ihrer eigenen Grenzen eingeſchränkt;
allein ſeitdem Euer Maj. den Handel in ihren Häfen
erlaubt und begünſtigt haben, ſcheint auch der Ruf von
Euer Majeſtät Gröſſe Gewalt und Gerechtigkeit wie die
Sonne durch die ganze Welt. Gott beſtimmte die Himmel
zum Thron ſeines Glanzes, und die Erde zum Aufent-
haltsort und zum Gebrauch der Menſchen; er vertheilte
die letztere unter wenige, welche eine erhabenere Weisheit
und gröſſere Stärke geſchikt machte, das Menſchengeſchlecht
zu regieren. Euer Majeſtät befinden ſich mit unter denen,
welchen die Herrſchaft über ein zahlreiches und mächtiges
Volk anvertraut iſt. Ihr Gebiet iſt ein groſſes und reiches Land, welches die gütige Hand der Natur mit einer
Menge von Lebensbedürfniſſen und zwar in ſo reichlichem
Maaße verſehen hat, daß ſie ihre eigenen Unterthanen unmöglich

möglich alle zu ihren Nutzen verwenden können; eben so
gab Gott andern Ländern andere Güter; er gab sie nicht
alle einem Theile der Erde, sondern seine gütige Vorsicht
wollte es, daß ein Land dem andern die seinigen mittheilen, und daß jeder Welttheil die Wohlthaten und Man-
nigfaltigkeiten des andern durch freundschaftlichen Tausch
genießen sollte.

Im Vertrauen auf Euer Majestät Gnade und Gerechtigkeit habe ich meinen Kaufmann Thomas Bowyear
an Euer Majestät abgeschikt. Euer Majestät bitte ich
unterthänig, ihn huldreichst zu empfangen, und seine kleinen
Geschenke und die Vorschläge für die Engl. Ostindische
Kompagnie zu einem künftigen Handel gnädigst anzunehmen. Da ich gegenwärtig des Handels in Euer Majestät
Ländern noch unkundig bin; so habe ich für diesmal
nur ein kleines Schiff, und einen ganz geringen Vorrath
von Waaren zum Versuche abgesandt. Euer Majestät
werden dem Kaufmanne die Erlaubnuß geben, daß er
seine Waaren verkaufen, inländische Produkte dagegen
eintauschen und zur bestimmten Zeit wieder zurükkehren
darf. Im nächsten Jahre werde ich Mehreres schiken
können, wenn Euer Majestät meine Unternehmungen gnädigst befördern wollten.

Ich habe die Nachricht bekommen, daß Herr Le-
muel Blakmore von der Engl. Faktorei zu Tunkin,
an der Küste von Cochin-China Schiffbruch gelitten habe, und von Euer Majestät nicht nur gnädig aufgenommen sey, sondern auch ein sicheres Geleit nach Tunkin erhalten habe. Für diese Gnade sag ich Euer Majestät
meinen unterthänigen Dank und bitte zugleich um eine
gnädigste Beförderung meiner Briefe zu meinen Fakto-
reien nach Tunkin, denn seit den zwei Jahren habe ich
keine

keine Nachricht vom Herrn Blakmore erhalten, und der König von Tunkin soll wie man sagt, mein Schiff ab-gewiesen haben.

Es ist in ganz Indien bekannt, daß die Engländer, wo sie handeln, aufrichtig zu Werke gehen und mit Je-dermann im Frieden leben: ihre Absicht ist gar nicht Kö-nigreiche zu erobern; sondern sie suchen nur allein ihren Handel zum grösten Vortheil des Landes, worinn sie handeln, betreiben zu können.

Fort St. George 2 May 1695.

Euer Majestät

unterthänigster Knecht
Nat. Higginson.

Brief an Herrn Bowyear.

Fort St. George 2 May 1695.

An Herrn Bowyear, Supra-Cargo auf dem nach Cochin-China bestimmten Schiffe Delphin.

Wenn der König den Inhalt meines Briefes ver-nommen hat; so wünschte ich, da ich den Handel und die Produkte dieses Landes noch nicht kenne, daß Sie bei Gelegenheit und in meinem Namen ihn ersuchten, er möge seine eigene Dienerschaft dahin beordern, uns von allen Sorten, Vorräthen und Preisen der Waaren ein Verzeichniß zu machen, damit wir daraus abnehmen könnten, in wie fern der Handel ins künftige für die Engl. Ostindische Kompagnie einträglich werden könnte.

Bei guten Außsichten zum Handel wünschte ich,
daß

daß eine Faktorei daselbst angelegt würde, allein der König
müſte uns dieselben Bedingungen und Privilegien ange-
deihen laſſen, welche die Engl. Oſtindiſche Kompagnie
an jedem andern Orte genießt: nemlich

1. Ein Stük Land zum Anbau der Faktorei auf dem
gelegentlichſten Platze.

2. Die Gerechtſame für den Engl. Gouverneur, alle Sachen, worin Engländer mit Engländern oder Eingebohrnen verwikelt würden, eigenmächtig ſchlichten
zu dürfen.

3. Die Arbeiter und andere zum Dienſt der Engländer
gehörige eben ſo zu bezahlen, wie ſie die Eingebohrnen bezahlen, und für begangene Fehler der Engliſchen Gerichtsbarkeit unterwürfig zu ſeyn.

4. Zollfreiheit für die Ein- und Ausfuhr aller Güter.

5. Einen bequemen Platz zu einem Schiffswerft, wo
unſere Schiffe ans Land gelegt und ausgebeſſert,
oder neue gebaut werden könnten, entweder am
Fluſſe oder auf irgend einer Inſel.

6. Daß durch Sturm oder irgend einen andern Zufall
verunglükte und an die Küſte von Cochin-China
verſchlagene Schiffe nicht etwa verfallen ſeyn oder
weggenommen werden ſollten; ſondern daß die königliche Unterthanen die Rettung derſelben befördern,
Schiff, Mannſchaft und Güter ſichern, und alles
der Engliſchen Faktorei überlaſſen.

7. Daß alle der Engliſchen Faktorei gehörigen Güter
aus der Faktorei ins Land, und aus dem Lande
wieder in die Faktorei zollfrei eingehen dürfen, und

Repoſitor. 1.　　　Y

daß die Engländer und ihre Bedienten frei und
sicher und ohne Hinderung reisen dürfen.

Sie werden übrigens dafür sorgen, daß sich die ganze Mannschaft Ihres Schiffes so betrage, daß durch ihre
Aufführung weder die Regierung noch die Eingebohrnen
beleidigt werden.

Wenn Sie die Zollfreiheit nicht ganz erhalten können, so suchen Sie den Zoll doch wenigstens auf etwas
Gewisses zu bringen, entweder so viel Procent auf die
Güter, oder so und so viel für die ganze Schiffsladung,
damit wir den Mandarinen und den übrigen Bedienten
zuvorkommen, welche sonst nach Gefallen übervortheilen,
und Auflagen machen mögten.

Nath. Higginson.

Herrn Bowhears Instruktionen.

Dem Herrn Tho. Bowhear, Supra-Cargo
auf dem nach Cochin-China bestimmten Schiffe,
der Delphin.

Es ist glaublich, daß Sie die Gelegenheit erhalten,
Ihre Instruktionen zu den Unterhandlungen im Betref
des Handels mit dem König von Cochin-China vorzuzei-
gen, und deswegen habe ich dieses besonders an Sie ab-
gelassen, damit Sie um die erwähnten Forderungen und
Privilegien nachsuchen können. Die erste davon ist immer
ein Stük Land zu einer Faktorei, und hier bleibt es Ihren eigenen Einsichten überlassen, ob Sie sich irgendwo
einen Platz aussuchen wollen, worauf alsdann ein Fort

ange-

angelegt werden könnte, und wo der ganze Platz alsdann
der Engl. Oſtindiſchen Kompagnie gehörig und alle Einwohner den Engländern unterthan wären, wie auf dem
Fort St. George *) und Fort St. David; oder ob Sie
vielmehr ein kleines Eiland dazu auserſehen wollten, beſonders wenn es ſchon von Natur befeſtigt wäre, und
dazu noch einen guten Hafen und einen bequemen Platz
zum Ausbeſſern der Schiffe haben ſollte.

Während ihres dortigen Aufenthalts erkundigen Sie
ſich auch noch nach folgenden Umſtänden und geben uns
nach ihrer Zurückkunft ſchriftliche Nachricht davon. Fragen Sie nemlich nach

den Namen und Titeln des Königs und ſeiner Familie,

den Namen, Titeln und Bedienungen ſeiner Oberbe-
dienten und Günſtlinge,

der Regierungsform, beſonders in Rückſicht des Handels mit Auswärtigen,

den Einrichtungen im Zollhauſe. Ferner

Ob der König von Cochin-China mit den Königen von
Tunkin, Siam und Camboja Krieg oder Frieden habe?

Ob von da aus nach Japan gehandelt und durch was
für Kaufleute dieſer Handel betrieben werde? Wie
ſtark der Handel ſey, und wie hoch ſich die Anzahl
der Schiffe dahin jährlich belaufe? Was für Sorten
Waaren dahin gehen, und welche von daher wieder
zurük kommen? Ob Europäiſche Tücher nach Japan
mit Cochin-Chineſiſchen Junken geſandt werden
können?

Y 2

In

____

*) In Madras.

In welchen Preisen alle Sorten von Natur- und Kunst-
produkten dieses Landes gehalten werden?

Was für einen Handel oder Briefwechsel die Holländer
in Cochin-China haben, und wie der König gegen
sie gesinnet ist.

Sie sind übrigens nur allein durch gegenseitige
Vorschläge einen Vertrag mit dem Könige zu schliessen
berechtigt.

Fort St. George 2 May 1695.

> Nath. Higginson.
> Willm. Fraser.
> John Stylemann.
> Thom. Wright.
> Edwrd. Tredcroft.

Dem

Herrn Bowyear's Tagebuch.

Dem Herrn Nath. Higginson, Esq. Gouverneur auf
dem Fort St. George, Präsident von Madras, der
Küste Coromandel, der Bay von Bengalen u. s. w.
wie auch dem hochansehnlichen Regierungskollegium
unterthänigst gewiedmet. — Erhalten 2 April 1697.

Hochzuehrender Herr und
Hochgeehrteste Herren.

Um Ihren Anfragen und meiner Pflicht desto voll,
kommener Genüge zu leisten; so nehme ich mir die Erlaubniß, Ihnen hier die folgenden Nachrichten von mei,
nen hiesigen Unternehmungen zu überschiken. Unserer
höchst beschwerlichen Reise und Ankunft auf dieser Küste
will ich dabei nicht erwähnen.

Am 18. September legten wir 3 Seemeilen von den
Inseln Champellos *) an der Östlichen Seite, 46 Faden
tief vor Anker. Beides, Wind und Strom, war entgegen und wir lagen daher in der Mündung bis zum

20sten. Hier stekten wir unsre Flaggen aus, um
die Fischer, deren wir viele im Gesicht hatten, zu uns
an Bord zu laden, allein keines näherte sich auf unser
Zeichen. Des Nachmittages schifte ich den Cassierer un-

Y 3 sers

*) Die Inseln Champellos sind die, welche Danville Ciampelo
Palo und Ciampelo Fallo; Herr Dapres de Manivellette
aber Cham Callao nennt; sie liegen dichte gegen Fayfo in
Cochin-China über. Z.

Am 22sten kamen schon in aller Frühe zwei von unsern Laskaren zu mir, welche von der Insel gebracht und zwar ganz besonders und scharf untersucht wurden. Wir waren alle voll Furcht und Bestürzung, denn, dem Anschein nach sollten wir insgesammt zu Gefangenen gemacht werden, allein da wir den Mandarinen unsere Aufwartung machten, so erfuhren wir, daß sie nur zu unserem Schiffe gesandt werden sollten, welches denn auch augenbliklich geschah; wir nahmen unterdessen mit dem Dollmetscher (Lingua) ein Bot und erreichten in weniger als zwei Stunden, die Stadt Foy Foe, welche in der Landessprache Wha Phu genannt, wo uns der Dollmetscher in seinem eigenen Hause aufnahm. Die Eingebohrnen hatten auf die Nachricht, daß unser Schiff in der Mündung liege, 30 Galeeren, wahrscheinlich aus Furcht, herbei geführt, weil sie beständig auf ihre Nachbarn, die Tunkinesen, sehr aufmerksam und eifersüchtig sind, und den Holländern ihr Verfahren noch immer eingedenk bleiben. Diese Galeeren führen vorne eine kurze Coluvrine, die 8 bis 12 Pfund schießt; sie haben 50 Ruder, sind weiß und roth vermahlt, und überdies schwarz lakiert, dabei hinten artig vergoldet und mit Schnitzwerk verziert.

Am 23 wurde ich zu einem Unter-Zollbedienten geschikt, und dieser hatte grade meinen Schreibpult vor sich: ich mußte ihm denselben öffnen, und da er ihn nochmals genau durchsucht hatte; so sagte er mir, daß er Ihren Brief an den König abgesandt habe. Er erkundigte sich hierauf aufs genaueste nach unserer Schiffsladung, woraus sie bestünde, wie hoch sie sich beliefe, und was ich dafür einzuhandeln gedächte, und dergleichen. Da er mich am Nachmittage noch einmal besuchte, so bat ich ihn, daß er meinen Brief mit einigen Erfrischungen an Bord

schiken

schiken, und die Capitains mit einigen Cashes bis zu ih=
rer Ankunft versetzen mögte, welches er mir denn auch be=
willigte; ich hätte gern selbst für unsern Cassierer zu
dem Ende ein Bot gemiethet, allein ich konnte die Er=
laubniß dazu nicht erhalten.

Am 24 kam der Ung Coy Bak Luke Deam, hier
an, und ich machte ihm sogleich meine Aufwartung.

Am 25 machte er mir ein Geschenk von 3000 Cashes,*)
nach Landesgebrauch, fragte nach unserer Nation, woher
wir kämen, was für ein Unterschied zwischen uns und den
Holländern statt finde, und welche Nation von uns bei=
den die mächtigste sey. Hiernächst erkundigte er sich nach
des Gouverneurs Briefe an den König, und versicherte
mich, daß solchen Niemand am Hofe lesen könnte; hier=
auf wieß ich ihm eine Portugiesische Abschrift davon vor,
und aus dieser wurde er von den Padris (katholischen
Geistlichen) ins Cochin=Chinesische übersetzt.

Am 26 nahm er schon in aller Frühe das Schiff
oberhalb der Barre in Augenschein, und des Abends wur=
de es von den Fischern, welchen der König für dergleichen
Obliegenheiten ihre Abgaben erläßt, den Fluß hinaufge=
zogen, und blieb vor dem Zollhause.

Am 27 fiengen wir an auszuladen, und kamen zu
ihren Zollhäusern. Es lagen hier drei dergleichen in ei=
nem Viereck etwa hundert Schritt von einander. Grade
dem Thore gegen über stand das größte, worin sich die
Mandarinen mit den übrigen Bedienten aufhielten, die
andern beiden waren etwas kleiner. An der einen Seite

Y 5 des=

---

*) Cash, eine geringe kupferne Münze von Tunkin; 1000 ma=
chen einen Thaler. Z.

wünschte, daß Sie ihm dergleichen schiken mögten. Einige schossen Kugeln von 6 Zoll im Durchmesser und andere waren 12 und 8 Pfünder.

Hierauf wurden nun endlich die Zollhausbücher vorgewiesen, und der König gab den Befehl, daß mir diejenigen Waaren, die seine Mandarinen für ihn ausgesucht hätten, unmittelbar, und zwar im Golde bezahlt werden sollten, wobei ich mir indeß einen grossen Abzug gefallen lassen mußte, und noch überdieß viele Betrügereien von den Japanesen und den Grossen auszustehen hatte.

Erst am 17 Febr. war ich den Hof zu verlassen im Stande, und am 24 kam ich wieder in Foy Foe an, und kam am 24 März mit der Faktorei daselbst in Ordnung.

Dieser Hafen hat bloß eine Strasse von 100 Häusern, drei Seemeilen von der Barre. *) Er ist gegenwärtig bis auf fünf bis sechs Familien Japanesen, welche vormals den ganzen Handel des Hafens in ihren Händen hatten, von Chinesen bewohnt, und letztere führen nun den Handel jährlich mit 10 oder 12 Chinesischen Junken von Japan, Canton, Siam, Camboja, Manilha und Batavia.

Die Junken der Japanesen gehen nicht beständig ab, und kommen auch nicht regelmässig wieder zurük, seitdem der Kaiser von Japan die Ausfuhr des Silbers verboten hat. Sie bringen ihre Japanesischen Waaren in China an, und nehmen dafür andere Artikel, Kupfer und dergl. wieder zurük. Sie berühren auf ihrer Reise gewöhnlich

Lympo

*) Sandbank an der Mündung eines Flusses oder Hafens.

Lympo, woher sie Salpeter, Seelong *) und andere
Seidenwaaren zurükbringen.

Aus Canton holen sie Cashes, womit sie einen einträglichen Handel treiben, ferner geblümte Seidenzeuge
von unterschiedenen Sorten, Porcellain, Thee, Tutanego, **) Quecksilber, Jensum ***) Casumber und andere
Sorten Spezereien.

Von Siam, Salpeter, Sapan, ****) Lac *****)
Necanie †) Elephantenzähne, Zinn, Blei und Reis.

Von Camboja, Camboja, ††) Benzoe, Kardemomen,
Wachs, Gummi Lack, Sapan, Necanie, Cojalacka, †††)
Dama-

---

*) Unstreitig auch eine Art Seidenzeug. Z.

**) Tutanego ist ostindischer Zink; doch giebts ein Metall die-
ses Nahmens, welches nach den Versuchen des Herrn En-
geströem aus Zinn und Eisen besteht, und aus China
kommt. Auch eine Mischung von Zinn und Zink. Z.

***) Ists Ginseng? Z.

****) Sapanholz, Färbeholz. Z.

*****) Gummilack, das Produkt des Coccus Lacca, von den ge-
birgichten Gegenden zu beiden Seiten des Ganges. Das Thier-
chen ist anfangs nicht größer als eine Laus, sezt sich wie die
Blattlaus am äußersten Ende der Zweige und überzieht sich
mit der schönen rothen Materie, in deren Zellen diese Schild-
läuse trächtig werden, und brüten. Man sieht sie auch noch
oft bei dem natürlichen Lack. (Lac in ramulis) Die übrigen
Sorten Lack sind nur verschieden verarbeitete Massen dieses
Produkts. Man sehe Kerr Philos. Transf. Vol. 71. p. 2. Z.

†) Necanie, blau und weiß gestreifte ostindische Leinewand. Z.

††) Comboja, grosse baumwollene Tücher von Bengalen.

†††) Wahrscheinlich eine der mehreren Sorten verarbeiteten
Gummilacks.

Damara, *) Büffelsfelle, Thierhäute, Thiersaiten, Elephantenzähne, Rhinozeroshörner und dergleichen.

Von Batavia Silber, Sandelholz, Salpeter, rothe und weiße Baffetas, **) Vermillon. ***)

Von Manilha Silber, Schwefel, Sapan, Cowris, ****) Tobak, Wachs, Thiersaiten.

Cochin-China liefert dagegen Gold, Eisen, verschiedene Sorten von roher und gezwirnter Seide, Callambak, †) Agula, ††) Zucker, Kandies, Jagary, †††) Indianische Vogelnester, Pfeffer und Baumwolle.

Die Zahlung geschieht in Cashes, deren 1000 einen Thaler ausmachen.

Das Seiden- und Ellenmaas hält 22 1/3 Zolle wie zu Tunkin.

Die Holländer haben seit 46 Jahren (1650?) dieses Land verlassen müssen. Sie waren damals mit dem Volk des Hafens in Händel gerathen, der König unterstützte dasselbe, und so entstand ein Gefecht zwischen den dortigen Galeeren und den Holländischen Schiffen, wovon das

größe

---

*) Damer, ist wohl Damara Art indianischen Taffent. Z.

**) Indianische Cattune von gewissen Gewebe verschiedener Art. Auch heissen halbseidene ostindische Zeuge so, die man sonst Shaub nennet. Z.

***) Vermillon soll blos sehr feiner Zinnober seyn. Z.

****) Cauri, MuschelGeld, Cypraea moneta Linn. Z.

†) Callambak Holz, ein wohlriechendes Holz. Z.

††) Agula, Holz aus Siam das zum Verarbeiten sehr geschätzt wird. Z.

†††) Jagary, ist wohl Jaggori, eine Art Zucker, der aus dem Safte des Baumes Kettule in Ceylon gemacht wird. Also wohl eine Art Ahorn-Zucker.

gröſte zu Grunde ging. Wie viel von den Galeeren ge-
funken ſind, weiß ich nicht; allein der König wurde über
den Vorfall ſo aufgebracht, daß die Holländiſche Faktorei
weggenommen und die Waaren verbrannt wurden. Auf
30 Holländer wurden gebunden nach Hofe geſchleppt, um
daſelbſt hingerichtet zu werden; allein die Mandarinen
legten ſich ins Mittel, und ſtellten dem Könige ihre Unſchuld
vor. Auf dieſe Vorſprache wurden ſie frei gelaſſen, und
das Jahr darauf mit Chineſiſchen Junken nach Batavia
geſchikt.

Die Regierungsform zu Cochin-China iſt mit der
Tunkineſiſchen einerlei, weil jene Nation eigentlich nur
ein Zweig von dieſer iſt. Alle ſchriftlichen Sachen werden
von eben dem Monat und demſelben RegierungsJahre
des Bua, wie zu Tunkin, datirt, und ihre Streitigkeiten gelten auch nicht eigentlich dem Bua oder König,
ſondern dem Chewa oder General, von deſſen Familie die Könige von Cochin-China als rechtmäſſige männ-
liche Erben abſtammen.

Der erſte, welcher Cochin-China regierte, hieß Chewa
Hean, und war der einzige Sohn des Chewa von Tunkin, welcher dieſen ſeinen Sohn bei ſeinem Ableben, als
Kind, und die Armee einem angeſehenen Mandarinen,
ſeinem Schwiegerſohne hinterließ. Mörderiſcherweiſe be-
ſchloß dieſer den jungen Chewa über die Seite zu ſchaf-
fen, allein ſeine Schweſter (die Gemahlin des Mandarinen) verbarg ihn eine Zeit lang, und vermochte endlich
ihren Gemahl dahin, daß er ihn als Gouverneur nach
Cochin-China ſchiken mußte.

Hier verhielt er ſich während ſeiner Regierung ganz
ruhig. Sein Sohn und Nachfolger aber

Chewa Say erweiterte ſchon ſeine kleine Provinz
da-

daburch, daß er sich die Inseln Champas anmaßte, bis
endlich

Chewa Thung sich noch mehr verstärkte, dem
Chewa von Tunkin seinen Tribut aufsagte, und sich
auch selbst gegen die Macht der Tunkinesen vertheidigte.
Er nahm hierauf den Titel Couck-Cung-Cheu-
Chewe-Chewe-Thew-Boe, oder Wiederhersteller des
Reichs und Generalissimus zur See und zu Lande an.
Nach ihm führte

Chewa-Hean (1644?) einen blutigen Krieg gegen die Tunkinesen. Er nahm den aufrührischen König
Nock Ramaß gefangen, und schlepte ihn von Camboja
mit sich an seinen Hof. Unter seiner Regierung ereignete sich auch der Streit mit den Holländern: er gründe-
te das Reich, und brachte es zu der Höhe, worauf es sich
noch jetzt befindet. Nach einer 44 jährigen Regierung
hinterließ er das Reich seinem Sohn

Chewa Gnay um das Jahr 88 oder 89 (1688?).
Dieser eröffnete einen Hafen zu einem freien Handel in
seinem Lande und lud nicht nur die Holländer; sondern
auch andere Nationen dazu wieder ein; allein er starb
noch früher, als seine Abgesandten wieder zurükkamen,
und hinterließ die Regierung seinem Sohn, dem jetzigen
Regenten, der sich selbst

König des Königreichs Aynam schreibt. Es
ist ein junger Prinz, der von seinen 4 Oheimen mütter-
licher Seite meistens regiert wird. Drei davon wohnen
ausserhalb des Palastes und kommandieren die Garden.
Die beiden ältesten führen die Titel Ung Taa und Ung
How und sind zugleich die Richter zur rechten und
linken Hand. Sie haben keinen Krieg und scheinen
mit Europäischen Nationen Handel und Bekanntschaft
begin-

begierig zu wünschen. Noch traf ich hier am Hofe den Prinzen von Champas an, der eben so, wie der König, den
Handel mit Europäern wünschte. Er besuchte mich auch
noch vor seiner Abreise, und lud mich dringend ein,
gleichfalls in sein Land zu kommen.

Auch machte ich hier noch mit einem Abgesandten
von Camboja Bekanntschaft, der mich ebenfalls zu sich
einlud, wo, nach seiner Versicherung, kein Fremder die
geringsten Zollabgaben und Betrügereien, wie in Cochin-
China, zu befürchten hätte.

Er erzählte, (was schon zum Theil vorhin im Eingange angezeigt ist,) daß dies Land an Gold und Silber, Eisen und vorzüglichem Stahl besonders reich sey.
Es sey ferner ein grosser Ueberfluß von Bauholz aller Art
daselbst, daß die Spanier dasselbe von Manilha aus
zu ihren Gallionen abholten. Die Waldungen enthielten
eine Menge von Rhinozeroten, Elephanten, Büffeln,
wilden Schweinen und dergleichen. Sie hätten Reis und
alle Sorten von Getra de im Ueberfluß. Das Volk sey
sehr abergläubisch und weichlich.

Diesen Nachrichten zufolge müßte es für die Engl.
Ostindische Kompagnie sehr vortheilhaft seyn, wenn sie
hier gleichfalls in der Folge ein Etablissement anlegen wollte; jedoch ich überlasse dies ihrem eigenen Ermessen,
und bin u. s. w.

Foy Foe 30 April 1696.

Thomas Bowyear.

Uebersetzung eines Briefes vom Könige von Cochin-
China an den Gouverneur von Madras.

Der König des Königreichs Annam antwortet dem Englischen Gouverneur in Indien,
dem obern und geheimen Rath seines Königs.

Repositor. 1.   **Z**   Unser

Unser heiliges Buch sagt, die Furcht des Himmels bewahret die Königreiche, und das Herz eines rechtschaffenen weisen Mannes kennt allein die rechte Art, Freundschaft zu gewinnen und mit den nachbarlichen Nationen Bündnisse zu schliessen: auch ist dies für einen Mann von Verstande kein schweres Geschäft, und welche sich eines rechtschaffenen Wandels ernstlich bestreben, die werden sehr leicht diese Gottheit, den Glanz derselben und die Quell alles Glüks erreichen.

Oberster Gouverneur und Fürstlicher Rath, der die Hauptperson der Westlichen Axe vorstellt, die ihren Namen von dem Nordpol, der über ihr hängt, erhält! Engländer, die ihr vollkommen versteht, was in dem Buche der sechs Siegel und in unsern drei Reden, dem Inbegrif aller Gelehrsamkeit enthalten ist! Die ihr die Stärke und den Muth des Bären und Tigers und Panthers besitzt! Die ihr nähret mit allem Fleisse die Kriegskunst und die mathematischen Wissenschaften, und nicht allein mit den Himmeln, sondern auch mit der Erde, den Winden, den Wolken und Luftgegenden vollkommen bekannt seid, deren Verstand bis an die Sonne reicht, und deren Hände das Firmament zu unterstützen im Stande sind. Die ihr in der Wahl eurer Gouverneure so vorsichtig und in der Regierung und Beschützung eures Volks so weise seid. Die ihr grosse und würdige Männer gern zu Ehren erhebt, gegen Fremde euch so gütig betragt, und euch selbst so regelmässig nach diesen andern neun Regeln der Regierung zu richten wißt! Wenn uns gleich unsere Entfernung an einer persönlichen Bekanntschaft hindert, so sind doch unsere Herzen niemals von euch getrennt, son. bleiben euch allzeit mit Liebe und Achtung zugethan.

Vor

Vor wenigen Monaten kam jemand, welchen
der Oberste Gouverneur und Königliche
Rath absichtlich zu Uns gesandt hatte, der Capitain
eines Schiffes, mit Namen Bowyear zu uns. Er
brachte uns in unser Reich ein Paket Briefe mit
Gaben und Geschenken (eine große Gunstbezeugung
für uns!). Die unbescholtene Aufführung, das
Benehmen, die Treue und unbestechbare Gerechtigkeit dieses Gesandten sind warlich keine Beweise einer geringen Person

Gegenwärtig beantworten wir nun jene Briefe und
fügen zugleich einige Geschenke mit bei für den

Obersten Gouverneur und Königlichen Rath,
zum geringen Andenken unserer aufrichtigen Zu-
neigung. Was die mit dem Schiffe angekommenen
Waaren betrifft, so haben wir unsere Minister dahin
verwiesen, sie anzusehen und zu untersuchen, damit sie
nach den diesjährigen kurrenten Preisen verkauft werden
könnten, denn es ist nicht unsere Weise etwas heimlich
zu treiben. Die Jahrszeit und Gelegenheit in diesem
Jahre sind nun zwar vorüber, allein wenn das Schiff
im künftigen Jahre wieder zurükkommt; so wollen wir
alles freiwillig genehmigen, und eine neue Art zu handeln
einführen, damit wir durch den Gebrauch der Reichthümer
unter dem Himmel die Liebe aller Nationen in beiden, sowohl
im nördlichen als südlichen, Climaten gewinnen mögen.
Mit diesem Schiffe senden wir fürs Erste einige Artikel, nehmlich

Calambak	—	—	—	1 Europ. Pf.
Gold	—	—	—	1/10 — Pf.
Seide	—	—	—	30 Stüke.

Eine Holzart von einem feinen Korn 200 Stüke.
Gegeben am 12 Tage des 12 Monats im 16 Jahre
(am 16 Januar neuen Stils.)

Chink-Hoa,

Z 2   Dieser

Dieser Brief ist durchaus sehr freundschaftlich abgefaßt, und man muß es als eine grosse Ehrenbezeugung
nehmen, daß jeder neue Absatz allzeit mit dem Titel des
Gouverneurs: Oberster Gouverneur und Königlicher Rath anfängt.

Aufzählung des Ausfalls von verschiedenen Getrai-
dearten, und andern nützlichen Saamen in dem
Distrikt von Vizagapatam.

	Aussaat Cunchums	Ertrag Cunchums *)
Reis — — —	1	30
Nachiny oder Sollu — .	1	70
Samalu — — —	1	20
Gantelu — — —	1	120
Korralu — — —	1	40
Budelu — — —	1	60
Jonnalu — — —	1	80
Desakelu — — —	1	20
Allasendalu — —	1	10
Candalu — — —	1	200
Bulavalu — —	1	15
Pasalu — — —	1	15
Anumulu — — —	1	20
Bobberlu — — —	1	10
Amudaulu (Oelsaamen)	1	30
Minumulu — —	1	20
Sannagalu — —	1	20
Nuvulu — — —	1	30
Aullu — . — —	1	30
Purty (Baumwollensaamen)	1	1 Maund Baumwolle

Auf-

---

*) Ein Cunchum hält 7 1/2 Siers, deren jedes 24 Unzen Kauf-
mannsgewicht (Averdupoid) beträgt.

Aufzählung von 12,468 Reiskörnern an 105 verschiedenen Stengeln zu Vizagapatam, vom Herrn Claud. Russel Esq.

177	88	186	130	144	147
089	124	105	137	167	148
089	170	029	135	109	133
058	052	141	065	129	198
208	133	116	140	089	053
143	131	137	125	135	140
145	109	143	092	114	072
071	110	058	055	102	096
117	124	104	085	059	148
056	081	147	178	110	127
220	081	102	154	094	107
151	124	160	174	057	106
147	133	051	134	123	082
157	075	121	110	116	134
101	223	110	063	121	123
077	148	107	074	055	035
028	051	111	040	122	189.
114	048	107.			

Summe 12,463.

Von dem Tiik-Baum sagt Herr Rennel Mem. of a map of Hindooftan p. 181. er heiße mit Recht die indianische Eiche, und gebe trefliches, dauerhaftes Bauholz zu Schiffen.

Ueber das Guinea-Gras gab mir auf meine Bitte Herr von Schreber gütigst folgende Erläuterung. Was Guinea-Gras ist, kann ich Ihnen genau sagen, da ich getroknete Exemplare davon aus Bengalen sowohl als aus Westindien unter ebendemselben Nahmen bekommen habe. Es ist Panicum polygamum, Swarz prodr. p. 24; Panicum maximum Jacq. Collectan I. p. 76. ic. plant. rarior. I. n. 13. welche beide eben dasselbe Gewächs bezeichnende Namen in der allerlezten Ausgabe des Linn. Syst. 2, p. 162, als zwei Species aufgeführt worden sind.

Cemon-Gras ist aber ohne Zweifel eine Cicca, Begonda, Oxalis oder dergleichen. Annata tree, wahrscheinlich Anotta tree, ist dann Bixa Orleana Linn. „der bekannte die Orlean-„Farbe gebende Strauch des warmen Amerika, der aber „auch in Ostindien fortkommt. Ludwigs Kaufmanns Lexicon schreibt Anatte auch Anate und Attole für die Farbe selbst.

Blak Myna, ist wohl die Gracula religiosa Linn. Der Minor des Seligman, le Mainate Briss. oder vielleicht der black Tanager, Latham. syn. II. p. 241. Tanagra atra nitens?

Briefe eines aus Aleppo gebürtigen Juden auf seinen Reisen durch Spanien und Italien.
Aus dem Rabbinischen.

Diese Briefe sind meines Wissens in keinem andern deutschen Journale als in Zimmermanns Annalen für Geogr. und Statist. B. 1 S. 233. angezeigt. Da ihre Aechtheit wohl nicht bezweifelt werden kann, so verdienen sie als eine Seltenheit (denn obgleich die Juden am meisten reisen, so haben wir doch äusserst wenige Reisebeschreibungen von ihnen, die auch wegen des eingeschränkten Gesichtskreises der Meisten unter ihnen nicht sehr zu wünschen seyn mögten,) einem der Geographie bestimmten Journal in einer Uebersetzung einverleibt zu werden; zu welcher Stelle sie auch ihr merkwürdiger Inhalt, der überdem ein Land betrift, zu dessen Kenntniß hier Beiträge geliefert sind, berechtiget. Ich nehme sie aus der Jüdischen Monatsschrift der Samler, die zu Königsberg und Berlin herauskömmt, und zwar aus dem ersten und zweyten Hefte des Jahres 5550 d. i. C. 1790. Da ich für deutsche Leser übersetze, die nicht das Original mit der Uebersetzung zur Erlernung der Sprache vergleichen wollen, so habe ich um so weniger Bedenken getragen, mich nicht genau an die Worte zu binden, sondern blos den Sinn auszudrüken gesucht. P. J. B.

Vorbericht des Einsenders der Briefe an die Herausgeber der Monatsschrift, welcher ihnen zwar bekannt ist, den sie aber doch zu nennen Bedenken getragen haben; datirt am 4ten Elul 529 d. i. C. Septemb. 1769.

M.

M. H. Ich besitze seit vielen Jahren merkwürdige Briefe, die ich von meiner Frauen Bruder nach seinem Tode ge- erbt habe, und die er aus der Handschrift eines Spani- schen Gelehrten abgeschrieben hat, wie Sie aus der Nach- schrift, die ich Ihnen mittheilen werde, ersehen werden. Sollten Sie Ihren Beifall erhalten, so werden Sie ge- gen die Leser der Monatsschrift die Güte haben, sie ei- nen nach dem andern darinn abdruken zu lassen; und sollte nur einer aus tausend Lesern einigen Nutzen dar- aus schöpfen, so wird mich sein Dank hinlänglich beloh- nen. Im J. d. W. 5529. (C. 1769) schikte einer von den vornehmsten unsers Volkes, die zu Aleppo, auf Arabisch Haleb, wohnen, Urias Haaschtomni mit Namen, seinen Sohn Meschallem zu Wasser auf Reisen nach Europa, um die Sitten dieser Völker und ihre Verfassungen zu beobachten. Der Sohn war 18 Jahr alt, als er das Haus seines Vaters verließ, ein gescheuter und unbefan- gener Mann, der seine Muttersprache nebst andern ver- stand, und den sein Vater von seinen frühern Jahren an in den Wissenschaften unterrichtet hatte. Er war über- dem ein schöner, gutmüthiger, von allen Bekannten ge- schätzter, und gottesfürchtiger Mensch. Folgende Briefe schrieb er an seinen Freund Baruch Sohn des Albuzagli, in arabischer Sprache. Sie sind von einem spanischen Gelehrten, der eine geraume Zeit Lehrmeister in dem Hau- se des Vaters des Meschallem gewesen ist, in die Hebräi- sche Sprache übersetzt; und dieser hat sie auch, als er nach seinem Vaterlande, der Insel Majorka, zurükkehrte, mitgebracht. Ich schicke Ihnen jezt die erste Lieferung, welche in 12 Briefen bestehet. Es stehet Ihnen frei, da- mit anzufangen, was Ihnen gut dünket. Auf Ihr Ver- langen werde ich Ihnen auch die übrigen, die ich in Hän- den habe, schiken.

Erster

Erster Brief.

Madrid, im Jahr des J. 529 (C. Mai 1769.)
Im Namen Gottes des Barmherzigen!

Erstaunen Sie nicht, mein Freund, wenn Sie von mir aus einem Orte, der Israel ein Gräuel ist, hören, wo wir beständig verfolgt werden. Gott hat es so verursachet. Von ihm kann nichts Böses kommen. Sie erinnern sich, daß ich am dritten dieses Monats von Smyrna zu Schiffe abgieng. Wir segelten frölich und guten Muthes auf dem Archipelagus. Der Wind war günstig, der Schiffer und alle Matrosen verrichteten ihr Geschäft an dem Ruder und den Segeln. Die Passagiere am Bord waren türkische und christliche Kaufleute aus Spanien und Frankreich, Mönche und Sänger, deren ein jeder seinen Schlafplatz hatte. Keiner wuste wer ich war, und von was für einer Nation ich sey. So reißten wir zwei Tage bis an den Anbruch des dritten, als wir bei der Insel Kandia anlangten. Wegen Windstille konnten wir nicht weiter gehen. Die Matrosen zogen die Segel ein, und warfen den grossen Anker ins Meer. Das Schiff stand nun wie eine feste Insel mitten im Meere, ohne sich nach dieser oder jener Seite zu bewegen.

Mein Vater hatte mir befohlen, wie Sie wissen, meine Kleidung zu ändern, und die Orientalische mit der Europäischen zu verwechseln, noch ehe ich aus meinem Hause gieng. Er glaubte daß ein Mann, der auf Reisen gehe, um seine Kenntnisse zu erweitern, alles von sich entfernen müsse, wodurch er auf den ersten Anblik sich als einen Fremden zu erkennen gebe, und daß er die Kleider und Sitten des Volkes annehmen müsse, bei welchem er sich aufhalte, damit sie ihn für einen Eingebohrnen halten, und ihre Gebräuche und Kenntnisse nicht verhehlen. Mein Großvater war anderer Meinung, und hielt es für ein Verbrechen, wobei er sich der Worte bediente:

diente: Ferne sey es von einem Israeliten, die Gebräuche seiner Vorfahren zu ändern, und nur einen Haarbreit davon
abzuweichen. Ob er gleich keine Gründe für seine Meinung
hatte, so blieb er doch dabey. Aus Ehrfurcht für ihn gieng ich,
der ich diese Reden gehört hatte, in arabischer Kleidung aus
dem Hause. Ehe ich aber aus Smyrna gieng, änderte ich
meinen Habit und zog Europäische Kleidung an, indem ich
dachte, daß darüber nichts von Gott verordnet sey. Er ist
auch jedesmal nach Maasgabe des Orts und der Zeit verändert worden. Ich habe nun gefunden, daß mein Vater mehr
Recht hat, als mein Großvater; denn wenn ich diesem ge-
folget wäre, wer weiß ob ich jetzt an Sie schreiben würde.
Denn hören Sie einmal, was mir begegnet ist.

An dem Abend des 3ten Tages, als das Meer stille geworden, einem blanken Spiegel glich, die Wellen sich gelegt, und
die Wogen zerflossen waren, und wir am Bord des Schiffes
ruhig und stille bey Kandia lagen, giengen alle Passagiere zu
Bette, um zu schlafen. Ich allein blieb auf dem Verdeck des
Schiffes um mich an dem Anblik des grossen Meeres zu ergö-
tzen, das den Beschauer ermuntert, den Schöpfer zu betrachten, und seinen Namen zu verherrlichen. Der Mond kam hinter den Bergen hervor um die Erde zu erleuchten, und sich
über sie zu erheben. Sie spiegelte sich in dem Wasser wie eine
schöne Jungfer, die mit Vergnügen dem Spiegel gegen über
steht, und machte ihre Gestalt dem Auge des Liebhabers be-
merkbar. Ihr Glanz lächelte auf der Fläche des Meers, und
ihr Auge war wonnevoll. Mir flößte sie Freude ein. Ich erhob meine Hände zu dem höchsten Gott, dem Schöpfer des
Weltalls, und opferte ihm mit reinem Herzen, statt Myrr-
hen, Lob, statt Weihrauch, Dank. Ich sagte das Gebet auf
den Neumond, und als ich am Schlusse hinzu sezte: gelobt
seyst du, o Herr, der du die Neumonde erneuerst, hörte ich je-
manden sagen: Amen. Ich erschrak über die Stimme, welche

Z 5   ich

ich hörte, da doch keiner bei mir war. Plötzlich stand einer von
den Kaufleuten auf dem Schiff, den ich für einen Christen aus
Spanien gehalten hatte, vor mir, und sagte: Mein Bruder
sind Sie. Gott sey gepriesen. Hier unter dem über die Masten
ausgebreitetem Segel saß ich allein diese anmuthige Nacht,
und hörte Sie beten. Nun schwören Sie mir, daß Sie es keinem offenbaren wollen, bis Sie Sich von mir trennen, und
ich will Ihnen anzeigen, wer ich bin. Nachdem ich geschwo-
ren hatte, sagte er: ich bin einer von den Hebräern, die sich
in Spanien aufhalten. Meine Vorfahren sind ehemals grosse
und vornehme Einwohner der Stadt Madrid gewesen, und
wurden genöthiget, die christliche Religion anzunehmen.
Dem ungeachtet beobachten wir noch heut zu Tage im Verborgenen das Gesez Mosis, und die Vorschriften Jehovahs,
des wahrhaftigen Gottes, die er unsere Vorfahren gegeben
hat. Wir ruhen am Sabbat, und heiligen die Festtage, nach
unserm Vermögen. Allein wir sagen dieses keinem, weil, wenn
es öffentlich bekannt würde, wir zum Tode verurtheilt würden. Uns würde man auf den Scheiterhaufen bringen, und
unsre Güter confisciren. Nachdem er zu reden aufgehört hatte, umarmte ich ihn als meinen Freund und Bruder. Wir
blieben zusammen die ganze Nacht. Keiner wuste etwas von
unsrer Unterredung. Er sagte mir noch, daß zwey Bekannten,
die bey ihm wären, und sein Bedienter, gleichfals Juden aus
Spanien wären.

An dem folgenden Tage wehete ein starker Ostwind. Der
Schifscapitain ließ die Segel ausspannen, und wir schiften 3
Tage und 3 Nächte auf dem Mittelmeer. Wir liessen rechter
Hand Griechenland liegen, und linker Hand einen Theil von
Afrika, bis wir nach der Insel Malta kamen. Wir segelten
zwischen dieser Insel und Sicilien, und lavirten nach Nord-
west, um Italien zu erreichen. Aber ein Sturmwind verhin-
derte, daß wir nicht am festen Lande anlanden konnten. Wir

wurden

wurden von einem heftigen Oſtwinde fortgetrieben, der uns
keine Ruhe verſtattete. Die Schifsleute fürchteten ſich, dem
Ufer von Afrika nahe zu kommen, damit ſie nicht in die Hände
der Seeräuber von Algier, Fez und Tunis geriethen. Sie boten daher alle Kräfte auf, ſich ah das Ufer von Europa zu halten. So ſegelten wir 2 Tage ohne zu wiſſen, wohin wir giengen. Denn der Wind war ſehr ſtark, und Regen, und Gewitter ſo fürchterlich, daß keiner ſeine Hand ſehen konnte. Am
zten Tage arbeiteten die Matroſen an das feſte Land zu kommen, und wir landeten in 8 Tagen an der Stadt Murcia,*)
einem Seehafen Spaniens, hungrig und abgemattet, ſo daß
keiner Kraft genug hatte auf ſeinen Beinen zu ſtehen.

Alle Eingebohrnen des Landes, die auf dem Schiffe geweſen waren, freuten ſich, als ſie ihr Vaterland wieder erblikten. Keiner von ihnen wollte mit dieſem Schiffe nach Italien
abgehen, mich ausgenommen. Als ich zuſah, wie ſie ihr Ge-
päke ans Land brachten kam Don Marco Badajotzi (das war
der Name des vorhin erwähnten Juden) zu mir und redete
mich in hebräiſcher Sprache folgendermaſſen an: „Warum
wollen Sie Sich in Gefahr begeben, daß Sie mit dieſem
Schiffe

---

*) Nach dem Original Muricia מורדיא, welche Stadt man
vergebens in den Geographien von Spanien ſuchet. Ohn-
Zweifel iſt Murcia gemeint. Denn dieſer Ort kann hebräiſch
auf die obenangeführte Art mit Weglaſſung eines kleinen oft
unbedeutenden Buchſtaben geſchrieben werden. Die Diſtanz
von 62 Meilen zwiſchen dem Landungsplatz und Madrid, welche
nachher in dem Briefe vorkömmt, widerſpricht dieſer Ver-
miſchung nicht. Denn Pluer in Reiſen durch Spanien überſ.
von Ebeling zählet von Madrid nach Aranjuez 8 Spaniſche
Meilen (S. 572) und von Aranjuez nach Murcia 49 Span.
Meilen (S. 580) in allem 57 Meilen, und wenn hiezu die
Entfernung von Murcia bis an die See gerechnet wird, ſo
kommen wohl 62 Meilen heraus. Obgleich Murcia kein
Seehafen iſt (und nach dem Briefe lag die Stadt am Ufer)
ſo liegt ſie doch nicht weit von der See und an einem Fluſſe, der in die See fließt.

Schiffe dahin abgehen. Hören Sie den Rath, den ich Ihnen geben werde. Kommen Sie mit mir nach Madrid, meiner Geburtsstadt, bleiben Sie einige Tage bey mir, so lange es Ihnen gefallen wird, bis Sie sich wieder erholt haben. Nachher wollen wir zusammen nach Livorno reisen, wohin wir zuerst unsern Weg richteten. Fürchten Sie Sich nicht vor dem Zorne der Christen. So wahr ich lebe, keiner soll von ihren Handlungen etwas erfahren. Ich stehe dafür ein, daß Ihnen nichts zu leide geschehen wird.„ So sprach dieser angenehme Mann. Ich leistete seinem Verlangen Genüge, und reißte mit Ihm in 4 Tagen 62 Meilen nach Madrid, der Hauptstadt.

Diesen Brief schreibe ich Ihnen in dem Hause des Don Badajozi, und ehe ich von hier gehe, werde ich Ihnen noch mehr melden. Sie aber können immerhin den Jünglingen, die sich auf Reisen begeben, den Rath ertheilen, sich nach der Weise des Landes, wohin Sie gehen, zu richten. Denn hätte ich nicht meine Kleider geändert, so daß mich keiner von den Einwohnern dieser Länder zu unterscheiden gewußt hätte, so würde ich von den an Schifsbord befindlichen Fremden, die die Juden hassen, beschimpft und verspottet seyn. Ich würde mir auch die Liebe des Herrn Badajozi, die mit keinen Schätzen zu vergleichen ist, nicht erworben haben, wenn ich mich nicht in der Kleidung und Sprache dieses Volks verstellt hätte. Gelobet sey Gott, der mich zu Anfang meiner Reise in ein fremdes Land einen Weg geführet hat, auf welchem ich Kenntnisse, die für einen Menschen von meiner Art sehr schätzbar sind, erhalten kann. In dem nächsten Briefe werde ich Ihnen Neuigkeiten melden. Der wahrhaftige Gott beschüze Sie nach dem Wunsche Ihres Freundes, der nur durch den Tod von Ihnen getrennt werden kann.

Zwey.

Zweyter Brief.

Madrid. Ijar.

Gelobet sey Gott, der mich Merkwürdigkeiten hat vorfinden lassen, die nicht ein jeder, welcher ihnen nachgehet, antreffen wird. Noch wohne ich hier in dem Hause meines Freundes, der sich wie Bruder gegen mich bezeiget, Don Badajozi, eines sehr vornehmen Mannes unter den Grossen dieses Volks. Täglich sehe ich viele Menschen, die, wie er, das Mosaische Gesetz im Verborgenen beobachten. Unter ihnen sind die vornehmsten und angesehensten im Lande, Räthe, Kaufleute, Künstler. Alle kommen mir mit Freude entgegen. Sie freuen sich, daß sie einen ihrer Brüder unter sich gefunden haben. Es sind nun 8 Tage verflossen, seitdem ich hier einen freundschaftlichen Umgang mit diesen Männern gepflogen habe. Ich werde nicht aus dieser Stadt reisen bis nach dem Pfingstfest, welches wir hier in einer sehr verschlossenen Höle unter der Erde feyern werden. Dieses Fest allein feiern die unterdrükten Juden in diesem Lande, weil an demselben das Gesetz gegeben, und Gott unsern Vorfahren geoffenbart wurde. Einige feiern noch mehrere Festtage, essen ungesäuert Brod am Paßahfest, welches sie in den Hölen baken. Allein die meisten halten sich nicht an die ungesäuerten Brodte, und sagen: „Die Israeliten waren an sie gebunden, als sie frei waren und kein Fremder ihr Thun haßte. Da sie nun aber unter Feinden sind, und ihnen von allen Seiten Furcht anwandelt, fält die Verbindlichkeit weg, und der innere Dienst, der die Hauptsache ausmacht, ist ihnen hinlänglich.„ Ich weiß nicht, ob sich dieses so verhalte. Nach meiner Meinung ist die Glükseeligkeit der Israeliten an die Beobachtung ihrer eigenthümlichen Gebote geknüpft. Denn wenn man glüklich und seelig seyn kann, ohne diese zu halten, wird alsdenn nicht Sokrates der Grieche und Zoroaster der Indier eben so glüklich seyn können als ein Israelite! — Sagen Sie mir doch, ich bitte Sie,

mein

mein Freund, ihre Gedanken über diesen Punkt. Denn ich weis, wie aufrichtig Ihre Wahrhaftigkeit und Gottesfurcht ist, und wie tief sie mit ihrem Verstande in Untersuchungen dieser Art eindringen.

Ehegestern gieng ich mit einer Gesellschaft Freunde, die insgesammt heimliche Juden waren, nach dem Dorfe Escorial, 6 Meilen von hier. Ich sah daselbst das vortrefliche Gebäude, welches nach dem Dorfe den Namen führt. Nie habe ich ein so schönes gesehen. Darin besah ich die königliche Bibliothek. Ich las auch in einigen Büchern. Es finden sich hier Manuscripte zu tausenden in hebräischer und arabischer Sprache. Ich konnte mich aber nicht bey ihnen aufhalten, weil meine Gefährten nach der Stadt zurükeilten. Bei meinem Weggehen kaufte ich mir ein grosses Verzeichniß aller Bücher die daselbst gefunden werden. Darunter waren historische über die Begebenheiten der Juden in diesen Ländern, in arabischer Sprache. Ich ersuchte den Herrn Oberbibliothekar mir dieses Buch zu leihen, damit ich den Inhalt in der Kürze abschreiben mögte. Er versprach mir, es nach dem Hause des Badajotzi zu schiken; und jetzt habe ich es unter meinen Händen.*) Sollte ich es hier endigen, so werde ich Ihnen anzeigen, was ich davon halte.

Unter die Verordnungen in Spanien gehört, daß in den Städten Priester bestellt sind, die mit einem wachsamen Auge auf die Einwohner Achtung geben, ob sie ihren Glauben und Gottesdienst in ihren Kirchen nach der ihnen vorgeschriebenen Richtschnur beobachten. Dieses nennet man Inquisition, und

der

*) Ich muß gestehen, daß mir die Geschichte von dem aus der Escorialbibliothek geliehenen Buche ziemlich unwahrscheinlich vorkömmt. Ausserdem daß sich der Jude dadurch leicht würde verrathen haben, so werden wohl keine Bücher aus dieser Bibliothek verliehen, welches Herr Sachsen im Anhang zu Bourgoing Reisen 2 B. S. 342. von einigen öffentlichen Bibliotheken zu Madrid ausdrüklich versichert.

der Vorgesetzte derselben heißt padre de l' inquisizione. Sie
bestellen Kundschafter aller Orten, die zusehen müssen, ob je=
mand die Verordnung übertritt. Wenn sich einer findet, der
an den Festtagen nicht in die Kirche geht, so sagen sie von ihm,
daß er ein Jude sey. Sie lassen ihn alsdann vors Gericht kom=
men, damit er ihnen auf die vorgelegten Fragen antworte.
Wenn Zeugen gegen ihn aussagen, daß er etwas gethan hat,
welches ihren Verordnungen entgegen ist, so bringen sie ihn
zum Scheiterhaufen. Aus Furcht vor diesem ruchlosen Ge=
richte giebt es auch viele Christen, die zwar diesem strengen
Gerichte gemäß den äusserlichen Gottesdienst beobachten. aber
in ihrem Herzen nicht damit übereinstimmen. Dies hat mir
Babajotzi erzählt, der mich ersuchte, mit ihm und seiner Fami=
lie in die Kirche zu gehen, um die Predigt eines Priesters an=
zuhören. Denn er besorgte es mögte öffentlich bekannt werden,
daß er einen Fremden in sein Haus aufgenommen und nicht in
die Kirche gebracht hätte. Ihm zu Gefallen gieng ich mit ihm.
Die Kirche, worinn wir waren, war ein grosses und hohes
Gebäude. Darinn beteten 3000 Personen beiderlei Geschlechts.
Die meisten Gebete sind Gesänge Davids aus dem Psalmen=
buche, welches in ihre Sprache übersetzt ist. Der Oberprie=
ster war mit einem weissen Mantel und goldenen Leibrok be=
kleidet. Er erklärte ihnen die Grundsätze ihres Glaubens nach
einem Spruche der aus ihren Religionsbüchern entlehnt war.
Sie hörten ihn mit der grösten Aufmerksamkeit. Ich fand
daß ihre Gebräuche mit den Jüdischen sehr übereinkommen.
Sie beteten Gebete zum Andenken der Seelen, und zündeten
Lichter wegen der Seelen der Verstorbenen an. Ich weiß
nicht, ob sie die Jüdischen Gebräuche kennen und nachahmen,
oder ob wir sie von ihnen gelernt haben, da wir im Exil un=
ter ihnen leben. Ich weiß nicht, ob etwas von dergleichen Ge=
bräuchen im Hierosolymitanischen und Babylonischen Tal=
mud vorkömmt. Ich erbitte mir hierüber Ihre Meinung.

Ich

Ich freue mich über die Jüdische Geschichte, welche ich
in Händen habe. Ich werde eilen sie vor dem nächsten Feste
zu Ende zu bringen. Denn den Tag darauf werde ich von hier
nach Italien reisen, und mich in diesem gottlosen Lande nicht
länger aufhalten. Ihnen aber, mein Freund wünsche ich
alles Wohlergehen.

Dritter Brief.

Mein Freund. Noch halte ich mich in meiner Stube den
ganzen Tag eingeschlossen, um das Buch, welches von der
Geschichte der Israeliten in diesem Lande handelt, zu lesen
und abzuschreiben; und ich bin sehr gebeugt, wenn ich alle
Leiden betrachte, die mein Volk unverdienterweise betroffen
haben, und wahrnehme, daß jetzt das Andenken der Israeliten aus diesen Ländern vertilgt ist, welche ehemals ihnen zu
einem köstlichen Garten dienten. Es ist nichts davon öffentlich
übrig geblieben, weder in diesem Königreiche noch in dem benachbarten Portugal. Ich weiß wohl mein Freund, daß Gott
gegen sein Volk erzürnt ist, weil es sich seinen Befehlen wieder-
setzt hat, und seinen Vorschriften nicht folgen wollen. Ich
will Ihnen aber doch nicht verhehlen was ich bemerkt habe,
da ich diese Begebenheiten in verschiedenen Zeiten erwogen
habe. Ich habe den Aufgang und Niedergang des Volkes betrachtet. Bisweilen hatte es königliche Gewalt, bisweilen
aber wurde es flüchtig mit dem Wanderstabe in der Hand,
und bat um Brod, um seinen Hunger zu stillen; ich sah, wie
es verspottet, gedrängt, und gleich Spreu vor dem Winde
weggeschleudert wurden. Ich entschloß mich darauf, die Ursache dieses Unglüks zu untersuchen, worein die Vorfahren
der Israeliten in diesen Ländern gerathen sind. Von einer
Familie, die gleichfals unter die Vertriebenen gehört, habe
ich folgende Nachricht eingezogen.

Als

Als zuerst die Israeliten nach Zerstörung des zweiten Tempels in dieses Land kamen, war dasselbe unter der Herrschaft der Römer, die sehr gütig gegen sie waren, und ihnen verstatteten, sich grosses Vermögen zu verschaffen. Im Jahre 400 der christlichen Zeitrechnung kamen die Gothen, vertrieben die Römer, und bemächtigten sich des Landes. Ungefähr 300 Jahre nachher kamen die Saracenen und Mauren, Anhänger der Mahomedanischen Religion, und regierten viele Jahre über dieses Land. Unter ihnen lebten die Juden in Sicherheit, bis Alphonsus Catholikus, ein Christ, zur Regierung gelangte. Zu seiner Zeit wurden einige Juden vertrieben, kamen aber nachher wieder in das Land zurük. Zu den Zeiten der auf ihn folgenden Könige sind die Juden oft vertrieben und wieder zurükgekehrt. Unter den christlichen Königen wurden sie geachtet, groß und vornehm. Mit ihren Reichthümern stieg ihr Uebermuth und Stolz. Sie bauten sich grosse Häuser, kauften sich Weinberge, Gärten, und die schönsten Ländereien, ritten auf Pferden, kleideten sich in Scharlach und Seide. Sie wurden darauf dem Volke ein Dorn im Auge, das sich beschwerte, daß eine Nation, welche sie seit langer Zeit haßte, und sich unter ihnen niedergelassen hätte, mächtiger und zahlreicher geworden wäre, als sie, und sie aus ihren Gütern vertrieben hätte. Als die Priester sahen, daß die Juden bey dem Könige viel galten, so reizten sie, die das Unglük der Juden suchten, das Volk, indem sie die Juden beschuldigten, daß sie Mörder wären, dem christlichen Blute nachstellten, und Christenkinder, als Opfer Gott darbrächten. Dadurch kamen die Juden bey dem Könige und den Ministern in einen übeln Ruf. Bey aller ihrer Rechtschaffenheit und Weisheit konnten sie ihre gerechte Sache nicht behaupten. Das Volk, welches sich

Repositor. 1.   A a   vor

vor ihnen fürchtete, wurde ihnen zu mächtig. Sie wurden auf Befehl des Königes aus dem Lande vertrieben,
der eben nicht gewilliget war, sie zu drücken, sondern zu
seiner eigenen Rettung von dem aufgebrachten Volke, welches drohete, daß, wenn sie der König nicht wegjagen
wollte, sie sich bewafnet in die Stadt begeben, und alle
Juden, groß und klein, umbringen wollten, dazu bewogen
wurde. Nachdem die Unruhe vorüber war, erhielten sie
die Erlaubniß zurük zu kehren, deren sie sich auch bedienten.
Keinem von ihnen begegnete ein Unglük, so lange sie sich
demüthig bezeigten. Allein nach nicht gar langer Zeit ver-
gaßen sie die vorigen Drangsale, und wurden zum zweitenmal hochmüthig. Sie ritten auf Pferden, kleideten sich
in gestikten und mit Silber und Gold verbrämten Kleidern. Sie erregten Unwillen, als sie ihre Reichthümer zu
erkennen gaben. Das Volk wurde darauf so neidisch, daß
es sich zum zweitenmal gegen sie aufmachte; sie tödtete,
und ihre Güter raubte. Viele wurden in Schiffe ohne
Matrosen und Ruder geworfen, die auf dem Meere her-
umschwebten. Einige von ihnen sanken unter, andere landeten an den Inseln und den benachbarten Ländern. Aus
Mitleiden wurde ihnen von diesen Einwohnern ein Zufluchtsort angewiesen, bis sich der Zorn der Spanier gelegt hatte, und sie in ihre Heimat zurükkehren konnten.
Dies wiederfuhr ihnen zu wiederholtenmalen, bis endlich
unter der Regierung des Königes Ferdinandus Catholikus
im J. 5253. (C. 1493.) der Befehl ausgefertiget wurde,
daß, wenn sie nicht ihre Religion änderten, sie alle, jung
und alt, binnen Monatsfrist aus dem Lande gejagt werden sollten. Um die Zeit giengen 30000 Familien aus
dem Königreiche, einige nach dem benachbarten Portugal,
andere zur See nach andern Königreichen. Die Juden,

welche

welche sich nach Afrika aufgemacht hatten, entgiengen zwar einem Unglük, geriethen aber in ein anderes. Sie fielen in die Hände der grausamen Seeräuber aus der Barbarey. Diese nahmen ihnen ihre Güter, und zwangen sie zu harter Knechtschaft. Auch in Portugal währte es nicht lange, daß sie daselbst freundschaftlich aufgenommen wurden. Nachdem sie ihre Reichthümer daselbst hatten sehen lassen, so entstand Neid und Zorn in den Einwohnern dieses Landes. Die Juden wurden daher auch aus diesem Lande, wie vorher aus Spanien, vertrieben. Viele von ihnen kehrten nach Spanien zurük, und verläugneten ihre Religion. Oeffentlich erschienen sie als Anhänger der christlichen Religion, heimlich aber in ihrem Herzen blieben sie Juden, die den Gott Israels verehrten. Davon stammen jene heimliche Juden her. Sie sehen hieraus M. F., daß die Christen nicht aus Religionseifer dergleichen Befehle gegen die Juden beständig haben ergehen lassen. Sie sind zwar angewiesen worden, ihre Religion auszubreiten, und sie alle Menschen zu lehren. Dem ungeachtet ist ihnen nicht die Erlaubniß gegeben, die Verirreten zu drücken, oder mit bewafneter Hand, wenn sie nicht hören wollen, auf sie zu fallen. Nicht aus Religionseifer, noch aus Hochachtung gegen ihre Religion, wie ich schon gesagt habe, verfahren diese Völker so mit den Israeliten, sondern aus Neid über ihre Grösse und ihren Stolz. Denn wenn der Pöbel sieht, daß die Israeliten emporkommen, auf ihren Reichthum stolz werden, damit Handel treiben, Vermögen sich erwerben, so werden sie ihnen zum Stein des Anstosses, und damit sie eine Gelegenheit an ihnen suchen mögen, so machen sie die Verschiedenheit in den Religionen zum Ziel, wohin sie ihre boshaften Pfeile richten, und dichten ihnen allerhand Schandthaten an, bis sie sie aus dem Lande

ver-

vertrieben haben. Wenn die Juden so gescheut wären, daß sie auf sich selber Achtung gäben, und sich nicht in Gegenwart ihrer mächtigern Feinde erhöben, so würde ihnen alles dieses Unglük nicht begegnen. Als mein Vater von einem seiner Freunde einmal gefragt wurde, warum er, den Gott mit Reichthümern gesegnet hätte, in einem seinen Umständen nicht angemessenen Hause wohnte, und kein grösseres Haus sich erbaute, warum er sich nicht Pferde anschafte, einen grossen Haushalt zulegte, antwortete er: ich weiß, daß Sie mich nicht für einen Geizhals oder gewinnsüchtigen Menschen halten. Ich habe aber um des Guten willen, das mir Gott bescheeret hat, mir vorgenommen, mich nach besten Kräften vor Verachtung und Spott zu hüten. Wenn wir in unserm Vaterlande wohnten, so würde ich mir fürstliche Schlösser bauen. Aber nun, da wir unter Fremden sind, und in einem Lande, das nicht unser ist, wohnen, wie sollte ich mir den Zorn des türkischen Pöbels, der uns im Herzen haßt, zuziehen? Ferne sey es von mir, daß ich durch meinen Uebermuth den Segen, welchen Gott mir beschert hat, in Fluch verwandele, und daß mein Geld das Mittel zu meinem Verderben seyn sollte! In meinem Hause und unter meinen Genossen kann ich den Segen, den mir Gott gegeben hat, zeigen. Statt eines Hauses von Quadersteinen, das ich mir bauen soll, will ich mir und meinem Stamme ein ewiges Gebäude aufrichten, und meine Söhne Weisheit und Kenntnisse lehren. Statt eines Gartens, den ich zu meinem Vergnügen pflanzen soll, und worin jedes Blatt, welches wachsen würde, nur den Neid meines gottlosen Nachbars rege machen würde, will ich mir um meinen Tisch Pflanzen ziehen, hülfsbedürftige Waisen will ich unterstüzen, und sie in der Religion und Weisheit unterrichten,

ten, daß sie, wenn sie heranwachsen, gedeihen und Früchte tragen. Statt scharlachener und gestifter Kleider, die ich tragen soll, will ich mir den Mantel der Sanftmuth um-hängen, um für jeden, der sich unter mein Dach begiebt, bereit zu seyn, damit er sich nicht vor dem Glanze meiner Kleidung fürchte, mir sein Anliegen entdecke, mir meine Fehler anzeige, mich nach bestem Vermögen Gutes zu thun aufmuntere. Dann werde ich innere Ruhe und Zufrie-denheit fühlen. Thoren werden mich nicht berücken, Schmeichler werden mich nicht durch gleißnerische Reden hintergehen. Sollten sie hierauf erwiedern, daß alles Gu-te, was Gott dem Menschen beschert, zu seinem Vergnü-gen, und daß die Freude des Empfängers dem Geber zum Lobe gereiche, so müssen Sie wissen, daß ich dem gemäß handele. Meine Tafel ist immer mit guten Gerichten be-setzt, und meine Gläser gefüllt. Und wozu nützt es, daß wir unsern Wohlstand öffentlich mit vielem Geräusch an-zeigen? Es genüget uns, in unsern Versammlungen fröh-lich zu seyn, und unter Freunden und Bekannten unser Vermögen zu zeigen. So sprach mein Vater. Die gött-liche Weisheit ist in seinem Herzen. Sie wird seine Schritte nicht wanken lassen (Ps. 37, 31.)

Babajoßi ist ein sehr verständiger Mann, der in Wis-senschaften und Sprachen bewandert ist, und damit unge-heuchelte Gottesfurcht verbindet. Er hat gute Sitten, und eine feine Lebensart. Seine Rechtschaffenheit und sanfte Gemüthsart machen ihn bey allen beliebt. Sein Haus ste-het allen offen. Die traurig kommen, werden frölich ent-lassen. Wie er gesinnet ist, so ist auch seine Familie. Sie sind insgesamt freundliche und gütige Leute. Wenn mich nicht die Furcht vor den Christen abhielt, in diesem Lande

Aa 3 länger

länger zu verweilen, so würde ich mich noch lange in dem Hause meines schäzbaren Freundes aufhalten, um seinen angenehmen Umgang zu geniessen. Seine vortrefliche Gemahlin und seine unschuldigen, und tugendhaften Töchter ersuchen mich täglich, nicht vor Ende des Sommers von hier zu reisen. Ich kann aber in ihr Gesuch nicht einwilligen, weil ich befürchte, die Sache möchte ruchtbar werden, und mich ins Unglük stürzen. Verwundern Sie Sich nicht, m. l. F., wenn ich Ihnen von den Töchtern dieses Mannes erzähle, daß sie sich mit mir unterreden. Die Lebensart ist hier ganz anders, wie in unserm Vaterlande. Die Frauenzimmer kommen in die Gesellschaft der Männer, essen und trinken mit ihnen an einem Tische. Es entstehen auch daraus keine Laster. Die Bescheidenheit der Männer ist dem ungeachtet groß. Der Mann, welcher sich unterstehen würde, böse Anschläge gegen die Frau eines andern zu fassen, würde in Gesellschaften nicht weiter zugelassen werden. Sie begegnen ihren Weibern mit vieler Ehrerbietung, warten ihnen auf, bemühen sich mit Vergnügen, ihnen das zu bringen, was sie verlangen, enthalten sich in ihrer Gegenwart aller ungebührlichen und spaßhaften Reden, die böse Gedanken erregen könnten, und legen ihre Worte auf die Wagschaale der Bescheidenheit, Ehre und Tugend, und wer wird denn wohl so unbescheiden und unvernünftig handeln, daß er unanständige Discurse führen sollte?

Ich werde mich sehr freuen, wenn ich von Ihnen und meinen Eltern Briefe zu Livorno vorfinden werde. Ich erbitte mir zu melden, was sich mit Ihnen seit meiner Abreise zugetragen hat.

Leben Sie wohl.

Vier-

Vierter Brief.

Monat Sivan 529. d. i. Jun. 1769. Livorno.

M. F.

Den Tag nach dem Pfingstfest verließ ich das Haus meines geliebten Freundes Badajozi, und gieng mit ihm und zweyen seiner Hausgenossen zu Wagen nach Barcelona. Hieselbst fanden wir ein Schiff, das nach Livorno segelfertig war. Wir waren 6 Tage auf der See. Kein Unfall begegnete uns. Seit 2 Stunden sind wir in dieser grossen herrlichen Stadt angelangt; und ich wohne jetzt in dem Hause meines Bekannten, Gideon Busagli, und bin mit Lesung der Briefe von Ihnen und meinen Eltern, die seit 8 Tagen hier sind, beschäftiget. Ueber Livorno und die Einwohner dieser Stadt kann ich Ihnen heute keine Nachrichten mittheilen, weil ich noch nicht zum Fenster hinaus gesehen habe. Ich will aber doch nicht unterlassen, Ihnen noch etwas von Madrid zu melden, ob ich gleich von der Reise sehr ermüdet bin.

Ich erzählte Ihnen in meinem ersten Briefe, daß auf dem Schiffe, womit ich von Smyrna abreisete, 2 Freunde des Herrn Badajozi gewesen wären. Ich habe Ihnen aber noch nicht angezeigt, was für welche sie gewesen sind. Ich habe auch nichts weiter von ihnen als ihre Namen in Erfahrung gebracht. Nachdem sie sich von uns trenneten, und wir nach Madrid giengen, habe ich sie nicht wieder gesehen, als am Pfingstfest in der unterirdischen Versammlung. Der eine heißt Pischan, einer der angesehensten und reichsten Kaufleute, und der andere Dudael Remezi, sein Schreiber und Hausverwalter. Pischan ist einer von den Nachkommen des grossen jüdischen Fürsten,

A a 4 aus

aus der Stadt Avila gebürtig, unter der Regierung des Königes Heinrich, der bis an das J. C. 1379. regierte. Dieser Jude war über die öffentliche Einnahmen gesezt. Als er sich Reichthümer erworben hatte, wurde er hochmüthig, erhob sich über seine Landsleute, sonderte sich von den Juden ab, und gieng mit den königlichen Ministern um. Seine Kinder gaben oft grosse Gastmahle, wozu kein Jude eingeladen wurde. Seine Landsleute beneideten ihn daher, und verläumdeten ihn bey dem Könige, konnten aber doch gegen seine grosse Klugheit und Gnade, worin er bey dem Könige stand, nichts ausrichten. Sie verschoben die Sache, bis der König gestorben, und sein Sohn Johann zur Regierung gekommen war. Sie brachten allerhand Beschuldigungen gegen ihn vor, und ersuchten den König, ihn in ihre Hände zu überliefern, damit sie ein peinliches Gericht über ihn hielten. Der junge König ließ sich dazu bereden, und übergab den Beamten in die Hände seiner Feinde. Auf Befehl des Königes wurde Pischan hingerichtet, und sein Haus in einen Steinhaufen verwandelt. Wie die königlichen Minister und Räthe die schändliche That erfuhren, die die Juden auf Befehl des Königes verübt hatten, so machten sie ihm Vorwürfe darüber, daß er einen unschuldigen Menschen hätte hinrichten lassen, und den Anklägern Gehör gegeben hätte, die seinem Leben nachgestellet hätten. Den König gereute die That. Er beschloß das geschehene Unrecht zu rächen, und er vertrieb alle Juden aus Avila, und ließ ihre Häuser niederreissen. Ich habe diese Erzählung in den Geschichtbüchern gelesen, die daselbst in meinen Händen waren, und aus denen ich mir einen Auszug gemacht habe. Sie waren in arabischer Sprache sehr zierlich abgefaßt. Der Schriftsteller drücket sich am Ende des Buches folgender massen aus: Wie

Fel

Feigen, und Granatbäume auf den Schneegebirgen nicht gedeihen, vergebens von den Wärtern gepflegt werden, keine Früchte, oder wenigstens keine reife und schmackhafte Früchte troz aller angewandten Mühe hervorbringen, so wird auch Reichthum und Vermögen unter Fremden und in einem Lande, das den Besizern dieser Reichthümer, die in den Augen der Eingebohrnen als Sklaven angese-hen werden, und an den Besizungen keinen Antheil haben, nicht gehört, nicht gedeihen. Wer ist so weise, und beherr-schet sich selbst so sehr, daß er seine Grösse vor seinen Feinden verbirget, und demüthig und gebeugt vor seinen Neidern er-scheinet, wenn das Glük ihm einen Zufluß von Gütern zuwendet? Im Gegentheil hat der Mensch eine Lust daran, vornehmer und grösser als andere seiner Nation zu er-scheinen, und so wie er von Fremden gedrükt wird, er-hebt er sich über seine Feinde. Euch, ihr Israeliten, ihr möget euch aufhalten, wo ihr wollet, geziemet es nicht, nach grossen Reichthümern zu trachten, bis Gott euer Thun begnadiget, und euch aus eurer Noth gerissen hat, weil euer Geld euch ins Unglük stürzet. Und wenn auch die Eingebohrnen rechtschaffen und gütig gegen euch ver-fahren, und euren Aufenthalt ungestört lassen, so wisset, daß ihr selbst Schuld daran seyd, daß eure Güter und euer Vermögen zu Grunde gehet. Glüklich werdet ihr seyn, wenn ihr von eurem Vermögen euren Genossen et-was zufließen lasset, und Religion und Kenntnisse unter ihnen verbreitet, daß alle ohne Unterschied erfahren, daß Reichthümer und Vermögen nichtig sind, Kenntnisse und Einsichten Lob erhalten, und ein rechtschaffenes Herz auf beständig bestehet. So wie das Tageslicht die dunkeln Wolken vertreibet, so vertreibet auch ihr alle Widersacher und Bösen aus eurer Mitte, und seyd gesegnet. So weit gehen die Worte dieses Schriftstellers, die sehr wahr und lieblich sind.

Ihre Fragen kann ich heute nicht beantworten. Wenn ich einen Monat hier gewesen bin, so werde ich Ihnen aufrichtig Bericht abstatten. Ich habe vorher den Herrn Busagli gefraget, ob der gelehrte Kabbaliste di Morina noch am Leben sey. Morgen werde ich ihn besuchen, und wenn ich von ihm etwas lernen werde, das Ihnen bekannt gemacht zu werden verdient, so werde ich es Ihnen nicht verbergen.

Badajozi ist nach dem Wirthshause gegangen, wo er, wenn er sich hier aufhält, zu logiren pflegt. Er hat mich ersucht, seinen Namen unter den Juden nicht bekannt zu machen, weil er besorgt, in Ungelegenheit zu kommen, wenn ihn jemand erführe. Ich nenne ihn daher bey einem andern Namen, wenn er mich in dem Hause des Herrn Busagli besucht.

Die Juden zu Livorno wohnen ruhig und gesichert, und werden von den Vornehmsten im Lande geschäzt. Ihre Häuser sind von Quadersteinen erbaut. Viele von ihnen sind angesehene Kaufleute. Die meisten scheeren den Bart, binden die Haare in einen Zopf, und unterscheiden sich nicht in der Kleidung von den Eingebohrnen des Landes. Sie reden die Landessprache mit vieler Zierlichkeit.

Nahe an mein Zimmer stößt ein anderes, voll von Büchern, darin hält sich der Vorsänger der Synagoge den ganzen Tag auf, um zu studiren, und allen, die bey ihm einsprechen, Unterricht zu geben. Er verleihet Bücher an die, welche sie begehren. Ich habe mich hier-

über

über nicht wenig gefreut, und ich pflege einige Stunden des Tages daselbst zuzubringen, und in den Büchern zu lesen. Ich bitte mit diesem Briefe zufrieden zu seyn, bis ich zum zweitenmal schreibe. Alsdann werde ich Ihnen auf alles, was Sie zu wissen verlangen, antworten.

Fünfter Brief.

Livorno. Sivan 529.

Wie das Licht die Finsterniß übertrift, so übertreffen die Einwohner dieses Landes die Spanier, unter denen ich mich aufgehalten habe. Die Spanier sind hochmüthig, und träge, die Hand an irgend eine Arbeit anzulegen. Sie suchen lieber Brosamen an fremden Thüren, als daß sie durch ihrer Hände Arbeit sich ihres Hungers erwehren sollten. Nicht so die Italiäner. Diese sind sanftmüthig, und ehren einen jeden Menschen nach seinem Stande. Sie sind geschikt in Arbeiten und im Handel, sie lieben Kenntnisse, verstehen Musik, Zeichenkunst und Baukunst, schätzen Gelehrte über alles. Wenn ihre Religion gleich mit der der Spanier übereinkommt, so werden von ihnen doch nicht die Gränzen überschritten, sie hassen nicht andere Religionsverwandte, sie hindern kein fremdes Volk, sich bey ihnen niederzulassen, sie drücken nicht den Fremden, der unter ihnen wohnt. Unter den 50000 Einwohnern dieser grossen Stadt sind fast die Hälfte Juden. Die meisten beobachten den spanischen Ritus. Es giebt aber auch Deutsche und Polen. Sie haben vortreffliche Synagogen, wohnen ruhig und sicher, und treiben alle Gewerbe und Handlung nach ihrem Belieben. Ich empfinde nicht geringe Freude, daß meine

Mit.

Mitbürger unter ihren Beherrschern so genüglich leben können.

Schon in Madrid habe ich Ihnen gemeldet, daß Sie sich nicht über die Europäische Sitte verwundern sollen, die den Umgang der Mannspersonen mit den Frauenzimmern in Gesellschaften verstattet. In dieser Stadt bin ich über das, was ich gesehen habe, in Erstaunen gerathen. Es ist keine Gesellschaft, kein Gastmahl, keine Lustbarkeit, wo nicht Herren und Damen, Jünglinge und Jungfrauen zusammen kommen. Die Herren stehen vor den Damen, machen ihnen Complimente, und sind zur Aufwartung bereit, anstatt daß die Weiber in unserm Lande wie die Mägde der Männer anzusehen sind. Anfangs tadelte ich diese Gewohnheit, und glaubte, daß sie die Ausschweifungen vermehrte. Ich habe aber meine Meinung geändert, nachdem ich mehrmalen in Gesellschaften hier gewesen bin. Diese Gewohnheit dient vielmehr, die Sitten der Jünglinge zu bilden, und sie ist meiner Meinung nach von sehr weisen Leuten eingeführt: Sie wissen, m. l. F., daß Schaam der Grund aller guten Sitten ist, womit der Mensch sich zieren kann. Denn so lange der junge Mensch noch nicht Festigkeit in Grundsätzen erhalten hat, ist nichts besser geschikt, ihn von nichtswürdigen Handlungen zurükzuhalten, als die Schaam. Daher auch unsre Weisen sagen: ein schaamhaftes Gesicht ist ein Garten Edens, weil dadurch die Sitten und Handlungen ihre Richtigkeit erhalten. Nun hat aber der Allerhöchste dem Frauenzimmer Schaamhaftigkeit in einem sehr grossen Maasse zugetheilt, die ihr ganzes Gemüth und alle ihre Gedanken beherrschet und erfüllet. Sie bewahret sie vor allen Versuchungen verwegener Menschen, daß sie nicht sündigen. So oft man

daher

daher ein Frauenzimmer rühmet, preiset man an ihr den
Grund aller Tugend, die Schaamhaftigkeit. Sie fürch-
tet sich auch sehr, in der Meinung der Männer herunter-
gesezt zu werden, wenn sie auf Musik oder Schmeiche-
leyen viel achtet. Aus eben der Ursache ist es ein Glük
für junge Männer, in der Gesellschaft gesitteter Frauenzimmer zu seyn, wie diese sind, die sie zurükhalten, daß
sie nicht thörichtes Geschwäz führen, noch viel weniger
eine lasterhafte Handlung begehen, die ihnen unter ihren
Genossen zur Schande gereichen würde. Sie gewöhnen
sich, auf ihre Reden aufmerksam zu seyn, und nicht Thoren zu folgen, damit sie nicht den Verdruß haben, verachtet zu werden. Durch diese Gewohnheit werden gute
Sitten, Bescheidenheit, Demuth und andere Tugenden,
die dem Menschen Ehre und Ruhm zuwegebringen, befestiget, und alle, die solche Jünglinge sehen, gewinnen
sie lieb.

Die Summe dessen, was ich gelernt habe, will ich
Ihnen anzeigen. Der Mensch ist aus Leim gemacht. Er
trachtet von Jugend auf nach irdischen und körperlichen
Dingen. Daher ist der Hauptgegenstand aller menschlichen Untersuchungen der Mensch. Daher sagt auch Sa-
lomo (Spr. 27, 17): wie Eisen Eisen schärfet, so
schärft ein Mann den andern. In meinen Augen hat
der Mensch, der beständig zu Hause bleibt, und in keine
menschliche Gesellschaft kommt, einen geringen Werth.
Hat er natürlichen Verstand und ein gutes Gemüth, so
scheint er mir einem Edelstein zu gleichen, der eben aus-
gegraben, aber ohne Glanz ist, bis er von dem Künstler
bearbeitet wird. Das ist der Sinn jenes Ausspruchs.
Weise aller Generationen haben ihn bewährt gefunden,

und

und Andere haben noch hinzugeſetzt: Eine liebenswür=
dige Frau ſchärft den Jüngling.

In der Bibliothek meines Freundes, des Herrn Bu=
ſagli, habe ich viele vortreffliche Bücher gefunden, der=
gleichen ich bisher noch nicht geſehen habe. Ich habe
auch daſelbſt eine kleine Sammlung ſehr zierlicher Ge=
dichte angetroffen, die der gelehrte Arzt Ephraim Luzato
geſchrieben hat. Ich werde mich darnach umſehen, und
ein Exemplar für Sie kaufen, das ich Ihnen ſchicken will,
weil Sie einen groſſen Gefallen daran haben werden.

Morgen reiſe ich mit den beiden Söhnen des Herrn
Buſagli nach Florenz, der Reſidenzſtadt des Großherzogs.
Vielleicht werde ich einige Tage daſelbſt zubringen, weil
der ſehenswürdigen Merkwürdigkeiten da viele ſind. Wenn
ich etwas antreffen ſollte, das Ihnen angenehm ſeyn
würde, ſo werde ich es Ihnen nicht verbergen, da Sie
mit ſo vieler Liebe zugethan ſind

Ihrem Freunde.

Von

Von den Juden zu Cochin.
Aus dem Rabbinischen.

Vorbericht.

Seitdem durch die Herren Gravezande und Rüß (Bü. sching Magaz. für Hist. und Geogr. Th. 14. und Eich. horn Biblioth. der biblisch. Literat. 2 Bd. S. 567) schäz. bare Nachrichten, die Juden zu Cochin auf der Küste Malabar betreffend, bekannt geworden sind, so verlohnt es sich der Mühe, jeden Beitrag zur Bestätigung oder Er. weiterung dieser Nachrichten sorgfältig aufzubewahren. Die Herausgeber der rabbinischen Monatsschrift der Samler verdienen daher den Dank der Liebhaber der Erdbeschreibung, daß sie einen in Cochin geschriebenen Brief, worin auf verschiedene Fragen, die aus Europa hingeschikt waren, Antwort gegeben wird, in dem dritten Hefte des Jahres 5550 (C. 1790.) bekannt gemacht ha. ben. Der Briefsteller wird in dem Büsching. Magazin S. 139. als der Mann gerühmt, der die von Herrn Gra. vezande benuzten Materialien grossentheils geliefert hat, und Herr Rüß S. 568. hat schon erinnert, daß er da. selbst unrichtig Ezechiel Rabbi heisse, und Ezechiel Ra. chabi genannt werden müsse, welches durch die Monats. schrift bestätiget wird. Herr Rüß 1789. meldet auch, daß dieser würdige Rabbi vor einigen Jahren zu Cochin verstorben sey. Der Brief war geschrieben an Herrn To. bias Boas im Haag, und Rüß berichtet, daß der Is. raelitische Banquier Boas im Haag mit Rachabi im Brief. wechsel stehe, und daß er 1787. unter Couvert des Herrn

Boas

Boas an die Söhne des verstorbenen Rachabi geschrieben habe.

Da Herr Moens, holländischer Gouverneur auf der malabarischen Küste, der dem Herrn Gravezande die von ihm in dem 6ten Theil der Verhandelingen uitgegeeven dor het zewisch Genootschap der Wetenschapen te Vlissingen abgedruckten, und in Büschings Magaz. übersezten Notizen, mitgetheilt hat, selbst gestehet, daß er dem Juden Ezechiel Rachabi die meisten Nachrichten verdanke; so verdient dieser wohl selbst gehört, und mit Moens oder seinem Referenten, Gravezande, verglichen zu werden.

In meinen Anmerkungen habe ich das wichtige Supplement, was Herr Gravezande gleichfalls aus Nachrichten des Herrn Moens im 9ten Theile der gedachten Verhandelingen 1782. geliefert hat, und das bisher der Aufmerksamkeit der deutschen Journalisten entgangen ist, die, wenn von Juden zu Cochin die Rede ist, nur auf den 14ten Theil des Büschingischen Magazins nachweisen, vorzüglich genuzt, und das wichtigste daraus mitgetheilt.

Von der hebräischen Chronik, deren zu Anfang des folgenden Aufsatzes gedacht wird, und auf deren Beurtheilung ich mich hier nicht einlassen kann, ist nachzulesen Eichhorn allgem. Biblioth. der biblisch. Literat. I. 925. II. 571. Paulus N. Repertor. für bibl. und morgenl. Literat. III. 393. und endlich die hebr. Monatsschr. der Samler J. 5590. S. 130.

P. J. B.

Ueber-

Ueberſezung.

Nachdem die kurze Nachricht, die wir von der hebräiſchen Chronik, die in den Händen der zu Cochin, Codſchin, an der Malabariſchen Küſte wohnenden Juden befindlich iſt, gegeben haben, bekannt geworden iſt, iſt an die Herausgeber des Samlers von der Synagoge zu Prag abſchriftlich ein Brief geſchikt worden, den R. Ezechiel Rachabi in Cochin am 25ſten Teśri des Jahres 527 oder 528. (d. i. Chr. 1767 oder 1768.) an Herrn Tobias Boas im Haag geſchrieben hat.

Auf die erſte Frage, aus welchem Exil wir abſtammen, antworte ich: aus dem Exil, das auf die Zerſtörung des zweiten Tempels folgte. Denn in dem Jahre 3828. der Schöpfung, oder der chriſtlichen Zeitrechnung 68. kamen ungefähr 10000 Mann und Weib nach Malabar, und lieſſen ſich in Cranganoor, Palur, Madai, Polota nieder. Die meiſten waren zu Crangonoor, genannt Magodirapatnam, welchen Namen ihr auch die Schingaleſer (Ceyloneſer) geben. (1) Die Stadt war unter der Bothmäſſigkeit des Königes Schiras Pirimal. Von dieſem Könige, der auch Erewi Barmon (2) heißt, wurden ihnen Privilegia auf kupfernen Tafeln, oder Schepida im J. d. W. 4139. C. 379. ertheilt. (3) Die Juden lebten daſelbſt unter ſeiner Herrſchaft (4) gegen 1000 Jahre. Der Vornehmſte unter ihnen wurde damals Thadir Schiriander Maphle genannt, welches ſoviel ſagen will, als Mann des Geiſtes. Dieſen groſſen Namen ertheilte Schiras Perimal. (5) Zu der Zeit, als die Schepida ihnen ausgefertiget wurde, war Joſeph Rabban der Vornehmſte. (6) Der König vertheilte endlich Malabar unter 8 Könige,

die seine Söhne und Schwestersöhne waren. Ich schicke
Ihnen eine genaue Abschrift der kupfernen Tafel (7), um
den wahren Verlauf der Sache zu erfahren.

Juden blieben an diesem Orte, bis die Portugiesen
nach Malabar kamen. Als diese sich aber des Orts be-
mächtiget hatten, wurden ihnen so viele Hindernisse in
den Weg gelegt (8), daß sie sich nach Cochin begaben im
J. d. W. 5326. (C. 1566). Der König von Cochin
räumte ihnen Häuser ein, und eine Synagoge nahe bey
seinem Pallast, und unterstüzte sie. Die Synagoge wurde
auf Kosten der 4 grossen Juden Samuel Kashltiel, David Celilia, Ephraim Zelach, Joseph Levi im J. d. W.
5328 (1568.) erbaut (9). Die Portugiesen thaten ihnen
übrigens manches Herzeleid an, und erlaubten ihnen nicht,
nach den jüdischen Gesetzen zu leben, noch in die von den
Portugiesen eingenommenen Oerter zu kommen. Sie er-
lebten daher, bis die Holländer kamen, mancherley Drangsale, deren Andenken erloschen ist. In dem ersten Jahre,
als die Holländer nach Cochin kamen, hielten sie sich in
einem Fort auf. Die Juden brachten und gaben ihnen
alle Nothwendigkeiten und Provisionen. Mitlerweile waren zwischen der Königin von Malabar und den Holländern allerley Mißhelligkeiten entstanden, worauf die Holländer den König von Cochin erschlugen. Dieser Ursache
wegen flüchteten die Juden, und liessen sich in diesem
Jahre in Cranganore nieder. Die Portugiesen in Verei-
nigung mit den Eingebohrnen wurden darauf gegen die
Juden sehr erzürnt, und verbrannten alle Strassen, Häuser und Synagogen der Juden, weil sie den Holländern
Proviant verschaft hatten. Das folgende Jahr belagerten
die Holländer Cochin, und in wenigen Tagen wurde die
Stadt

Stadt den Holländern überliefert. Von der Zeit an kehr‐
ten alle flüchtig gewordene Juden zurük. Als die Schlüs‐
sel der Stadt an den Admiral van Goens abgeliefert
wurden, war bey ihm Castiel, der zu der Zeit der vor‐
nehmste Jude war. Wegen unsrer Sünden waren viele
Familien ganz ausgestorben, und nur wenige übrig ge‐
blieben.

Nachher kamen Juden aus allen 4 Ecken der Erde,
aus Deutschland, der Türkey und Süden, ingleichem mein
Vater David Rachabi aus Aleppo. Wir sind jezt insge‐
samt ungefähr 40 Familien (10) stark, und haben eine
Synagoge. Durch die Hülfe der Holländer leben wir ru‐
hig und vergnügt mit den Einwohnern von Malabar.
Seit ungefähr 20 Jahren steht ganz Malabar unter der
Herrschaft des Königes von Travancor. Unsre Herren,
die Holländer, vollführen seinen Willen. Wie dieses ge‐
schieht, kann ich Ihnen hier nicht erklären.

Auf die 2te Frage, ob noch andere Gemeinen in
Malabar sind u. s. f., antworte ich, daß wir sogenannte
weisse Juden zu Cochin 40 Familien stark sind, und eine
Synagoge haben, wie ich Ihnen schon gesagt habe.
Sonst giebt es in ganz Malabar keine weisse Juden. Al‐
lein sogenannte schwarze Juden halten sich an 6 Oertern
auf. Zu Cochin sind 150 Familien und 3 Synagogen;
zu Schangedcochin, genannt Angykaimal (11) 100 Fa‐
milien und 2 Synagogen. In der Stadt Perur, die
von da 5 Meilen gegen Norden liegt, sind 100 Familien
und eine grosse Synagoge. Von da 1 Meile gegen Nor‐
den ist die Stadt Shenut, wo 50 Familien und eine
Synagoge. Noch 2 Meilen weiter gegen Norden liegt
die Stadt Mala, wo 50 Familien und eine Synagoge.

Gegen Süden ist die Stadt Metos, wo 90 Familien und eine Synagoge, Tattur 40 Familien und eine Synagoge.

Auf die dritte Frage, die weissen und schwarzen Juden betreffend, antworte ich Ihnen. Wir werden die weissen Juden genannt, d. i. die, welche aus dem heiligen Lande gekommen sind. Die sogenannten schwarzen sind in Malabar schwärzlich gebildet. (12) Jedoch stimmen ihre Gesetze, Verordnungen und Gebete mit den unsrigen überein. Indessen werden keine eheliche Verbindungen zwischen ihnen und uns gestiftet, sondern wir bleiben von einander getrennt (2 Mos. 30, 34). Alle Knechte, welche wir kaufen, hauptsächlich wenn ihnen die Freiheit geschenkt ist, vermählen sich mit ihnen. Daher ihrer auch so viele sind. Durch göttliche Hülfe sind sie alle von uns abhängig, indem wir, wenn sie eine Rechtssache haben, sie entscheiden müssen. Nach ihrer Gewohnheit gehören alle Streitigkeiten vor den Richter. (13) Sie kleiden sich wie die Malabaren. Die meisten achten nicht die Befehle wegen der Gebete, sie mögen am Arm getragen oder an die Thürpfoste angeschlagen werden, und wegen der Lösung der Erstgeburt.

Auf die vierte Frage wegen der Gebete antworte ich, daß wir die Spanische Ordnung befolgen, und wenig von der Deutschen haben. Wir feyern 2 Festtage, weil wir ausserhalb dem Lande sind. Während der 8 Tage des Einweihungsfestes freuen wir uns mehr, als in andern Ländern üblich ist. Auch am Purimsfeste frohlocken wir, tanzen und führen Comödien auf, vom Eintritt des Adar bis an den 16ten. Nachher schicken wir uns an, das Pascha zu begehen.

Auf

Auf die 5te Frage, wegen des Talmuds, antworte
ich, daß wir den babylonischen Talmud haben, davon
Exemplare aus Amsterdam und Venedig hieher gebracht
werden. Den hierosolymitanischen Talmud haben wir hier
nicht gesehen, sondern nur Collectaneen daraus. Wir haben auch viele allegorische Erklärungen, Fragen und Antworten, sowohl alte als neue.

Auf die 7te Frage, ob Schulen vorhanden sind, antworte ich, Schulen sind wenige. Es giebt aber Lehrer,
die ihre Besoldung von der Gemeine bekommen, und die
Jugend unterrichten, bis sie im Schülchan, Aruch und
R. Salomon Jarchi (14) lesen können. Wer nachher den
Talmud oder andere Bücher studiren will, kann von dem
Vorsteher der Gemeine, wenn er dazu geschikt ist, Unterricht bekommen. Wenn dieser aber nicht so viel versteht,
so gehet er zu einem andern, der die Geschiklichkeiten hat,
am Sabbate oder zu einer andern bestimmten Zeit, und
lernet von ihm.

Auf die 8te Frage, wegen der Juden in China, antworte ich: wir haben von glaubwürdigen Männern gehört,
daß Israeliten in der Tatarey sind (15). Sie sind Karäer,
und in der hebräischen Sprache wohl erfahren. Der Himmel weiß ob es wahr ist.

Auf die 9te Frage, ob Juden in Tibet sind, antworte
ich, daß uns dieser Name nicht bekannt ist. Es giebt aber
Juden in Indien zu Visiapur (16), die daselbst Israeliten
genannt werden, sie sind auch über das ganze Maratten-
land und das Gebiet des Mogols und unter den Zeltenbe-
wohnern verbreitet. Einige von ihnen beschäftigen sich mit
Oelschlagen, andere sind Soldaten, und wissen ausser dem
Spruche Höre xc. (5 Mos. 5, 4.) nichts von der Bibel.

Bb 3　　　　　　　　　　Sie

Sie ruhen am Sabbath. Oft sind Gelehrte zu ihnen gekommen, um sie zu unterweisen, und zu belehren haben
aber nichts ausgerichtet. Einer von ihnen, der einmal
nach Cochin kam, hielt sich daselbst 4 Jahre auf, lernte
das Gesetz und einige Verordnungen, und gieng wieder
davon. Wir hören, daß er iezt Rabbi unter ihnen geworden ist, und sie allmählig an die Jüdische Sitten gewöhnt.
Nach dem Gerüchte sind sie 10000 Seelen stark,

Auf die 10te Frage, wegen der 10 Stämme, ist hier
nichts zu erfahren. Wir wohnen hier am Ende Asiens
und von hier bis an Cap Comorin sind nur 40 Meilen (17).

Auf die 11te Frage, alte Manuscripte betreffend, ist
gewiß, daß sie zu Carnagore gewesen sind, insgesamt Poe-
sien und Reime, auch wissenschaftliche Bücher. Sie sind
aber veraltet und verloren (18). Was übrig geblieben ist,
will ich sammlen, und Ihnen schicken, um Ihrem Willen
Genüge zu leisten. Noch muß ich Ihnen anzeigen, daß in
Arabien viele Juden wohnen, vom Dorfe Muba bis Sana,
8 Tagereisen. Sana ist eine königliche Residenzstadt, wo
ungefähr 1000 Judenfamilien und 17 Synagogen sind.
Unter ihnen sind grosse Weisen, und in der Kabbala be-
wanderte und fromme Männer. Sie leben aber unter dem
Drucke der Araber, die ihnen nicht erlauben, sich mit einem Turban zu zieren. Vor 3 Jahren (19) herrschte ein
böser und gottloser König, der allerlei Böses vornahm,
weil die Juden ohne Erlaubniß hohe Synagogen und Häuser erbaut hatten. Acht Synagogen und einige Häuser
wurden zerstört, der würdige Schalem Eraki wurde ins
Gefängniß eingesperrt, um von ihm Geld zu erzwingen.
Er war über 80 Jahre alt, unter den Juden angesehen,
und blieb im Gefängniß 10 Monate. Nachher reute es
den

den König, und er stellte ihn wieder auf freien Füssen.
Es wurde aber nicht die Erlaubniß gegeben, einen jeden
zerstörten Ort wieder aufzubauen (19). Zu Dschedda,
(Gedda), welcher Ort 12 Tagereisen von Sang entfernt
ist, sind auch Juden, die auf 3 Bergen wohnen, auf einem sind 150 Familien und 5 Synagogen, auf dem andern
100 Familien und 3 Synagogen, und auf dem dritten 8
Familien und 2 Synagogen. Sie sind Hölenbewohner.
Sie sind keinem Drucke unterworfen, indem sie sich wie
die Araber im Lande kleiden, auch lassen sie sich das Haupt-
haar wachsen. Unter ihnen sind grosse Weisen, und sie
sind insgesamt Kunstverständige. Es fehlet ihnen an einer
Regierung. Sie stehen unter einem Könige, der Bedu (20)
genannt wird. Dieser regiert über Berge und Hügel. Am
Ufer der See liegt Mascat, und eine Tagereise davon am
Meere das Dorf Sahar, und drittens Naaman (21).
Daselbst sind viele Juden, die eine Synagoge haben. Sie
sind Hölenbewohner, leben, wie man sagt, in völliger
Freiheit, und ohne Regierung, so wie im Beduinenreiche.
Alle diese Gegenden sind nicht weit von Bassora und Per-
sien, die Ihnen bekannt sind.

Cochin am 25sten Tisri d. J. 528. (C. im Oct. 1767.)

Ezechiel Rachabi.

Anmerkungen des Uebersetzers.

(1) Man vergleiche hiemit Büsching S. 130. §. 2.
Daselbst werden 3 Oerter genannt, wo sich die Juden niedergelassen haben. Das Hebräische sagt aber ausdrüklich,
daß es 4 Oerter gewesen sind, und unterscheidet Madai
und Polota, als 2 verschiedene Oerter. Ebendaselbst wird

auch

auch Chingel oder Chingely, als ein Name von Crangó-
noor angeführt. Ich glaube aber meine Ueberſetzung aus
grammatiſchen Gründen vertheidigen zu können.

(2) Auf der Tafel ſelbſt ſteht Wanmara. Doch
haben 2 Ueberſetzungen der Inſchrift Barmen. ſ. Verhan-
deling IX. p. 553. Das Patent ſelbſt pflegt bey einem
der älteſten des Volks, auch wohl bey dem Modliaar, (ſ.
Büſch. Mag. ſ. 18. S. 136.) aufbewahrt zu werden. Es
lieget in einer Kiſte, worin die goldenen und ſilbernen Zierrathen der Synagoge aufbewahrt werden. Und dieſe Kiſte
wird wiederum in einem Pandeáal, einem ſichern Verwah-
rungsplatze, nach Art eines Packhauſes, aufbehalten. Die
Tafeln ſind, wie die Olaſſen, oder wie Anquetil ſie nennet, die Ollen der Malabaren, ohne die Schrift zu be-
ſchädigen, durchbohrt, damit ſie an einen Riemen feſt gebunden werden können. Die Charaktere ſind darein gegraben. Die Sprachkenner zweifeln nicht an dem Alter und
der Aechtheit dieſes Denkmals. Selbſt die verſchiedenen
Erklärungen, die davon gegeben ſind, beweiſen, daß es jetzt
noch möglich iſt, ſie zu verſtehen. ſ. Verhand. IX. p. 548.

(3) Die Jahrzahl S. 379. kömmt mit der, welche in
der von Herr Moens eingeſchikten Ueberſetzung (ſ. Büſch.
S. 133.) befindlich iſt, nämlich mit dem J. 3481. von
Kalijogam überein. Denn da der Anfang der chriſtlichen
Zeitrechnung in das J. 3101 oder 3102. von Kalijogam
fällt, ſo iſt 3481. nach dieſer gleich mit 379 oder 380.
nach jener d. i. der chriſtlichen Zeitrechnung. ſ. Verhand.
IX. p. 537.

(4) Die Juden haben nie das Reich Cranganoor als
ihr Eigenthum beſeſſen, wenn ſie auch hin und wieder einige
Ländereien angekauft haben. ſ. Verhand. IX. p. 359. 562.

(5) Von

(5) Von diesem Namen finde ich keine Spur bey den andern Quellen.

(6) Ihm werden die grossen Privilegien in der angeführten Urkunde gegeben. f. Büsching S. 135. Verhand. IX. 551. Repertor. für bibl. und morgenl. Literat. IX. 274.

(7) Von der Inschrift auf der kupfernen Tafel sind durch Herr Moens, Hr. Anquetil und Hr. de Castro Abschriften nach Europa gekommen. Erstere ist in Kupfer gestochen. Uebersezt ist sie durch Hr. Moens Bemühung dreimal ins Holländische. (f. Verhandel. 6 u. 9 Th.) Eine hebräische Uebersetzung habe ich herausgegeben im angef. Th. des Repertor. Eine andere hat d'Argentil mitgebracht, einer Portugiesischen, die Gravezande im Büsching. Mag. oder Verhandel. VI. anführt, nicht zu gedenken.

(8) Die Juden wurden von den Portugiesen verächtlich behandelt, mit Auflagen belastet, und im Gottesdienste gestört; wodurch sie genöthiget wurden, Cranganor zu verlassen, und sich an den König von Cochin zu wenden, der ihnen auf Cochin de Suisa, nahe bey seinem Pallast, ein Grundstück anwies, wo sie ihre Synagogen und Häuser bauten, und noch wohnen. Sie haben ein wenig ausser ihrem Wohnorte ihren Begräbnißplaz angelegt. Erst neulich haben die Christen in Cochin aufgehört, ihre Todten in der Stadt zu begraben, und einen Plaz dazu ausser der Stadt bestimmt. Als Hr. van Goens 1662. die Stadt belagerte, waren die Juden sehr bereit, der Kriegesmacht der Holländischen Compagnie Proviant und andern Beistand nach ihrem besten Vermögen zu verschaffen, in Hofnung, daß sie unter dem Schutze dieser Compagnie bürgerliche und gottesdienstliche Freiheit geniessen würden. Diese Bereitwilligkeit kam ihnen, als die Holländer gegen Ende

des

des günstigen Monsoons abziehen musten, theuer zu stehen.
f. Verhandel. IX. p. 368.

(9) Man vergleiche hiemit Gravez. im Büsch. Mag.
§. 14. 15. S. 135.

(10) Nach Büsch. Mag. §. 30. S. 141. nur 14 Familien. Erstere Zahl, welche unmittelbar von dem angesehensten Juden kömmt, hat mehr Wahrscheinlichkeit für sich.

(11) Ich behalte die Rechtschreibung bey, welche im Büsch. Mag. S. 142. §. 32. steht. Am a. O. wird gesagt, daß die schwarzen Juden an 7 verschiedenen Orten wohnen, und nur 5 werden namentlich angegeben. In dem hebräischen Briefe werden 7 namhaft gemacht, wovon 5 bey Büsching vorkommen, wenn man Tirveteer und Tartur, imgleichen Muton und Metos für einerley hält. Die neuen sind Mala und Schenut. In den Verhandel. IX. p. 573. heißt es auch, daß man zu den Aufenthaltsörtern der schwarzen Juden Mala zählen kann, wo ungefähr 50 Häuser und 1 Synagoge sind, welches mit diesem Schreiben übereinkömmt. Die ganze Summe der schwarzen Juden beträgt nach diesem Schreiben 580 Familien und 10 Synagogen. Die Synagogen (f. Verhandel. a. O.) haben Vorleser aus dem Geschlecht der schwarzen Juden, die den Gottesdienst verrichten. Allein wenn ein weisser Rabbi kömmt, so wird ihm die Ehre erwiesen, daß ihm die Leitung des Gottesdienstes aufgetragen wird.

(12) Ueber den Unterschied der weissen und schwarzen Juden in Malabar finden sich noch interessante Nachrichten in dem 9ten Th. der oft citirten Verhandelingen p. 563. u. f. die Hr. Moens communicirt hat, und die ich hier ausheben will. Unter den weissen Juden sind auch einige

Frem-

Fremde, die aus Europa, der Asiatischen Türkey, Arabien und Persien auf der Malabarischen Küste angekommen sind, die sich mit den alten ursprünglichen Jüdischen Einwohnern durch Heirathen vermischt haben; welches man an der Familie des Ezechiel Rachabi wahrnimmt, die 1646. aus Aleppo in Syrien angekommen ist. Die schwarzen Juden, deren Farbe mit der der Malabarischen niedrigen Kasten übereinkömmt, können nicht wohl anders als aus Proselyten, die aus freien Malabaren und freigelassenen Sklaven angenommen sind, abgeleitet werden, obgleich man nicht läugnen kann, daß viele durch Vermischung mit den Indianerinnen entsprungen seyn mögen. Indessen ist die Farbe eines Kindes, das von einem weissen Vater mit einer schwarzen malabarischen Mutter erzeugt wird, durch eine Reihe von Generationen von den eigentlichen schwarzen Indianern merklich verschieden. Die schwarzen Juden haben beständig mit den weissen Juden gleichen Rang haben wollen, welches die letztere ihnen nicht zugestanden haben, weil sie bemerkten, daß der gröste Theil von ihnen aus frei gegebenen Sklaven oder eingebornen Malabaren, die Judengenossen oder Proselyten geworden waren, entsprungen sind. Die schwarzen Juden wollten sich auch, wie man sagt, mit den weissen durch Heirathen vereinigen, betrugen sich höflich gegen sie, wenn sie ihnen auf den Strassen begegneten, und entsahen sich nicht in den Synagogen und bey andern Zusammenkünften, den ersten Platz einzunehmen. Man bemerkt durchgehends in Indien, wo die Menschen in verschiedene Stämme oder Kasten abgetheilt sind, daß die, welche wegen ihrer Geburt in keine höhere Kaste kommen können, doch beständig darnach trachten, und die Mitglieder der höhern Kasten, so viel als sie können, quälen. Da nun ein gleiches von den schwarzen

Juden

Juden gegen die weissen ausgeübt wird, so kann man dieses wohl als einen Beweis anführen, daß sie würklich keine
ursprüngliche Juden sind, sondern aus eigentlichen Malabaren oder Sklaven, wie schon gesagt ist, Proselyten geworden sind. Das Trachten nach einem gleichen Range
mit den weissen Juden ist so weit gegangen, daß noch nicht
vor langer Zeit die schwarzen Juden von dem Könige zu
Cochin den Befehl auszuwürken suchten, daß die weissen
Jüdinnen, die daselbst mit einem Schleyer oder Decke auf
dem Kopfe nach der Synagoge zu gehen gewohnt sind, so
wie sie, das ist, unbedeckt und unverschleiert sich dahin begeben sollten. In diesem Ansuchen wurden sie aber nicht
begünstiget, weil sie von dem Könige als eine Art von
Unterthanen der weissen Juden angesehen werden. Viele
von ihnen nähren sich bis iezt auf eine niedrige Art, dienen in den Häusern und Gärten der weissen Juden um
Lohn, richten Bestellungen und Bothschaften für sie aus,
haben für ihren Gottesdienst besondere Synagogen, kommen auch nur mit einer gewissen Furchtsamkeit in die Synagogen der weissen, werden von den weissen mit Gleichgültigkeit und Verachtung behandelt, gegen welche sich die
schwarzen Juden, weil sie in Anzahl den weissen weit
überlegen sind, mehr als einmal vergriffen, und Gewalt
gebraucht haben; bey solchen Vorfällen haben die Landes-
fürsten die weissen in Schutz genommen.

Weisse und schwarze Juden treiben grossentheils Kauf-
mannschaft, einige mehr, andere weniger, und ernähren
sich davon. Die begütertsten und vornehmsten Kaufleute
gehören zu der Compagnie des Hrn Ezechiel Rachabi. Man
findet nicht den Scharfsinn und die Betriebsamkeit, aber
auch nicht den Betrug, den man den iezigen Juden zu-
schreibt,

schreibt, bey den Malabarischen Juden. Sie sind im Ganzen ehrliche Leute, die sich schämen würden, einen Christen, Heyden oder Mauren mit Vorsaz zu betrügen. Sie sind bey weitem nicht so schmuzig, wie viele ihrer Glaubensgenossen in Europa, sie sind vielmehr, bis auf den geringsten und am wenigsten Begüterten, so reinlich in ihren Wohnungen und an ihren Leibern, Tischen und Betten als die Niederländer. Da sie sich weder durch Kleidung noch ein anderes Zeichen von andern Nationen unterscheiden, so kann man beinahe nicht wissen, ob sie Juden sind. Die schwarzen Juden ernähren sich grossentheils vom Landbau und der Viehzucht, und vom Ein=und Verkauf der Lebensmittel, insbesondere der Butter und des Federviehes.

(13) In Ansehung der Rechtspflege wird Verhand. IX. p. 571. noch folgendes hinzugesezt. Sämtliche Juden sind ohne Wiederrede Unterthanen des Fürsten, auf dessen Territorium sie wohnen, und sind also auch auf der malabarischen Küste würkliche Unterthanen des Königes von Cochin. Dennoch haben sie sich durchgehends an die Gerichte der Niederländischen Compagnie zu Cochin gewandt, und sich deren Erkenntnissen unterworfen. Vornämlich hat dieses in Ansehung der weissen Juden statt gefunden, und am meisten in Ansehung der Juden aus Europa, die den unmittelbaren Schuz der Compagnie ohne Wiederspruch von Seiten des Königes zu Cochin jederzeit genossen haben. Sie erkennen auch den Ausspruch des Gouverneurs, der von der Niederländischen Compagnie angesezt ist, und unterwerfen sich auch der Gerichtsbarkeit derselben, und des Fiscals. Dem ungeachtet haben sich die weissen Juden in Cochin bis jezt noch nicht für völlige Unterthanen der

Com=

Compagnie erklären wollen, vermuthlich um im Fall einer Revolution sich nicht ganz der Rachsucht des Königes von Cochin blos zu stellen. Im J. 1772. wurde ein gewisser Jude, der von dem Könige von Cochin ins Gefängniß gesezt, und von Hrn. Moens reklamirt wurde, auch bereitwillig ausgeliefert.

(14) Das erste Buch ist ein Abriß der Geseze und Gebräuche, das zweite ein Commentarius über die Bibel.

(15) f. Büsching. Magaz. §. 41. S. 144. In einer Anmerkung zu dem hebräischen Briefe citirt Hr. Naphthali Herz Wesel, dem wir die Bekanntmachung des Briefes zu verdanken haben, ein Journal, das der Secretair einer Ambassade, die der Czar Peter der Grosse nach Peking, so viel als sich Hr. Wesel erinnert, (denn er hatte, als er die Anmerkung schrieb, das Journal nicht vor Augen) um das J. 1722. veranstaltete, geschrieben hat, und worin gesagt wird, daß Israeliten vor ungefähr 600 Jahren mit den Tartaren, die westlich von China, zwischen diesem Lande und Indien zu Hause sind, nach Peking gekommen sind.

(16) Im Büsching. Mag. §. 42. S. 145. heißt dieser Ort die Landschaft Rajapour mit dem Zusaz unweit Bombai. Ein solcher Name ist aber nicht bekannt. Man muß daselbst Bejapour lesen. Denn Visiapour heißt eigentlich Bejapour, und ist eine beträchtliche Stadt, und ehmals die Hauptstadt eines Königreiches, das denselben Namen führte. f. Rennels Memoir of a Map of Hindostan London 1788. p. 172.

(17) Hier und anderer Orten, wo ich Meilen übersetze, steht im Hebräischen Parasangen.

(13) Die

(18) Die Abschriften des Pentateuchs, die in den Synagogen gefunden werden, sind insgesamt spätere Handschriften auf Pergament oder gemeinem braunen Leder. Es hat auch nicht das Ansehen, daß eine beträchtliche alte Handschrift eines Theils oder des ganzen alten Testaments daselbst vorhanden gewesen ist. Druckereien sind hier nie gewesen. Die eigentlichen Malabarischen Juden sind überhaupt genommen in Ansehung des Gottesdienstes unwissend und gleichgültig. Sie kennen weder Talmud, noch Kabbala, noch Masora, und möchten nach Hr. Moens Meinung, so wie die meisten asiatischen Juden, unter die Karäer gezählt werden. Die Sage, daß die Malabarischen Juden eine alte Abschrift des Pentateuchs gehabt haben, welche zur Zeit der Portugiesischen Unruhen verloren gegangen ist, hat nach Hr. Moens Urtheil wenige Wahrscheinlichkeit für sich, weil sie nach ihrer eigenen Behauptung Zeit genug gehabt haben, ihre besten Güter nach dem Gebürge mitzunehmen. Sie werden daher nicht unterlassen haben, ihre wichtigsten Denkmähler zu erhalten, da sie gegen die neue Copey der Mosaischen Schriften so viele Ehrfurcht gehabt haben, daß sie sogar diese Abschrift geborgen, und nachher mit grosser Freude wieder zurückgebracht haben.

(19) Was hier von der Verfolgung der Juden in Sana, von den zerstörten Gebäuden, von dem gefangen genommenen Juden, seiner nachherigen Loslassung u. s. erzählt wird, kömmt in der Hauptsache mit dem überein, was Niebuhr in Reisebeschreibung Th. 2. S. 422. sagt, der sogar den Namen des Juden angeführt hat, und ihn Oráki schreibt. Nur irrt sich der Briefsteller, wenn er behauptet, es habe sich die Geschichte vor 3 Jahren, d. i. 1764.

1764. zugetragen. Niebuhr sagt, sie sey 2 Jahre vor seiner Ankunft in Sana, also um das J. 1761. geschehen. Der gelehrte Jude, Hr. Wesel, welcher zu diesem Briefe weitläuftige Anmerkungen, worin er unter andern die Abkunft der Juden in Malabar aus den Zeiten des ersten Exils herleiten will, hinzugefüget hat, erinnert gar richtig, daß durch Niebuhr das Zeugniß des Briefstellers bestätiget, und seine Glaubwürdigkeit erhärtet werde.

(20) Vielleicht Beduinen oder nomadischer König.

(21) Mascat und Sahar sind Oerter in der Landschaft Oman (s. Büsching Erdbeschreib. 5 Th. 1 Abth. Hamb. 1781. S. 714. 715. und Niebuhr Karte in der Beschreib. von Arabien S. 296.) und Naman ist vielleicht Namiu, eine Insel im persischen Meerbusen. s. Niebuhr a. a. O. S. 328.

Geographische Bemerkungen über das Innere
von Afrika; von Herrn de la Lande, Mitglied
der königl. Akademie der Wissenschaften zu
Paris (f. Journal des Savans 1791.
Mars & May).

Schon vor vielen Jahren habe ich mich über die Gleichgültigkeit beklagt, welche Regenten und Gelehrte in Absicht der Geographie und Naturgeschichte des innern Afrika bezeugen. Es sind ungefähr 800 Meilen (lieues) in
dem Innern dieses grossen Landes von dem Senegal bis
an den Nil, wohin die Europäer nicht gehen, und wovon man nicht die mindeste Kenntniß hat. Ich kenne
keinen Gegenstand, welcher mehr die Aufmerksamkeit der
Gelehrten verdient, und nichts, das für die Regenten po-
licirter Staaten interessanter ist.

Der Niger, welcher dieses Land durchläuft, ist ein
so wenig bekannter Fluß, daß die einen ihn nach Osten,
die andern nach Westen laufen lassen. An der Küste von
Senegal nennet man den Senegal selbst Niger, und man
glaubt, daß er von Osten, und zwar weit herkommt. Allein Herr d'Anville, dessen Gelehrsamkeit und Scharfsinn
in der Erdbeschreibung gleich groß war, macht einen ganz
andern Fluß daraus. Er versezt den Senegal gegen Westen, und den Niger gegen Osten. Diese Materie werde
ich in dem ersten Theile meiner Abhandlung untersuchen.
In dem zweiten handle ich von der Möglichkeit, Afrika
von dem Senegal bis an das rothe Meer zu durchreisen,
die wichtigste Reise, die man auf dem ganzen Erdboden
thun kann. Ich weiß wohl, daß man die brennenden

402

Sandwüsten, den Mangel an Wasser, die Löwen, Tiger, Schlangen, die räuberischen Mauren, und selbst die menschenfressenden Neger als unüberwindliche Hindernisse dieser Reise angesehen hat. Allein man hat die Sache übertrieben, und nicht genug die natürliche Güte des Menschen in seinem rohesten Zustande, die Mittel, die man zur Erreichung des Endzwecks wählen müßte, und die Vortheile, die aus diesen Reisen entstehen würden, erwogen.

Die Engländer haben schon in dieser Hinsicht einen Versuch gewagt, die Franzosen aber können auf eine kürzere und leichtere Art zum Zwecke kommen; wenigstens bin ich durch die Erkundigungen, die ich eingezogen, und die Facta, welche ich gesammlet habe, davon völlig überzeugt. Seit dem J. 1364. *) haben Kaufleute aus Dieppe die Afrikanischen Küsten jenseit Cap Verd untersucht, und ein Commerz daselbst gestiftet. Die jetzigen Franzosen sollten einem so rühmlichen Beispiele folgen.

---

*) Die Sage, daß Normänner und Bretagner schon zu Ende des 14ten Jahrhunderts die westliche Küste von Afrika besucht haben, ist neulich von einem andern französischen Schriftsteller, Herrn Arnould wiederhohlt, aber mit Recht als unstatthaft, und von keinem gleichzeitigen Zeugen behauptet, verworfen in der allgemeinen Literat. Zeit. 1792. I Bd. S. 340.

Erster Theil.
Vom Laufe des Niger.

Der Ursprung des Niger oder Senegal ist von allen alten und neuen Geographen in das östliche Afrika versetzt.
Plinius sagt zweimal, daß er von derselben Seite kommt,
woher der Nil entspringt B. 5, K. 9. B. 8, K. 21.
Der Nubische Geograph, oder der Scherif Edrisi, der
1153. eine Geographie für Roger II. König von Sicilien schrieb *), und die d'Anville bey seiner Karte von
Afrika so stark gebraucht hat, sagt dreimal, daß der Niger gegen Osten laufe S. 9. 15. und 16. der latein.
Uebers. Terram istam Nilus alluit ab oriente ad occidentem — altera pars Nili fluit ab oriente ad ul-
timos occidentis terminos, & secus istam Nili par-
tem sunt omnes aut certe pleræque Nigrorum regiones. Hæ duæ Nili partes egrediuntur e monte Lu-
næ. — Mons trahit secum unum Nili brachium,
quod pergit in plagas occidentales, atque iste est
Nilus terræ Nigrorum, eique adjacent omnes fere
ipsorum regiones. Es ist klar, daß unter dem einen
Arm des Nils der von uns sogenannte Niger verstanden
wird, und obgleich Herr d'Anville einen Arm des grossen
Nils von Egypten aus, den Nil der Neger nennet, so
scheint

---

*) Man s. Joann. Melch. Hartmann commentatio de geogra-
phia Africæ Edrisiana. Gotting. 1791. der S. 30. ihn für
einen Steppenfluß hält. Die angeführten Stellen aus Edrisi
stehen hier S. 23. 24.

scheint es mir doch gewiß, daß der Name dem Niger bei-
gelegt werden muß, welcher Nil as Sudan, d. i. Nil
der Schwarzen, auch wie Lucas *) versichert, Nil al
Kebir, grosser Nil und Nil al Abid, Nil der Schwarzen von den Arabern genannt wird Bruce in Reisen zu
der Quelle des Nils (Bd. IV. S. 489. der deutschen
Uebers. von Volkmann) sagt auch, daß Sudan so viel
als Nigritien ist, d. i. das Land der Schwarzen an den
beiden Seiten des Niger.

Leo aus Afrika, der 1491. im Gefolge des Königes
von Spanien nach Afrika gieng, die Königreiche der Negern durchreiste, alles aufschrieb, was er sah, der zweimal nach Tombut gieng, sich einen Monat in Bornu
aufhielt, konnte die Richtung des Niger nicht verfehlen,
den er an Stellen, die 400 Meilen von einander entfernt waren, gesehen hatte. Man lese, was er Descri-
ptio Africæ, Lugd. Bat. 1632. 16. p. 6. sagt: Habet
hæc Nigritarum terra fluvium, qui a regione sibi
nomen assumens Niger appellatur: sumit suum ex
quodam deserto initium, quod Seu apud illos dici-
tur, atque hoc ex oriente. Alii volunt hunc fluvium
suam habere ex quodam lacu scaturiem, sefeque occidentem versus volvere, donec in mare Oceanum
delabitur. Affirmant nostri Cosmographi, Nigrum
fluvium e Nilo derivari, quem sub terra sese condere
volunt, unde tandem hujusmodi lacus nasci videtur.
Sunt præterea, qui dicant, jam dictum fluvium in
occidente ex quodam monte scaturire, atque orien-
tem versus fluendo maximum tandem lacum illic ef-
ficere;

*) Proceedings of the Association for promoting the discovery
of the interior parts of Africa. London 1790. 4. S. 222.

ficere; quod quidem verisimile non est, nam ex oriente navigatur a Tombuto occidentem versus usque
ad regnum Gineæ, aut etiam ad regnum usque Melli:
quæ duo si Tombutum respicias, in occidente sunt:
neque habet hæc Nigritarum terra ulla regna, quæ
cum his loci amœnitate certare possint; quæ ad jam
dictum fluvium sita sunt *). Derselbe Schriftsteller
sagt auch (edit. cit. p. 655.) daß Bornu von der Quelle
des Niger 150 Meilen (milliaria) entfernt ist, und daß
das Königreich Ginea (Guinea) sich 250 Meilen längst
dem Niger erstrecket, und ein Theil davon an dem Ocean
liegt, wo sich der Niger ins Meer ergießt. Der dritte
Zeuge, der ein grosses Gewicht haben muß, ist Marmol, der Karl V. auf seinem Zuge nach Tunis 1536.
begleitete, 8 Jahre Kriegsgefangener war, der mit dem
Sherif Mohammed in die Wüste von Libyen an die
Gränze von Guinea und den westlichen Provinzen, wohin
er seine siegreichen Waffen führte, zog. Marmol sagt,
daß die Meinung Leos in Absicht auf den westlichen Lauf
des Niger von den Kaufleuten bestätiget werde, die von
Gualata und den Gelofes den Fluß hinauf nach Kahira
gehen, denn diese versichern, daß kein Arm des Niger
nach Osten gehe, sondern daß alle die entgegengesezte
Richtung haben, welches sie nothwendig wissen müssen,
weil sie den Fluß heruntergehen vom Tombut nach Guinea bis Meli und an den Ocean.

Der

---

*) Die von de la Lande französisch angeführte Stelle habe ich
lieber nach dem latein. Texte hersetzen wollen. Herr Hartmann in der angeführten gelehrten Abhandl. S. 30. tadelt
zwar den Leo, daß er den Arabern widerspreche. Ich finde
aber nicht, daß er seinen Grund entkräftet hat.

Der Prinz Heinrich von Portugal schikte 1455. Aloise de Cadamosto auf Reisen. Er spricht von dem Salz und Goldhandel der Azanaghis mit Tegazza, Melli Tombutto, und von da mit Tunis und Marocco. Die Karwanen des Prinzen hatten schon seit 3 Jahren den Fluß Sannega, Senega oder Senegal erkannt, und er war schon überzeugt, daß er ein Arm des Niger sey. Er nennet ihn den vornehmsten und grösten Fluß der Schwarzen (Hist. gener. des voyages T. I. p. 296. und 416. der Ausg. 1556).

Der Pater Gaby, welcher am Senegal 1686. war, sagte von dem Niger, daß er nach einigen aus dem Niger, nach andern aus dem See von Bornu entspringe, und daß die lezte Meinung die wahrscheinlichste sey.

Andere Gründe werden von dem Herrn de Guignes aus Arabischen Manuscripten vorgebracht werden.

In dem Buche der Perlen, geschrieben von einem Afrikaner *) 1450. heißt es, daß der Arm des Nil, welcher in das Land von Djenawa geht, nicht bis an den Ocean kommt, und nur bis an die Gränze des Theiles dieses Landes, der bewohnt ist, läuft (Notices des Manuscrits de la bibliotheque du Roi T. 2. p. 156,). Die Stelle beweiset gleichfalls für den westlichen Lauf des Niger; aber insofern sie das Ende des Niger als getrennt von der Quelle des Senegal angiebt, ist sie einzig, scheint mir aber nicht hinreichend, alle andere Zeugnisse zu entkräften. Ich habe die Stelle angeführt, damit man sie prüfen möge. Vielleicht liegt bey ihr die Meinung des Ptolemäus in Absicht des Niger zum Grunde.

Andre

---

*) Schehabeddin. Die Stelle ist dem fleißigen Herrn Hartmann nicht entgangen, der sich nicht weniger darüber verwundert, als de la Lande.

Andreas Brue, der 1697. Generaldirector des
französischen Handels nach dem Senegal wurde, und
1698. und 1715. die zweite und dritte Reise dahin that,
und sich eilf Jahre daselbst aufhielt, besaß so viele Thä=
tigkeit, als Einsicht. Das Werk des P. Labat (Nou-
velle relation de l'Afrique occidentale Paris 1728.
5 Voll. 12.) ist grossentheils aus seinen Nachrichten ge=
nommen, und es scheint, daß keiner diesen Theil von
Afrika besser gekannt habe, als er. Er läßt aber den
Senegal aus Bornu 800 Meilen von der westlichen Küste
von Afrika entspringen. P. Labat nennet den Fluß bald
Senegal, bald Niger, und setzet hinzu: ich bin darin al=
len Alten und Neuen gefolgt, die von diesem Flusse mit
hinlänglicher Kenntniß, um ihn nicht mit einem andern
zu verwechseln, gesprochen haben (T. 2. p. 113). Es ist
bisher unmöglich gewesen, seinen Ursprung jenseit des
Sees Bornu, aus welchem man ihn hervorkommen sieht,
zu erfahren (p. 119).

Ludolph in Histor. Æthiop. Atkins in Reise nach
Guinea 1721, Moore in Nachrichten vom innern Afrika
1738. lassen den Niger aus Osten kommen.

In de l'Isle Karte auf 3 Blättern 1707. ist der
Senegal im Niger enthalten. Ein gleiches siehet man
auf Jaillot Karte 1717. Allein einige Jahre nachher hat
d'Anville in einer Karte, die er für die Indische Com=
pagnie verfertigte, das System angenommen, welchem er
bis an das Ende seines Lebens getreu geblieben ist, und
dem zufolge der Senegal gegen Westen, und der Niger
gegen Osten fliesset.

Es ist wahr, daß Brue auf die Aussagen der Ne=
gern behauptet, daß gegen Osten des Sees Maberia, der
die

die Quelle des Niger ist, das Königreich Ghingala von dem Flusse Ghien gewässert werde, der durch Tombutto fließt (T. 2. p. 163). Der Abt Prevost folgert daraus, daß der Fluß bei Tombut gegen Osten fließt (T. 2. p. 499.), und vermuthlich hat d'Anville dieselbe Folgerung daraus gezogen, wenn er sagte: man weiß nunmehr, daß der Senegalfluß von einem andern, der tiefer in dem Innern des Landes ist, verschieden ist, und man schließt aus dem Bericht der Negern, daß der Fluß seinen Lauf in der gegenseitigen Richtung, das ist, gegen Osten hat (Academie des Inscriptions T. 26. p. 67).] Da d'Anville kein anderes Zeugniß anführt, so hat man Grund, zu vermuthen, daß er die citirte Stelle vor Augen gehabt hat. Sie ist aber nicht zuverlässig genug, um die Aussagen eines Edriss, Leo und Marmol zu entkräften. Leo war zweimal zu Tombut gewesen, und unmöglich konnte er dem Niger einen Lauf nach Westen geben, wenn er gegen Osten gienge.

In der Geschichte der Reisen (1746. T. 2. p. 498.) bemühte sich der Abt Prevost, die Meinung des Leo aus dem Zeugnisse der Mandinger, welche Labat anführt, zu bestreiten, obgleich Labat, ohne einigen Zweifel darüber zu hegen, die Identität des Senegal und des Niger daraus hergeleitet hatte. Prevost überzeugt, daß der Niger oder Tombuttofluß keine Communication mit dem Senegal hat, oder durch die Wasserfälle oder Sandbänke unterbrochen ist, schließt daraus, daß die Erzählungen des Leo und Marmol falsch sind, wenn sie berichten, daß die Kaufleute dem Niger bis an die Königreiche Guinea und Melli folgten. Allein dem Niger folgen ist nicht soviel, als auf demselben schiffen, und man weiß, daß der Theil

des

des Senegal, welcher über die Katarakten von Guinea und Felu ist, nicht mit dem untern durch eine fortgesezte Schiffahrt verbunden werden kann. Der obere Theil ist gemeiniglich in der feuchten Jahreszeit trocken. Allein die beiden Auctoren, welche im Lande selbst gewesen sind, konnten sich in Ansehung des Laufes des Flusses nicht irren. Wenigstens kann dies nicht ohne überzeugende Gründe, oder positive Bemerkungen vermuthet werden.

Die Verfasser der in England herausgekommenen allgemeinen Welthistorie B. 20. K. 14. sagen, daß sie zwar vorher denen beigepflichtet haben, die den Senegal und Niger zu Einem Flusse machen, daß sie aber durch die Prüfung der Karten des Herrn Bolton und der besten französischen und holländischen vom Gegentheil überzeugt sind. Ich begreife nicht, was durch die Prüfung der Karten entschieden werden kann, man muß den Grund, wornach die Karten gezeichnet sind, untersuchen. Sie setzen noch hinzu, daß alle Negern in der Gegend den See Mabeira, als die Quelle des Senegal und den See Bornu, als die Quelle des Niger ansehen, und daß Labat mit allem Raisonniren nicht das Gegentheil bewiesen habe. Ich antworte, daß er gar nicht daran gedacht hat. Der See Mabeira kann die Quelle eines der sich in den Senegal und Niger ergießenden Flüsse seyn, und dieß war hinreichend, zu behaupten, daß der Senegal aus dem See Mabeira entspringe. Da überdem der P. Labat versichert, daß man die Lage des Sees Mabeira nicht wisse, so ist es vergönnt, ihn neben den See von Bornu zu setzen.

Herr d'Anville kannte einige der von mir angeführten Gewährsmänner. Welch einen Bewegungsgrund konnte

er alſo haben, das Gegentheil zu behaupten? Er ſagt nur
wenig davon, wie wir ſo eben geſehen haben. Seine
Meinung iſt von den meiſten Erdbeſchreibern angenom‐
men. Im Lande ſelbſt führt indeſſen der Senegal kei‐
nen andern Namen als Niger. Labat und Adanſon (na‐
türl. Geſch. von Senegal 1757.) nennen ihn beſtändig
ſo. Marmol will, daß Senegal, Senaga oder Zenaga
der Name eines Chefs des Dorfes ſey, welchen man zu
der Zeit, als ſich die Portugieſen hier zuerſt niederlieſſen,
für den Namen des Fluſſes hielt. Buache hat den Herrn
d'Anville in Abſicht der Geographie von Afrika widerlegt
(Memoires de l'Academie 1787. p. 124). Er vergleicht
den Senegal mit dem Niger des Ptolemäus, welcher aus
der Mitte von Afrika kommt, ungefähr 700 Meilen vom
Ocean, und neben welchen er die Städte und Völker aus
dem Alterthum ſezt, die d'Anville weiter nach dem Orient
rükte. Zwar findet Herr Buache im Ptolemäus keine
Mündung für den Gir, den er für den Niger hält. Es
erhellet aber aus den Nachrichten, die dem Herrn Lucas
mitgetheilt ſind, daß der Fluß Gazelle, der nach Bornu
geht, in den Nil fällt. Eben dieſes wußte man auch aus
dem Berichte des P. Sicard, worauf ſich d'Anville be‐
ruft. Dieſer Fluß Gazelle iſt vielleicht der Gir des Pto‐
lemäus. Endlich lernen wir aus den angeführten Pro‐
ceedings &c. p. 122. von Herrn Lucas, daß der Niger
gegen Weſten fließt, und daß er ſo reiſſend in dem Kö‐
nigreich Caſchna iſt, daß man ihn nicht hinauf fahren
könnte. Es giebt daſelbſt nicht einmal Böte, die auf
ihm herunter gehen. Doch daran iſt die Unwiſſenheit
der Einwohner Schuld. Die Quellen des Niger ſind
alſo nicht weit von Flüſſen, die in den Nil laufen, wel‐
ches alte und neue Geographen beſtändig geglaubt haben.

Das

Das Resultat der bisherigen Untersuchungen ist, daß der Niger im östlichen Theil von Afrika entspringt, und über Cap. Verd unter dem Namen Senegal in den Ocean sich ergießet *).

Zweiter Theil.

Ueber das innere Afrika.

Dieser ungeheure Fluß durchkreuzet Afrika, wo es am breitesten, merkwürdigsten und unbekanntesten ist. Es öfnet der Betrachtung der Geographen, Naturforscher, Kaufleute und Weltregierer ein weites Feld von wichtigen Entdeckungen. Man kann diese von Osten oder von Norden aus machen. Die Etablissemens, welche die Franzosen längs diesem Flusse besitzen, geben ihnen eine Gelegenheit, dahin zu gelangen. Es ist aus mehreren Zeugnissen gewiß, daß man Afrika durchreisen kann vom Senegal bis an das rothe Meer. Der P. Gaby, ein Franciscaner, der 1686. nach dem Senegal reiste, und 1698. Relation de la Nigritie herausgab, sagte: Es giebt Marbuts **), die nach Mecca wahlfahrten, ob sie gleich 11 bis

---

*) Der hier behaupteten Meinung widerspricht Herr von Einsiedel, nach dessen in Tunis eingezogenen Nachrichten (s. Cuhn Sammlung merkwürdiger Reisen in das Innere von Afrika III. 445.) der Niger von Westen nach Osten fließt, und sich wahrscheinlich in den grossen See ergießt, welcher sich in der Gegend von Afnu, Hafnou, auf der Südwestseite von Bornu, findet. Es wird keiner die Sache für gewiß und ausgemacht halten.

**) Marbut oder Morabet bedeutet im Arabischen einen Menschen, der sich den Religionsübungen mit mehr als gewöhnlichem

bis 1200 Meilen davon entfernt sind, und da sie zu Fusse
und durch Wüstenexen dahin gehen, so siehet man leicht, daß
sie oft Hunger und Durst aushalten müssen. Dieses könnten sie leicht vermeiden, wenn sie bey ihrer Abreise von
ihren Hütten Lebensmittel mitnähmen. Sie unterlassen
es aber, weil sie von der Gastfreundschaft dieser Leute
überzeugt sind. Es ist auch gewiß, daß die Reisenden
von ihnen stets gut aufgenommen werden, und mit einer
Danksagung, oder gutem Wunsche beym Abschiednehmen
davon gehen. Man siehet einige alte Priester Marbuts,
die, weil sie das Grab ihres Propheten besucht haben,
von allen diesen Völkern sehr geachtet werden. Herr
Brisson in der rührenden Geschichte seines Schiffbru-
ches und seiner Gefangenschaft in Afrika erzählt, daß
Eibby Sellem, der ihn nach Mogador brachte, nach
Mecca gereiset war, und er bezeuget auch die Gastfreundschaft der Afrikaner. Die Malayer (Malais), wovon
man in der Reise des Chevalier des Marchais Nachricht
findet (t. 2. p. 273.) reisen auch, wie es scheint, von
den Ufern des Nil nach dem Königreiche Arbres, nicht
weit von der Küste Juda, und sie gebrauchen 3 Monden,

um

lichem Eifer ergiebt, einen Mönchen. Ein gewisser Stamm
Araber, der aus dem Lande Hemiar abstammte, und sich
zur Zeit Abubekr, des ersten Chaliphen der Moslemer, in
Syrien niederließ, erhielt diesen Namen. Als diese sich
von Syrien nach Egypten, und von da noch weiter in Afrika begaben, kamen sie in die am meisten westlich gelegenen Gegenden dieses Landes, und cantonnirten endlich in
der Wüste Sahra, um daselbst abgesondert von andern afrikanischen Völkern zu leben, und alle Religionspflichten
freyer und vollkommener auszuüben. S. Herbelot Biblioth.
orient. art. Morabethah. Vergl. de Guignes Gesch. der
Hunnen, deutsche Uebers. Einleit. S. 451.

um diesen Weg zurückzulegen. Sie gehen zu Pferde. Der
Weg ist wohl 600 Meilen, und so weit ist es ungefähr
von Dongala am Nil nach Juda. Der P. Labat wünschte gar sehr, daß man jemand mit ihnen schicken möchte.
Diese Reise steht mit den Karwanen von Suban, die zufolge Hr. Bruce nach Kahira und Mecca gehen, in Verbindung.

Herr Sparrman hat mir erzählt, daß man Gefangene gesehen hat, die vom rothen Meere den Niger herunter nach Senegal gekommen waren.

Herr Bruce (B. 4. S. 539.) gedenket der Hybeers
d. i. der Wegweiser, die die Karwanen nach Egypten,
dem rothen Meer, dem Lande Suban, und den östlichen
Gränzen von Afrika führen. Sie werden wegen der Kenntnisse, die sie von verschiedenen Ländern, und der wichtigen
Notizen, die sie den Reisenden geben können, sehr geachtet. Zufolge Hr. Bruce gehen die Karwanen von Suban
durch ganz Afrika von Osten nach Westen, und bringen
die Indischen Waaren von dem rothen nach dem atlantischen Meere. Jedoch ist der Handel zwischen Suban und
Sennaar durch die Gewaltthätigkeit der Araber, die kein
Regiment mehr haben, und durch die Treulosigkeit der
Regierung zu Sennaar sehr heruntergekommen.

Herr David hat mehrere Mauren gesehen, die zu
Mecca gewesen waren. Er hatte einige davon in seinen
Diensten gehabt. Hr. Pruneau de Pommegorge, der eine
Beschreibung von Nigritien herausgegeben, hat mich versichert, daß man zu Mozambique Negern aus Bambara
angetroffen hat, deren Land an den Senegal gränzet.

Herr Poussel, der in diesem Jahre am Senegal gestorben ist, hatte sich in Kahira aufgehalten, und war darauf
drey

drey Jahre Director der Compagnie zu Galam gewesen. Er hatte oft Negern gesehen, die behaupteten, weit von ihrem Lande mit Leuten gehandelt zu haben, welche nach ihrer Farbe, Kleidungen und Fahrzeugen zu urtheilen Egyptier seyn müsten. Hr. Marcel, der sich mit ihm oft unterhalten hat, ist überzeugt, daß die Communication zwischen dem Senegal und Egypten gewiß und praktikabel ist. Die Negern gehen also durch Afrika, aber langsam von einem Lande zum andern. Es kommen Gefangene an, die 5 bis 6 Monate gereiset sind. Sie sind wohl zwanzigmal unterwegens verkauft, eine Folge von dem Handel, den die Europäer unter den Negern eingeführt oder vergrößert haben.

Herr Peltan, der Direktor am Senegal gewesen ist, versichert, daß er ein arabisches Pferd hatte, welches man von dem Orient gebracht, und das mehr als 60 Tagereisen gemacht hatte. Er glaubt auch, daß Kaufleute von Egypten bis über Galam kommen, wo man Weisse in Fahrzeugen auf dem Niger gesehen hat.

Herr de Golberry, Kapitain bey dem königl. Ingenieur Corps, der sich zu Schyl auf dem Gambiafluß 1786. aufhielt, besuchte einen Engländer, der das Land sehr wohl kannte, und bis Fatatenda gieng, welches 110 Meilen in gerader Linie entfernt ist. Er erzählte ihm, daß als er 1773. zu Cap-Corse oder-Coast auf der Goldküste, wo die Engländer ihr vornehmstes Etablissement haben, sich aufhielt, 3 Orientaler mit 2 Mäkler Negern ankamen. Man verstand ihre Sprache nicht, man vernahm aber, daß sie aus Nordosten kamen, und man hielt sie für Armener. Man schikte nach England verschiedene Wörter, die man sie hatte aussprechen hören, damit man von ihrer
Sprache

Sprache ein Urtheil fällen könnte. Herr de Golberry, in einem Schreiben über das Privilegium der Senegal Compagnie, gedrukt im Januar 1791, sagt, daß die Engländer, während der Zeit sie Herren vom Senegal waren, von 1760 bis 1779. mehrere Reisen nach Sahara oder der grossen Wüste der Barbarey gemacht haben. Französische Kapitaine haben ihn versichert, daß die Mauren dieser grossen Wüste bisweilen Ochsen und Pferde an die Gränzen von Benin, ja bis Cap Formosa brächten. Die Portugiesen haben ihm eine Nachricht von 5 Egyptern mitgetheilt, die durch das ganze Innere von Afrika gezogen sind, an den Quellen von Zaire angekommen, durch das Königreich Congo und Angola gezogen waren, und sich lange Zeit beym Cap Ledo aufgehalten hatten. Er sezt zulezt noch hinzu, daß die Gouverneurs der Portugiesischen Niederlassungen in dem südlichen Theil von Afrika verschiedene Reisen zu Lande von San Paol de Loanda nach Mozambique glüklich haben vollziehen lassen.

Herr Derneville, Kapitain des Afrikanischen Bataillon, welcher 1786. nach Galam gieng, hat dem Hrn de Golberry erzählt, daß die Mandinger nach Caignou an dem obern Senegal einen Brief brachten, den sie 55 Tagereisen davon im Lande der Pancalas empfangen hatten, wohin er von andern Mandingern gebracht war. Der Brief war von Weissen geschrieben, und er vermuthet, daß es Portugiesen am rothen Meer oder um Sennaar seyn könnten. Weil aber niemand die Mandinger bezahlen wollte, und man ihnen zu verstehen gegeben hatte, daß ihnen der Brief viel Geld einbringen würde, so nahmen sie ihn wieder zurük.

Zufolge Hrn Bruce (B. 4. S. 493.) giebt es Ver
schnittene für den Dienst der Tempel zu Mecca und Me
dina, denen man bisweilen die Erlaubniß giebt, ihr Va,
terland und die grossen Städte, wo sie gekauft sind, als
Bornu, Tocrur und Tombuktu wieder zu besuchen. Sie
sammlen daselbst Allmosen zum Dienste des Propheten, und
bringen oft eine grosse Menge Goldes, woran das Land
einen Ueberfluß hat, zurük. Hr. Bruce traf einen, der
von einer Reise nach Sudan oder Nigritien zurük kam,
und mit dem er zu reisen hofte, welches ihm sehr nüzlich
gewesen seyn würde; allein dieser verließ ihn. Die Hrn
de Pomme, Gorge und Adanson haben mir gleichfals ge,
sagt, daß sie Mandinger gesehen hätten, die nach Mozam,
bique giengen, und daß die Negern, die nach Galam kom,
men, in Bambarena, welches viel weiter ist, Leute an,
treffen, die nach Tripoli und Sennaar gehen, so wie Tri,
politaner und Abyssinier nach Bambarena und bis auf
ein'ge Tagereisen über Galam kommen.

Daß die sehr interessante Reise in das Innere von
Afrika weit leichter geschehen könnte, als man bisher ge
glaubt hat, davon mag auch folgendes zum Beweise dienen.

Im October 1787. sahen die Hrn. Sparman, Vad,
strom und Herennius, gelehrte Schweden, bey Hrn. Peh
lau den Scherif oder grossen Marabut, Sidi-Mahamed,
welcher zu Senegal wohnt, und daselbst in keinem gerin,
gen Ansehen steht. Hr. Brisson, welcher aus seiner Ge,
fangenschaft bey den Mauren zurükkam, diente ihnen zum
Dolmetscher. Der Scherif erzählte ihnen die Reise, die
er als Pilger bis nach Mecca über Tombut gemacht hat,
te, unterrichtete sie von dem Gauge seiner Wallfahrt, und
bezeichnete ihnen die vornehmsten Stationen auf einem Pa,

piere,

piere, welches Hr. Vadstrom begierig annaßm. Hr. Sparman hat mir geschrieben, daß dieser Scherif sich erbot,
die Reise noch einmal mit einem Europäer anzufangen,
der aber für seinen Sklaven passiren, barfuß gehen und
nur einen Mantel tragen müßte, und dem er gelegentlich
einige Schläge mit dem heiligen Stabe, welchen der Marabut führt, geben könnte. Er verlangte ungefähr tausend
Thaler, die ihm bey der Ankunft in der Levante ausgezahlt werden müßten. Aber unsere Reisenden bedachten die
Schwierigkeit, eine solche Lebensart lange auszuhalten, ehe
sie an das Klima gewöhnt seyn würden, und besonders
die Gefahr, ihren Führer zu verlieren, wodurch sie unfehlbar in Sklaverey gerathen dürften, wie auch das Unglük
verkauft zu werden, falls sich der Führer durch eine beträchtliche Summe bestechen lassen sollte; daher wagte es
keiner von ihnen, so gern sie auch, hauptsächlich Hr. Vadstrom, das Innere von Afrika kennen gelernt hätten, das
Anerbieten des Scherif anzunehmen.

Hieher gehöret auch folgende Stelle aus der Histoire
du naufrage & de la captivité de M. Brisson; (1789.
Paris, ben Royez. S. 17.) „Diese beyden vornehmen
Fremden sagten mir, daß sie von Gorea in der Absicht gekommen wären, sich mit mir zu berathschlagen, und mich
zu bitten, ihnen Anweisungen über die Gegend mitzutheilen, die ich in Arabien bereiset hätte, und ihnen die Mittel zu erleichtern, sich von Senegal nach Marocco durch
die Wüsten über Galam, Bambu und Bondu zu begeben. -
Ich sagte ihnen, daß sie diese Reise schwerlich machen
könnten, wenn sie nicht einen Araber anträfen, der es auf
sich nähme sie zu führen; daß ich dieses nicht für leicht
hielte, und daß selbst dann, wenn sich ein solcher fände,

es scheinen müßte, als hätten sie nach einem erlittenen
Schiffbruche sich an ihn gewandt; daß sie nakt einher gehen, sich Tag und Nacht der Witterung aussetzen, dem
Führer, in Gegenwart anderer Araber, als Sklave dienen, und sich die ganze Zeit hindurch mit der Speise begnügen müßten, die ihr vorgeblicher Herr übrig lassen
würde. Ich verschaffte ihnen hernach eine Unterredung
mit dem Scherif Sidy-Muhammed, der zu Senegal
wohnt; aber er verhehlte ihnen nicht, daß er, bey allem
seinem Ansehen, welches ihn vor einer Menge Widerwär-
tigkeiten schütze, es doch nicht wagen möchte sich den Gefahren einer solchen Reise auszusetzen. Hiermit verschwand
ihnen die Hofnung eines glüklichen Erfolgs, und sie gaben
die Reise auf." Diese Nachricht stimmt nun freylich nicht
ganz mit dem überein, was Hr. Sparman mir schreibt;
allein dieser hat auch wahrscheinlich besser, als Hr. Brisson, dasjenige behalten, was ihn mehr interessirte.

Uebrigens that der Scherif Mohamed dem Hrn. Lucas das Anerbieten, ihn über Fezzan und Casbna bis nach
Assenté zu bringen, welches kaum 100 Meilen von der
Küste Guinea ist, und versicherte ihn, daß keine Gefahr
dabey wäre. Als Hr. le Monnier sich 1748. in England
aufhielt, hatte man daselbst kurz vorher einen Marabut
gesehen, welcher diese Reise gemacht hatte. Sie nehmen
den Titel Hadje *) an, und das vermehret ihren Credit.
Doch giebt es noch ein besseres Mittel zu dieser Reise,
nämlich die Karwanen. Ich weiß wohl, daß die Mauren

oder

---

*) Hadje, Hadschi, ein bekannter Name, welchen sich die,
die nach Mecca gewallfahrt haben, geben, und der einen solchen Wallfahrer anzeiget.

oder Araber der Wüste gröstentheils vom Raube leben, ich
sehe aber aus der Nachricht des Hrn. Brisson, daß ein
jüdischer Kaufmann von Gudnun in einer bestimmten Zeit
durch die Wüste kam, und also vor Gefahren sicher war.
Gudnun und Wadnun ist einerley; beyde bedeuten Nun-
fluß. Diese Stadt wird auf der d'Anvilleschen Karte Nun
oder Nul genannt *).

Hr. de Pomme-Gorge hat mir gesagt, daß die Neger, welche man Wegweiser oder Sklavenführer nennt,
ihm angeboten hätten, Weisse von Senegal nach Tombut
zu bringen. Hr. de Flandre war 1742. im Begriff dahin
zu gehen, aber er starb zu bald.

Hr. d'Anville redet von einem ähnlichen Projekte, an
welchem er einen grossen Antheil genommen hatte. (Académie des Inscriptions, T. 26. S. 73.)

Hr. Adanson, der zu Senegal von 1749 bis 1753.
war, sagte mir, daß er den Entschluß gefaßt hätte nach
Agadez zu gehen, welches ostwärts von Tecrur und an
500 Meilen von Galam liegt. Obgleich seine Reisen längs
dem Senegal sehr mühsam gewesen waren, so hatte er
doch ein heisses Verlangen noch viel weiter zu gehen.

Im Jahre 1786. hatte Hr. Durand, Direktor von
Senegal, das Vorhaben sich in das innere Afrika zu begeben, und die Reise, welche er zu Lande bis nach Galam
machen

---

*) Unterm 27° 40' N. B. Der Fluß fließt ins Atlantische Meer
beym Cap Nun, entspringt nach Arrowsmiths Karte auf
dem Atlas Gebirge, geht auf seinem Laufe von Norden nach
Süden, bey Cinjuleen und Catta verbey, wo er sich nach
Westen wendet.

Dd 2

machen ließ, mußte ihn natürlich dazu aufmuntern. Allein er ward von der Compagnie zurükberufen, weil sie seine Unterhandlungen mit den Negern zu kostbar, und seinen Eifer zu dienstfertig fand.

Man hatte 1788. der Compagnie aufgegeben, Personen nach Tombut zu schicken, aber dieser Anschlag wurde nicht ausgeführet, denn die Handelsgesellschaften beschäftigen sich nur gern mit ihrem eigentlichen, oder doch nahe liegenden Interesse; der öffentliche Nutzen, der Ruhm der Nationen, der Fortschritt der Kenntnisse findet bey ihren Commerzspeculationen nicht Statt. Ihre Sorgfalt gieng nicht einmal so weit, daß sie ihren Geschäftsmännern zu Senegal den erforderlichen Unterhalt verschaffte. Auch hat es bis jezt kein Europäer gewagt nach Tombut zu gehen, obgleich diese Stadt wahrscheinlich nur 250 Meilen von Galam liegt, und von Negern, Mauren und Einwohnern der Barbarey häufig besucht wird. Ueberdem ist die Geographie, in Rüksicht auf Tombut, noch gar nicht berichtiget. Man hält zwey wichtige Städte für eine und dieselbe, welche doch 50 Meilen von einander entfernt sind.

Die Stadt Tombut, von welcher Leo aus Afrika eine prächtige Beschreibung schon vor 300 Jahren gab, und welche man noch immer in unsern Geographien anführet, ist seit der Zeit nicht mehr besucht worden. Sie wird in dem Werke des P. Labat, auf der Karte des Hrn. d'Anville, und von allen Schriftstellern, die von ihr geredet haben, auch Tombuctu genannt. Man wird aber hören, daß Tombut und Tombuctu zwey sehr verschiedene Städte sind. Dieses erhellet aus den Nachrichten, die mir Hr. Venturd, Dolmetscher des Königes mittheilte, welcher sich lange in Afrika aufgehalten, und mehrere Personen gesehen hat, die

zu Tombuctu gewesen waren. Zwey Unterthanen des Kay-
sers von Marocco, welche 1788. nach Paris kamen, nehmlich Ben-Ali, und Abdul Rahman, von denen der erste
zu Tombuctu gewesen war, beschrieben ihm genau den
Weg, welcher dahin führet, wie auch den Weg von Tombuctu nach Senegal durch die Wüste Sahara. Tombuctu hat keine Mauern, doch schäzt man ihre Bevölkerung auf 25000 Seelen. Sie wird von fünf Negerköni-
gen, die Mohammedaner sind, beschüzt. Diese Negerkö-
nige wohnen zu Fulan, Marßa, Tunbu oder Tombut,
Kuwar und Burnu: jeder schikt eine seiner Töchter nach
Tombuctu, um Theil an der Regierung zu nehmen; doch
sendet der König von Burnu einen Chalifen dahin. Der
Kayser von Marocco ist oft der Herr von der Stadt Tombuctu gewesen, wo er dann einen Gouverneur hielt; aber
seit 30 oder 40 Jahren hat sie sich seiner Herrschaft entzogen.

Tombuctu ist sieben oder acht Tagereisen von Tombut. Der Zugang von der einen zu der andern ist sehr
leicht, denn man findet auf dem Wege viele Negerdör-
fer, wo man sich Erfrischungen verschaffen kann. Sir
George Stanton schreibt mir, daß ein kluger maurischer
Kaufmann bey seinem Aufenthalte in England erzählte,
daß er südwärts von Tombuctu, in einer Entfernung
von etwa 100 englischen Meilen, eine Stadt gesehen
habe, die er unter allen Städten, die ihm jemals
zu Gesicht gekommen wären, für die gröste hielte, London und vielleicht Cairo ausgenommen; und Herr Beau-
foy hat ihm gesagt, daß diese Nachricht beinahe ganz
durch die Erzählung einer andern glaubwürdigen Person bestätiget würde. Aus diesem Umstande kann man

D d 3 abneh-

abnehmen, wie wenig wir bis jezt von dem innern Afri-
ta wissen *).

Herr Fraize, Director der Compagnie von Senegal,
sah zu Paris 1788. etliche Mauren, von welchen er hö-
rete, daß man häufig von Tombut nach Burnu gienge.
Zu Burnu ist ein Fluß, der in den Nil fällt; auch hat
diese Stadt Verkehr mit Cairo und Fezzan, welches von
Tunis südwärts liegt. Ueberdem findet sich in Afrika eine
Stadt, Gonjah genannt, die nicht über 170 Meilen von
Galam entfernt ist, und mit Cashna, Agadez und Fezzan
in Verbindung stehet. Auf diese Weise kann man von
Senegal aus ganz Afrika von Abend bis nach Morgen
durchreisen.

Nicht weniger kann man diese Reise von Norden
nehmlich von der Küste der Barbarey, unternehmen, und
in das Innere von Afrika bis zum Niger fortgehen. Im
Jahre 1594. schikte ein Kaufmann, mit Namen Antoine
Dasset, nach Marocco, um Nachrichten wegen Tombut
einzuziehen, und vernahm, daß im Julius dreyßig Maulthiere mit Gold beladen von daher angekommen wären.
(Sammlung von Hakluyt, Th. 2. S. 192; Histoire des
voyages, T. 2. S. 531. in 4).

Wirklich gehen die Mauren hordenweise aus dem
maroccanischen Gebiethe nach Senegal. Ich habe gehöret,

---

*) Nach den so eben eingegangenen Nachrichten hat Herr Hod-
ges, der auf Kosten der Afrikanischen Societät in London eine
Entdeckungsreise durch Afrika angetreten hat, ungefähr hundert Meilen Südost von Tombuctu eine Stadt, Zuffa, angetroffen, die mit London oder Cahira in Ansehung der Grösse
verglichen werden kann. Diese Stadt wäre also wohl das
Tombut unsers Auctors, das seiner Meinung nach mit Tombuctu von den Geographen verwechselt ist.

ret, daß Herr von Saint-Abou, welcher 1735. Befehlshaber über das Fort von Galam war, 3000 Menschen
von daher für die Minen kommen ließ. Der Tod dieses
Mannes, die häufigen Krankheiten und Trennungen machten diesem Projekte ein Ende, so wie vielen andern, die
man zum Besten unserer Besitzungen in Afrika zu verschiedenen Zeiten entwarf.

Herr Venturd sagte mir, daß der Capitän Barthe-
lemy einen Einwohner von Tunis auf der Goldküste gesehen hätte, und daß dieser ohne viele Schwierigkeiten
mitten durch Afrika gekommen wäre.

Herr Desfontaines, ein Mitglied dieser Akademie,
welcher eine für die Naturgeschichte so nützliche Reise nach
Afrika machte, sagte mir, er habe zu Tozzer in dem
Reiche von Tunis einen Juden gesehen, welcher von Tombut mit einer Karwane zurückgekommen war. Er weiß
auch, daß man von Algier und selbst von Marocco nach
Mecca durch die Wüste reiset, und daß Mauren von
Tombut bis zum Weltmeer gehen; er glaubt, daß besonders ein Arzt von dieser Reise einen grossen Vortheil haben könne, und hat einen Juden gekannt, der sich als
practischer Arzt nach Tombut begab; dieser redete französisch, so daß man seinen Nachrichten trauen durfte.
Aber er bemerkt, daß man 50 Meilen machen könne,
ohne Wasser zu finden. Freilich sind oft ganze Karavanen umgekommen, weil sie sich in dieser Hinsicht nicht genug vorgesehen hatten; allein Ereignisse, die man verhüten kann, müssen unsere Hofnungen nicht vernichten.

Im Jahre 1781. erzählte mir Herr Joseph Montemurli, der zu Verona 1746. gebohren war, daß er 1773.
in Fezzan gewesen wäre, welches er an 300 Meilen von

Tripo-

Tripolis schätzte, indem er täglich 5 Meilen zu Pferde gemacht hätte; daß die Stadt Fezzan *) 25000 Einwohner enthielte, und daß Karavanen von Tombuct, von Dafnu, Mandru und Burnu, welches 60 Tagereisen entfernt ist, dahin kämen. Er versicherte mich, daß er die Erzählung seiner Reise bey Herrn Sauvage, Notarius in der Büssy = Strasse, niedergelegt hätte, damit sie der Akademie nach seinem Tode übergeben würde. Man sagt aber, daß Herr Montemurli gegenwärtig sich zu Astracan aufhalte.

Herr Venturd hat vor einigen Jahren zu Paris einen nach Holland bestimmten maroccanischen Abgesandten gesehen, welcher einen Onkle zu Burnu hatte, der von dem Könige von Fezzan dahin geschikt war. Dieser gab ihm eine genaue Nachricht über den Weg von Tripolis nach Fezzan, welche ich in einem besondern Werke über die Geographie von Afrika bekannt machen werde.

Die Uareghi, eine grosse Nation wirklicher Neger, die ungefähr zehen Tagereisen südlich von Tozer **) wohnen, kommen nach Tunis und Algier, um daselbst zu dienen. Ihr Land ist unbekannt; sie haben aber einen König, den Herr Desfontaines zu Tunis gesehen hat, und man kann leicht in ihre Gegend gelangen. Auf unsern Karten ist sie nicht angemerkt; ein neuer Beweis, daß wir das innere Afrika noch lange nicht kennen.

Zufol.

---

*) Fezzan ist nicht der Name einer Stadt, sondern eines Districts, worin Mursuf die Hauptstadt ist.

**) Tozer im Königreich Tunis.

Zufolge den Nachrichten, die Herr Ledyard, einer von
denen, welche die in England entstandene Gesellschaft zur
Entdeckung des innern Afrika, nach Afrika geschikt hat,
auf dem Sklavenmarkte zu Cairo bekommen hat, erfuhr
er, daß die Karavane von Senar Sklaven bringt, welche
150 Meilen westwärts von Sennar zu Hause gehören;
daß eine andere Karavane von Cairo nach Fezzan in 50
Tagen gehet, und daß Fezzan von Tombuctu 90 Tagereisen entfernt ist, 7 Meilen auf eine Tagereise gerechnet.
Man kennt auch daselbst eine Karavane von Darfur, ein
Land, das südwärts von dem Reiche Burnu liegen muß;
f. die Karte des Herrn Bruce. Es befindet sich also in
Afrika ein beträchtliches Land, oder eine wichtige Stadt,
Darfur genannt, welche gegen Süden von Burnu liegt,
und folglich nicht weit von dem Niger seyn kann. Hier
entdecken wir ein neues Mittel, wodurch die beiden Gränzen von Afrika in Verbindung kommen können.

Herr Lucas erhielt umständliche Nachrichten von dem
Scherif Imhamed, besonders über Fezzan, Cashna und
Burnu. Der Weg von Fezzan nach Cashna beträgt
64 Tagereisen, wovon man 47 bis nach Agadez nöthig
hat. Mehr hiervon lese man in Procedings of the association for promoting the discovery of the interior
parts of Africa. Herr Buache sagt mir, er wisse aus
sichern Nachrichten, daß die Angaben des Scherif Imhamed sehr glaubwürdig sind.

Die beiden grossen Reiche Burnu und Cashna werden von dem Niger bewässert, und bilden wahrscheinlich
den höchsten Theil von Afrika, weil aus Burnu, und
nicht weit von der Quelle des Niger, der Fluß Gazelles

Dd 5   ent-

entspringt, welcher, nach der Behauptung des P. Sicard, sich in den Nil ergießt.

Eins der besten Mittel, in das Innere von Afrika zu gelangen, wäre unstreitig, den Karwanen von Tripolis nach Fezzan zu folgen, zwischen welchen die Entfernung an 190 Meilen ausmacht, und zwar nach einer umständlichen Nachricht, die mir Herr Venturd mitgetheilet hat; denn auf der d'Anvillischen Karte sind es nur 100 Meilen, aber hier werden auch nur fünf Meilen auf eine Tagereise gerechnet, welches zu wenig ist.

Von Burnu gehen häufig Karwanen nach Fezzan, und gebrauchen nur 35 bis 40 Tage. Sie sind nur 300 Meilen von einander, nach Herrn Lucas 48 Tagereisen. Herr Venturd, der 30 Jahre in Afrika gewesen ist, erzählte mir, daß der König von Fezzan von Zeit zu Zeit Abgesandte an den König von Burnu schikt. Im J. 1785. war der ausserordentliche Abgesandte, den er an ihn geschikt hatte, ein Kaufmann aus Tripoli, von einer angesehenen Familie. Herr Froment de Champs la Garde, französischer Viececonsul zu Tripolis, hält nach den Erzählungen verschiedener Negerhändler, Tripolis von Fezzan 35, Fezzan von Cashna 70, und Fezzan von Burnu 45 Tagereisen entfernt, doch rechnet er sechs Meilen auf eine Tagereise. Er hat mir eine andere Reiseroute von Cashna nach Marmara über Zanfara, Javiri und Neti geschikt, welche 57 Tagereisen beträgt, eine Reise, welche ich sonst nicht gesehen, und worüber ich mir Aufklärungen von ihm erbeten habe. Sie geht, wie es mir scheint, an der Seite des Nils hin, indeß der Weg nach Gonjah sich unsern Besitzungen in Senegal
und

und Galam nähert, und sich vielleicht in der Folge mit jenem vereinigen läßt.

Im Jahre 1784. hatten vier deutsche Reisende, auf Antrieb des Herrn Castries, Ministers der Marine, den Vorsaz gefaßt, das Innere von Afrika zu besuchen, und sich über Fezzan nach Senegal zu begeben. Herr Venturd stellte sie vor; sie giengen nach Tunis, aber die Verheerungen der Pest, und besonders der Geldmangel, nöthigten sie von ihrem Entschlusse abzustehen. Herr Adanson sagte mir, daß ein deutscher Baron, Nahmens Eutriedel, eben dieses Project gehabt, und daß er ihm verschiedene Anweisungen mitgetheilet habe *).

Wer das Arabische so gut verstehet, daß er sich für einen Moslemen ausgeben kann, wird die Reise von Tunis bis an die Küste des Weltmeers machen können. Es gehöret nur Muth dazu, ein starker Körper, viel Gedult und Kaufmannswaaren, die man auf den Stationen vertauscht, um auf die Karwanen zu warten; denn in deren Gesellschaft ist man sicher. Man könnte ja auch an solchen Orten, wo keine Karwanen sind, sie mit Gelde zu Stande bringen, und sich von schwarzen Wegweisern führen lassen, damit man nicht aus Mangel an Wasser umkäme.

Andre' Bruce hatte schon 1723. sehr gute Plane über die Minen zu Bambuck gemacht, wie aus dem Werke des P. Labat Th. 1. S. 72. erhellet. Im Jahre 1714. ließ er das Fort Saint-Pierre zu Camura errichten, an dem

*) Dieser Deutsche ist wohl der Herr Baron von Einsiedel, von dessen Reisen Herr Cuhn im 3ten Theil der Reisen ins Innere von Afrika einen Aufsaz hat drucken lassen.

dem Fluſſe Feleme', fünfzehn Meilen von dem Orte, wo
er in den Niger fällt. Zwey Jahre nachher ſchikte er einen Abgeordneten nach den Minen hin, welcher ſie un-
terſuchte, und ihn benachrichtigte, daß es nicht ſchwer
ſeyn würde, mit einigen Farims oder Befehlshabern daſelbſt in Unterhandlung zu treten, und das Recht, darin
zu arbeiten, ſich käuflich zu erwerben.

Herr David, welcher Gouverneur zu Senegal war,
und die Minen von Bambuck 1744. beſuchte, ward allenthalben freundſchaftlich aufgenommen. Die Einwohner erſuchten ihn, Forts zu bauen, und an ihren Minen
arbeiten zu laſſen; er ſah Gold an der Oberfläche der
Erde, und ſogar in dem Waſſer, das man ihm zu trinken gab. Dieſer ehrwürdige Alte, deſſen Andenken noch
jezt nach 46 Jahren bey den Negern geſchäzt wird, hat
mir erzählt, daß er die gröſte Hofnung gehabt hätte,
beträchtlichere Reichthümer für Frankreich zu erwerben,
als Peru und Mexico je liefern könnten, und das Glük
der Nationen zu machen, welche ihm ihre Schäze eröf-
neten. Er iſt überzeugt, daß man aus Bambuck hundert Millionen Goldes in wenigen Jahren erhalten haben würde.

Die Ausſichten des Herrn David verſchwanden leider durch den Krieg, den Zerſtörer alles Guten. Die
Engländer haben nachher Senegal von 1759. bis 1779.
im Beſiz gehabt; aber jezt können wir wieder an dieſes
nüzliche Projekt denken. Herr Pouſſel hat dem Herrn
Rouſſillon, Oberchirurgus von Senegal, verſichert, daß
die Einwohner von Bambuck gegen die Franzoſen ſehr
günſtige Geſinnungen hegen.

Herr

Herr Durand, welcher 1786. Direkteur der Compagnie von Senegal war, beschäftigte sich mit diesem Projekte nicht wenig. Er veranstaltete die erste Reise zu Lande nach Galam. Rubault, einer seiner Abgeordneten, reisete mit einem Marabut, zwey Negern und drey Kameelen am 13ten Januar von Saint‑Louis am Senegal ab, und gieng durch die acht Königreiche oder Nationen von Cayor, Guiolof, Barre, Bambuck, Guly, Merme', Bondu und Galam. Die Herren der Dörfer, die Burs oder Könige jedes Landes, nahmen ihn mit vieler Gastfreundschaft auf, gaben ihm Lebensmittel und Wegweiser. Man hatte daselbst niemals Weisse gesehen, und seine Ankunft war ein Fest für Hohe und Niedere. Er errichtete hier einen Handel für Hrn. Durand mit dem Könige der Guiolofs und mit dem Fürsten von Galam. Der Weg war 150 Meilen lang, die er in 35 Tagen zurüklegte. Wahrscheinlich könnte man leicht noch weiter gehen, bis nach Gonjah, oder Tombuctu und zum Niger hin. Sicher würde man grosse Städte antreffen, wo die Reisenden Erfrischung finden könnten.

Ein grosses Hinderniß für unsere Fortschritte in Afrika ist die Lage des Forts Saint‑Joseph in Galam. Dieses Fort ist mit kleinen Flüssen umgeben, welche dann, wenn der Fluß schiffbar ist, stehende Gewässer bilden, wodurch viele von denen, welche diese Reise im Julius und August machen, entweder sterben, oder langwierige Krankheiten zu bekommen pflegen. Wenn man aber diese Reise früher, oder zu einer andern Jahreszeit unternimmt, so wird man die Gefahr sicher vermeiden. Schon lange hat man darauf gedacht ein anderes Fort auf einer gesundern Stelle anzulegen. Andre' Bruce wollte 1718. auf der Insel Cagueux oder Caigyoux eins erbauen.

Die

Die Franzosen würden leichter als eine andere Nation in das Innere von Afrika dringen können, theils weil sie in den meisten der dortigen Gegenden beliebt sind, theils weil durch das Decret vom 18ten Januar 1791, welches das Privilegium der Compagnie aufhebt, die Nation nun selbst gehörige Maßregeln zu der Ausführung des Projekts nehmen kann. Zu diesem Vorhaben würden aber junge Leute erforderlich seyn, die sich in Afrika an das Clima und die Lebensart der Neger und Mauren gewöhnten, und hernach sich mit den Karwanenführern verbänden, oder mit den Negern, welche nach Tombut, Fezzan, Burnu, Mecca u. s. w. reisen. Dieses Unternehmen müßte nothwendig für die Geographie, die Naturgeschichte und den Handel einen sehr grossen Vortheil stiften.

Allgemeine Bemerkungen über den Handel und
die Verbindungen der Nationen in dem Innern
von Afrika, sowohl unter sich selbst, als auch mit
den Einwohnern der Barbarey, Egyptens und
Arabiens u. f. w. Vorgelesen in der öffentlichen
Sitzung der Académie des Inscriptions & belles
lettres, um Ostern des Jahres 1791,
von Herrn de Guignes.

(Aus Journal des Savans 1791. Juillet p. 393.)

Die Nachrichten und weitläuftigen Auszüge der in der
königlichen Bibliothek enthaltenen Manuscripte müssen unfehlbar den Fortschritt der Künste und Wissenschaften befördern; denn obgleich in den europäischen Bibliotheken
einzelne Sammlungen von Manuscripten vorhanden seyn
mögen, so ist doch die Schwürigkeit, sie zu lesen und zu
verstehen, der Hauptgrund, warum man sie größtentheils
vernachlässiget. Ich schränke mich hier blos auf die orientalischen Manuscripte über Afrika ein. Bisher ist kaum
der erste Schritt in diese neue Fundgrube gewagt, die
unerschöpflich seyn müßte, wenn wir die in Afrika und
dem Oriente verfertigten grossen und zahlreichen Werke
um uns her versammeln könnten, welche in denjenigen,
die wir größtentheils durch ein Ungefähr besitzen, ange-
führet und genannt werden.

Die Stadt Fez, welche in vorigen Zeiten mit den
grösten und schönsten Städten Europens um den Vorzug
streiten durfte, wo die Künste und Wissenschaften blüh-
ten, wo es verschiedene Collegia der Gelehrten gab, wo
fleissige und geschikte Männer von den Regenten unterhalten

halten und belohnt wurden, Fez, sage ich, konnte damals
sehr viele Werke aufweisen, die wegen ihres umständlichen
und genauen Inhalts eine vorzügliche Aufmerksamkeit ver-
dienten, hauptsächlich in Hinsicht auf das, was die Beschreibung von Afrika betrift. Auch die Stadt Kairuan,
und einige andere, waren mit Gelehrten angefüllt, welche
daselbst unter dem Schutze der Beherrscher arbeiteten.
Ueberall fanden sich Bibliotheken, sogar bey Privatpersonen, und diese waren mit beträchtlichen Einkünften versehen, um diejenigen zu unterstützen, welche sich den Studien widmen wollten. Dieser Geschmak an Wissenschaften erstrekte sich über den Atlas hin bis zur mittägigen
Seite des Nigers, zu den Negervölkern. Einer ihrer Könige hatte von Fez viele Manuscripte kommen lassen; aber
die Zeit, die Kriege, die Revolutionen und der barbarische
Zustand der benachbarten Nationen waren Ursache, daß
die meisten dieser Bücher verlohren giengen.

Unter den Manuscripten, welche mir im geographischen Fache bekannt sind, befindet sich eins, das man unrichtig dem Edrissi, dem Geographen von Nubien, zugeschrieben hat; es ist aber augenscheinlich das Product eines ältern Schriftstellers, und nach einem ganz verschiedenen Plane gearbeitet. In diesem Werke breitet sich der
Verfasser nicht sowohl über die Küste der Barbarey aus,
als auch über den Berg Atlas, über die ungeheuren Wüsten oder die Sahra, welche bis an den Niger reicht, und
über das Land und die Völker gegen Süden dieses Flusses; ein Land, reich an Goldgruben, wohin die Karwanen der Kaufleute aus der Barbarey und Egypten jedes
Jahr zu reisen pflegten. Diese Handelsleute sahen sich genöthiget, durch die erwähnten Wüsten zu gehen, wo man
fast immer bewegliche Sandstrecken, aber kein Wasser vor-

findet,

findet, wo eine übermäßige Hitze diejenigen tödten kann,
und wirklich tödtet, welche die für solche Reisen nöthige
Vorsicht nicht gebrauchen. Mit diesen Nachrichten habe ich
die aus andern arabischen Auctoren verbunden, und das
Ganze in verschiedenen Abhandlungen dargestellt, wovon
die gegenwärtige nur eine Skizze ist.

In diesen Abhandlungen rede ich nicht von der Küste
der Barbarey, weil wir sie, obgleich unvollkommen, doch
mehr kennen, als das Innere von Afrika; denn die arabischen Manuscripte gewähren uns von ihr sehr umständliche
Nachrichten; sie zeigen uns die Wege oft von einer Station zu der andern, wie zum Beispiel von Alexandrien nach
Barka, von Kairuan nach verschiedenen Städten bis nach
Oran, von Ceuta und Tanger nach Fez, von dieser nach
Kairuan u. s. w., von welchen einige über den Atlas gehen nach Segelmesse, Daraa, Suß, Audgela und Agadez in der Sahra, sogar zum Niger und noch weiter hin.

Der Berg Atlas, welcher bekanntlich die Barbarey
von Sahra trennt, verdienet die Aufmerksamkeit forschbe-
gieriger und gelehrter Reisenden, nicht bloß für die Zweige
der Naturgeschichte, sondern auch in Rüksicht auf Alterthümer und Denkmäler. An verschiedenen Stellen erblikt
man in Ruinen liegende Städte, wo noch die Trümmer
alter und prächtiger Gebäude von Marmor hervorragen,
und welche beweisen, daß diese Oerter vor Alters in dem
Besitze kunstverständiger Nationen, das ist, der Griechen
und Römer seyn mußten. Auch die Karthaginienser sind
die Herren derselben gewesen, und vielleicht dürfte man
noch einige Ueberbleibsel ihrer Denkmäler und punischer
Inschriften antreffen. Diese Nationen haben natürlich
die Atlasgebirge übersteigen und ziemlich weit in der Sahra
vordringen müssen. Denn in der Folge haben weniger

mächtige Nationen die Cantons südlich von diesem Berge gemeinschaftlich im Besiz gehabt, woraus man schliessen kann, daß man stets über diesen Berg gegangen ist.

Ein Naturkündiger würde hier Silber= und Kupfer= gruben entdecken, einen Boden von mancherley Gattung, und Quellen aller Art. Die Araber und Berber, welche diese Berge einnehmen, und sich in den Thälern oder Ebenen niedergelassen haben, wissen diese Quellen mit eben soviel Kunst als Oekonomie nach allen Richtungen zu leiten. Bey einer Stadt, neben dem Atlas, halten sie einen kleinen Fluß in seinem Laufe auf, und lassen ihn nur des Donnerstags, Freitags, Sonnabends und Sonntags in die Stadt; während der übrigen Tage der Woche führen sie ihn aus seinem Bette, um die Gärten und gebaueten Felder zu bewässern, weil in dieser trok= nen Gegend das Wasser kostbar ist. Diese Völker, welche sich besonders auf den Ackerbau legen, schliessen gewöhn= lich ihre Felder mit ausgemauerten Gräben ein, und bringen das Wasser in dieselben, entweder durch einen natürlichen Abhang, oder vermittelst hydraulischer Maschi= nen. In einem Canton dieses Landes bedienet man sich gewisser Sanduhren, um die Zeit abzumessen, wann je= der das Wasser in seinen Acker leiten kann, und zwar nach Verhältniß des Ackers, so daß mancher oft nur eine, und der Nachbar zwey oder mehrere Stunden lang den Vortheil des Wassers genießt. Aus diesem Gebrauche entspringen aber nicht selten grosse Streitigkeiten und kleine Kriege unter den Einwohnern. Eben diese Araber und Berber, welche in der Folge einen guten Theil von Spa= nien inne hatten, wo sie sich auf den Ackerbau legten, führten ihre Gewohnheit, um die Felder Kanäle zu zie= hen, auch hier ein; denn zu ihrer Zeit war vornehmlich

die

die Provinz Granada ein sehr grosser Garten, oder ein sehr fruchtbares Gefilde. Noch jezt findet man in ganz Spanien dergleichen Kanäle, aber sie werden nicht genuzt, und verfallen.

An vielen Stellen ist der Berg Atlas mit Dörfern bedekt; in einigen derselben wohnen Araber, in andern Berber. Leztere machen eine eigene Nation aus, und besassen einst das nördliche Afrika, ehe die Araber in selbiges einfielen. Diese beiden Völker vermischen sich niemals, sondern theilen sich in abgesonderte Stämme, ob sie gleich jezt alle Mohammedaner sind. Die Religion vereinet sie, und doch bestehen sie aus Secten, von welchen einige in den Augen der Mohammedaner als Ketzer und Gottlose erscheinen. Verschiedene Stämme leben von Räuberey, besetzen die Heerstrassen, und machen sich die Reisenden zinsbar; andere führen ein elendes Leben, und haben mehr Aehnlichkeit mit den Thieren, als mit den Menschen. An andern Orten siehet man zahlreiche Heerden und bestellte Felder, deren Besitzer einen Tribut an die benachbarten Fürsten auf der barbarischen Küste bezahlen.

Es giebt Gegenden an dem Atlas, wo man nichts als dicke Wälder, kahle Felsen oder Schneehauffen erblikt. Hier ist die Kälte übermäßig stark, und der Schnee verschlingt nicht selten die Menschen und Thiere, welche davon überrascht werden. Daher wählen die nach Sahra handelnden Kaufleute eine gewisse Zeit, wann sie die Wüste durchreisen; allein oft ersticken sie auch unter dem Schnee, und man findet ihre Körper nicht eher, als bis er geschmolzen ist. In einer einzigen Nacht wird oft alles tief bedekt.

Die Sahra, das ist, die Wüste nimmt an dem mittägigen Fusse dieses Berges ihren Anfang; man muß

aber

aber nicht glauben, daß sie in ihrem ganzen Umfange eine
Wüste sey. In einigen Gegenden derselben siehet man
Städte und Dörfer, weil der Boden daselbst gebauet werden kann. Diese bilden gleichsam Inseln in dem weiten
Sandmeere. An andern Orten stößt man auf Bezirke,
welche von Sande eingeschlossen werden, wo Araber und
Berber unter Zelten wohnen, und mit reichen Heerden
umherziehen. Diese Araber, die man Beduinen nennet,
leben hier, wie sie in den Wüsten Arabiens lebten. Die
Wüsten, wie sie sagen, sind das für sie, was das Wasser
für die Fische ist. Die Berber, die ältesten Einwohner
des Landes, führen mit den Arabern einerley Lebensart.

Nach dem Untergange einiger mächtigen Reiche nahmen verschiedene Völker, die in den Städten wohnten,
die republikanische Regierung an. Einige wählten sich
zwey Anführer, andere mehrere. In einigen Orten regieren diese Anführer nur fünfzehn Tage, in andern einen Monat oder zwey; sie sind aber immer feindlich gegen einander gesinnet, und bekriegen sich unaufhörlich,
wodurch ihr Verkehr und selbst der Handel mit den nöthigsten Bedürfnissen unterbrochen wird. Um aber diesem
Nachtheile abzuhelfen, setzen sie in jeder Woche einen
Tag des Waffenstillstandes fest, an welchem die Kaufleute
ihre Waaren in das feindliche Gebiet ohne alle Gefahr
bringen dürfen. Wer den Waffenstillstand bricht, wird
mit dem grausamsten Tode gestraft; doch ist er nicht so
bald zu Ende, als der Krieg und das Blutbad von neuem
angehen.

Segelmesse war eine der beträchtlichsten Städte dieser Gegend, und die Niederlage des ganzen Handels, den
die Araber der Barbarey und die Berber jährlich bis zu

dem Lande der Sudans oder Schwarzen trieben, welche
längs dem Niger wohnen. Von daher brachten sie Gold,
Gummi, Elfenbein, und von einigen Stellen Ambra,
aber hauptsächlich Sklaven zurük; ein Handel, der von
jeher in diesem Theile von Afrika im Gange gewesen ist.
Selbst die Schwarzen wagten auf ihre Nachbarn feindselige Angriffe, raubten ihnen Männer, Weiber und Kinder, und verkauften sie um einen geringen Preis an die
Kaufleute der Barbarey und Egyptens. Unsere in Europa
fabricirten Stoffe giengen damals schon, ohne daß wir
es wußten, über den Niger hinaus, und zwar durch die
Kaufleute der barbarischen Küste, zu deren Häfen wir sie
versandten; eben diese Kaufleute brachten den Gummi
nach Spanien, den man daselbst zur Färberey gebrauchte.
Dieser ganze Handel bereicherte ausserordentlich nicht nur
die barbarischen und egyptischen Kaufleute, sondern auch
diejenigen, welche sich in dem innern Afrika, südwärts
von dem Atlas aufhielten.

Unter der Regierung der Ebrissiten war Segelmesse
durch die Vortheile seines Handels eine prächtige Stadt geworden. Sie war voll von Arbeitern aller Art, besonders
solchen, die Goldmünzen prägten, welche sich von da über
alle Mohammedanische Länder verbreiteten. Nachher ist sie
zerstöret; allein ihre Einwohner, obgleich weniger kultivirt,
als vorher, haben doch den Handel mit den mittägigen Ländern noch immer fortgesezt. Sie zerstreueten sich in den
Dörfern, die der alten Stadt nahe lagen. In einem arabischen Manuscripte Nro. 580, dessen Verfasser nicht genannt wird, der aber um das Jahr Christi 1048. lebte, findet man die Reiseroute, die sie nahmen, um sich nach dem
Senegal und noch weiter ostwärts zu begeben. Einige die

Ee 3 sen

ser Kaufleute näherten sich den Ufern des atlantischen Meeres, giengen auf Arguin zu, und nahmen von hier Salz mit sich, welches in dem innern Lande der Schwarzen fehlt; denn auf der Küste von Arguin gab es Salzquellen, wo sie Arbeiter auf ihre Rechnung hielten. Andere begaben sich zu den Schwarzen mehr geraden Weges von Segelmesse oder von Gadamis durch die Wüsten bis nach Agades, eine Stadt, die von dem Niger in einer beträchtlichen Entfernung nordwärts liegt, und zu einer Niederlage des Handels diente. Von Agades gieng man nach Gana, der Hauptstadt der Schwarzen an dem Niger. Nicht weniger gelangte man dahin aus Egypten über Oasis und die Provinzen Nubiens, und alle diese wüsten Gegenden wurden so häufig besucht, daß ganze Karwanen tief aus Westen her nach Aidhab zogen, einer Stadt an dem westlichen Ufer des rothen Meeres, von wannen sie sich nach Mecca einschifften. Weder der Sand, noch die Hitze, noch die Dürre dieser Wüsten schrekte sie ab. Oft fanden diejenigen, welche auf Irrwege geriethen, kleine Wohnungen oder einige Menschen, deren Unterhalt von der Cultur des Bodens abhieng, und welche niemals etwas von dem, was in ihrer Nachbarschaft war oder vorgieng, gehöret hatten.

An der mittägigen Seite des Nigers hat der Boden eine ganz andere Beschaffenheit, als in der Sahra; Er ist bewässert, zum Anbau geschikt, und mit Städten und Dörfern angefüllt, welche sich von Abend nach Morgen beinahe über die ganze Breite von Afrika erstrecken. Doch trift man auch hin und wieder einige sandige Gegenden an. In dem westlichen Theile dieses Landes haben wir unsere Colonien am Senegal errichtet, Araber und Berber von der Secte der Marabuts gefunden, welchen daselbst einige Distrikte unter-

unterworfen waren. Also haben die Araber nie aufgehört,
die Länder der Schwarzen zu besuchen und einzunehmen,
auch ihre Religion mit ihren Eroberungen auszubreiten. Einer unsrer Reisenden versichert sogar, daß Armeen des Königes von Marocco bis an die Ufer des Nigers vorgedrungen sind, und dieses darf man nicht bezweifeln, da nach allen arabischen Schriftstellern grosse Karwanen von Kaufleuten eben diese Reise jedes Jahr unternahmen.

Auf der Südseite dieses Landes fangen die Wüsten
wieder an. Nach den Berichten der Araber werden sie von
Nomaden bewohnt, die mehr oder weniger wild sind, und
die mohammedanische Religion nicht angenommen haben.
Die Araber nennen sie daher Kafer oder Ungläubige, wovon ohne Zweifel der Name Cafern entstanden ist. Obgleich die Araber diese Völker weniger kennen, als die übrigen afrikanischen Nationen, so reden sie doch von ihnen,
aber unter andern Namen, als wir ihnen geben, und endigen ihre Berichte mit der Spitze von Afrika, wohin, wie
sie sagen, wegen der vielen Stürme und Klippen die Schiffe
sich nicht wagen dürfen.

Wir kehren aber zu dem Lande in der Nachbarschaft
des Nigers zurük. Hier giebt es verschiedene Königreiche,
die mehr oder weniger beträchtlich, und durch Berge oder
Sandwüsten von einander abgesondert sind. Hier lag, gegen Westen hin, das Reich Gana, unter dessen Herrschaft
mehrere kleine Königreiche standen. Leo der Africaner redet
von Tombut, welches auch auf unsern Karten bezeichnet
wird, allein ich finde davon nichts bey irgend einem ältern
arabischen Schriftsteller. Es ist ein neues Reich, das sich
kurz vorher bildete, ehe Leo in diese Gegend kam, und dessen Beherrscher sich nach und nach mehrere Provinzen, die

vorher

vorher von Gana abhiengen, unterwürfig machten. Leo sezt die Entstehung des Königreichs Tombut in das Jahr Christi 1213, und der arabische Schriftsteller, welcher sehr weitläuftig von diesem Lande spricht, lebte 1067.

Alle arabische Manuscripte erwähnen eine grosse Anzahl von Goldgruben, die sich in dem Lande der Schwarzen, in dem untern Theile Aethiopiens, in der Nachbarschaft des rothen Meeres und in südlichern Gegenden befinden sollen, und damals unermeßliche Reichthümer lieferten. Ich hielt diese Erzählungen anfänglich für Fabeln; aber die übereinstimmende Aussage der orientalischen Geschichtschreiber, die Bezeichnung der Wege, welche zu jenen Minen hinführen, der regelmäßige Handel, welcher jährlich dahin geschieht und sehr alt ist, erlauben uns nicht, an dem Daseyn dieser Minen zu zweifeln; auch kann man um desto mehr davon überzeugt seyn, da unsere neuern Reisenden verschiedene Königreiche in eben den Gegenden anführen, wo man Goldgruben siehet, die einen grössern Vorrath enthalten, als die Minen von Mexico und Brasilien, und von denen einige nur an 160 Meilen (lieues) von den französischen Colonien entfernt liegen.

Die arabischen Schriften setzen dergleichen Goldminen in verschiedene Oerter am Nil, Gana oder Niger, und in ein noch südlicheres Land, welches sie Lamlan nennen, dessen Einwohner sich in das innere Afrika erstrecken, von Westen nach Osten, unter und neben der Linie. Diese Gruben verbreiten sich, obgleich nicht zusammenhängend, gegen Süden, westwärts von Tanguebar *)

bis

---

*) Auf der Danvillischen Karte, und gewöhnlich Zanguebar.

bis nach Sofala, so daß man das afrikanische Gold auf zwey Wegen bekam, nehmlich über die Sahra vermittelst tunischer und egyptischer Kaufleute, und über das rothe und tanguebarische Meer vermittelst der Egyptier, Araber und anderer benachbarten Nationen. Die Sclaven, welche man von dieser Küste hohlte, wurden so zahlreich in Syrien, daß sie sich daselbst mehrerer Städte bemächtigten, und einen Krieg von 14 Jahren verursachten, der erst im J. C, 883 zu Ende gieng.

Vergleicht man die Erzählungen der Schriftsteller verschiedener Nationen, so finden wir in der Geschichte von China, unter der Dynastie der Tang, welche in dem achten Jahrhunderte regierten, einen Weg, der die Marschroute der Handelsleute um diese Epoche anzeiget. Von Carnon begab man sich über das Meer nach unterschiedlichen Häfen der malabarischen Küste bis nach Bassora, von hier an den Küsten Arabiens und Afrikas hinab bis nach Sofala, wo, den arabischen Berichten zufolge, Indier an den daselbst befindlichen Eisengruben arbeiteten, weil die Eingebohrnen des Landes weniger als diese zu solcher Arbeit geschikt waren. Man trieb überdem an dieser Küste einen beträchtlichen Handel mit dem Golde, welches die Bewohner der innern Gegenden dahin brachten. Auch gieng man von hier auf den Wallfisch, und Ambrafang; und diese Nachricht bestätiget Marco Polo, der sagt, daß die Kaufleute dort Elfenbein und Ambra einkaufen, welche Produkte daselbst wegen der vielen Elephanten im Lande und der Wallfische in den nahen Meeren im Ueberflusse zu finden seyen.

Aus dem innern Afrika zogen wahrscheinlich die reichen Könige Egyptens, die Karthaginienser und selbst die Römer

fast

faſt alles ihr Gold, theils durch Lybien und Nubien, theils über das Meer und die orientaliſche Küſte von Afrika; denn in der Gegend des Atlas findet man die Trümmer alter, prächtiger Städte, und Schriftſteller der Vorzeit ſagen uns, daß dieſe Völker nicht allein weit in die Sahra vorgedrungen ſind, ſondern auch die dem rothen Meere ſüdwärts gelegenen Seen häufig durchkreuzt haben. Man wird aber eine gröſſere Aufklärung über alle dieſe Gegenſtände erhalten, wenn erſt mehrere Nachrichten aus den Manuſcripten der königlichen Bibliothek gedrukt ſeyn werden.

Uni-

Universitäten in dem Nordamerikanischen Freistaate.

Da diese Universitäten nach Art der Englischen errichtet sind, so wohnen Lehrer und Lernende in grossen Gebäuden zusammen, welche man Colleges nennet. Darmouth College liegt in dem Bezirk der Stadt Hanover in Neuhampshire, auf einer schönen Ebene, ungefähr eine halbe Meile gegen Osten von dem Fluß Connecticut, in der Breite 43°33'. Es hat den Namen von dem Grafen William Darmouth, der einer seiner grösten Wohlthäter gewesen ist. Seine Stiftung verdanket es dem frommen und gütigen D. Eleazar Wheelok, der 1769 von dem Könige von England ansehnliche Privilegien für dasselbe auswürkte, und es zur Erziehung junger Indianer in der christlichen Religion und junger Engländer in den freyen Künsten und Wissenschaften bestimmte. Die Erziehung der Indianer hat aber nicht gelingen wollen. Es ist jetzt eine von den blühendsten Erziehungsanstalten im Freistaate. Man zählet in 4 Classen ungefähr 130 Studenten unter der Direction eines Präsidenten, 2 Professoren und 2 Tutors. Es hat 12 Trustees (Curatoren) die eine Corporation mit aller dazu erforderlichen Macht versehen ausmachen. Die Bibliothek ist ansehnlich. Der Vorrath von Instrumenten ist hinreichend für die nöthigsten mathematischen und physikalischen Experimente. Die Studenten wohnen in 3 Gebäuden, wovon das eine 1786 erbaut und noch nicht geendiget ist. Es ist 150 Fuß lang, 50 breit, 3 Stockwerke hoch, und ein schönes Gebäude. Ein breiter Gang gehet durch das Centrum von einem Ende bis zum andern, und ist von 3 andern durchschnitten. Dem Gebäude gegenüber ist ein grosser grüner Platz mit vielen schönen Häusern umge umgeben. Die Luft ist so gesund, daß seit der Stiftung des College kein Student gestorben ist.

In Massachussetts gehört zu den vornehmsten literarischen Anstalten die Amerikanische Akademie der Künste und Wissenschaften, welche am 4ten May 1780 incorporirt ist. Zufolge der Acte war sie bestimmt, die Antiquitäten in Amerika, und Naturgeschichte des Landes zu bearbeiten, und den Gebrauch, den man von den Produkten machen könnte, zu zeigen. Es sollen auch durch diese Akademie medicinische, mathematische und physikalische Untersuchungen und Entdekungen, astronomische, meteorologische und geographische Beobachtungen, Verbesserungen in der Landwirthschaft, den Künsten, Manufakturen, und der Handlung, und die Bearbeitung einer jeden Wissenschaft, wodurch das Wohl eines freien, unabhängigen, und tugendhaften Volkes vermehrt werden kann, befördert werden. Die Mitglieder dürfen nicht über 200 und nicht unter 40 seyn. Die Societät hat 4 anberaumte jährliche Sizungen.

Ausser verschiedenen incorporirten Schulen und Gymnasien ist in diesem Staate Harvard College jezt eine Universität. Cambridge, worin die Universität gelegen ist, die ihren Namen von ihrem ersten Wohlthäter John Harvard seit 1638 führt, ist ein angenehmes Dorf 4 Meilen westlich von Boston, wo viele zierlich und wohlgebaute Landhäuser sind. Die Universität besteht aus 4 schönen Gebäuden von Baksteinen, mit einer artigen Einfassung. Sie stehen auf einer schönen Wiese, die sich gegen Nordwesten ausbreitet, und einen artigen Prospect gewährt. Die 4 Universitätsgebäude heissen Harvard Hall, Massachussetts Hall, Hollis Hall und Holden Chapel. Harvard Hall hat 6 Zimmer, eines für die Bibliothek, ein anderes für das Museum, 2 für den pysikalischen und mathematischen Apparat, 1 für

die

die Kapelle, und 1 zum Speisesaal. Die Bibliothek bestand
1787 aus 12000 Bänden, und hat sowohl einen beständigen Fond, von dessen Interessen Bücher angeschaft werden,
als auch zufällige Schenkungen. Der Vorrath an Instrumenten kostet zwischen 1400 und 1500 Pf. gesezmässige Münze und
ist der schönste und vollständigste in ganz Amerika. Die Aufsicht über die Universität führen nach der gegenwärtigen Verfassung von Massachussetts der Gouverneur, der Staatsrath
und Senat, der Präsident der Universität, und die Prediger
der Congregationskirche in den Städten Boston, Charlestown,
Cambridge, Watertown, Roxbury und Dorchester. Die Corporation ist davon unterschieden, besteht aus 7 Mitgliedern,
und hat das Eigenthum der Universität in Händen. Die
Lehrer an der Universität sind, der Präsident, 1 Professor der
Theologie, 1 der Mathematik und Physik, 1 der orientalischen
Sprachen, 1 der Anatomie und Chirurgie, 1 des theoreti-
schen und praktischen Theils der Medicin, 1 der Chemie und
Materia medica und 4 Tutors.

Diese Universität ist in Absicht auf Bibliothek, Instrumenten Vorrath, und Professorstellen, die erste Lehranstalt
auf dem festen Lande in Amerika. Seit der ersten Stiftung
haben 3146 Studenten akademische Ehrenwürden daselbst erhalten, von denen 1002 für den geistlichen Stand ordinirt
sind, die Anzahl der Studirenden beläuft sich gemeiniglich
auf 120 bis 150.

Zu Providence ist das zu Rhode Island gehörige
College, das 1764. sein Diplom erhalten hat. Es ist jezt im
blühenden Zustande und hat mehr als 60 Studenten. Die
Anstalt ist einem Präsidenten, 1 Professor der Physik, 1 der
Mathematik und Astronomie, 1 der Naturgeschichte und 3
Tutorn anvertraut. In den verschiedenen Classen giebt man
Unter-

Unterricht in den gelehrten Sprachen, und den verschiedenen Zweigen der Wissenschaften. Im ersten Jahr lernt
der junge Student latein und griechisch, englische Gram-
matik und Rhetorik. Die geübteren (sophimore) die
Geographie nach Guthrie, Arithmetik nach Ward, Algebra nach Hammond, Anfangsgründe der Beredsamkeit nach Sheridan, Logik nach Watt, und Cicero de Orato-
re. Die Jüngeren, (the junior) studieren Horaz, Kaim's
Anfangsründe der Kritik, Euklids Elemente, Atkinsons Epi-
tome, Loves praktische Geometrie, Martins Physik oder phi-
losophia Britannica und Fergusons Astronomie. Die Alten
(the senior) Lucians Dialogen, Locke über den menschlichen
Verstand, Hutchinsons Moral, Bolingbroke über die Geschichte, und repetiren die in den vorigen Jahren getriebe-
nen Studien. Jedes Jahr werden die Studenten im Sprechen, und in schriftlichen Ausarbeitungen geübt. Zweimal
werden sie examinirt, lassen sich mehrmalen öffentlich im
Sprechen hören, und haben dreimal des Jahrs Ferien.
Die Anstalt hat eine Bibliothek von 2 bis 3000 Bänden,
alter und neuer Werke, auch einen Instrumenten-Vorrath,
der klein, aber schäzbar ist. Der Fond des College ist in
dem Staatsschaz auf Interessen belegt, und beträgt beinahe 2000 Pf.

In Yale College im Staate Connecticut ist die Anzahl
der Studirenden seit einigen Jahren 150 bis 250 gewesen.
Im Jahr 1732 machte der damalige Dechant von Derry
und nachherige Bischof von Cloyne in Irland, George Ber-
kley, ein Geschenk von 880 Bänden von Büchern und einem
Landgut in Rhode Island, das jährlich 100 Unzen Silber
einbringt, die unter die drei besten Schüler im Griechischen
und Lateinischen vertheilt werden. Die Studenten sind dadurch

durch sehr ermuntert worden, sich auf die Classische Literatur zu legen. Die erste Schenkung von Grundstücken, ungefähr groß 600 Acres, machte der Major James Fisch 1701., die allgemeine Assembly 1732. gab 1500
Acres innerhalb dem Bezirk des Staates. D. Daniel La-
throp, aus Norwich, vermehrte den Fond des College 1781.
mit 500 Pf. Die Erziehung geht auf den ganzen Umfang
der Gelehrsamkeit. Man giebt Unterricht in den 3 gelehrten Sprachen, und lehrt von den Wissenschaften soviel als in 4 Jahren erlernt werden kann. Man studirt
fleißig Beredsamkeit und schöne Wissenschaften. Die Exa-
mina werden im May und September gehalten. Die
Schüler der verschiedenen Classen müssen auch vierteljäh-
rig im Styl und in der Beredsamkeit Uebungen anstellen,
die von dem Präsidenten und den Tutors dirigirt werden.
Zu Anfang der Vorlesungen wird ein öffentlicher Actus
gehalten am 2ten Mittwoch im September, wann eine
zahlreichere und glänzendere Gesellschaft sich einstellet, als
bei irgend einer andern Jahrsfeier im Staate. 2800 haben akademische Würden erhalten, wovon 633 zu Geistlichen ordinirt sind.

King's College in der Stadt Neu-York, welches
man jetzt Columbia College nennet, wurde zu Folge einer Acte 1787, der Curatel von 24 Gentlemen übergeben,
die unter dem Namen Curatores von Columbia College
incorporirt sind. Das Gebäude der College ist seit dem
Frieden nicht vergrössert worden. Der Fond beträgt jährlich ungefähr 1000 Pf. die Bibliothek und das Museum
wurden im lezten Kriege zerstört. Der Instrumenten Vorrath kostet 300 Guineas. Vor der Revolution war das
College in keinem blühenden Zustand. Der Plan, wornach

nach es angelegt war, war sehr eingeschränkt, und die Lage
ungünstig. Das erste Hinderniß ist gehoben, das andere
muß verbleiben. Es sind ungefähr 30 bis 40 Studenten
in 4 Classen abgetheilt. Die Anzahl hat seit einigen Jahren zugenommen. Die Lehrer und unmittelbaren Aufseher
sind der Präsident, 1 Professor der Sprachen, 1 der Mathematik, 1 der Logik und Rhetorik, 1 der Physik, 1 der
Geographie, und 1 der Moral. Es giebt noch viele andere Professoren, die zur Universität gehören, aber blos dem
Titel nach. Ausser den angeführten sind noch 2 Colleges
in Neu-Jersey; in Philadelphia ist die Amerikanische phi-
losophische Societät, und eine Universität; zu Chestertown
in Maryland ist Washington College, gestiftet 1782 mit einem jährlichen Fond von 1250 Pf. zu Annapolis, St.
John's College, gestiftet 1784 mit einem jährlichen Fond von
1750 Pf. in Virginia, College von William und Mary,
gestiftet um 1700; und neue Anstalten sind in Südcaro-
lina und Georgia.

§. The American Geography by Jedidiah Morse. Elizi-
beth-town 1789. von welchem Buche wir im nächsten
Bande ausführlicher handeln werden.

Bericht des engern Ausschusses des Großbritan-
nischen Parlaments, der den Auftrag hatte, den
gegenwärtigen Zustand der Staatseinkünfte und
Ausgaben und die darin seit 5 Jan. 1786. vorgefallenen Veränderungen zu untersuchen, gedrukt
auf Befehl des Parlaments 10 May. 1791; zu
London bey Debrett 1791. 8. unter dem Titel
Report of the select Committee u. f.

Der Ausschuß scheint sich des ihm in der vorjährigen
Parlamentssession geschehenen Auftrages mit vieler Genauigkeit entlediget, und nicht wenige Zeit und Arbeit auf
diesen Bericht gewandt zu haben. Man hat das Ganze
unter die Rubriken Einkünfte, Ausgaben und Nationalschuld gebracht.

I. Einkünfte.

Die verschiedenen Zweige der gewöhnlichen Einkünfte
(Land- und Malztaxe ausgenommen *) haben zufolge der
von den Beamten eingegebenen Listen vom und mit 6 Jan.
1786. bis an und mit dem 5 Jan. 1791. eingebracht

1786			Pf. 11,867,055 **)
1787			12,923,134
1788			13,007,642
1789			13,433,068
1790			14,072,978

Der

*) Diese ist hier ausgeschlossen, weil sie alle Jahre vom Par-
lament aufs neue bewilliget, und daher nicht unter die beständigen gerechnet wird. A. d. H.
**) Nach Abzug von Pf. 522,500, welche die Ostindische Com-
pagnie schuldig geblieben ist.

Der Ausschuß von 1786. legte die Voraussetzung zu
Grunde, daß die beständigen Taxen, die damals angelegt
waren, jährlich einbringen würden

    *   *   *   Pf. 12,797,471

die Taxen haben aber im Durchschnitt wirklich eingebracht

    *   *   *   Pf. 12,879,308

Eine Veränderung, die man mit der Taxe auf die
Pferde in der Session von 1786. vornahm, verursachte
ein Minus von Pf. 37,687 in dieser Auflage. Der Ausschuß oder Committé von 1786. berechnete den künftigen
jährlichen Ertrag gewisser Auflagen, welcher seiner Meinung nach von dem Ertrag im J. 1785. abweichen würde
auf   *   *   *   Pf. 2,197,186

sie haben aber im Durchschnitt, der Verringerung wegen der Pferdetaxe ungeachtet, eingebracht

    *   *   *   Pf. 2,122,609

Jährliche Auflagen. Die Landtaxe nach Abzug aller
Abgaben, ehe sie in die Schatzkammer kommt, die Bezahlung der Miliz ausgenommen, war berechnet zu

    *   *   *   Pf. 1,967,659

Man hat sie nun berechnet zu   * 1,972,009

Die Malztaxe war geschätzt zu   Pf. 632,359

Die Rechnungen von den Jahren 1786. 87. 88. scheinen
allein vollständig zu seyn, und die ausserordentlichen Einkünfte, welche für diese Jahre bewilligt waren, hatten im
Durchschnitt auf jedes Jahr eingebracht

    *   *   *   Pf. 597,171

Einnahmen auf die Zukunft. Um den Ertrag der beständigen Taxen zu bestimmen, hat der Ausschuß es nicht
für nöthig erachtet, weiter als 3 Jahre zurück zu gehen.

                            Das

Das Total des Ertrages war vom 6ten Jan. 1788. bis an
5ten Jan. 1791. beide Tage eingeschlossen Pf. 40,513,688.
oder im Durchschnitt auf jedes der 3 Jahre Pf. 13,472,285.
Daß wirklich soviel eingekommen ist, kann übrigens nicht
mit Gewißheit behauptet werden.

Jährliche Auflagen. Der Ertrag der Landtaxe ist
nach der vorigen Angabe geschäzt zu

          "   "   "   Pf. 1,972,000

Malztaxe nach einem Durchschnitt von
    den lezten 5 Jahren   "   "   586,500
Daraus erwächset folgender Etat

    Beständige Taxen   "   "   Pf. 13,472,286
    Landtaxe   "   "   1,972,000
    Malztaxe   "   "   586,000

                 Pf. 16,030,286

Ausserordentliche Hülfsquellen. Unter diese Rubrike
gehören die aufgeschobenen Abgaben der Ostindischen Compagnie, die Rükstände von der Land- und Malztaxe, die
Ersparungen in der Armee u. s. Der Gewinn von der
jährlichen Lotterie ist angegeben zu Pf. 1,212,692, und
man lieset nicht ohne Betrübniß, daß man einen Zuwachs
in der Einnahme von diesem Artikel erwartet.

II. Ausgaben. Das Total der Ausgaben während
der lezten 5 Jahre unter den Rubriken, Interesse und
Unkosten der Nationalschuld — Interesse der Exchequer-
bills, Civilliste — Ausgaben, die auf den gesammleten
und consolidirten Fond angewiesen sind, — Marine —
Armee, — Artillerie — Miliz — Vermischte Ausgaben,
Ff 2   ange-

angewiesene Auslagen beträgt ausser der Zurüstung zum
Kriege im J. 1790.

für das Jahr 1786   •   •   Pf. 15,720,543
—   —   1787   •   •   15,620,713
—   —   1788   •   •   15,800,796
—   —   1789   •   •   16,030,204
—   —   1790   •   •   15,912,597

NB. In die Summe der beiden lezten Jahre ist die
Miliz nicht eingeschlossen.

Künftige Ausgaben. Die jährlichen Zinsen und andere Unkosten wegen der Staatsschulden sind angeschlagen
zu   •   •   •   Pf. 9,317,972
Die wahrscheinliche jährliche Ausgabe
unter der Rubrike Exchequerbill   260,000
Unterhalt der königlichen Haushaltung, der
auf den consolidirten Fond angewiesen ist   •   •   •   898,000
Die übrigen Ausgaben dieses Fond im lezten Jahr (mit Ausschliessung der 5000 Pf.
die an den verstorbenen Herzog von
Cumberland ausgezahlt sind)   •   105,385
Anschlag für die Marine   •   •   2,000,000
—   —   Armee   •   •   1,748,842
—   —   Artillerie   •   •   375,000
Unkosten der Miliz im Durchschnitt   93,100
Diese sind nach einer Schätzung von den
Jahren 1789. 1790 und 1791, zu 95,311 Pf.
berechnet.

Vermischte Ausgaben   •   •   128,416

Angewiesene Taxen, welche unter keiner
  der genannten Rubriken begriffen sind   40,252

Die an die Commissairs zur Abtragung
  der Staatsschulden zu bezahlende
  Summe   •   •   •   1,000,000

15,969,178

Vergleichung der Einnahme und Ausgabe. Unter dieser Rubrike wird der Ertrag der verschiedenen Taxen während der lezten 5 Jahre, nebst der Art, wie sie angewandt
sind, aufgeführt. Das Total der Einnahme war während
dieser Periode Pf. 88, 116, 926. Diese Summe kömmt
zu Folge des Berichts des Ausschusses, mit der Ausgabe
überein.

III. Staatsschulden.

Während der angeführten Periode sind wirklich abge-
tragen, wenn man die zur Tilgung der Staatsschulden bestimmten, und die zu der alten Schuld neu hinzugekom-
menen erwäget Pf. 3,822,003.

Von der zur Tilgung der Staatsschulden niedergesez-
ten Commission ist bis an den 1 Jul. 1791. in den Stoks
angekauft ein Capital von   •   Pf. 6,772,350
Die jährlichen Zinsen davon sind   203,170
Die verfallenen Annuitäten betragen   51,634

Die beiden lezten Summen machen   254,804
Diese 254,804 Pf. sind ausser der Million 95,311 Pf. nach
dem angenommenen Plan zur Tilgung der Staatsschulden anzuwenden, und wachsen at compound interest.

Ff 3 Die

Die vorhin angeführten Einnahmen betragen
.   .   .   Pf. 16,030,286
Die vorhin angeführte Ausgaben   15,969,178

Ueberschuß in der Einnahme   Pf. 61,108

In dem Anhang wird der Ertrag der neuen Stempelauflage vermöge einer Acte im 29 Jahre Georgs III. vom 5 Jan. 1790. bis an 5 Jan. 1791 als ungemein ergiebig in folgenden Artikeln angegeben

Politische Zeitungen	.	30,293	13	11
Avertissements	.	6,101	0	0
Frachtwagen	.	7,038	16	0
Würfel	.	438	12	6

Gegen den Bericht des Ausschusses hat Herr Robert Rayment in The income and expenditure of Great Britain of the last seven years examined and stated. London 1791. 8. viel zu erinnern gehabt. Wenn man auch nur eine dunkle Idee von dem ungeheuren und verwikelten Finanz-System Großbritanniens hat, so wird man sich über die so oft im Parlament gehörten und ins Publikum gebrachten Beschuldigungen, daß die ausgezogenen Rechnungen falsch, und die daraus abgeleiteten Schlüsse irrig sind, nicht verwundern. Indessen dienen doch folgende Facta, die Begriffe davon noch etwas aufzuklären. Die Rechnungen laufen von einem Jahr in das andere, und bisweilen wird das als ausserordentliche Hülfsquelle angeführt, was eine aus den vorigen Jahren rükständige Schuld war, und inskünftige wegfallen wird. So wie die Regierung die Bezahlung nicht immer promt erhält, so macht sie auch wieder Schulden, bisweilen wird auch in dem einem Jahre vom Zollamt für eingeführte Güter eine grosse Sum-

Summe gehoben, die auf geschehene Exportation wieder
ausgegeben wird; doch kan diese Exportation noch vor
Schluß der Rechnung aufgeschoben werden. Zur Bezahlung der Armee wird jährlich eine Summe ausgesezt, die
in die Ausgabe gebracht wird, wovon aber nachher ver-
schiedenes zuruk behalten und abgekürzt wird, das einen
Theil der ausserordentlichen Einnahmen auf das folgende
Jahr ausmacht. Die den Truppen, welche in Ostindien
dienen, bewilligten Summen gehören zu den jährlichen Ausgaben für die Armee, sie werden aber nachher von der
Compagnie zurükbezahlt, und unter den ausserordentlichen
Einnahmen oder Quellen in den folgenden Jahren aufgeführt. Seit 1785 hat die Compagnie an die Regierung
500,000 Pf. für Truppen, die seit 1781. in Indien gedient
haben, bezahlt; und in den lezten 5 Jahren hat die Regierung für diesen Artikel Pf. 352,410 ausgegeben. Aus
allem diesen erhellet, wie schwer es ist, zu bestimmen,
was als beständige Einnahme und Ausgabe angesehen werden muß.

Gedruk bei Wilhelm Heinrich Schramm.

Nachricht an die Buchbinder.

Die Karte von Californien kan nach   •   S. 32

Der Grundriß von Aleppo nach   •   S. 40

Und die Abbildung des Färbe Oleander nach S. 316 eingebunden werden.

www.ingramcontent.com/pod-product-compliance
Lightning Source LLC
Chambersburg PA
CBHW020906210326
41598CB00018B/1789